果树

病虫草害
原色图解

封洪强 等 主编

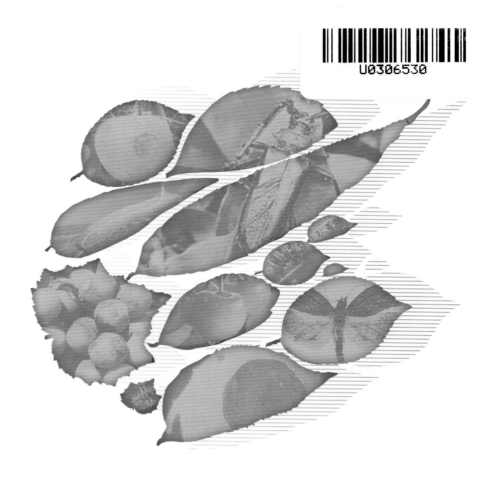

中国农业科学技术出版社

图书在版编目（CIP）数据

果树病虫草害原色图解/封洪强等主编.
北京：中国农业科学技术出版社，2015.10
ISBN 978-7-5116-2263-1

Ⅰ.①果… Ⅱ.①封… Ⅲ.①果树–病虫害
防治–中国–图解 Ⅳ.①S436.6-64

中国版本图书馆CIP数据核字(2015)第220668号

策划编辑　王进宝
责任编辑　姚　欢
责任校对　贾海霞

出 版 者　中国农业科学技术出版社
　　　　　北京市中关村南大街12号　邮编100081
电　　话　(010)82109704(发行部) (010)82106636(编辑室)
传　　真　(010)82106636
网　　址　http://www.castp.cn
经 销 者　各地新华书店
印 刷 者　河南省瑞光印务股份有限公司
开　　本　889×1 194mm　1/16
印　　张　25
字　　数　650千字
版　　次　2015年10月第1版　2015年10月第1次印刷
定　　价　225.00元

《果树病虫草害原色图解》
编委会

前 言

我国病虫草害种类繁多，发生面积和为害程度呈上升趋势，病虫草害严重地影响着各类作物的丰产与丰收。

近年来，我国各级政府对农业方面的投入力度不断加大，在病虫草害研究和农药应用技术研究方面取得了丰硕的成果；然而，在果树生产中病虫草害的为害却日益猖獗，得不到有效的控制，农药滥用问题突出、农田环境污染严重。为了有效地推广普及病虫草害知识和农药应用技术，我们组织国内权威专家，结合多年的科研和工作实践，查阅了大量国内外文献，针对农业生产上的实际需要编著了《农业病虫草害原色图解系列图书》。

《农业病虫草害原色图解系列图书》全套共4册，分别为《农作物病虫草害原色图解》《果树病虫草害原色图解》《蔬菜病虫草害原色图解》《植保技术服务原色图解》。该套图书全部内容经过权威专家和生产一线的技术人员研究比较，书中所描述的病虫草害均是发生比较严重、生产上需要重点考虑的防治对象；同时对这些病虫草害的发生规律、防治技术进行了全面的介绍，并分生育时期介绍了综合防治方法；书中配有病虫草害田间发生与为害症状原色图片，图片清晰、典型，易于田间识别对照。

《果树病虫草害原色图解》收集了16种果树上的300多种重要病虫草害，对每种果树上重要病虫草害发生的各个阶段症状特征进行了描述，对部分常见但不是特别重要的病虫草害列出了识别症状与防治方法；针对生产上重点发生的病虫草害，不仅介绍了其不同发生程度时的施药防治方法，同时对果树不同生育阶段防治病虫草害的最佳防治药剂种类和剂量进行了详细说明。本书图文并茂、通俗易懂、准确实用。

本书在编纂过程中，得到了中国农业科学院、中国农业大学、南京农业大学、西北农林科技大学、西南大学、华中农业大学、山东农业大学、河南农业大学以及河南、山东、河北、黑龙江、江苏、湖北等省市农科院和植保站专家的帮助。很多专家提供了多年科研成果和照片，在此谨致衷心感谢。

农药是一种特殊商品，其技术性和区域性较强；同时，我国地域辽阔，各地果树病虫草害发生差异较大，防治方法要因地制宜，书中内容仅供参考。建议读者在阅读本书的基础上，结合当地实际情况和病虫草害防治经验进行试验示范后再推广应用。凡是机械性照搬本书，错误施用农药而造成的药害和药效问题，恕不负责。由于作者水平有限，书中不当之处，诚请各位专家和读者批评指正。

作 者
于中国农业科学院
2015年9月20日

目 录

第三章　桃树病虫害原色图解

第四章　葡萄病虫害原色图解

第五章 柑橘病虫害原色图解

第六章 枣树病虫害原色图解

第七章 香蕉病虫害原色图解

第八章 山楂病虫害原色图解

第十三章　石榴病虫害原色图解

第十四章　草莓病虫害原色图解

第十五章　核桃病虫害原色图解

第十六章　板栗病虫害原色图解

第十七章　果树杂草防治新技术

第一章　苹果病虫害原色图解

　　苹果是我国一种重要的果树，苹果病虫害是影响苹果产量和质量的重要限制因素之一。据报道，苹果病虫害约有150种，其中，为害严重的病害有轮纹病、炭疽病、斑点落叶病、褐斑病、腐烂病、银叶病、霉心病、病毒病等，其中，为害严重的虫害有食心虫、红蜘蛛、蚜虫、金纹细蛾等。

一、苹果病害

　　苹果轮纹病主要分布在我国华北、东北、华东地区；炭疽病在黄淮及华北地区发生较重；斑点落叶病在渤海湾和黄河故道地区为害较重；褐斑病在全国各苹果产区均有发生；腐烂病主要发生在东北、华北、西北以及华东、中南、西南的部分苹果产区；花叶病在我国陕西、河南、山东、甘肃、山西等地发生最重；银叶病在河南、山东、安徽、山西、河北等地为害较重。

1. 苹果斑点落叶病

　　分布为害　苹果斑点落叶病在各苹果产区都有发生，以渤海湾和黄河故道地区受害较重。

　　症　　状　主要为害叶片，也可为害幼果。叶片染病初期出现褐色圆点，其后逐渐扩大为红褐色，边缘紫褐色，病部中央常具一深色小点或同心轮纹（图1-1）。天气潮湿时，病部正反面均可长出墨绿色至黑色霉状物，即病菌的分生孢子梗和分生孢子。秋梢嫩叶染病严重。果实染病，在幼果果面上产生黑色发亮的小斑点或锈斑（图1-2）。

图1-1　苹果斑点落叶病为害叶片症状

图1-2　苹果斑点落叶病为害果实症状

病　　原　苹果链格孢*Alternaria mali* ，属半知菌亚门真菌。分生孢子梗由气孔伸出，成束，暗褐色，弯曲多胞。分生孢子顶生，短棒锤形，暗褐色，具横隔2~5个，纵隔1~3个，有短柄（图1-3）。

发生规律　以菌丝在受害叶、枝条或芽鳞中越冬，翌春产生分生孢子，随气流、风雨传播，从气孔侵入进行初侵染。分生孢子一年有两个活动高峰。第一个高峰从5月上旬至6月中旬，导致春秋梢和叶片大量染病，严重时造成落叶；第二个高峰在9月份，这时会再次加重秋梢发病的严重度，造成大量落叶。高温多雨病害易发生，春季干旱年份，病害始发期推迟；夏季降雨量多，发病重。

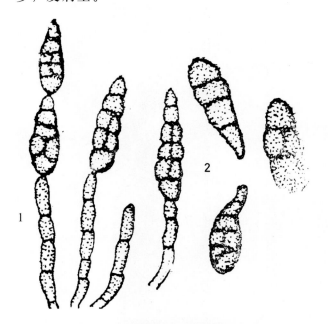

图1-3　苹果斑点落叶病病菌
1.分生孢子梗　2.分生孢子

防治方法　秋末冬初剪除病枝，清除落叶，集中烧毁，以减少初侵染源；夏季剪除徒长枝，减少后期侵染源，改善果园通透性，低洼地、水位高的果园要注意排水。合理施肥，增强树势，提高抗病力。

在发芽前全树喷波美5度石硫合剂，可减少树体上越冬的病菌。

在发病前（图1-4）（5月中旬落花后）开始喷1：2：200倍式波尔多液、30%碱式硫酸铜胶悬剂300~500倍液、80%炭疽福美（福美双·福美锌）可湿性粉剂600倍液、70%代森锰锌可湿性粉剂400~600倍液，均匀喷施。

图1-4　苹果斑点落叶病为害初期症状

　　苹果生长前期喷药，可根据当地气候条件确定喷药时间和喷药次数。如河北、河南从5月中旬落花后开始喷药，云南、四川等地一般在4月中旬开始喷药，间隔10～15天连喷3～4次。在发病前期，可以用70%甲基硫菌灵可湿性粉剂800倍液、50%异菌脲可湿性粉剂600～800倍液、75%百菌清可湿性粉剂600倍液+10%苯醚甲环唑水分散粒剂2 000～2 500倍液、70%代森锰锌可湿性粉剂400～600倍液+12.5%腈菌唑可湿性粉剂2 500倍液、70%代森锰锌可湿性粉剂400～600倍液+50%多菌灵可湿性粉剂600倍液等。

　　在树叶上出现大量病斑时，应及时进行治疗，可以施用50%多菌灵·乙霉威可湿性粉剂1 000～1 500倍液、20%多·戊唑（多菌灵·戊唑醇）可湿性粉剂1 000～1 500倍液、50%腈菌·锰锌（腈菌唑·代森锰锌）可湿性粉剂800～1 000倍液、12.5%腈菌唑可湿性粉剂2 500倍液等，在防治中应注意多种药剂的交替使用。

　　在病害发生较重时（图1-5），应适当加大治疗药剂的药量，可以施用2%宁南霉素水剂400～800倍液、1.5%多抗霉素可湿性粉剂400倍液、70%甲基硫菌灵可湿性粉剂600倍液、10%苯醚甲环唑水分散粒剂2 000～2 500倍液、12.5%腈菌唑可湿性粉剂2 500倍液、40%腈菌唑水分散粒剂7 000倍液、43%戊唑醇悬浮剂5 000～7 000倍液、50%多·霉威（多菌灵·乙霉威）可湿性粉剂1 000～1 500倍液、5%己唑醇悬浮剂1 000倍液、25%嘧菌酯悬浮剂1 500～2 500倍液、50%异菌脲可湿性粉剂1 500倍液、5%菌毒清水剂200～300倍液+20%多·戊唑（多菌灵·戊唑醇）可湿性粉剂1 000～1 500倍液等，在防治中应注意多种药剂的交替使用，发病前注意与保护剂混用。喷药时一定要周到细致，使整株叶片的正反两面均匀着药，增加喷药液量，达到淋洗程度。

图1-5　苹果斑点落叶病为害后期症状

2. 苹果褐斑病

分布为害　苹果褐斑病是引起苹果树早期落叶的最重要病害之一，全国各苹果产区均有发生。

症　　状　主要为害叶片，叶上病斑初为褐色小点，以后发展成3种类型病斑。①同心轮纹型：病斑圆形，中心为暗褐色，四周为黄色，周围有绿色晕，病斑中出现黑色小点，呈同心轮纹状（图1-6）。②针芒型：病斑似针芒状向外扩展，病斑小，布满叶片，后期叶片渐黄，病斑周围及背部绿色。③混合型：病斑多为圆形或数斑连成不规则形，暗褐色，病斑上散生无数黑色小粒，边缘有针芒状索状物（图1-7）。后期病叶变黄，而病斑周围仍为绿色。

图1-6　苹果褐斑病同心轮纹型病斑

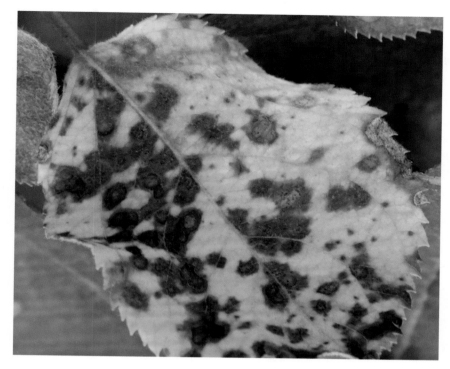

图1-7　苹果褐斑病混合型病斑

病　　原　苹果盘二孢 *Marssonina coronaria* ，属半知菌亚门真菌。分生孢子盘初埋生于表皮下，后突破表皮外露。分生孢子梗无色、单生、圆柱形，栅状排列。分生孢子无色、双胞、中间缢缩，上胞大且圆，下胞小而尖，呈葫芦状（图1-8）。

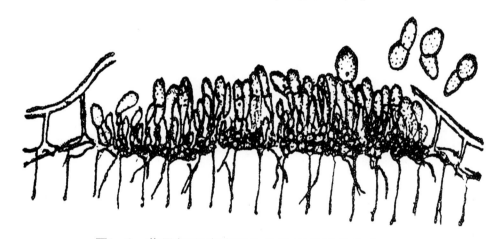

图1-8　苹果褐斑病病菌分生孢子盘及分生孢子

发生规律　以菌丝、分生孢子盘或子囊盘在落地的病叶上越冬，经春季产生分生孢子和子囊孢子，借风雨传播，从叶的正面或背面侵入，以叶背面为主，一般从5月上旬开始发病，7月下旬至8月为发病盛期。冬季潮湿、春雨早且多的年份有利病害发生流行，特别是春秋雨季提前且降雨量大的年份，病害大流行。

防治方法　冬季耕翻也可减少越冬菌源。土质黏重或地下水位高的果园，要注意排水，同时注意整形修剪，使果树通风透光。苹果树落叶后及时清除病叶，结合修剪，剪除树上病残叶集中烧毁或深埋。

药剂防治，发病前注意喷施保护剂。从发病始期前10天开始，第1次喷药。以后根据降雨和田间发病情况，从5月中旬到8月中旬，间隔10~15天连喷3~4次。未结果幼树可于5月上旬、6月上旬、7月上中旬各喷1次，多雨年份8月结合防治炭疽病再喷1次药。

苹果褐斑病发病前期，注意用保护剂和适量的治疗剂混用。可以用70%代森锰锌可湿性粉剂500~800倍液＋70%甲基硫菌灵悬浮剂800倍液、10%多氧霉素可湿性粉剂1 000~1 500倍液、50%多菌灵可湿性粉剂500~600倍液＋80%炭疽福美（福美双·福美锌）可湿性粉剂600倍液等，以后每隔10~20天，连续喷3~5次。

在大量叶片上出现病斑时（图1-9），应及时进行治疗，可以施用10%苯醚甲环唑水分散粒剂2 000~2 500倍液、50%异菌脲可湿性粉剂1 000~1 500倍液、70%甲基硫菌灵可湿性粉剂800~1 000倍液、50%多菌灵可湿性粉剂800~1 000倍液、50%多·霉威（多菌灵·乙霉威）可湿性粉剂1 000~1 500倍液、20%多·戊唑（多菌灵·戊唑醇）可湿性粉剂1 000~1 500倍液、50%腈菌·锰锌（腈菌唑·代森锰锌）可湿性粉剂800~1 000倍液、12.5%腈菌唑可湿性粉剂2 500倍液等，在防治中应注意多种药剂的交替使用。

图1-9 苹果褐斑病为害后期症状

3. 苹果树腐烂病

分布为害 苹果树腐烂病主要发生在东北、华北、西北以及华东、中南、西南的部分苹果产区。其中，黄河以北发生普遍，为害严重。

症　状 主要为害结果树的枝干，幼树和苗木及果实也可受害。枝干症状有两类：①溃疡型（图1-10）：多在主干分叉处发生，初期病部为红褐色，略隆起，呈水渍状湿腐，组织松软，病皮易于剥离，有酒糟气味。后期病部失水干缩，下陷，硬化，变为黑褐色，病部表面产生许多小突起，顶破表皮露出黑色小粒点。②枝枯型（图1-11）：多发生在衰弱树上，病部红褐色，水渍状，不规则形，迅速延及整个枝条，终使枝条枯死。果实症状：病斑红褐色，圆形或不规则形，有轮纹，边缘清晰。病组织腐烂，略带酒糟气味。潮湿时亦可涌出黄色细小卷丝状物。

图1-10　苹果树腐烂病溃疡型为害症状

图1-11　苹果树腐烂病枝枯型为害症状

病　　原　苹果壳囊孢菌 *Cytospora mandshurica* 属半知菌亚门真菌（图1-12）。分生孢子器生于病表皮下面的外子座中。分生孢子器黑色，器壁细胞扁平，褐至暗褐色，最内层无色。分生孢子梗无色，单胞，不分枝或分枝。分生孢子香蕉形，无色，单胞，两端钝圆。

发生规律　以菌丝体、分生孢子器、子囊壳等在病树皮内越冬。翌春，在雨后或高湿条件下，分生孢子器及子囊壳排放出大量孢子，通过风、雨水冲溅传播，从伤口侵入。苹果树腐烂病一年有两个高峰期，即3~4月和8~9月，春季重于秋季。地势低洼后期果园积水时间过长及贪青徒长、休眠期延迟的果园，发病也重。

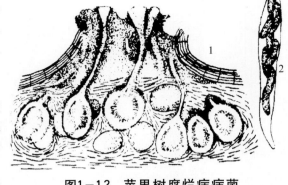

图1-12　苹果树腐烂病病菌
1.着生于子座中的子囊壳
2.子囊和子囊孢子

防治方法　增强树势提高抗病力是防治腐烂病的根本性措施。合理调整结果量、合理修剪，避免树势过弱。科学配方施用氮磷钾肥及微量元素。秋季施肥可增加树体的营养积累，改善早春的营养状况，提高树体的抗病能力，降低春季发病高峰时的病情。果园应建立好良好的灌水及排水系统，实行秋控春灌对防治腐烂病很重要。

春季3~4月份发病高峰之际（图1-13），结合刮粗翘皮，检查刮治腐烂病3次左右。刮治的基本方法是用快刀将病变组织及带菌组织彻底刮除，刮后必须涂药并妥善保护伤口。刮治必须达到以下标准：一要彻底，不但要刮净变色组织，而且要刮去0.5cm左右的好组织；二要光滑，即刮成梭形，不留死角，不拐急弯，不留毛茬，以利伤口愈合；三要表面涂药，如波美10度石硫合剂、50%福美双可湿性粉剂50倍液、60%腐植酸钠粉剂50~75倍液、腐必清80倍液、S-921发酵液、70%甲基硫菌灵可湿性粉剂50倍液+50%福美双可湿性粉剂50倍液加入适量豆油或其他植物油、50%甲基硫菌灵可湿性粉剂40倍液+60%腐植酸钠50倍液加入适量豆油或其他植物油也很好。

苹果落花后，新病枝出现，特别是小枝溃疡型腐烂病出现较多，应及时将其剪掉。

在果树旺盛生长期，在我国各地，以5~7月刮皮最好，此时树体营养充分，刮后组织可迅速愈合。刮皮的方法是，用刮皮刀将主干、主枝、大的辅养枝或侧枝表面的粗皮刮干净，露出新鲜组织，使枝干表面呈现绿一块、黄一块。一般深度可达0.5~1mm，若遇到变色组织或小病斑，则应彻底刮干净。

图1-13　苹果树腐烂病为害初期症状

入冬前（图1-14），要及时涂白，防止冻害及日灼伤，涂白所用的生石灰、波美20度石硫合剂、食盐及水的比例一般为6:1:1:18。如在其中加少量动物油可防治涂白剂过早脱落。或涂白剂配方：①桐油或酚醛1份；②水玻璃2~3份；③石灰2~3份；④水5~7份。将前两种混合成药Ⅰ液，后两种混合成Ⅱ液，再将Ⅱ液倒入Ⅰ液中搅拌均匀即可。

图1-14　苹果树腐烂病为害后期
　　　　　刮皮症状

4．苹果轮纹病

分布为害　苹果轮纹病分布在我国各苹果产区，以华北、东北、华东果区为重。一般果园发病率为20%～30%，重者可达50%以上。

症　　状　主要为害枝干和果实。病菌侵染枝干多以皮孔为中心，初期出现水渍状的暗褐色小斑点，逐渐扩大形成圆形或近圆形褐色瘤状物。病部与健部之间有较深的裂开，后期病组织干枯并翘起，中央突起处周围出现散生的黑色小粒点。在主干和主枝上瘤状病斑发生严重时，病部树皮粗糙，呈粗皮状（图1-15）。果实进入成熟期陆续发病。发病初期在果面上以皮孔为中心出现圆形、黑至黑褐色小斑，逐渐扩大成轮纹斑（图1-16）。

图1-15　苹果轮纹病为害枝干症状

9

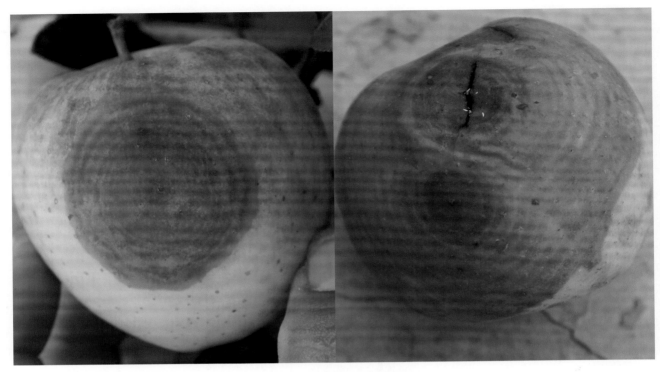

图1-16 苹果轮纹病为害果实情况

病　　原　梨生囊壳孢,有性世代*Physalospora piricola*,属子囊菌亚门真菌。无性世代*Macrophoma kawatsukai*称轮纹大茎点菌,属半知菌亚门真菌。子囊壳在寄主表皮下产生,黑褐色,球形或扁球形,具孔口。子囊长棍棒状,无色,顶端膨大,壁厚透明,基部较窄。子囊孢子单细胞,无色,椭圆形。分生孢子器扁圆形或椭圆形,具有乳头状孔口,内壁密生分生孢子梗。分生孢子梗棍棒状,单细胞,顶端着生分生孢子。分生孢子单细胞,无色,纺锤形或长椭圆形(图1-17)。

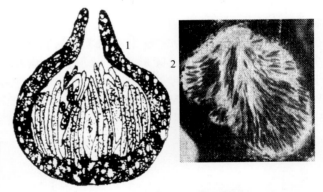

图1-17 苹果轮纹病病菌
1.子囊壳　2.分生孢子器和分生孢子

发生规律　以菌丝体、分生孢子器在病组织内越冬,于春季开始活动,随风雨传播到枝条和果实上。在果实生长期,病菌均能侵入,其中,从落花后的幼果期到8月上旬侵染最多。侵染枝条的病菌,一般从8月份开始以皮孔为中心形成新病斑,翌年病斑继续扩大。

防治方法　苹果轮纹病菌既侵染枝干,又侵染果实,而就其损失而言重点是果实受害,但枝干发病与果实发病有极为密切的关系,在防治中要兼顾枝干轮纹病的防治。加强肥水管理,休眠期清除病残体。果实套袋能有效保护果实,防止烂果病的发生。

及时刮除病斑:刮除枝干上的病斑是一个重要的防治措施,一般可在发芽前进行,刮病斑后涂70%甲基硫菌灵可湿性粉剂1份加豆油或其他植物油15份涂抹即可。冬季可对病树进行重刮皮。发芽前可喷一次2～3度石硫合剂或5%菌毒清水剂30倍液,刮病斑后喷药效果更好。

药剂防治的3个关键时期,第一次应在5月上中旬病害开始侵入期;第二次应在6月上旬(麦收前)病害侵入和初发期;第三次在6月下旬至7月上中旬。可根据病情间隔10～15天喷一次,共喷药2～3次。

在病菌开始侵入发病前(5月上中旬至6月上旬),重点是喷施保护剂,可以施用1:2:240

倍波尔多液、80%炭疽福美（福美双·福美锌）可湿性粉剂600倍液、75%百菌清可湿性粉剂600倍液、70%代森锰锌可湿性粉剂400~600倍液、65%丙森锌可湿性粉剂600~800倍液、30%碱式硫酸铜胶悬剂300~500倍液、53.8%氢氧化铜干悬浮剂800倍液，均匀喷施。

在病害侵入和初发期，应注意合理施用保护剂与治疗剂复配，以控制病害的侵入和发病。可以施用25%多菌灵可湿性粉剂500倍液、80%炭疽福美（福美双·福美锌）可湿性粉剂600倍液＋70%甲基硫菌灵可湿性粉剂800倍液、75%百菌清可湿性粉剂600倍液＋25%多菌灵可湿性粉剂500倍液、70%代森锰锌可湿性粉剂400~600倍液＋70%甲基硫菌灵可湿性粉剂800倍液等药剂，均匀喷洒。

在病害发病前期，应及时进行防治，以控制病害的为害。可以用50%异菌脲可湿性粉剂600~800倍液、75%百菌清可湿性粉剂600倍液＋10%苯醚甲环唑水分散粒剂2 000~2 500倍液、70%代森锰锌可湿性粉剂400~600倍液＋12.5%腈菌唑可湿性粉剂2 500倍液、50%多·霉威（多菌灵·乙霉威）可湿性粉剂1 000~1 500倍液、5%菌毒清水剂400~500倍液＋20%多·戊唑（多菌灵·戊唑醇）可湿性粉剂1 000~1 500倍液、40%霉粉清（三唑酮·多菌灵·福美双）可湿性粉剂600~750倍液、70%甲·福（甲基硫菌灵·福美双）可湿性粉剂800~1 000倍液、50%腈菌·锰锌（腈菌唑·代森锰锌）可湿性粉剂800~1 000倍液、12.5%腈菌唑可湿性粉剂2 500倍液等，在防治中应注意多种药剂的交替使用。

5. 苹果炭疽病

分布为害　苹果炭疽病在全国各地均有发生，以黄淮及华北地区发生较重。

症　　状　主要为害果实，也为害枝条。果实发病，初期果面出现淡褐色圆形小斑点，逐渐扩大，软腐下陷，腐烂果肉剖面呈圆锥状。病斑表面逐渐出现黑色小点，隆起，排列成轮纹状，潮湿时突破表皮涌出绯红色黏稠液滴（图1-18）。

图1-18　苹果炭疽病为害果实症状

病　　原　胶孢炭疽菌 *Colletorichum gloeospor-ioi* ，属半知菌亚门真菌。有性阶段为 *Glanerella cingulata* 称小丛壳菌、属子囊菌亚门真菌。分生孢子盘埋生于表皮下，成熟后突破表皮，涌出分生孢子；分生孢子盘内平行排列一层圆柱形或倒钻形的分生孢子梗，顶端着生分生孢子，常成团，呈绯红色，单胞，长卵圆形，两端含两个油球（图1-19）。

发生规律　以菌丝体、分生孢子盘在病果、僵果、果台枝条等处越冬。第二年春天，越冬病菌形成分生孢子为初侵染来源，主要通过雨水飞溅传播。苹果坐果后便可受侵染，在北方5月底、6月初进入侵染盛期；南方生育期早，4月底、5月初进入侵染盛期。幼果自7月开始发病，每次雨后有1次发病高峰，烂果脱落。果实生长后期也是发病盛期，贮藏期继续发病烂果（图1-20）。

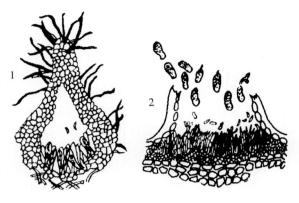

图1-19　苹果炭疽病病菌
1.子囊壳内的子囊及子囊孢子
2.分生孢子盘及分生孢子

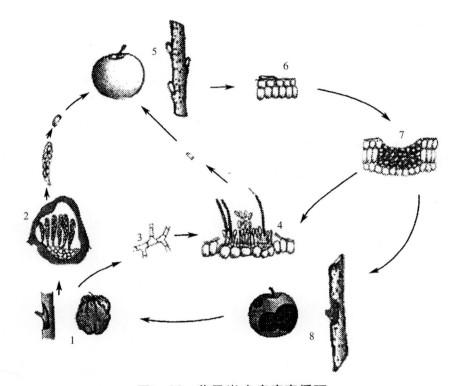

图1-20　苹果炭疽病病害循环
1.病菌在病残体上越冬 2.子囊壳、子囊及子囊孢子 3.菌丝 4.分生孢子盘
5.苹果果实、枝条 6.孢子萌发侵入寄主组织 7.侵染部位组织死亡并凹陷
8.发病的果实、枝条

防治方法　深翻改土，及时排水，增施有机肥，避免过量施用氮肥，增强树势，提高抗病力。及时中耕除草，降低园内湿度，精细修剪，改善树体通风透光条件；结合冬季修剪，彻底剪除树上的枯死枝、病虫枝、干枯果台和小僵果等。生长期发现病果或当年小僵果，应及时摘除。

在果树发芽前喷洒三氯奈醌50倍稀释液、5%～10%重柴油乳剂、五氯酚钠150倍稀释液或二硫基邻甲酚钠200倍稀释液，可有效铲除树体上宿存的病菌。

防治方法　深翻改土，及时排水，增施有机肥，避免过量施用氮肥，增强树势，提高抗病力。及时中耕除草，降低园内湿度，精细修剪，改善树体通风透光条件；结合冬季修剪，彻底剪除树上的枯死枝、病虫枝、干枯果台和小僵果等。生长期发现病果或当年小僵果、应及时摘除。

在果树发芽前喷洒三氯奈醌50倍稀释液、5%～10%重柴油乳剂、五氯酚钠150倍稀释液或二硫基邻甲酚钠200倍稀释液，可有效铲除树体上宿存的病菌。

生长期一般从谢花后10天的幼果期（5月中旬）开始喷药，在果实生长初期喷施高脂膜乳剂200倍液，病菌开始浸染时，喷施第1次药剂。以后根据药剂残效期，每隔15～20天喷1次，连续喷5～6次。注意交替选择药剂。

在病害开始侵入发病前重点是喷施保护剂，可以施用1∶2∶200～240倍波尔多液、30%碱式硫酸铜胶悬剂300～500倍液、53.8%氢氧化铜干悬浮剂800倍液、80%炭疽福美（福美双·福美锌）可湿性粉剂600倍液、75%百菌清可湿性粉剂600～800倍液、70%代森锰锌可湿性粉剂400～600倍液，均匀喷施。

在病害初发期（图1-21），应注意合理施用保护剂与治疗剂复配，可以施用80%炭疽福美（福美双·福美锌）可湿性粉剂600倍液＋70%甲基硫菌灵可湿性粉剂800倍液、75%百菌清可湿性粉剂600倍液＋50%多菌灵可湿性粉剂600倍液、70%代森锰锌可湿性粉剂400～600倍液＋70%甲基硫菌灵可湿性粉剂800倍液、70%代森锰锌可湿性粉剂400～600倍液＋12.5%腈菌唑可湿性粉剂2 500倍液、50%异菌脲可湿性粉剂600～800倍液、75%百菌清可湿性粉剂600倍液＋10%苯醚甲环唑水分散粒剂2 000～2 500倍液、50%多·霉威（多菌灵·乙霉威）可湿性粉剂1 000～1 500倍液、5%菌毒清水剂400～500倍液＋20%多·戊唑（多菌灵·戊唑醇）可湿性粉剂1 000～1 500倍液、50%腈菌·锰锌（腈菌唑·代森锰锌）可湿性粉剂800～1 000倍液、12.5%腈菌唑可湿性粉剂2 500倍液等，在防治中应注意多种药剂的交替使用。

在病害发生普遍时，应适当加大治疗剂

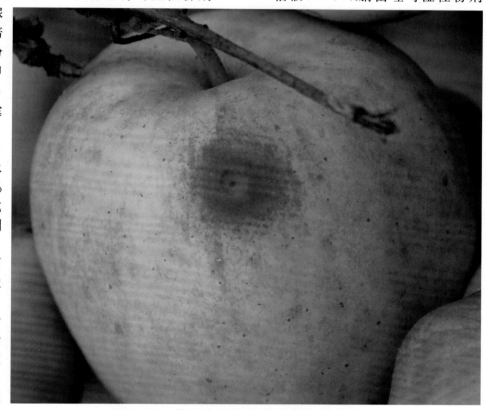

图1-21　苹果炭疽病果实为害初期症状

的药量，可以施用70%甲基硫菌灵可湿性粉剂500～600倍液、50%异菌脲可湿性粉剂500～600倍液、10%苯醚甲环唑水分散粒剂2 000～2 500倍液、12.5%腈菌唑可湿性粉剂2 500倍液、50%多·霉威（多菌灵·乙霉威）可湿性粉剂1 000～1 500倍液、5%菌毒清水剂400～500倍液＋20%多·戊唑（多菌灵·戊唑醇）可湿性粉剂1 000～1 500倍液等，在防治中应注意多种药剂的交替使用，发病前注意与保护剂混用。

6. 苹果花叶病

分布为害 苹果花叶病在我国各苹果产区均有发生，其中以陕西、河南、山东、甘肃、山西等地发生最重。

症 状 主要表现在叶片上（图1-22），重型花叶病叶片上出现大型褪绿斑区，鲜黄色，后为白色，幼叶沿叶脉变色，老叶上常出现大型坏死斑。轻型花叶，病叶上出现黄色斑点。沿叶脉变色型，主脉及侧脉变色，脉间多小黄斑，有时有坏死斑，落叶较少。

图1-22 苹果花叶病花叶症状

病 原 Apple mosaic virus（AMV），由李属坏死环斑病毒苹果株系侵染引起。病毒粒体球形。

发生规律 苹果树感染花叶病后，便成为全株性病害。病毒主要靠嫁接传播，无论砧木或接穗带毒，均可形成新的病株。此外，菟丝子可以传毒。树体感染病毒后，全身带毒，终生为害。萌芽后不久即表现症状，4～5月发展迅速，其后减缓，7～8月基本停止发展，甚至出现潜隐现象，抽发秋梢后又重新发展。

防治方法 选用无病毒接穗和实生砧木，采集接穗时一定要严格挑选健株。在育苗期加强苗圃检查，发现病苗及时拔除销毁。对病树应加强肥水管理，增施农家肥料，适当重修剪。干旱时应灌水，雨季注意排水。大树轻微发病的，增施有机肥，适当重剪，增强树势，减轻为害。

春季发病初期（图1-23），可喷洒1.5%植病灵乳剂1 000倍液、10%混合脂肪酸水乳剂100倍液、20%盐酸吗啉胍·铜可湿性粉剂1 000倍液、2%寡聚半乳糖醛酸水剂300～500倍液、3%三氮唑核苷水剂500倍液、2%宁南霉素水剂200～300倍液，隔10～15天喷1次，连续喷3～4次。

图1-23 苹果花叶病为害初期症状

7. 苹果银叶病

分布为害 苹果银叶病在河南、山东、安徽、山西、河北、江苏、上海、甘肃、云南、贵州、黑龙江省等地均有发生，在黄河故道为害较重。

症 状 主要表现在叶片和枝上。病叶呈淡灰色，略带银白色光泽（图1-24、图1-25）。病菌侵入枝干后，菌丝在木质部中扩展，向上可蔓延至一二年生枝条，向下可蔓延到根部、使病部木质部变为褐色，较干燥，有腥味，但组织不腐烂（图1-26）。在一株树上，往往先从一个枝上表现症状，以后逐渐增多，直至全株叶片变成"银叶"（图1-27）。银叶症状越严重，木质部变色也越严重。在重病树上，叶片上往往沿叶脉发生褐色坏死条点，用手指搓捻，病叶表皮易碎裂、卷曲。

图1-24 苹果银叶病为害初期症状

图1-25 苹果银叶病为害后期症状

图1-26 苹果银叶病为害枝干初期症状

图1-27 苹果银叶病为害枝干后期症状

病　　原　银叶菌 *Stereum purpureum*，属担子菌亚门真菌。病树病枝死后长子实体。子实体稍圆形或呈支架状，初为紫色，后变灰色，边沿色泽较浅。平伏生长的子实体直径1～115mm，有时伸展成片，多于树干或大枝的阴面发生。边沿反卷的子实体上面有绒毛，底面平滑。正面绒毛灰褐色，纵向生长，有轮纹。子实层混生有梨形泡状体。

发生规律　以菌丝体在病树木质部或以子实体在病树上越冬。江淮流域、黄河故道的4～5月雨水多。春、秋雨水频繁湿度高是病害流行的主要条件，子实体在春夏之间多雨时形成。病菌侵入寄主后，需要很长时间才发病。在9～11月，病菌又形成新的、第二次的子实体，又进行侵染。果园土壤黏重，地下水位较高，排水不良，树势衰弱发病较重；大树易发生病害，幼树较少。

防治方法　增强树势，清洁果园，减少病菌污染。果园内应铲除重病树和病死树，刨净病树根，除掉根蘖苗，锯去初发病的枝干，清除蘑菇状物。防止园内积水。防治其他枝干病虫害，以增强树势，减少伤口。

药剂治疗：展叶后向木质部注射灰黄霉素100倍液，1支药加水1kg，连续注射2～3次，秋后再注射一次，注射后加强肥水管理。对早期发现的轻病树，在加强栽培管理的基础上，采取药剂治疗。根据国外资料，对银叶病可用硫酸-8-羟基喹啉进行埋藏治疗。

用蒜泥防治：在每年的5～7月，选择紫皮大蒜，去皮，在器皿中捣烂成泥。用钻从患银叶病的主干基部开始向上打孔，每隔15～20cm打5～6个孔，深度以穿过髓部为宜。把蒜泥塞入孔内，将孔洞塞满，但不要超出形成层，以防烧烂树皮，然后用泥土封口，再用塑料条把孔口包紧。采用此法治疗苹果中前期银叶病，治愈率可达90%以上。

8. 苹果黑星病

症　　状　主要为害叶片和果实。叶片发病，病斑先从叶正面发生，也可从叶背面先发生；初为淡黄绿色的圆形或放射状，后逐渐变褐，最后变为黑色，周围有明显的边缘，老叶上更为明显；叶片患病较重时，叶片变小，变厚，呈卷曲或扭曲状。病叶常常数斑融合，病部干枯破裂。果实从幼果至成熟果均可受害，病斑初为淡黄绿色，圆形或椭圆形，逐渐变褐色或黑色，表面产生黑色绒状霉层。随着果实生长膨大，病斑逐渐凹陷，硬化，龟裂，病果较小，畸形（图1-28）。

图1-28　苹果黑星病病果

病　　原　苹果环黑星孢 *Spilocaea pomi* 和树状黑星孢 *Fusicladium dendriticum*，均属半知菌亚门真菌。菌丝初无色，后变为青褐色至红褐色。分生孢子梗丛生，深褐色，屈膝状或结节状，短而直立。分生孢子梭形或长卵圆形，深褐色。假囊壳球形或近球形，褐色至黑色，子囊长棍棒形或圆筒形，具短柄。子囊孢子卵圆形，青褐至黄褐色，双细胞（图1-29）。

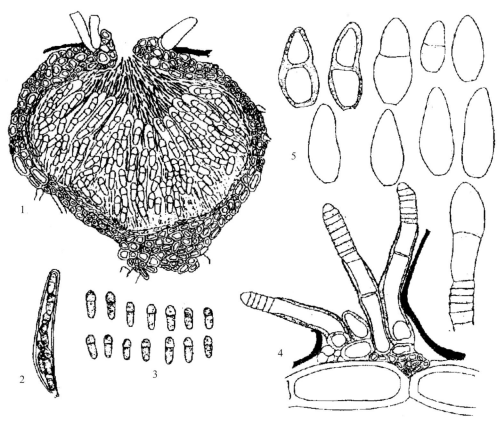

图1-29　苹果黑星病病菌
1.子囊壳　2.子囊　3.子囊孢子　4.分生孢子梗　5.分生孢子

发生规律　以子囊壳在落叶上越冬，春夏温、湿度条件适宜时，释放子囊孢子，随气流传播，落到叶片和果实以及其他绿色组织上，在适宜的温湿度下，子囊孢子发芽，侵入寄主组织，发病后再侵染靠分生孢子，田间分生孢子6~7月最多，该病菌可被蚜虫传播。早春是病害发生的主要时期。在苹果发病时期，阴雨连绵，雨量多，适于病菌侵染（图1-30）。

防治方法　清除初侵染源，秋末冬初彻底清除落叶、病果，集中烧毁或深埋。合理修剪，促使树冠通风透光，降低果园空气湿度。

发芽前，在地面喷洒0.5%二硝基邻甲酸钠或4:4:100的波尔多液，以杀死病叶内的子囊孢子。

于5月中旬花期后发病之前，开始喷洒1:2~3:160倍式波尔多液、53.8%氢氧化铜干悬浮剂1 000倍液、70%代森锰锌可湿性粉剂800倍液等，隔10~15天喷1次，连续喷2~3次。

在发病初期，可以用70%代森锰锌可湿性粉剂800倍液+50%苯菌灵可湿性粉剂800倍液、70%代森锰锌可湿性粉剂800倍液+70%甲基硫菌灵可湿性粉剂800倍液、70%代森锰锌可湿性粉剂800倍液+50%多菌灵可湿性粉剂800倍液，间隔10天喷1次，视病情调整药剂。

在发病较普遍时，可以用40%氟硅唑乳油10 000倍液、12.5%烯唑醇可湿性粉剂800~1 000倍液、70%甲基硫菌灵可湿性粉剂1 000倍液、50%腐霉利可湿性粉剂800倍液等，以后间隔7天喷1次，连续喷2~3次。

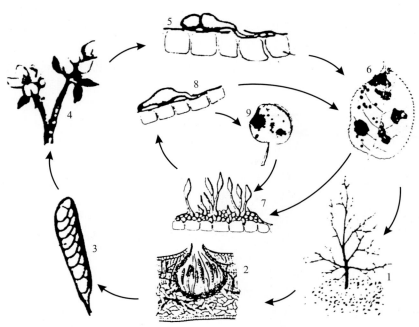

图1-30 苹果黑星病病害循环
1.病菌在落叶上越冬 2.成熟的假囊壳 3.子囊和子囊孢子
4.苹果花期 5.子囊孢子发芽侵入 6.病叶 7.分生孢子梗
及分生孢子 8.分生孢子发芽侵入 9.病果

9．苹果锈果病

症   状   主要表现于果实，其症状可分为3种类型。①锈果型（图1-31）：发病初期在果实顶部产生深绿色水渍状病斑，逐渐沿果面纵向扩展，发展成为规整的木栓化铁锈色病斑。锈斑组织仅限于表皮。随着果实的生长而发生龟裂，果面粗糙，果实变成凹凸不平的畸形果。②花脸型（图1-32）：病果着色前无明显变化，着色后，果面散生许多近圆形的黄绿色斑块，致使红色品种成熟后果面呈红、黄、绿相间的花脸症状。③混合型（图1-33）：病果表面有锈斑和花脸复合症状。病果着色前，多在果实顶部产生明显的锈斑，或于果面散生锈色斑块；着色后，在未发生锈斑的果面或锈斑周围产生不着色的斑块呈花脸状。

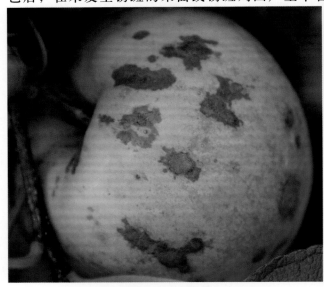

图1-31 苹果锈果病锈果型症状

图1-32 苹果锈果病花脸型症状

图1-33 苹果锈果病混合型症状

病　　原　类病毒侵染所致，一种是环状低分子量RNA，存在于染病成熟果实及枝条中；另一种也是环状分子，存在于病树枝条中。

发生规律　通过各种嫁接方法传染，也可通过病树上用过的刀、剪、锯等工具传染。梨树是此病的带毒寄主。梨树普遍潜带病毒但不表现症状。与梨树混栽的苹果园内或靠近梨园的苹果树发病较多。苹果树一旦染病，病情逐年加重，成为全株永久性病害。

防治方法　防治此病最根本的办法是栽培无毒苹果苗。严禁在疫区内繁殖苗木或外调繁殖材料；砍伐淘汰病树。果区发现病株，立即连根刨出烧毁。拔除病苗，刨掉病树。建立新果园时，要避免与梨树混栽。在病树较多、园地较偏僻地区进行高接换种。

药剂防治：①把韧皮部割开"门"形，上涂50万单位四环素或150万单位土霉素、150万单位链霉素，然后用塑料膜绑好，可减轻病害的发生。②根部插瓶。病树树冠下面东南西北各挖一个坑，各坑寻找直径0.5～1cm的根切断；插在已装好四环素、土霉素、链霉素150～200mg/kg的药液瓶里，然后封口埋土，于4月下旬、6月下旬、8月上旬各治疗一次，共治3次有明显防效。

10. 苹果锈病

症　　状　为害叶片，也能为害嫩枝、幼果和果柄。叶片初患病正面出现油亮的橘红色小斑点，逐渐扩大，形成圆形橙黄色的病斑，边缘红色（图1-34，图1-35）。发病严重时，一张叶片出现几十个病斑（图1-36）。叶柄发病，病部橙黄色，稍隆起，多呈纺锤形，初期表面产生小点状性孢子器，后期病斑背部产生毛刷状的锈孢子腔。新梢发病，刚开始与叶柄受害相似，后期病部凹陷、龟裂、易折断。果实发病，多在萼洼附近出现橙黄色圆斑，后变褐色，病果生长停滞，病部坚硬，多呈畸形。

图1-34 苹果锈病为害叶片症状

图1-35 苹果锈病叶片背面的锈孢子腔

图1-36 苹果锈病为害后期症状

病　　原　*Gymnosporangium yamadai*，属担子菌亚门真菌。性孢子器扁球形，埋生于表皮下。性孢子单胞，无色，纺锤形。锈孢子器呈管状。锈孢子球形或多角形，单胞，栗褐色，厚膜，表面有疣状突起。冬孢子双胞，暗褐色，具长柄，长圆形、椭圆形或纺锤形，分隔处略束缢（图1-37）。

发生规律　每年仅侵染1次。病菌在桧柏枝叶上菌瘿中以菌丝体过冬。翌年春季在桧柏上形成冬孢子萌发产生小孢子，借风力传播到苹果树上并进行侵染，传播距离可达2.5～5km，最远50km。落在果树上的孢子萌发后直接从叶片表皮细胞或气孔侵入。秋季锈孢子成熟后随风传播到针叶型桧柏上，形成菌瘿越冬（图1-38）。该病的发生与转主寄主的多少、距离、气候条件及品种有关。在担孢子传播的有效距离内，一般是桧柏多发病重。

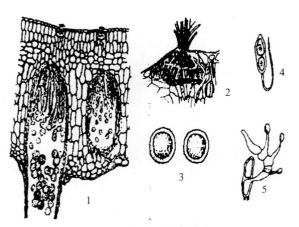

图1-37 苹果锈病病菌
1.锈子腔 2.锈子器 3.锈孢子 4.冬孢子
5.冬孢子萌发产生担子和担孢子

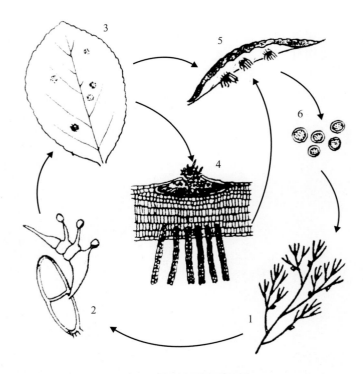

图1-38 苹果锈病病害循环
1.冬孢子在桧柏上越冬 2.冬孢子萌发产生担孢子 3.病叶
4.性孢子器及锈孢子层 5.病叶背面的锈孢子 6.锈孢子

防治方法　清除转主寄生，彻底砍除果园周围5km以内的桧柏、龙柏等树木。若桧柏不能砍除时，则应在桧柏上喷药，铲除越冬病菌。在苹果树发芽前往桧柏等转主寄主树上喷布药剂，消灭越冬病菌。可用波美3～5度石硫合剂、0.3%五氯酚钠100倍液。

展叶后，在瘿瘤上出现的深褐色舌状物未胶化之前喷第1次药。在第1次喷药后，如遇降雨，则雨后要立即喷第2次药，隔10天后喷第3次药。可用50%甲基硫菌灵可湿性粉剂600～800倍液、15%三唑酮可湿性粉剂1 000～2 000倍液、20%萎锈灵乳油1 500～3 000倍液、25%邻酰胺悬浮剂1 800～3 000倍液、30%醚菌酯悬浮剂1 200～2 000倍液、12.5%烯唑醇可湿性粉剂1 500～3 000倍液、12.5%氟环唑悬浮剂1 000～1 250倍液、40%氟硅唑乳油6 000～8 000倍液、70%代森锰锌可湿性粉剂800倍液+25%丙环唑乳油4 000倍液，建议在药剂中加入3 000倍的皮胶，效果更好。

11. 苹果霉心病

为害症状　主要为害果实。果实受害是从心室开始，逐渐向外扩展霉烂（图1-39）。病果果心变褐，充满灰色或粉红色霉状物。当果心霉烂发展严重时，果实胴部可见水浸状不规则的湿腐斑块，斑块可彼此相连，最后全果腐烂，果肉味苦。生长期，病果外观无症状，

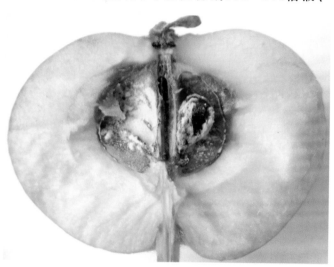

图1-39　苹果霉心病病果

比健果早着色，易脱落。贮藏期，病部只在心室，呈褐色、淡褐色，有时夹杂青色或墨绿色，湿润状。

病　　原　该病由链格孢菌*Alternaria* spp.，粉红单端孢菌*Trichothecium roseum*，头孢霉*Cephalosporium* sp. 等多种病菌引起，均属半知菌亚门真菌（图1-40）。

发生规律　以菌丝体在病果或坏死组织内越冬，翌年春产生孢子，借气流传播，开花期通过萼筒至心室间的开口进入果心。开始侵入果心的时期一般为5月下旬，果实开始发病的时间为6月下旬。病菌进入果心以后并非立即扩展致病，只有到果实衰老时才蔓延引起发病。阴湿地区比干旱地区发病重，晚春高湿温暖，夏季忽干忽湿都有利于霉腐病发生；果园管理粗放，结果过量，有机肥料不足，矿物质营养不均衡；地势低洼潮湿，树冠郁闭，树势衰弱等因素都有利于发病。

防治方法　合理施肥，增施有机肥料，避免偏施氮肥，在幼果期和果实膨大期，喷硝酸钙250倍液1～2次，能延缓果实衰老，减轻该病发展。在初果期，叶面适时喷施磷、钾、钙等微量元素，可促使果树生长健壮，提高抗病力。

果发芽前喷洒波美3～5度石硫合剂加用0.3%的五氯酚钠，铲除病菌，减少田间菌源。

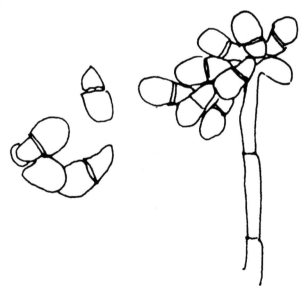

图1-40　苹果霉心病粉红单端孢菌

于花前、花后及幼果期每隔半月喷1次护果药，防止霉菌侵入，药剂可选用1：2：200倍式波尔多液、50%异菌脲可湿性粉剂1 000倍液、50%甲基硫菌灵·硫磺悬浮剂800倍液、50%多霉灵（多菌灵+乙霉威）可湿性粉剂1 000倍液、5%菌毒清水剂200～300倍液、70%代森锰锌可湿性粉剂600～800倍液+10%多氧霉素可湿性粉剂1 000～1 500倍液、15%三唑酮可湿性粉剂1 000倍

液、70%甲基硫菌灵可湿性粉剂1 000倍液等，可有效降低采收期的心腐果率。

果实套袋：套袋前喷一次1：2：200倍式波尔多液。幼果形成即套袋。

12. 苹果白粉病

分布为害 苹果白粉病在世界上广泛分布，为害严重，近年来发病日趋加重。此病在国内各苹果产区均有发生，其中，尤以渤海湾地区、西北各省以及四川、云南高海拔的苹果新发展地区发病严重，一般为害不重，但有的年份，也可大发生，新梢被害率高达70%～80%。对海棠幼苗可造成严重为害。可造成新梢停止发育，直至枯死。

症　状 主要为害苹果树的幼苗或嫩梢、叶片，也可为害芽、花及幼果。嫩梢染病，生长受抑制，节间缩短，其上着生的叶片变得狭长或不开张，变硬变脆，叶缘上卷，初期表面被覆白色粉状物，后期逐渐变为褐色，严重的整个枝梢枯死（图1-41）。叶片染病，叶背初现稀疏白粉，新叶略呈紫色，皱缩畸形，后期白色粉层逐渐蔓延到叶正反两面，叶正面色泽浓淡不均，叶背产生白粉状病斑，病叶变得狭长，边缘呈波状皱缩或叶片凹凸不平；严重时，病叶自叶尖或叶缘逐渐变褐，最后全叶干枯脱落。

病　原 白叉丝单囊壳 *Podosphaera leucotricha*，属子囊菌亚门真菌。无性世代为 *Oidium* sp. 属半知菌亚门真菌。菌丝无色透明，多分枝，有隔膜且纤细。分生孢子梗棍棒形。分生孢子无色，单胞，为卵圆形至近圆筒形。闭囊壳近球形，壳壁由多角形厚壁细胞所组成，黄褐色到暗褐色。子囊在壳内单生，呈圆球形或近圆球形，无色。子囊内含有 8个子囊孢子，呈不规则排列。孢子无色，单胞，卵形至近球形（图1-42）。

图1-41 苹果白粉病病叶

发生规律 病菌以菌丝在冬芽的鳞片内越冬。春季冬芽萌发时，越冬菌丝产生分生孢子经气流传播侵染。4～9月为病害发生期，4～5月气温较低，为白粉病的发生盛期。6～8月发病缓慢或停滞，待9月秋梢萌发时又开始第二次发病高峰。

防治方法 结合冬季修剪，剔除病梢和病芽，苹果展叶至开花期，剪除新病梢和病叶丛、病花丛烧毁或深埋。加强栽培管理，避免偏施氮肥，使果树生长健壮，控制灌水。秋季增施农家肥，冬季调整树体结构改善光照，提高抗病力。

冬季结合防治其他越冬病虫，喷波美3～5度石硫合剂或70%硫磺可湿性粉剂150倍稀释液。保护的重点时期放在春季，芽萌发后嫩叶尚未展开时和谢花后7～10天是药剂防治的两次关键期。

春季于嫩叶尚未展开发病前期，喷施70%丙森锌可湿性粉

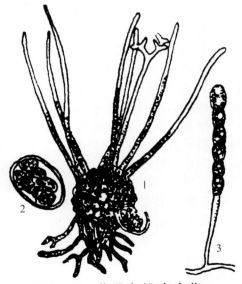

图1-42 苹果白粉病病菌
1.闭囊壳 2.子囊 3.分生孢子

剂600～700倍液、80%代森锌可湿性粉剂500～700倍液、70%代森锰锌可湿性粉剂600～800倍液、50%克菌丹可湿性粉剂400～500倍液、50%灭菌丹可湿性粉剂200～400倍液、3%多氧霉素水剂400～600倍液、2%嘧啶核苷类抗生素水剂200倍液、1.5%多抗霉素可湿性粉剂200～500倍液。

在苹果谢花后7～10天，白粉病发病初期，可用25%三唑酮可湿性粉剂2 000倍液、12.5%烯唑醇可湿性粉剂2 000倍液、6%氯苯嘧啶醇可湿性粉剂1 000～1 500倍液、60%噻菌灵可湿性粉剂1 500～2 500倍液、30%吡嘧磷乳油1 000～1 500倍液、20%唑菌胺酯水分散性粒剂1 000～2 000倍液、40%环唑醇悬浮剂7 000～10 000倍液、40%氟硅唑乳油8 000～10 000倍液、30%氟菌唑可湿性粉剂2 000～3 000倍液等药剂，间隔10～20天喷1次，共防治3～4次。重病园间隔10～15天再喷1次药。

13．苹果灰斑病

症　　状　　主要为害叶片，果实、枝条、嫩梢均可受害。叶片染病，初呈红褐色圆形或近圆形病斑，边缘清晰，后期病斑变为灰色，中央散生小黑点，即病菌分生孢子器（图1-43、图1-44）。病斑常数个愈合，形成大型不规则形病斑。病叶一般不变黄脱落，但严重受害的叶片可出现焦枯现象（图1-45）。果实染病，形成灰褐色或黄褐色、圆形或不整形稍凹陷病斑，中央散生微细小粒点。

图1-43　苹果灰斑病为害叶片初期症状

图1-44　苹果灰斑病为害叶片中期症状

图1-45　苹果灰斑病为害后期症状

病　　原　梨叶点霉*Phyllosticta pirina*，属半知菌亚门真菌。分生孢子器埋生于表皮下，球形或扁球形，深褐色，有乳头状孔口突出于表皮，分生孢子梗极短，无分隔，着生于孢子器内壁的底部和四周；分生孢子单胞、无色、卵形或椭圆形（图1-46）。

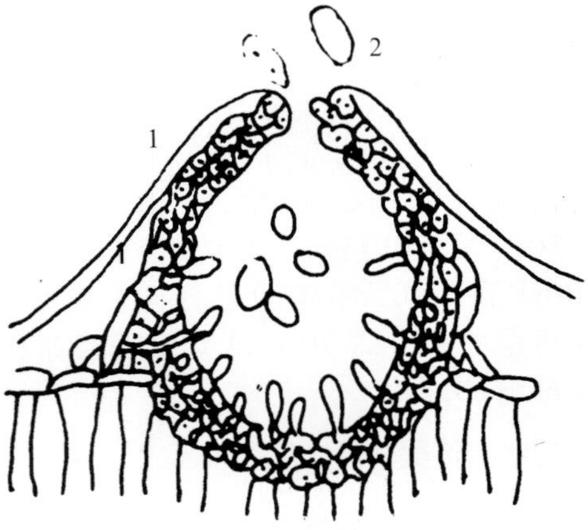

发生规律　以菌丝体和分生孢子器在落叶上越冬。春季产生分生孢子，借风雨传播。一般与褐斑病同时发生，但在秋季发病较多，为害也较重。高温、高湿、降雨多而早的年份发病早且重。苹果各品种间感病性存在明显差异。青香蕉、印度、元帅等易感病，金冠、国光、秋花皮等次之。

防治方法　发病严重地区，选用抗病品种。灰斑病发生多在秋季，所以应重点抓好后期防治。

图1-46　苹果灰斑病病菌
1.分生孢子器　2.分生孢子

发病前以保护剂为主，可以用1∶2∶200倍式波尔多液、200倍锌铜石灰液（硫酸锌0.5∶硫酸铜0.5∶石灰2∶水200）、30%碱式硫酸铜胶悬剂300~500倍液、70%代森锰锌可湿性粉剂500~600倍液等。

发病初期及时治疗，可以用36%甲基硫菌灵悬浮剂500倍液+70%代森锰锌可湿性粉剂500~600倍液、50%混杀硫悬浮剂500~600倍液、80%乙蒜素乳油800~1 000倍液、50%异菌脲可湿性粉剂1 000~1 500倍液、10%多氧霉素可湿性粉剂1 000~1 500倍液+70%代森锰锌可湿性粉剂500~600倍液、60%多菌灵盐酸盐超微粉600~800倍液+70%代森锰锌可湿性粉剂500~600倍液。喷药时间可根据发病期确定，一般可在花后结合防治白粉病或食心虫等喷第1次药，以后隔10~20天喷1次，连续防治3~4次。

14．苹果褐腐病

症　　状　主要为害果实，多以伤口为中心，果面发生褐色病斑，逐步扩展，使全果呈褐色腐烂，且有蓝黑色斑块。在田间条件下，随着病斑的扩大，从病斑中心开始，果面上出现一圈圈黄色突起物，渐突破表皮，露出绒球状颗粒，浅土黄色，上面被粉状物，呈同心轮纹状排列（图1-47）。在贮藏期，当空气潮湿时，有白色菌丝蔓延到果面。

病　　原　有性世代 *Sclerotinia fructigena*，核盘菌，属子囊菌亚门真菌。菌核黑色，不规则形。子囊盘漏斗状，平滑，灰褐色。子囊无色，棍棒状，侧丝棒状，无色。无性世代 *Monilia fructigena* 称丛梗孢，属半知菌亚门真菌。分生孢子梗着生在垫状子实体上，丝状，无色。分生孢子单胞，无色，椭圆形，念珠状串生。

图1-47　苹果褐腐病为害果实症状

发生规律　病菌在病果和病枝中越冬。春季产生分生孢子，随风传播。病菌可经皮孔侵入果实，但主要是通过各种伤口侵入，刺伤、碰压伤和虫伤果以及裂果容易受害。贮藏期内，病果上的病菌可以蔓延侵害相邻的无伤果实。病害的流行主要和雨水、湿度有关，多雨高温条件下发生较重。

防治方法　及时清除树上树下的病果、落果和僵果，秋末或早春施行果园深翻，掩埋落地病果等措施。搞好果园的排灌系统，防止水分供应失调而造成严重裂果。

在北方果区，中熟品种在7月下旬及8月中旬、晚熟品种在9月上旬和9月下旬各喷一次药，较有效的药剂是 1∶1∶160~200倍波尔多液、70%甲基硫菌灵或50%多菌灵可湿性粉剂800~1 000倍液、50%苯菌灵可湿性粉剂1 000倍液。

15．苹果疫腐病

症　　状　主要为害果实、树的根颈部及叶片。果实染病（图1-48），果面形成不规则、深浅不匀的褐斑，边缘不清晰，呈水渍状，致果皮果肉分离，果肉褐变或腐烂，湿度大时病部生有白色绵毛状菌丝体，病果初呈皮球状，有弹性，后失水干缩或脱落。苗木或成树根颈部染病，皮层出现暗褐色腐烂，多不规则，严重的烂至木质部，致病部以上枝条发育变缓，叶色淡，叶小，秋后叶片提前变红紫色，落叶早，当病斑绕树干一周时，全树叶片凋萎或干枯（图1-49）。叶片染病，初呈水渍状，后形成灰色或暗褐色不规则形病斑，湿度大时，全叶腐烂。

病　　原　*Phytophthora cactorum* 称恶疫霉，属卵菌。无性阶段产生游动孢子和厚垣孢子，有性阶段形成子囊菌亚门真孢子。游动孢子囊无色、单胞、椭圆形，顶端具乳头状突起；卵孢子无色或褐色球形，壁平滑，雄器侧位。

发生规律　病菌主要以卵孢子、厚垣孢子及菌丝随病组织在土壤中越冬。翌年遇有降雨或灌溉时，形成游动孢子囊，产生游动孢子，随雨滴或流水传播蔓延，果实在整个生育期均可染病，7~8月发病最多，每次降雨后，都会出现侵染和发病小高峰，因此，雨多、降雨量大的年份发病早且重。尤以距地面1.5m的树冠下层及近地面果实先发病，且病果率高。生产上，地势低洼或积水、四周杂草丛生，树冠下垂枝多、局部潮湿发病重。

防治方法　及时清理落地果实并摘除树上病果、病叶，然后集中处理；改善果园生态环境，排除积水，降低湿度，树冠通风透光可有效地控制病害；翻耕和除草时注意不要碰伤根颈部。必要时进行桥接，可提早恢复树势，增强树木的抗病性。

在落花后浇灌或喷洒72%霜脲·锰锌可湿性粉剂600倍液、70%代森锰锌可湿性粉剂500~700倍液、64%甲霜·锰锌可湿性粉剂600~800倍液、69%烯酰·锰锌可湿性粉剂600倍液、60%烯酰吗啉可湿性粉剂700倍液，间隔7~10天再喷1次。连续喷2~3次。

16．苹果花腐病

症　　状　主要为害花、幼果。花腐症状有两种：一是当花蕾刚出现时，就可染病腐烂，病花呈黄褐色枯萎；二是由叶腐蔓延引起，使花丛基部及花梗腐烂，花朵枯萎（图1-50）。果腐是

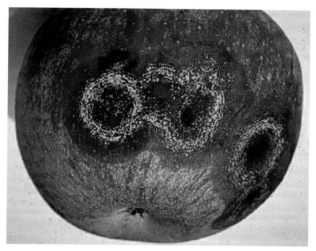

图1-48　苹果疫腐病为害果实症状

图1-49　苹果疫腐病为害根颈症状

图1-50　苹果花腐病为害叶片症状

25

病菌从柱头侵入，通过花粉管而到达子房，而后穿透子房壁而达果面。幼果豆粒大时果面发生褐色病斑，病斑处溢出褐色黏液，并有发酵的气味，很快全果腐烂，失水后变为僵果，仍长在花丛或果台上。

病　　原　有性世代 *Monilinia mali*，属子囊菌亚门真菌。菌核为黑色，生于受害组织中。子囊盘为蘑菇状，肉质，褐色或暗褐色。子囊圆筒形，内含有8个子囊孢子。子囊孢子无色，单胞，椭圆形，有侧丝。侧丝无色，少有分枝。无性世代大型分生孢子为柠檬形，无色，单胞；小型分生孢子为球形，无色，单胞。

发生规律　病菌在落到地面上的病果中越冬。翌年春季菌核萌发产生子囊盘和子囊孢子，成为第一次侵染源，侵染叶片，引起叶腐和花腐。病叶、病花上产生的灰白色霉状物，即病菌的分生孢子，成为第二次侵染源。分生孢子经由花的柱头侵染，引起果腐和枝腐。病果失水枯萎落地后，在病果内形成菌核越冬。开花期降雨可引起果腐的大发生。山地果园发病重，平原较轻，通风透光差以及管理粗放的果园发病较重。

防治方法　果实采收后，要彻底清除果园内落地病果；及时摘除树上的病叶、病花和病果，并要集中一起烧毁或深埋，以减少菌源；在春季化冻后、子囊盘产生之前，把果园全部深翻一遍，深度15cm以上。果园要增施有机质肥料，要深翻改土，合理修剪，以增强树势、提高抗病能力。

从果树萌芽到开花期（萌芽期、初花期、盛花期）连续喷药2~3次，如这段时间高温干燥，喷2次药即可，第一次在萌芽期，第二次在初花期，如花期低温潮湿，果树物候期延长，可于盛花末期增加1次喷药。

喷2次药即可，第一次在萌芽期，第二次在初花期，如花期低温潮湿，果树物候期延长，可于盛花末期增加1次喷药。

发芽前喷布波美5度石硫合剂1次。在树冠下喷布五氯酚钠100~200倍液或撒施25kg/亩生石灰以减少菌源。

预防叶腐须在展叶初期，可喷布70%甲基硫菌灵可湿性粉剂800~1 000倍液、50%代森铵水剂600~800倍液、65%代森锌可湿性粉剂500倍液、77%氢氧化铜可湿性粉剂500倍液、2%嘧啶核苷类抗生素水剂400倍液、50%腐霉利可湿性粉剂1 000~1 500倍液、50%异菌脲可湿性粉剂1 000~1 500倍液，间隔4天再喷1次。

预防果腐要在开花盛期喷施50%多菌灵可湿性粉剂500~600倍液、70%甲基硫菌灵可湿性粉剂700倍液1次。

17. 苹果根癌病

症　　状　主要在根颈部位发生，侧根和支根上也能发生，发病初期在被侵染处发生黄白色小瘤，瘤体逐渐增大，并逐渐变黄褐色至暗褐色（图1-51）。瘤的内部组织木质化，表皮粗糙，近圆形或不定形，一般在两年生苗上，可长出直径5~6cm的瘤，小的如核桃，大树根瘤直径可达10~15cm，病树根系发育不良，地上部生长受阻，所以多数病株衰弱，但一般不死亡。

图1-51　苹果根癌病为害根部症状

病　　原　*Agrobacterium tumefacins*　一种杆状细菌，有鞭毛1~3根，单极生有荚膜，不形成孢子，革兰氏染色阴性。

发生规律　病原细菌在病组织中和土壤中越冬，在土壤中可存活1年以上。雨水和灌溉水是传病的主要媒介。此外，地下害虫如蛴螬、蝼蛄、线虫等在病害传播上也起一定的作用。其中苗木带菌是远距离传播的重要途径。病菌通过伤口侵入寄主，嫁接、昆虫或人为因素造成的伤口，都能作为病菌侵入的途径。从病菌侵入到呈现病瘤一般需几周到1年以上。苗木和幼树易发病，一般根枝嫁接苗培土时间过久发病重。中性微碱性的土壤发病重。土壤黏重、排水不良的发病多。

防治方法　加强管理，增施有机肥。结合秋施基肥，深翻改土，挖施肥沟施入绿肥、农家肥等，改善土壤理化性状，提高有机质含量，增强通透性，并根据苹果的需肥规律，进行适时适量追肥和叶面喷肥，并注意补充铁、锌等微量元素，注意氮肥不可过量，雨季及时排水，防止果园积水，保证根系正常发育。改良土壤，选择育苗地，使苹果园土壤变为弱酸性。选用无菌地育苗，苗木出圃时，要严格检查，发现病苗应立即淘汰。苗圃忌长期连年育苗。

苗木栽植前用70%甲基硫菌灵可湿性粉剂500倍液、波美4～5度石硫合剂浸根5～10分钟，取出后晾干，再进行栽植，要把嫁接口露出地面。

经常观察树体地上部生长情况，发现病株，扒开土壤，露出树根，用快刀切除病瘤，然后用80%乙蒜素乳油50倍液、50%福美双可湿性粉剂100倍液涂抹切口进行消毒，再外涂波尔多液进行保护。

18. 苹果紫纹羽病

症　　状　主要为害根及根颈部，在根群中先在小根开始发病，逐渐向主侧根及根颈部发展，病部初期生黄褐色病斑，组织内部发生褐变（图1-52），病部逐渐生出紫色绒状菌丝层，并有紫黑色菌索，尤其在病健交界处常见。病部表面有时可见到半球形的菌核。后期病根部先腐朽，木质部朽栏，在根颈附近地表面生出紫色菌丝层。病株地上部分新梢短，叶片变小，颜色稍淡，不变黄，座果多，全树出现细小而短的结果枝，有的品种如美夏，叶柄中脉发红，部分枝条干枯，植株生长衰弱，严重时全株枯死。

图1-52　苹果紫纹羽病为害根部症状

病　　原　桑卷担菌*Helicobasidium mompa*，属子囊菌亚门真菌。病根表面生出的紫色菌丝层，其外层是子实体层，上有担子，担子圆筒形，无色由4个细胞组成，3个隔膜，向一方弯曲；小梗无色，圆锥形。小梗上着生担孢子，担孢子无色，单细胞，卵圆形，顶端圆，基部尖。菌核半球形，紫色。

发生规律　病菌以菌丝体、根状菌索或菌核在病根上或遗留在土壤越冬，根状菌索和菌核在土壤中可存活5～6年。条件适宜由菌核或根状菌索上长出菌丝。首先侵害细根，而后逐渐蔓延到粗根。病根和健根的接触是该病扩展、蔓延的重要途径，带菌苗木是该病远距离传播的途径。病害发生盛期多在7～9月，发生轻重与刺槐的关系密切，即带病刺槐是该病的主要传播媒价。靠近刺槐的苹果树易发生紫纹羽病。低洼潮湿积水的果园发病重，果园间作带有紫纹羽病的甘薯等作物也易诱发该病。

防治方法　苗木出圃时，要进行严格检查，发现病苗必须淘汰。要做好开沟排水。增施有机肥，在土壤中主要以根状菌索进行传播的紫纹羽病，在果园中只要一见到病株马上在病株周围挖1m以上的深沟，加以封锁，防止病菌向邻近健株蔓延传播。

对有染病嫌疑的苗木或来自病区的苗木，可将根部放入70%甲基硫菌灵可湿性粉剂500倍液中浸10～30分钟，然后栽植。苗木消毒除应用上述药液外，也可在45℃的温汤中浸20～30分钟，以杀死根部菌丝。

如发现果树地上部生长衰弱，叶形变小或叶色褪黄症状时，应再扒开根部周围的土壤进行检查。确定根部有病后，则应切除已霉烂的根，再灌施药液或撒施药粉。可用70%五氯硝基苯250～300倍液、70%甲基硫菌灵可湿性粉剂500～1 000倍液、50%多菌灵可湿性粉剂600～800倍液，大树灌注药液50～75kg/株，小树用药量酌情减少。

19．苹果轮斑病

症　　状　主要为害叶片，也可侵染果实。叶片染病，病斑多集中在叶缘。病斑初期为褐色至黑褐色圆形小斑点，后扩大，叶缘的病斑呈半圆形，叶片中部的病斑呈圆形或近圆形，淡褐色且有明显轮纹，病斑较大。后期病斑中央部分呈灰褐至灰白色，其上散生黑色小粒点，病斑常破裂或穿孔（图1-53）。高温潮湿时，病斑背面长出黑色霉状物，即病菌分生孢子梗和分生孢子。

病　　原　苹果链格孢菌 *Alternaria mali*，属半知菌亚门真菌。分生孢子梗束状，常从气孔伸出，暗褐色，弯曲，多胞；分生孢子顶生，短棒锤形，暗褐色，单生或链生，具2～5个横隔，1～3个纵隔。

发生规律　病菌以菌丝或分生孢子在落叶上越冬。翌春菌丝萌发产生分生孢子，随风雨传播，经各种伤口侵入叶片进行初侵染。夏季高温多雨时发生重；北方地区在叶片受雹伤后和暴风雨后，发病较多。管理粗放、树势弱易发病。

防治方法　清除越冬菌源。秋末冬初清除落叶，集中烧毁。

图1-53　苹果轮斑病为害叶片后期症状

发病初期，开始喷洒1：2～3：240倍式波尔多液、50%异菌脲可湿性粉剂1 000～1 500倍液、30%碱式硫酸铜胶悬剂300～500倍液、36%甲基硫菌灵悬浮剂500～800倍液、70%代森锰锌可湿性粉剂500～600倍液、50%混杀硫悬浮剂500～600倍液、10%多氧霉素可湿性粉剂1 000～1 500倍液、80%乙蒜素乳油800～1 000倍液、60%多菌灵盐酸盐超微粉600～800倍液、50%甲基硫菌灵·硫磺悬浮剂800～1 000倍液。喷药时间可根据发病期确定，以后隔20天喷1次，连续防治2次。

20．苹果圆斑病

症　　状　主要侵害叶片，有时也侵害叶柄、枝梢和果实。叶片染病初生黄绿色至褐色边缘清晰的圆斑，病斑与健部交界处略呈紫色（图1-54），中央具一黑色小粒点，即病菌的分生孢子器，形如鸡眼状；叶柄、枝条染病，生淡褐或紫色卵圆形稍凹陷病斑；果实染病，果面产生不规则形稍突起暗褐色不规则或呈放射状污斑，斑上具黑色小粒点，斑下组织硬化或坏死，有时龟裂。

病　　原　孤生叶点霉菌 *Phyllosticta solitaria*，属半知菌亚门真菌。分生孢子器椭圆形或近球形，埋生于表皮下，上端具一孔口，深褐色；分生孢子单胞、无色，卵形或椭圆形，内具透明状油点。

发生规律　病菌以菌丝体或分生孢子器在病枝上越冬。翌年产生分生孢子，借风雨传播蔓延，进行初侵染和再侵染，此病多在气温低时发生，黄河流域4月下旬至5月上旬始见，5月中下旬进入盛期，一直可延续到10月中下旬。果园管理跟不上，树势弱发病重。

防治方法　加强栽培管理，增强树势以提高抗病力。土质黏重或地下水位高的果园，要注意排水，同时注意整形修剪，使树通风透光。秋冬收集落叶集中处理。冬季耕翻也可减少越冬菌源。

在落花后发病前喷洒1：2：200倍式波尔多液、64%杀毒矾（恶霉灵·代森锰锌）可湿性粉剂500倍液、50%甲基硫菌灵可湿性粉剂800～1 000倍液、2%嘧啶核苷类抗生素水剂200～300倍液、70%丙森锌可湿性粉剂500～600倍液、25%多菌灵悬浮剂300～400倍液等。每隔20天左右喷药1次，连喷3～4次。

图1-54　苹果圆斑病为害叶片症状

21. 苹果干腐病

症　状　主要为害主枝和侧枝，也可为害果实。枝干受害，有两种类型，①溃疡型：发生在成株的主枝、侧枝或主干上。一般以皮孔为中心，形成暗红褐色圆形小斑，边缘色泽较深。病斑常数块乃至数十块聚生一起，病部皮层稍隆起，表皮易剥离，皮下组织较软，颜色较浅。病斑表面常湿润，并溢出茶褐色黏液。后期病部干缩凹陷，呈暗褐色，病部与健部之间裂开，表面密生黑色小粒点。潮湿时顶端溢出灰白色的团状物。②干腐型：成株、幼树均可发生。成株：主枝发生较多。病斑多有阴面，尤其在遭受冻害的部位。初生淡紫色病斑，沿枝干纵向扩展，组织枯干，稍凹陷，较坚硬，表面粗糙，龟裂，病部与健部之间裂开（图1-55），表面亦密生黑色小粒点。严重时亦可侵及形成层，使木质部变黑。幼树：幼树定植后、初于嫁接口或砧木剪口附近形成不整形紫褐色至黑褐色病斑，沿枝干逐渐向上（或向下）扩展，使幼树迅速枯死。以后病部失水，凹陷皱缩，表皮呈纸膜状剥离。病部表面亦密生黑色小粒点，散生或轮状排列。被害果实，初期果面产生黄褐色小点，逐渐扩大成同心轮纹状病斑。条件适宜时，病斑扩展很快，数天整果即可腐烂。

病　原　贝氏葡萄座腔菌,有性世代为*Botryosphaeria berengeriana*，属子囊菌亚门真菌。子囊壳生于树皮表层下的子座内。子座黑色，炭质，内侧色浅，先埋生，后突破表皮，露出顶端。子囊壳黑色，扁球形或洋梨形，具乳突状孔口，内有许多子囊和侧丝。子囊长棍棒状，无色，顶端细胞壁较肥厚。子囊孢子单胞，无色，椭圆形。侧丝无色，不分隔。无性世代的分生孢子器有两种类型：①大茎点菌属*Macrophoma*型，无子座，分生孢子器散生于病部表皮下，暗褐色，扁球形。分生孢子单胞，长纺锤形至椭圆形。②小穴壳菌属*Dothiorella*型，有子座，多与子囊壳混生于同一子座内，分生孢子椭圆至长纺锤形，无色，单胞。病菌的生育温度为10～35℃，最适温为28℃。

发生规律　病菌以菌丝体、分生孢子器及子囊壳在枝干发病部位越冬，第二年春季病菌产生孢子进行侵染。病菌孢子随风雨传播，经伤口侵入，也能从死亡的枯芽和皮孔侵入。病菌先在伤口死组织上生长一段时间，再侵染活组织。在干旱季节发病重，6～7月发病重，7月中旬雨季来临时病势减轻。果园管理水平低，地势低洼，肥水不足，偏施氮肥，结果过多，导致树势衰弱时发病重；土壤板结瘠薄、根系发育不良病重；伤口较多，愈合不良时病重。对于苗木，如果出圃时受伤过重或运输过程中受旱害和冻害的病害严重。

图1-55 苹果干腐病为害枝干症状

    防治方法   培养壮苗，加强栽培管理，苗圃不可施大肥大水，尤其不能偏施速效性氮肥催苗，防止苗木徒长，提高树体抗病力为中心。改良土壤，提高保水能力，旱季灌溉，雨季防涝。

    保护树体，防止冻害及虫害，对已出现的枝干伤口，涂药保护，促进伤口愈合，防止病菌侵入。常用药剂有1%硫酸铜，或波美5度石硫合剂加1%～3%五氯酚钠盐等。

    喷药保护：大树可在发芽前喷1:2:240倍式波尔多液2次。在病菌孢子大量散布的5～8月，结合其他病害的防治，喷施50%多菌灵可湿性粉剂或50%甲基硫菌灵可湿性粉剂600～800倍液3～4次，保护枝干、果实和叶片。

22. 苹果枝溃疡病

    症　　状   只为害枝条，以1～3年生枝发病较多，产生溃疡型病疤。病菌在秋季或初冬从芽痕、叶丛枝、短果枝基部，甚至伤口处侵入。病部初为红褐色圆形小斑，逐渐扩大呈梭形，中部凹陷，边缘隆起呈脊状，病斑四周及中央发生裂缝并翘起。病皮内部暗褐色，质地较硬，多烂到木质部，使当年生木质部坏死，不能加粗生长（图1-56）。天气潮湿时，在裂缝周围有成堆着生的粉白色霉状的分生孢子座。病部还可见到其他腐生菌的粉状或黑色小点状的子实体。后期病疤上的坏死皮层脱落，使木质部裸露在外，四周则为隆起的愈伤组织。翌年，病菌继续向外蔓延，病斑又呈梭形同心环纹状扩大一圈；如此，病斑年复一年地成圈扩展。被害枝易从病疤处被风折断，造成树体缺枝，有的树甚至无主枝或中央领导枝，引起产量锐减。

    病　　原   仁果癌丛赤菌*Nectria galligena*，属子囊菌亚门真菌，无性世代为仁果干癌柱孢霉*Cylindro sporium mali*，属半知菌亚门真菌。子座白色，子囊壳鲜红色，球形或卵形，子囊圆筒形或棍棒形；子囊孢子双胞，无色，长椭圆形。分生孢子盘无色或灰色，盘状或平铺状；分生孢子梗短，分生孢子无色、线形；具大孢子和小孢子两种。大孢子圆筒形，具3～5个隔膜。小孢子卵圆形或椭圆形，单胞或双胞。

发生规律 病原以菌丝体在病组织中越冬。春天产生分生孢子，借助昆虫及雨水、气流传播。秋天落叶前后，为病菌的主要侵染时期。病菌只能从伤口侵入，其中以叶痕周围的裂缝为主，也可从病虫造成的伤口、剪锯口和冻伤处侵入。地势低洼，土壤较黏重、潮湿，秋季易积水，以及偏施氮肥的果园，发病较重。

防治方法 清除菌源，细枝感病后，应结合果园修剪剪除病枝。如大枝发病应

图1-56 苹果枝溃疡病为害枝条症状

在春季结合防治腐烂病进行刮治病斑。加强栽培管理，减少侵入伤口。加强肥水管理，修剪适度，以增强树体的抗病能力。及时刮除粗皮翘皮。

药剂防治：秋季50%落叶时，喷布50%氯溴异氰尿酸可溶性粉剂500倍液。其他防治方法参见"苹果树腐烂病"。

23．苹果干枯病

症　状 主要为害定植不久的幼树，多在地面以上10～30cm处发生。春季在上年一年生病梢上形成2～8cm长的椭圆形病斑，多沿边缘纵向裂开而下陷，与树分离，当病部老化时，边缘向上卷起，致病皮脱落，病斑环绕新梢一周时，出现枝枯，则可致幼树死亡，病斑上产生黑色小粒点（图1-57、图1-58），即病菌分生孢子器。湿度大时，从器中涌出黄褐色丝状孢子角。病斑从基部开始变深褐色，向上方蔓延，病斑红褐色。

病　原 茎生拟茎点霉*Phomopsis truncicola*，属半知菌亚门真菌。分生孢子器埋生在子座里，近球形，黑色，顶端具孔口。分生孢子有二型：α型孢子纺锤形或椭圆形，无色，单胞，具两个油球；β型孢子钩状或丝状，单胞无色。

发生规律 病菌主要以分生孢子器或菌丝在病部越冬。翌春遇雨或灌溉水，释放出分生孢子，借水传播蔓延，当树势衰弱或枝条失水皱缩及受冻害后易诱发此病。

防治方法 加强栽培管理，园内不与高秆作物间作，冬季涂白，防止冻害及日灼；剪除带病枝条，在分

图1-57 苹果干枯病为害枝干症状

生孢子形成以前清除病枝或病斑，以减少侵染源。

刮治病斑：尤其在春季发芽前后要经常检查，刮后应涂药保护。对病重果树，应剪除病枝干，带出果园处理。

在分生孢子释放期，每半个月喷洒1次40%多菌灵悬浮剂或36%甲基硫菌灵悬浮剂500倍液、50%甲基硫菌灵·硫磺悬浮剂800倍液、50%混杀硫悬浮剂500倍液。

图1-58　苹果干枯病病枝上的黑色小粒点

24. 苹果树枝枯病

症　状　为害苹果大树上衰弱的枝梢，多在结果枝或衰弱的延长枝前端形成褐色不规则凹陷斑，病部发软，红褐色，病斑上长出橙红色颗粒状物，即病菌的分生孢子座。发病后期病部树皮脱落，木质部外露，严重的枝条枯死（图1-59，图1-60）。

图1-59　苹果树枝枯病为害枝条症状

图1-60　苹果树枝枯病为害枝条枯死症状

病　原　朱红丛赤壳菌*Nectria cinnabarina*，属子囊菌亚门真菌。子座瘤状，子囊壳丛生，扁圆形，表面粗糙，鲜红色；子囊棍棒状；子囊孢子长卵形，双胞，无色。无性态为*Tubercularia vulgaris*称普通瘤座孢。分生孢子丛粉红色，分生孢子长卵圆形。

发生规律　病菌多以菌丝或分生孢子座在病部越冬。翌年降雨或天气潮湿时，分生孢子溢出，借风雨传播蔓延，病菌属弱寄生菌，只有在枝条十分衰弱且有伤口的情况下，才能侵入，引致枝枯。

防治方法　夏季清除并销毁病枝，以减少苹果园内侵染源；修剪时留桩宜短，清除全部死枝。

在分生孢子释放期，每半个月喷洒1次40%多菌灵可湿性粉剂或36%甲基硫菌灵悬浮剂500倍液、50%甲基硫菌灵·硫磺悬浮剂800倍液、50%混杀硫悬浮剂500倍液、50%苯菌灵可湿性粉剂1 500～2 000倍液。

25．苹果树木腐病

症　状　多发生在苹果衰老树的枝干上，为害老树皮，造成树皮腐朽和脱落，使木质部露出，并逐渐往周围健树皮上蔓延，形成大型条状溃疡斑，削弱树势，重者引起死树（图1-61）。

病　原　普通裂褶菌*Schizophyllum commune*，属担子菌亚门真菌。子实体常呈覆瓦状着生，质韧，白色或灰白色，上具绒毛或粗毛，扇状或肾状，边缘向内卷，有多个裂瓣；菌褶窄，从基部辐射而出，白色至灰白色，有时呈淡紫色，沿边缘纵裂反卷；担孢子无色光滑圆柱状，生在阔叶树或针叶树的腐木上。

发生规律　病原菌在干燥条件下，菌褶向内卷曲，子实体在干燥过程中收缩，起保护作用，经长期干燥后遇有合适温湿度，表面绒毛迅速吸水恢复生长能力，在数小时内即能释放孢子进行传播蔓延。

防治方法　加强苹果园管理，发现病死或衰弱老树，要及早挖除或烧毁。对树龄弱或树龄高的苹果树，应采用配方施肥技术，以恢复树势增强抗病力。见到病树长出子实体以后，应马上去除，集中深埋或烧毁，病部涂1%硫酸铜消毒。

保护树体，千方百计减少伤口，是预防本病重要有效措施，对锯口要涂1%硫酸铜液消毒后再涂波尔多液或煤焦油等保护，以促进伤口愈合，减少病菌侵染。

图1-61　苹果树木腐病为害枝干症状

26．苹果煤污病

症　状　多发生在果皮外部，在果面产生棕褐色或深褐色污斑，边缘不明显，似煤斑，菌丝层很薄用手易擦去，常沿雨水下流方向发病（图1-62）。

病　原　仁果都壳孢*Gloeodes pomigena*，属半知菌亚门真菌。菌丝几乎全表生，形成薄膜，上生黑点，即病菌分生孢子器，有时菌丝细胞可分裂成厚垣孢子状；分生孢子器半球形，分生孢子圆筒形，直或稍弯，无色，成熟时双细胞，两端尖。

发生规律　病菌以菌丝在一年生枝、果台、短果枝、顶芽、侧芽、及树体表面等倍位越冬。此外，果园内外杂草、树木也是病菌的越冬场所，可谓越冬场所之广泛，无处不有。春季产生分生孢子，借风雨和昆虫（蚜虫、介壳虫、粉虱等）传播。果实至6月初到采收前均可被侵染，7月中下旬至8月下旬的雨季为侵染盛期。多雨高湿是病害发生的主导因素。夏季阴雨连绵、秋季雨水较多的年份发病严重。地势低洼、积水窝风、树下杂草丛生、树冠郁密、通风不良等均有利于病害发生。

防治方法　冬季清除果园内落叶、病果、剪除树上的徒长枝集中烧毁，减少病虫越冬基数；夏季管理，7月份对郁闭果园进行2次夏剪，疏除徒长枝、背上枝、过密枝，使树冠通风透光，同时注意除草和排水。果实套袋。

发病初期药剂防治，可选用下1∶2∶200波尔多液、77%氢氧化铜可湿性粉剂500倍液、75%

百菌清可湿性粉剂800～900倍液、70%甲基硫菌灵可湿性粉剂1 000倍液、80%代森锰锌可湿性粉剂800倍液、10%多氧霉素可湿性粉剂1 000～1 500倍液、50%苯菌灵可湿性粉剂1 500倍液、50%乙烯菌核利可湿性粉剂1 200倍液等。

在降雨量多、雾露日多果园以及通风不良的山沟果园，喷药3～5次，每次相隔10～15天。可结合防治轮纹病、炭疽病、褐斑病等一起进行。

27．苹果黑点病

症　状　主要为害果实，影响外观和食用价值，枝梢和叶片也可受害。果实染病，初围绕皮孔出现深褐色至黑褐色或墨绿色病斑，病斑大小

图1-62　苹果煤污病为害果实症状

不一，小的似针尖状，大的直径5mm左右，病斑形状不规则稍凹陷，病部皮下果肉有苦味不深达果内，后期病斑上有小黑点，即病原菌子座或分生孢子器（图1-63）。

病　原　苹果间座壳*Diaporthe pomigena*，属子囊菌亚门真菌。子囊壳生在子座内，球形。子囊圆筒形，子囊孢子8个，纺锤形，双胞无色。无性世代为苹果斑点柱孢霉*Cylindrosporium pomi*属半知菌亚门真菌。分生孢子器扁球形。分生孢子为卵形至梭形，单胞无色。

发生规律　病菌在落叶或染病果实病部越冬。翌春病果腐烂，病部的小黑点，即病原菌的子座、子囊壳或分生孢子器，产生子囊孢子或分生孢子进行初侵染或再侵染，苹果落花后10～30天易染病，7月上旬开始发病，潜育期40～50天。靠分生孢子传播蔓延。

防治方法　果实套袋，可减少食心虫为害；改善树冠和果园的风光条件，可在7～8月份进行1～2次疏枝疏梢，彻底改变树冠的通透条件。防止树盘积水，控制使用氮肥。及时排除树盘积水，进行划锄散墒，保持土壤的湿度相对稳定。

苹果果实套袋前，可喷施36%甲基硫菌灵悬浮剂600～800倍液、2%嘧啶核苷类抗生素水剂500～600倍液、50%多菌灵可湿性粉剂800～1 000倍液、10%苯醚甲环唑水分散粒剂

图1-63　苹果黑点病为害果实症状

2 000～3 000倍液、80%代森锰锌可湿性粉剂800～1 000倍液、40%恶唑菌酮乳油1 200～1 500倍液、50%甲基硫菌灵·硫磺悬浮剂800～1 000倍液。

二、苹果虫害

苹果害虫为害严重的有卷叶蛾、食心虫、红蜘蛛、蚜虫、金纹细蛾等。卷叶蛾、食心虫、红蜘蛛、蚜虫广泛分布于我国各苹果产区；红蜘蛛以渤海湾苹果产区发生较重；金纹细蛾在辽宁、河北、山东、安徽、甘肃、陕西、山西等省产区发生较严重。

1．绣线菊蚜

分　　布　　绣线菊蚜（*Aphis citricola*）又叫苹果黄蚜，北起黑龙江、内蒙古，南至中国台湾、广东、广西均有分布为害。

为害特点　　成虫及若虫群集嫩叶背面和新梢嫩芽上刺吸汁液，使叶片向背面横卷。严重时新梢和嫩叶上布满蚜虫，叶子皱缩不平，成为红色，抑制新梢生长，导致早期落叶和树势衰弱（图1-64、图1-65）。

形态特征　　无翅胎生雌蚜长卵圆形，多为黄色，有时黄绿或绿色。头浅黑色，具10根毛。触角6节，丝状。有翅胎生雌蚜体长近纺锤形，触角6节，丝状，较体短，体表网纹不明显。若虫鲜

图1-64　绣线菊蚜为害苹果叶片状　　　　图1-65　绣线菊蚜为害苹果新梢症状

黄色，复眼、触角、足、腹管黑色。无翅若蚜体肥大，腹管短。有翅若蚜胸部较发达，具翅芽。卵椭圆形，初淡黄至黄褐色，后漆黑色，具光泽。

发生规律　　一年生10多代，以卵在枝杈、芽旁及皮缝处越冬。翌春寄主萌动后越冬卵孵化为干母，4月下旬于芽、嫩梢顶端、新生叶的背面为害，开始进行孤雌生殖直到秋末，只有最后1代进行两性生殖，无翅产卵雌蚜和有翅雄蚜交配产卵越冬。5月下旬开始出现有翅孤雌胎生蚜，并迁飞扩散；6~7月繁殖最快，是虫口密度迅速增长的为害严重期；8~9月雨季虫口密度下降，10~11月产生有性蚜交配产卵，一般初霜前产下的卵均可安全越冬。

防治方法　　剪除虫枝，雨水冲刷，夏季修剪。防治绣线菊蚜宜抓住两个关键时期：一是果树

花芽膨大若虫孵化期，将蚜虫消灭在孵化之后；二是谢花后，与防治红蜘蛛相结合，将其消灭在繁殖为害初期。

消灭在繁殖为害初期。

果树发芽前喷洒5%柴油乳剂，可得到很好的预防效果。

果树花芽膨大期，越冬卵孵化盛期，及时喷洒48%毒死蜱乳油1 500～2 000倍液、40%氧乐果乳油1 500～2 000倍液、10%吡虫啉可湿性粉剂2 000～3 000倍液、3%啶虫脒乳油2 000～2 500倍液、10%烯啶虫胺可溶性液剂4 000～5 000倍液、20%哒嗪硫磷乳油500～800倍液、40%蚜灭磷乳油1 000～1 500倍液、50%二溴磷乳油1 000～1 500倍液、50%抗蚜威可湿性粉剂3 000倍液，可得到很好的防治效果。

谢花后，成虫产卵盛期，结合防治红蜘蛛，可用2.5%氯氟氰菊酯乳油1 000～2 000倍液、2.5%高效氯氟氰菊酯乳油1 000～2 000倍液、2.5%溴氰菊酯乳油1 500～2 500倍液、5.7%氟氯氰菊酯乳油1 000～2 000倍液、20%甲氰菊酯乳油4 000～6 000倍液、10%氯菊酯乳油1 500～3 000倍液、1.8%阿维菌素乳油3 000～4 000倍液、0.3%印楝素乳油1 000～1 500倍液、10%氯噻啉可湿性粉剂4 000～5 000倍液、52.25%毒死蜱·氯氰菊酯乳油2 000倍液、10%浏阳霉素乳油1 000倍液等药剂均匀喷雾。

2. 苹小卷叶蛾

分　　布　苹小卷叶蛾（*Adoxophyes orana*）在国内大部分果区有分布，寄主范围很广。

为害特点　幼虫为害果树的芽、叶、花和果实，小幼虫常将嫩叶边缘卷曲，以后吐丝缀合嫩叶（图1-66至图1-70）；大幼虫常将2～3张叶片平贴，或将叶片食成孔洞或缺刻，将果实啃成许多不规则的小坑洼。

图1-66　苹小卷叶蛾为害苹果叶片症状

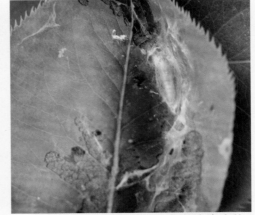

图1-67　苹小卷叶蛾为害梨叶片症状

图1-68　苹小卷叶蛾为害桃叶片症状

图1-69　苹小卷叶蛾为害杏叶片症状

图1-70　苹小卷叶蛾为害桃叶后期症状

形态特征　成虫黄褐色，触角丝状，前翅略呈长方形，翅面上常有数条暗褐色细横纹；后翅淡黄褐色微灰。腹部淡黄褐色，背面色暗（图1-71）。卵扁平椭圆形，淡黄色半透明，孵化前黑褐色。幼虫细长翠绿色，前胸盾和臀板与体色相似或淡黄色（图1-72、图1-73）。蛹较细长，初绿色后变黄褐色（图1-74）。

图1-71　苹小卷叶蛾成虫

图1-72　苹小卷叶蛾幼龄幼虫

图1-73　苹小卷叶蛾老龄幼虫

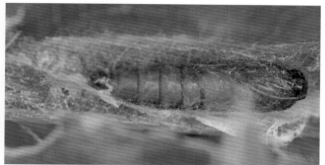

图1-74　苹小卷叶蛾蛹

发生规律 在我国北方地区，每年发生3代。黄河故道、关中及豫西地区，每年发生4代。以初龄幼虫潜伏在剪口、锯口、树丫的缝隙中、老皮下以及枯叶与枝条贴合处等场所作白色薄茧越冬。越冬代至第3代成虫分别发生于5月上中旬，6月下旬、7月中旬，8月上中旬和9月底至10月上旬。雨水较多的年份发生最严重，干旱年份少。

防治方法 冬春刮除老皮、翘皮及梨潜皮蛾幼虫为害的爆皮。春季结合疏花疏果，摘除虫苞。苹果树萌芽前，用药剂涂抹剪口可减少越冬虫量；同时掌握越冬幼虫出蛰盛期及第1代卵孵化盛期的防治关键时期。

果树萌芽初期，越冬幼虫出蛰前用50%敌敌畏乳油200倍液、90%晶体敌百虫200～300倍液涂抹剪锯口等幼虫越冬部位，可杀死大部分幼虫。

越冬幼虫出蛰盛期及第1代卵孵化盛期，可用50%辛硫磷乳油1 200倍液、40%氧乐果乳油1 000～1 500倍液、25%喹硫磷乳油1 000～1 200倍液、48%毒死蜱乳油1 500～2 000倍液、20%甲氰菊酯乳油2 000倍液、20%氰戊菊酯乳油1 000～1 500倍液、20%丁硫克百威乳油1 000～1 500倍液、18%杀虫双水剂500～800倍液、5%顺式氰戊菊酯乳油2 000～3 000倍液、25%灭幼脲悬浮剂1 500～2 000倍液、20%虫酰肼悬浮剂1 500～2 000倍液、20%杀铃脲悬浮剂5 000～6 000倍液、5%氟铃脲乳油1 000～2 000倍液、24%甲氧虫酰肼悬浮剂2 400～3 000倍液、5%氟虫脲乳油500～800倍液、5%虱螨脲乳油1 000～2 000倍液均匀喷雾。

3.苹果全爪螨

分 布 苹果全爪螨（*Panonychus ulmi*）国内分布较普通，在中国以渤海湾苹果产区发生较重。

为害特点 以成螨在叶片上为害，叶片受害后初期呈现失绿小斑点，逐渐全叶失绿，严重时叶片黄绿、脆硬，全树叶片苍白或灰白，一般不易落叶（图1-75、图1-76）。

图1-75 苹果全爪螨为害叶片症状　　　　图1-76 苹果全爪螨为害初期症状

图1-77 苹果全爪螨成螨

形态特征 雌成螨体半圆球形，背部隆起，红色至暗红色。雄成螨体卵圆形，腹部末端尖削。初为橘红色，后变深红色（图1-77）。卵为球形稍扁，夏卵橘红色，冬卵深红色。幼螨、若螨圆形，橘红色，背部有刚毛。

发生规律 一年发生6~9代。以卵在短果枝、果台和小枝皱纹处密集越冬。次年花芽萌发期越冬卵开始孵化，花序分离时是孵化盛期。落花期是越冬代雌成螨盛期。5月下旬是卵孵化盛期，此时是一个有利的防治时期。6月上中旬是第1代成螨盛期。在黄河故道地区只有春秋雨季发生较重，越冬卵多，春夏之交能造成一定为害。

防治方法 春季防治越冬卵量大时，果树发芽前喷布95%机油乳剂50倍液杀越冬卵。

根据苹果全爪螨田间发生规律，全年有3个防治适期，第一，4月下旬为越冬卵盛孵期，此时正值苹果花序分离至露头期，苹果叶片面积小，虫体较集中；加之，此时为幼、若螨态，其抗药性差，是药剂防治的最有效时期。第二，5月中旬为第1代夏卵孵化末期，即苹果终花后一周，幼、若螨发生整齐，防治效果较佳。第三，8月底至9月初为第6代幼、若螨发生期，是压低越冬代基数的关键时期。

可用15%哒螨灵乳油2 500倍液、20%哒螨灵·三氯杀螨砜可湿性粉剂1 000~1 500倍液、20%四螨嗪水悬剂3 000倍液、5%噻螨酮乳油2 000倍液、10%喹螨醚乳油4 000~5 000倍液、5%唑螨酯悬浮剂2 000倍液、73%炔螨特乳油2 000倍液、25%三唑锡可湿性粉剂1 500倍液、25%苯丁锡可湿性粉剂500~1 500倍液、5%阿维·哒乳油3 000倍液、20%双甲脒乳油1 500倍液、20%三氯杀螨醇乳油1 000倍液、10%浏阳霉素乳油750~1 500倍液、1.8%阿维菌素乳油2 500~3 000倍液、2.5%多杀霉素悬浮剂1 000~2 000倍液、1%甲氨基阿维菌素乳油3 000~4 000倍液均匀喷雾。

4．苹果绵蚜

分　布 苹果绵蚜（*Eriosoma lanigerum*），最早仅发现于辽东半岛、胶东半岛和云南昆明等局部区域。近年来，随着苹果栽培面积的增加及大规模调运果树苗木和接穗，苹果绵蚜的为害与蔓延日趋加重和扩大。

为害特点 成虫、若虫群集于苹果的枝干、枝条及根部，吸取汁液。受害部膨大成瘤，常因该处破裂，阻碍水分、养分的输导，严重时树体逐渐枯死。幼苗受害，可使全枝死亡（图1-78至图1-80）。

图1-78 苹果绵蚜为害枝条症状

图1-79 苹果绵蚜为害枝干症状

图1-80 苹果绵蚜枝条越冬状

形态特征 无翅胎生蚜体卵圆形，暗红褐色，体背有4排纵列的泌蜡孔，白色蜡质绵毛覆盖全身（图1-81）。有性胎生蚜头部及胸部黑色，腹部暗褐色，复眼暗红色。翅透明，翅脉及翅痣棕色。有性雌蚜口器退化，头、触角及足均为淡黄绿色，腹部红褐色，稍被绵状物。卵椭圆形，初产为橙黄色，后渐变为褐色。幼若虫呈圆筒形，绵毛稀少，喙长超过腹部。

图1-81 无翅胎生蚜

发生规律　在我国一年发生12～18代，以 1～2龄若虫在枝、干病虫伤疤边缘缝隙、剪锯口、根蘖基部或残留在蜡质绵毛下越冬。4月上旬，越冬若虫即在越冬部位开始活动为害，5月上旬开始胎生繁殖，初龄若虫逐渐扩散、迁移至嫩枝叶腋及嫩芽基部为害。5月下旬至7月初是全年繁殖盛期，6月下旬至7月上旬出现全年第1次盛发期。9月中旬以后，天敌减少，气温下降，出现第 2 次盛发期。至11月中旬平均气温降至7℃，即进入越冬。

防治方法　休眠期结合田间修剪及刮治腐烂病，刮除树缝、树洞、病虫伤疤边缘等处的绵蚜，剪掉受害枝条上的绵蚜群落，集中处理。再用40%氧乐果乳油10～20倍液涂刷枝干、枝条，应重点涂刷树缝、树洞、病虫伤疤等处，压低越冬基数。苹果树发芽开花前及苹果树部分叶片脱落后为绵蚜的防治适期。

苹果树发芽开花之前（3月中下旬至4月上旬），用1.8%阿维菌素乳油3 000～5 000倍液、50%二溴磷乳油1 000～1 500倍液、22%毒死蜱·吡虫啉乳油1 500～2 000倍液、48%毒死蜱乳油2 000倍液、10%吡虫啉可湿性粉剂2 000～3 000倍液、50%抗蚜威超微可湿性粉剂1 500倍液、2.5%溴氰菊酯乳油2 000倍液均匀喷雾。

苹果绵蚜发生季节，5月上旬开始胎生繁殖，初龄若虫逐渐扩散时，树体可喷施22%毒死蜱·吡虫啉乳油1 500～2 000倍液、50%二溴磷乳油1 000～1 500倍液、50%抗蚜威可湿性粉剂3 000倍液、20%丁硫克百威乳油2 000～3 000倍液、2.5%氯氟氰菊酯乳油1 000～2 000倍液、2.5%高效氯氰菊酯水乳剂1 000～2 000倍液、20%甲氰菊酯乳油4 000～6 000倍液、1.8%阿维菌素乳油3 000～4 000倍液、0.3%印楝素乳油1 000～1 500倍液、0.65%苦蒿素水剂400～500倍液、10%烯啶虫胺可溶性液剂4 000～5 000倍液等。施药时特别注意喷药质量，喷洒周到细致，压力要大些，喷头直接对准虫体，将其身上的白色蜡质毛冲掉，使药液接触虫体，提高防治效果。

苹果树部分叶片脱落之后（11月），可用3%啶虫脒乳油1 500～2 000倍液、40%灭蚜磷乳油1 000～1 500倍液、40%杀扑磷乳油1 000～1 500倍液、35%硫丹乳油1 200～1 500倍液，结合其他病虫的防治喷施药剂1～3次，可控制其为害。

5. 金纹细蛾

分　　布　金纹细蛾（*Lithocolletis ringoniella*）在辽宁、河北、山东、安徽、甘肃、河南、陕西、山西等省产区发生。

为害特点　幼虫从叶背潜入叶内，取食叶肉，形成椭圆形虫斑。叶片正面虫斑稍隆起，出现白色斑点，后期虫斑干枯，有时脱落，形成穿孔（图1-82）。

形态特征　成虫体金黄色，头部银白色，顶部有两丛金色鳞毛；前翅基部至中部的中央有一条银白色剑状纹，后翅披针形（图1-83）。卵扁椭圆形，乳白色，半透明。初龄幼虫淡黄绿色，细纺锤形，稍扁（图1-84）；老龄幼虫浅黄色。蛹体黄褐色（图1-85、图1-86）。

发生规律　一年发生5代，以蛹在被害叶中越冬。越冬代成虫于4月上旬出现，发生盛期在4月下旬。以后各代成虫的发生盛期分别为：第1代在6月中旬，第2代在7月中旬，第3代在8月中旬，第4代在9月下旬，第5代幼虫于10月底开始在叶内化蛹越冬。

防治方法　果树落叶后，结合秋施基肥，清扫枯枝落叶，深埋，

图1-82　金纹细蛾为害叶片症状

图1-83　金纹细蛾成虫

图1-84　金纹细蛾初龄幼虫

图1-85　金纹细蛾初蛹

图1-86　金纹细蛾蛹

消灭落叶中越冬蛹。防治指标是第1代百叶虫口1~2头，第2代是百叶虫口4~5头。重点防治时期在第1代和第2代成虫发生期，即控制第2代和第3代幼虫为害。

常用药剂有1.8%阿维菌素乳油4 000倍液、30%阿维·灭幼悬浮剂2 000~3 000倍液、5%阿维·毒乳油2 000倍液、40%水胺硫磷乳油1 000倍液、95%杀虫单原粉1 200~1 500倍液、18%杀虫双水剂400~500倍液、2.5%氯氟氰菊酯乳油2 000~4 000倍液、20%灭多威乳油1 000~2 000倍液、25%灭幼脲悬浮剂2 000~4 000倍液、20%除虫脲悬浮剂3 000倍液、20%杀铃脲悬浮剂5 000倍液、5%氟虫脲乳油5 000倍液、5%氟铃脲乳油2 000~2 500倍液匀喷雾。

6．顶梢卷叶蛾

分布为害　顶梢卷叶蛾（*Spilonota lechriaspis*）在东北、华北、华东、西北等地均有分布。

为害特点　幼虫为害嫩梢，仅为害枝梢的顶芽。幼虫吐丝将数片嫩叶缠缀成虫苞，并啃下叶背绒毛作成筒巢，潜藏入内，仅在取食时身体露出巢外。为害后期顶梢卷叶团干枯，不脱落（图1-87）。

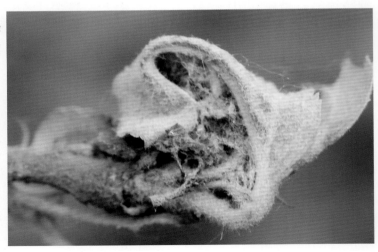

图1-87　顶梢卷叶蛾为害苹果顶芽症状

形态特征　成虫体长6～8mm，全体银灰褐色。前翅前缘有数组褐色短纹；基部1/3处和中部各有一暗褐色弓形横带，后缘近臀角处有一近似三角形褐色斑，此斑在两翅合拢时并成一菱形斑纹；近外缘处从前缘至臀角间有8条黑色平行短纹（图1-88）。卵扁椭圆形，乳白色至淡黄色，半透明，长径0.7mm，短径0.5mm。卵粒散产。幼虫老熟时体长8～10mm，体污白色，头部、前胸背板和胸足均为黑色（图1-89）。无臀栉。蛹体长5～8mm，黄褐色，尾端有8根细长的钩状毛。茧黄色白绒毛状，椭圆形。

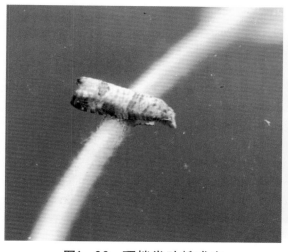

图1-88　顶梢卷叶蛾成虫

图1-89　顶梢卷叶蛾幼虫为害苹果症状

发生规律　一年发生2～3代。以2～3龄幼虫在枝梢顶端卷叶团中越冬。早春苹果花芽展开时，越冬幼虫开始出蛰，早出蛰的主要为害顶芽，晚出蛰的向下为害侧芽。幼虫老熟后在卷叶团中作茧化蛹。在一年发生3代的地区，各代成虫发生期：越冬代在5月中旬至6月末；第1代在6月下旬至7月下旬；第2代在7月下旬至8月末。每雌蛾产卵6～196粒，多产在当年生枝条中部的叶片背面多绒毛。第1代幼虫主要为害春梢，第2、第3代幼虫主要为害秋梢，10月上旬以后幼虫开始越冬。

防治方法　彻底剪除枝梢卷叶团，是消灭越冬幼虫的主要措施。

在开花前越冬幼虫出蛰盛期和第1代幼虫发生初期，进行药剂防治，以减少前期虫口基数，避免后期果实受害。药剂可参考苹小卷叶蛾。可用80%敌敌畏乳油或40%乐果乳油、50%三唑磷乳油1 500～2 000倍液、25%喹硫磷乳油、50%杀螟松乳油、50%马拉硫磷乳油1 000倍液、10%溴马乳油、20%菊马乳油、20%氯马乳油、20%甲氰菊酯乳油2 000倍液、2.5%溴氰菊酯乳油、20%氰戊菊酯乳油3 000～3 500倍液、10%联苯菊酯乳油4 000～5 000倍液。

7. 桑天牛

分布为害　天牛（*Apriona germari*）分布广泛初孵幼虫在2～4年生枝干中蛀食，逐渐深入心材。从枝干被害处表面，可见到一排粪孔，孔外和地面上有红褐色虫粪（图1-90）。

图1-90　桑天牛为害枝干症状

形态特征 成虫黑褐至黑色密被青棕或棕黄色绒毛。鞘翅基部密布黑色光亮的颗粒状突起，翅端内、外角均呈刺状突出（图1—91）。卵长椭圆形，初乳白色，后变淡褐色。幼虫圆筒形乳白色。头黄褐色（图1—92）。蛹纺锤形，初淡黄后变黄褐色。

图1—91 桑天牛成虫

图1—92 桑天牛幼虫

发生规律 一年发生1代，以幼虫在枝条内越冬。寄主萌动后开始为害，落叶时休眠越冬。6月中旬开始出现成虫，成虫多在晚间取食嫩枝皮和叶，以早、晚较盛，取食15天左右开始产卵，卵经过15天左右开始孵化为幼虫。7~8月成虫盛发期。

防治方法 7~9月幼虫孵化，并向枝条基部蛀入；防治时可选最下的1个新粪孔，将蛀屑掏出，然后用钢丝或金属针插入孔道内，钩捕或刺杀幼虫。6月下旬至8月下旬成虫发生期，每天傍晚巡视果园，捕捉成虫。成虫白天不活动，可振动树干使虫落地捕杀。

幼虫发生盛期，对新排粪孔，用80%敌敌畏乳油100倍液、30%高效氯氰菊酯可湿性微胶囊剂4 000~6 000倍液、15.7%吡虫啉可湿性微胶囊剂3 000~4 000倍液、40%氧乐果乳油50~100倍液、50%敌敌畏乳油50~100倍液、20%三唑磷水剂50~100倍液、2.5%溴氰菊酯乳油1 000~2 000倍液、20%杀螟硫磷乳油50~100倍液，用兽用注射器注入蛀孔内，施药后几天，及时检查，如还有新粪排出，应及时补治。每孔最多注射10ml药液，然后用湿泥封孔，杀虫效果很好。

成虫发生期结合防治其他害虫，喷洒残效期长的触杀剂如25%对硫磷胶囊剂500倍液，枝干上要喷周到。

8. 舟形毛虫

分布为害 舟形毛虫（*Phalera flavescens*）在东北、华北、华东、中南、西南及陕西各地均有发生。幼虫群集叶片正面，将叶片食成半透明纱网状；稍大幼虫食光叶片，残留叶脉。

形态特征 成虫头胸部淡黄白色，腹背雄虫浅黄褐色，雌蛾土黄色，末端均淡黄色。前翅银白色，在近基部生1长圆形斑，外缘有6个椭圆形斑，后翅浅黄白色（图1—93）。卵球形，初淡绿后变灰色（图1—94）。幼虫体被灰黄长毛（图1—95）。蛹暗红褐色至黑紫色。

图1—93 舟形毛虫成虫

图1-94　舟形毛虫卵及初孵幼虫　　　　　　图1-95　舟形毛虫高龄幼虫

发生规律　每年发生1代，以蛹在树冠下的土中越冬，翌年7月上旬开始羽化，7月中下旬进入盛期，9月中旬幼虫老熟后沿树干爬下入土化蛹越冬。

防治方法　早春翻树盘，将土中越冬蛹翻于地表。在幼虫未分散前，及时剪掉群居幼虫的叶片。防治关键时期是在幼虫3龄以前。

可均匀喷施40%丙溴磷乳油800~1 000倍液、25%硫双威可湿性粉剂1 000倍液、20%灭多威乳油1 000倍液、50%杀螟硫磷乳剂1 000倍液、80%敌敌畏乳油1 000倍液、40%氧乐果乳油1 500~2 000倍液、25%喹硫磷乳油或50%马拉硫磷乳油1 000倍液、20%菊马乳油或20%甲氰菊酯乳油1 000倍液、2.5%溴氰菊酯乳油或20%氰戊菊酯乳油1 000~1 500倍液、10%联苯菊酯乳油1 000~2 000倍液。

9．黄刺蛾

分布为害　黄刺蛾（*Cnidocampa flavescens*）分布于华北、东北、西北、四川、河南、北京等地。以幼虫在叶背食害叶肉，留下叶柄和叶脉，把叶片吃成网状，为害严重的时候可把叶片全部吃光。

形态特征　成虫头胸背面和前翅内半部黄色，前翅外半部褐色，且有两条暗褐色斜线，后翅及腹背面黄褐色（图1-96）。在翅顶角相合，近似"V"形。卵扁椭圆形，初产时黄白色，后变黑褐色。幼虫淡褐色，胸部肥大，黄绿色，背面有一紫褐色哑铃形大斑，边缘发蓝（图1-97）。茧形如雀蛋，质地坚硬，灰白色，有褐色条纹。蛹椭圆形，黄褐色（图1-98）。

图1-96　黄刺蛾成虫

图1-97 黄刺蛾幼虫

图1-98 黄刺蛾茧及幼虫

发生规律 1年发生1～2代，以前蛹在枝干上的茧内越冬，一年1代者，成虫于6月中旬出现，幼虫在7月中旬至8月下旬为害，9月上旬老熟幼虫在枝杈作茧越冬。一年2代者，越冬幼虫于5月上旬化蛹，中旬达盛期，第1代成虫在5月下旬出现，第2代在7月上旬出现，分别于6月中旬和7月底孵化幼虫开始为害，8月上中旬达为害高峰。8月下旬开始在枝上结茧越冬。

防治方法 黄刺蛾越冬代茧期历时很长，一般可达7个月，结合果树冬剪，彻底清除或刺破越冬虫茧。黄刺蛾的低龄幼虫有群集为害的特点，幼虫喜欢群集在叶片背面取食，受害寄主叶片往往出现白膜状，及时摘除受害叶片集中消灭，可杀死低龄幼虫。

药剂防治的关键时期是幼虫发生初期7～8月。常用药剂有4.5%高效氯氰菊酯乳油2 000～2 500倍液、2.5%溴氰菊酯乳油2 500～3 000倍液、20%虫酰肼悬浮剂1 500～2 000倍液、5%氟虫脲乳油1 500～2 500倍液、20%丁硫克百威乳油2 000～3 000倍液、25%灭幼脲悬浮剂1 500～2 000倍液、50%杀螟松乳油1 000～1 500倍液、17.5%水胺硫磷乳油1 000～2 000倍液。

10. 苹果瘤蚜

分布为害 苹果瘤蚜（*Myzus malisutus*）在东北、华北、华东、中南、西北、西南及台湾省均有分布。成虫和若虫群集在嫩芽、叶片和幼果上吸食汁液。初期被害嫩叶不能正常展开，后期被害叶片皱缩，叶缘向背面纵卷（图1-99）。

形态特征 无翅胎生雌蚜体近纺锤形，暗绿色或褐绿色。有翅胎生雌蚜体卵圆形，头胸部暗褐色，有明显额瘤，且生有2～3根黑毛。若虫淡绿色，体小，似无翅蚜（图1-100）。卵长椭圆形，黑绿色，有光泽。

发生规律 一年发生10余代，以卵在一年生枝条芽缝中越冬。翌年3月底至4月初，越冬卵孵化。4月中旬孵化最多，若蚜集中叶片背面为害，5月发生最重，10～11月出现

图1-99 苹果瘤蚜为害叶片症状

有性蚜，交尾产卵越冬。

防治方法　结合春季修剪，剪除被害枝梢，杀灭越冬卵。重点抓好蚜虫越冬卵孵化期的防治。当孵化率达80%时，立即喷药防治。

喷药时期在苹果萌芽至展叶期。常用药剂有40%氧乐果乳油1 000倍液、50%辛硫磷乳油1 000倍液、50%抗蚜威可湿性粉剂1 000倍液、40.7%毒死蜱乳油1 000倍液、10%吡虫啉可湿性粉剂3 000~4 000倍液。

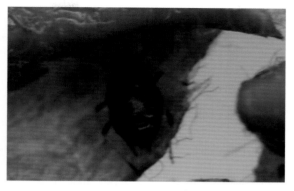

图1-100　苹果瘤蚜无翅胎生雌蚜

11. 苹果球蚧

分布为害　苹果球蚧（*Rhodoccus sariuoni*）主要分布在河北、河南、辽宁、山东等地。若虫和雌成虫刺吸枝、叶汁液，排泄蜜露常诱致煤病发生，影响光合作用削弱树势，重者枯死（图1-101）。

形态特征　成虫雌体体呈卵形，背部突起，从前向后倾斜，多为赭红色，后半部有4纵列凹点；产卵后体呈球形褐色，表皮硬化而光亮，虫体略向前高突，向两侧亦突出，后半部略平斜，凹点亦存，色暗（图1-102）。雄体淡棕红色，中胸盾片黑色；触角丝状10节，眼黑褐色；前翅发达乳白色半透明，翅脉1条分2叉；后翅特化为平衡棒。腹末性刺针状，基部两侧各具1条白色细长蜡丝。卵圆形淡橘红色被白蜡粉。若虫初孵扁平椭圆形，橘红或淡血红色，体背中央有1条暗灰色纵线（图1-103）。触角与足发达；腹末两侧微突，上各生1根长毛，腹末中央有2根短毛。固着后初橘红后变淡黄白，分泌出淡黄半透明的蜡壳，长椭圆形扁平，壳面有9条横隆线，周缘有白毛。雄体长椭圆形暗褐色，体背略隆起，表面有灰白色蜡粉。雄蛹长卵形，淡褐色。茧长椭圆形，表面有绵毛状白蜡丝似毡状。

发生规律　一年发生1代，以2龄若虫多在1~2年生枝上及芽旁、皱缝固着越冬。翌春寄主萌芽期开始为害，4月下旬至5月上中旬为羽化期，5月中旬前后开始产卵于体下。5月下旬开始孵

图1-101　苹果球蚧为害枝条症状

图1-102　苹果球蚧雌成虫

化，初孵若虫从母壳下的缝隙爬出分散到嫩枝或叶背固着为害，发育极缓慢，直到10月落叶前脱皮为2龄转移到枝上固着越冬。行孤雌生殖和两性生殖，一般发生年很少有雄虫。

防治方法 初发生的果园常是点片发生，彻底剪除有虫枝烧毁或人工刷抹有虫枝。

果树萌发前后若虫活动期（3月中下旬至4月上中旬）。越冬的2龄若虫均集中在1～2年生枝条上或叶痕处，开始活动及繁殖为害。虫口集中，且蜡质保护层薄、易破坏。可用45%晶体石硫合剂20倍液、30%乙酰甲胺磷乳油500～600倍液、20%亚胺硫磷乳油250～400倍液、95%机油乳

图1-103　苹果球蚧若虫

剂50～60倍液、45%松脂酸钠可溶性粉剂80～120倍液喷施。应注意的是，要使用雾化程度高的器械，要混加渗展宝等助剂，增强细小枝条的着药量。

当蚧壳下卵粒变成粉红色后，7～10天若虫便孵化出壳。是孵盛期和一代若虫发生期（5月下旬至6月上旬），初孵若虫尚未蜡粉分泌，抗药能力最差，是防治最佳有效时期。可用20%双甲脒乳油800～1 600倍液、48%毒死蜱乳油1 000～1 500倍液、45%马拉硫磷乳油1 500～2 000倍液、40%氧乐果乳油1 500～2 000倍液、25%喹硫磷乳油800～1 000倍液、40%杀扑磷乳油800～1 000倍液、20%氰戊菊酯乳油1 000～2 000倍液、20%甲氰菊酯乳油2 000～3 000倍液、25%噻嗪酮可湿性粉剂1 000～1 500倍液，可混加渗展宝2 000倍，以提高药剂在果树枝梢的黏着力和渗透力，确保药效。

12. 旋纹潜叶蛾

分布为害 旋纹潜叶蛾（*Leucoptera scitella*）在国内各地均有分布，华北局部苹果园中，密度较大。幼虫潜叶取食叶肉，幼虫在虫斑里排泄虫粪，排列成同心旋纹状。造成果树早期落叶，严重影响果树正常的生长发育（图1-104）。

形态特征 成虫全身银白色，头顶有一小丛银白色鳞毛。前翅靠近端部金黄色，外端前缘有5条黑色短斜纹，后缘具黑色孔雀斑，缘毛较长。卵椭圆形，刚产卵乳白色，渐变成青白色，有光泽。老龄幼虫体扁纺锤

图1-104　旋纹潜叶蛾为害叶片症状

形，污白色。头部褐色。蛹扁纺锤形，初浅黄色，为黄褐色。茧白色，梭形，上覆"工"字形丝幕。

发生规律　在河北省一年发生3代，山东、陕西为4代，河南为4~5代。以蛹态在茧中越冬。越冬场所在枝干粗皮缝隙和树下枯叶里。展叶期出现成虫。成虫多在早晨羽化，不久进行交尾。喜在中午气温高时飞舞活动，夜间静伏枝、叶上不动。卵产于叶背面，单粒散产。幼虫从卵下方直接蛀入叶内，潜叶为害，形成虫斑。老熟幼虫爬出虫斑，吐丝下垂飘移，在叶背面做茧化蛹，羽化出成虫繁殖后代。最后1代老熟幼虫大多在枝干粗皮裂缝中和落叶内做茧化蛹越冬。

防治方法　及时清除果园落叶、刮除老树皮，可消灭部分越冬蛹。结合防治其他害虫，在越冬代老熟幼虫结茧前，在枝干上束草诱虫进入化蛹越冬，休眠期取下集中烧毁。

成虫发生盛期和各代幼虫发生期，喷布25%喹硫磷乳油600~700倍液、50%丁苯硫磷乳油800~1 000倍液、90%灭多威可溶性粉剂3 000~5 000倍液、98%仲丁威可溶性粉剂1 500~2 000倍液、25%甲萘威可湿性粉剂600~800倍液、4.5%高效氯氰菊酯乳油500~1 000倍液、2.5%溴氰菊酯乳油1 500~2 500倍液、20%氰戊菊酯乳油800~1 200倍液、5%氟苯脲乳油800~1 500倍液、5%氟啶脲乳油2 000~3 000倍液、5%虱螨脲乳油1 500~2 500倍液、1.8%阿维菌素乳油2 000~4 000倍液、48%噻虫啉悬浮剂2 000~4 000倍液。

13．苹褐卷叶蛾

分布为害　苹褐卷叶蛾（*Pandemis heparana*）主要分布在东北、华北、西北、华东、华中等地。幼虫取食芽、花、蕾和叶，使被害植株不能正常展叶、开花结果，严重时整株叶片呈焦枯状，既影响树木正常生长，又降低苹果等的产量。

形态特征　成虫体黄褐色或暗褐色，后翅及腹部暗灰色，前翅自前缘向外缘有2条深褐色斜纹，前翅基部有一暗褐色斑纹，前翅中部前缘有一条浓褐色宽带，带的两侧有浅色边，前缘近端部有一半圆形或近似三角形的褐色斑纹，后翅淡褐色（图1-105）。卵扁圆形，初产时呈淡黄绿色，聚产，排列成鱼鳞状卵块，后渐变为暗褐色。幼虫头近方形，前胸背板浅绿色，后缘两侧常有一黑斑（图1-106）。头和胸部背面暗褐色稍带绿色背面各节有两排刺突。蛹头胸部背面深褐色，腹面浅绿色，或稍绿，腹部淡褐色。

图1-105　苹褐卷叶蛾成虫

图1-106　苹褐卷叶蛾幼虫

发生规律　辽宁、甘肃一年发生2代，河北、山东、陕西一年发生2~3代，淮北地区一年发生4代，以低龄幼虫在树体枝干的粗皮下、裂缝、剪锯口周围死皮内结薄茧越冬，翌年4月中旬寄主萌芽时，越冬幼虫陆续出蛰取食，为害嫩芽、幼叶、花蕾，严重的不能展叶开花坐果。5月中下旬越冬代成虫出现；6月上中旬第1代幼虫出现；7月下旬第2代幼虫出现；9月上旬第3代幼虫出现；10月中旬第4代幼虫出现，10月下旬开始越冬。成虫白天静伏叶背或枝干，夜间活动频繁，既具有趋光性，也有趋化性。

防治方法 结合果树冬剪，刮除树干上和剪锯口处的翘皮，或在春季往锯口处涂抹药液，均能消灭越冬的幼虫。结合修剪、疏花疏果等管理，可人工摘除卷叶，将虫体捏死。

在越冬幼虫出蛰活动始期和各代幼虫幼龄期，可用90%敌百虫可溶性粉剂1 200~1 500倍液、50%二溴磷乳油1 000~1 500倍液、20%丁硫克百威乳油1 000~1 500倍液、2.5%高效氟氯氰菊酯乳油1 000~1 500倍液、5%顺式氰戊菊酯乳油2 000~3 000倍液、25%灭幼脲悬浮剂1 500~2 000倍液、20%虫酰肼悬浮剂1 500~2 000倍液、20%杀铃脲悬浮剂5 000~6 000倍液、24%甲氧虫酰肼悬浮剂2 400~3 000倍液、5%虱螨脲乳油1 000~2 000倍液喷雾防治，杀虫效果较好。

三、苹果各生育期病虫害防治技术

（一）苹果病虫害综合防治历的制订

苹果病虫害防治是保证果树丰产的一个重要工作。一般发生较为普遍的病害有腐烂病、轮纹病、早期落叶病、炭疽病、褐斑病等；为害比较严重的害虫有食心虫、红蜘蛛、蚜虫等。我们在苹果收获后，要总结果树病害发生情况，分析发生特点，拟订下一年的防治计划，及早采取防治方法。

下面结合苹果病虫发生情况，概括各地病虫害综合防治历表1-1，供使用时参考。

表1-1 苹果病虫害综合防治历

物候期	防治适期	重点防治对象	其他防治对象
休眠期	11月至翌年2月	腐烂病	干腐病、轮纹病、叶螨、苹小食心虫
萌芽期	3月上中旬	腐烂病	干腐病、轮纹病、白粉病、卷叶蛾、食心虫
发芽展叶期	3月上旬至4月上旬	腐烂病	白粉病、叶螨、金龟子
开花期	4月中下旬	疏花定果	生理落花落果、花腐病
幼果期	5月上中旬	斑点落叶病、卷叶蛾	轮纹病、炭疽病、蚜虫、尺蠖、果锈、缩果病
花芽分化期	5月下旬至6月上旬	斑点落叶病、叶螨	轮纹病、炭疽病、蚜虫、银叶病、小叶病
果实膨大期	6月中下旬	斑点落叶病、苹小食心虫、叶螨	轮纹病、炭疽病、霉心病、蚜虫、卷叶蛾、杂草
	7月上旬	苹小食心虫、桃小食心虫、斑点落叶病	轮纹病、炭疽病、霉心病、疫腐病、蚜虫、卷叶蛾
	7月中下旬	桃小食心虫、苹小食心虫、斑点落叶病	炭疽病、轮纹病、蚜虫、卷叶蛾、
果实成熟期	7月下旬至9月上旬	炭疽病、轮纹病、食心虫	斑点落叶病、蚜虫、叶螨、霉心病
营养恢复期	9~10月	腐烂病	炭疽病、轮纹病、斑点落叶病

（二）休眠期萌芽前病虫害防治技术

华北地区苹果一般从11月份到翌年的3月份处于休眠期，多种病菌也停止活动，大多数在病残枝、叶、树枝干上越冬（图1-107）。这一时期的工作主要有两项：一是剪除、摘掉树上的病枝、僵果，扫除园中枝叶，并集中烧毁。二是药剂涂刷枝干，进行树体消毒。3月上中旬，气温已开始回升变暖，病菌开始活动，这时期苹果尚未发芽，可以喷一次灭生性农药，铲除越冬病原菌及越冬蚜、螨。

这一时期是苹果树腐烂病的发病盛期，要及时彻底地刮除腐烂病病斑。在冬前11月份，发现病斑，立即刮除（图1-108），再涂药5%菌毒清水剂100倍液、843康复剂原液、2%嘧啶核苷类抗生素水剂10倍液等药剂消毒。或于苹果树发芽前，喷布40%福美胂可湿性粉剂100倍液、波美5度的石硫合剂或65%五氯酚钠粉剂200倍液、50%硫悬浮剂100倍液。

为防治越冬蚜螨，以结合喷施4%～5%的柴油乳剂（柴油乳剂的配制方法：柴油和水各1kg、肥皂60g；先将肥皂切碎，加入定量的水中加热溶化，同时将柴油在热水浴中加热到70℃，把已热好的柴油慢慢倒入热皂水中，边倒边搅拌，完全搅拌均匀，即制成48.5%的柴油乳剂）。

苹果休眠期　　　　　　腐烂病　　　　轮纹病

蚜虫　　　　绵蚜　　　　黄刺蛾　　　　球坚蚧

图1-107　苹果休眠期萌芽前病虫为害症状

图1-108 苹果园休眠期刮树皮后喷施药剂铲除各种越冬病虫

（三）发芽展叶期病虫害防治技术

3月下旬到4月上旬，幼叶展开，果树开始生长。枝枯病、白粉病、花叶病开始为害，腐烂病开始进入一年的盛发期。蚜虫开始为害，另外越冬螨也开始活动，苹果小卷叶蛾越冬幼虫开始出蛰，取食幼芽（图1-109）。

白粉病

顶梢卷夜蛾

花叶病

绣线菊蚜

苹果球坚蚧

发芽展叶期

腐烂病

绵蚜

图1-109 苹果发芽展叶期病虫害为害症状

这一时期是刮治腐烂病的重要时期，用锋利的刀子刮除病患部，并刮除一部分边缘好的树皮，深挖到木质部，而后涂抹药剂（图1-110），可以用50%福美双可湿性粉剂50倍液、波美5度石硫合剂、0.1%升汞液、14%络氨铜水剂10~20倍液、30%琥胶肥酸铜可湿性粉剂20~30倍液，涂抹病疤，最好喷药后外面再喷以27%无毒高脂膜100~200倍液。

图1-110　苹果腐烂病病干

防治白粉病，可用25%三唑酮可湿性粉剂2 000倍液、12.5%烯唑醇可湿性粉剂2 000倍液、6%氯苯嘧啶醇可湿性粉剂1 000~1 500倍液均匀喷雾。

这一时期防治蚜虫、卷叶蛾等害虫（图1-111、图1-112）。可以在腐烂病病斑刮净后，深刮到木质部，选1~2块较大的病斑，使用40%福美胂可湿性粉剂60倍液+40%辛效磷乳油或50%喹硫磷乳油30~50倍液，混合均匀的黏稠液体，如较稀可加入一些黏土或草木灰，涂抹于患部，而后用塑料布包扎，20天后解除。

也可喷施10%吡虫啉可湿性粉剂1 000倍液、40%氧乐果乳油1 000倍液、3%啶虫脒乳油2 000~3 000倍液等药剂防治蚜虫，同时可控制苹果花叶病的为害。

图1-111　苹果蚜虫为害症状

图1-112　苹果卷叶蛾为害症状

这一时期的苹果球坚蚧为害不太严重（图1-113），用小刀刮除其蚧壳，然后喷施50%辛硫磷乳油1 000倍液、2.5%溴氰菊酯乳油1 500~2 000倍液。

图1-113　苹果球坚蚧为害症状

（四）幼果期病虫害防治技术

5月上中旬，是幼果发育和春梢旺盛生长期。这一时期要注意防止生理落果，同时由于幼果抵抗力弱，田间不宜用波尔多液等刺激性农药，以免影响果面品质，可以喷洒一些保护膜抵制阴雨、寒冷、农药对果面的影响。这一时期是苹果斑点落叶病、褐斑病、轮纹病、炭疽病的侵染期，是预防保护的关键时期。这一时期叶螨、卷叶蛾、蚜虫、尺蠖等也会造成为害，要进行一次防治（图1-114）。管理上要充分调查病虫情况，了解天气变化，及时采取措施防治。

图1-114　苹果幼果期病虫为害情况

防治斑点落叶病、褐斑病（图1-115），可均匀喷施70%甲基硫菌灵可湿性粉剂800～1 000倍液、50%多菌灵可湿性粉剂800倍液、50%异菌脲可湿性粉剂1 000～1 500倍液、10%苯醚甲环唑水分散粒剂2 000～2 500倍液等药剂。

图1-115　苹果斑点落叶病、褐斑病为害症状

该时期也是苹果炭疽病、轮纹病的侵染时期，可以使用50%多菌灵可湿性粉剂500～800倍液、80%代森锰锌可湿性粉剂1 500～2 000倍液、70%甲基硫菌灵可湿性粉剂800倍液等药剂均匀喷施，预防其发生（注意保护剂与治疗剂的合理混用）。

该时期为害苹果的害虫较多，均为为害初期，但此时也是苹果幼果期，所以抓住适期，及时防治虫害，减轻对幼果的影响，宜选用一些刺激性小、高效的杀虫剂。

如有卷叶蛾、尺蠖或蚜虫的为害（图1-116），并考虑这一阶段螨类正处于上升时期，可以使用40%氧乐果乳油1 500～3 000倍液（浓度不宜太高，否则易于落叶）、25%氧乐果·氰戊菊酯乳油2 000～3 000倍液。

如有螨类为害（图1-117），可用25%噻螨酮乳油2 000～3 000倍液、20%三氯杀螨醇乳油800～1 000倍液喷施。

图1-116　苹果尺蠖、蚜虫为害症状

图1-117　苹果叶螨为害症状

　　如有网蝽、金纹细蛾、旋纹潜叶蛾的为害（图1-118），可用1.8%阿维菌素乳油2 000~3 000倍液、90%晶体敌百虫800~1 000倍液等药剂均匀喷施。也可喷施25%灭幼脲悬浮剂2 000~4 000倍液、20%除虫脲悬浮剂3 000倍液防治金纹细蛾。

图1-118　梨冠网蝽（上）、金纹细蛾（中）、旋纹潜叶蛾（下）为害症状

（五）花芽分化至果实膨大期病虫害防治技术

　　5月下旬到6月上旬，苹果生长旺盛，春梢快速生长，幼果开始长大。6月中下旬到7月中下旬，春梢生长基本停止，花芽继续分化，果实迅速膨大。多种病虫害混合发生，是加强病虫害防治、保证丰收的关键时期。这一时期，苹果斑点落叶病不断地扩展，进入发病高峰，应及时防治。苹果炭疽病和轮纹病、霉心病等也在不断的侵染，并开始发病。6月下旬至7月上中旬是食心虫第一代卵和幼虫的发生期，红蜘蛛也可能大发生，蚜虫、卷叶蛾等害虫也有为害，要及时喷药防治（图1-119）。

果实膨大期　　　　　灰斑病　　　　　斑点落叶病

梨冠网蝽为害　　　　　绵蚜为害　　　　　褐斑病

斑点落叶病　　　　　炭疽病　　　　　轮纹病

图1-119　苹果花芽分化期至果实膨大期病虫为害症状

　　防治斑点落叶病、褐斑病、灰斑病（图1-120），可以使用80%炭疽福美（福美双·福美锌）可湿性粉剂600～1 000倍液、10%多氧霉素可湿性粉剂1 000～1 500倍液、70%代森锰锌可湿性粉剂800～1 000倍液、50%多菌灵可湿性粉剂800倍液、65%代森锌可湿性粉剂500～700倍液、50%噻菌灵可湿性粉剂1 000倍液、50%异菌脲可湿性粉剂1 500～2 000倍液等。

　　防治这一阶段的果实病害，如轮纹病、炭疽病、斑点落叶病等（图1-121），可以使用50%异菌脲可湿性粉剂2 000～3 000倍液、70%代森锰锌可湿性粉剂800～1 000倍液、70%甲基硫菌灵可湿性粉剂1 000～2 000倍液、50%多菌灵可湿性粉剂1 000～1 500倍液、80%炭疽福美（福

图1-120 苹果早期落叶病为害症状

美双·福美锌）可湿性粉剂600～1 000倍液、10%多氧霉素可湿性粉剂2 000～3 000倍液、30%琥珀肥酸铜可湿性粉剂300～400倍液均匀喷施，如果天气阴雨，可以喷洒1:2:200波尔多液并加入0.5%～1%明胶。

该时期发现红蜘蛛为害，应及时防治，用药时应注意结合其他害虫的防治。可以使用50%水胺硫磷乳油1 000～1 500倍液、20%氰戊菊酯乳油1 500～2 000倍液、50%对硫磷乳油1 000～1 500倍液、20%双甲脒乳油2 000倍液、20%三氯杀螨醇乳油500～800倍液等药剂均匀喷施。

防治苹果蚜虫，可用40%氧乐果乳油800～1 500倍液、40%灭蚜磷乳油1 000～1 500倍液、40%杀扑磷乳油1 000～1 500倍液等药剂均匀喷施。

图1-121 苹果果实病害

（六）果实成熟期病虫害防治技术

7月下旬以后，苹果开始进入成熟阶段。这一时期苹果炭疽病、轮纹病开始大量发病，在田间开始出现病斑时，应及时喷药治疗（图1-122）。这时一般天气阴雨、湿度大，霉心病、疫腐病、褐腐病也有发生，应注意防治。又是第二代桃小食心虫、苹小食心虫卵、幼虫发生盛期，应注意田间观察，适期防治。一般要施药1～3次。

防治苹果炭疽病、轮纹病，并兼治其他病害，可以使用50%多菌灵可湿性粉剂1 000倍液、40%乙膦铝可湿性粉剂600倍液、50%苯菌灵可湿性粉剂1 000倍液、70%甲基硫菌灵可湿性粉剂1 000倍液、6%氯苯嘧啶醇可湿性粉剂1 500倍液等。

苹果轮纹病　　苹果炭疽病

苹果红点　　苹果白灼

苹果早期落叶病　　苹果锈果

图1-122　苹果成熟期病虫为害症状

　　防治苹果食心虫等害虫，可以使用20%灭多威乳油2 000～3 000倍液、20%氰戊菊酯乳油2 000～4 000倍液、10%氯氰菊酯乳油2 000倍液均匀喷雾。

（七）营养恢复期病虫害防治技术

　　进入9月以后，多数苹果已经成熟、采摘，苹果生长进入营养恢复期。这一时期苹果树势较弱，一般天气多阴雨、潮湿，腐烂病又有所发展，应及时刮除树皮腐烂部分，按前面的方法涂抹药剂。这一时期还有炭疽病、轮纹病、早期落叶病的为害，应喷施1～2次1：2：200倍的波尔多液，保护叶片。

第二章 梨树病虫害原色图解

梨树病虫害是影响梨树产量和品质的重要障碍，目前我国梨树病害有90多种，其中，对梨树生产为害较大，发生较普遍的病害有黑星病、轮纹病、锈病、黑斑病、腐烂病等。目前我国梨树害虫有近80多种，其中，对梨树生产为害较大，发生较普遍的害虫有食心虫、梨木虱、蚜虫、梨网蝽、梨星毛虫等。

一、梨树病害

梨黑星病以辽宁、河北、山东、山西及陕西等省发生较重，锈病在南方各省附近栽有桧柏的梨区发生较重，轮纹病在山东、江苏、上海、浙江等省为害较重，腐烂病主要为害西洋梨，黑斑病主要为害日本梨。

1. 梨轮纹病

分布为害 梨轮纹病是我国梨树上的重要病害之一，其发生和为害呈逐年上升趋势。在山东、江苏、上海、浙江等省为害较重（图2-1）。

图2-1 梨轮纹病为害枝干症状

　　症　　状　　主要为害枝干和果实，有时也可为害叶片。枝干受害，以皮孔为中心先形成暗褐色瘤状突起，病斑扩展后成为近圆形或扁圆形暗褐色坏死斑（图2-2、图2-3）。果实病斑以皮孔为中心，初为水渍状浅褐色至红褐色圆形烂斑，在病斑扩大过程中逐渐形成浅褐色与红褐色至深褐色相间的同心轮纹（图2-4）。叶片病斑初期近圆形或不规则形，褐色，略显同心轮纹。

图2-2　梨树萌芽前轮纹病为害枝干症状

图2-3　梨轮纹病为害枝干症状

图2-4　梨轮纹病为害果实症状

病　　原　梨生囊孢壳菌*Physalospora piricola*，属子囊菌亚门真菌；无性世代*Macrophoma kawatsukai*称轮生大茎点菌，属半知菌亚门真菌。子囊壳埋生于寄主表皮下，黑褐色，有短喙。子囊长棍棒形。子囊孢子无色至淡黄色，椭圆形。无性世代分生孢子器黑褐色，球形或近球形。分生孢子无色，单胞，钝纺锤形至长椭圆形（图2-5）。

图2-5　梨轮纹病病菌

1.子囊壳　2.子囊及子囊孢子　3.侧丝　4.分生孢子器及分生孢子

发生规律　以菌丝体、分生孢子器及子囊壳在枝干病部越冬。翌年发芽时继续扩展侵害枝干。北方梨产区枝干上的老病斑一般4月上中旬开始扩展，4月下旬至5月扩展较快，落花后10天左右的幼果即可受害。从幼果形成至6月下旬最易感病，8月份多雨时，采收前仍可受到明显侵染。

防治方法　合理修剪，合理疏花、疏果。增施有机肥，氮、磷、钾肥料要合理配施，避免偏施氮肥，使树体生长健壮。冬季做好清园工作，减少和消除侵染源，果实套袋。

发芽前喷铲除剂，可喷施0.3%~0.5%的五氯酚钠和3~5波美度石硫合剂混合液，40%福美胂可湿性粉剂100倍液、5%菌毒清水剂100倍液，可杀死部分越冬病菌。如果先刮老树皮和病斑再喷药则效果更好。

果树生长期，喷药的时间是从落花后10天左右（5月上中旬）开始，到果实膨大为止（8月上中旬）。一般年份可喷药4~5次，即5月上中旬、6月上中旬（麦收前）、6月中下旬（麦收后）、7月上中旬、8月上中旬。如果早期无雨，第1次可不喷，如果雨季结束较早，果园轮纹病不重，最后1次亦可不喷。雨季延迟，则采收前还要多喷1次药。

发病前主要施用保护剂以防止病害侵染，可以用80%代森锰锌可湿性粉剂700倍液、80%敌菌丹可溶性粉剂1 000~1 200倍液、75%百菌清可湿性粉剂800倍液，间隔7~14天喷1次。

果树生长期，喷药的时间是从落花后10天左右（5月上中旬）开始，到果实膨大为止（8月上中旬）。一般年份可喷药4~5次，即5月上中旬、6月上中旬（麦收前）、6月中下旬（麦收后）、7月上中旬、8月上中旬。如果早期无雨，第1次可不喷，如果雨季结束较早，果园轮纹病不重，最后1次亦可不喷。雨季延迟，则采收前还要多喷1次药。可用65%代森锌可湿性粉剂500~600倍液+70%甲基硫菌灵可湿性粉剂800倍液、80%敌菌丹可湿性粉剂1 000倍液+50%苯菌灵可湿性粉剂1 000倍液、75%百菌清可湿性粉剂1 000倍液+40%氟硅唑可湿性粉剂8 000~10 000倍液、80%代森锰锌可湿性粉剂600~800倍液+6%氯苯嘧啶醇可湿性粉剂1 000~1 500倍液、50%异菌脲可湿性粉剂1 000~1 500倍液、60%噻菌灵可湿性粉剂1 500~2 000倍液、50%嘧菌酯水分散粒剂5 000~7 500倍液、25%戊唑醇水乳剂2 000~2 500倍液、3%多氧霉素水剂400~600倍液、2%嘧啶核苷类抗生素水剂200~300倍液、20%邻烯丙基苯酚可湿性粉剂600~1 000倍液。

2. 梨黑星病

分布为害　梨黑星病在我国北方梨区普遍发生，以辽宁、河北、山东、山西及陕西等省发生较重，在南方各梨区其为害也在逐年加重（图2-6）。

图2-6　梨黑星病为害叶片、果实症状

症　状　　能够侵染所有的绿色幼嫩组织，其中以叶片和果实受害最为常见。刚展开的幼叶最感病，叶部病斑主要出现在叶片背面，以叶脉处较多（图2-7、图2-8）。幼果发病，果柄或果面形成黑色或墨绿色的圆斑，导致果实畸形、开裂，甚至脱落。成果期受害，形成圆形凹陷斑，病斑表面木栓化、开裂，呈"荞麦皮"状（图2-9）。

图2-7　梨黑星病为害叶片正面症状

图2-8　梨黑星病为害叶片背面症状

图2-9 梨黑星病为害果实症状

病　　原　*Fusicladium virescens* 称梨黑星孢，属半知菌亚门真菌。分生孢子梗丛生，暗褐色，粗而短，无分枝，直立或弯曲。分生孢子淡褐色或橄榄色，葵花籽形、纺锤形、椭圆形或卵圆形，单胞，但少数在萌发时可产生一个隔膜（图2-10）。

发生规律　以菌丝体和分生孢子在病芽鳞片上越冬，翌年春天发芽时，借雨水传播造成叶片和果实的初侵染；一般年份从4月下旬至5月上旬开始发病；7~8月进入雨季，叶、幼果发病严重；8月下旬至9月上旬，近成熟的梨果发病重。

防治方法　清除落叶，彻底防治幼树上的黑星病，加强肥水管理，适当疏花、疏果，控制结果量，保持树势旺盛，合理修剪，使树膛内通风透光。

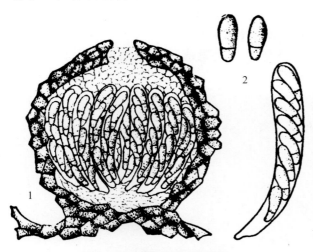

图2-10 梨黑星病病菌
1.子囊壳　2.子囊及子囊孢子

梨树萌芽前喷洒1~3°波美度石硫合剂或用硫酸铜10倍液进行淋洗式喷洒，或在梨芽膨大期用0.1%~0.2%代森铵溶液喷洒枝条。

芽萌动时喷洒有效药剂预防，如80%代森锰锌可湿性粉剂700倍液+40%氟硅唑乳油4 000~5 000倍液、75%百菌清可湿性粉剂800倍液+12.5%烯唑醇可湿性粉剂2 500~3 000倍液、75%百菌清可湿性粉剂800倍液+12.5%腈菌唑可湿性粉剂2 500~3 000倍液等。

花前、落花后幼果期，雨季前，梨果成熟前30天左右是防治该病的关键时期。各喷施1次药剂。可用药剂有：80%代森锰锌可湿性粉剂700倍液+50%醚菌酯水分散粒剂4 000~5 000倍液、75%百菌清可湿性粉剂800倍液+10%苯醚甲环唑水分散粒剂5 000~7 000倍液、50%多·福（多菌灵·福美双）可湿性粉剂400~600倍液、50%腈·锰锌（腈菌唑·代森锰锌）可湿性粉剂800~1 000倍液、4%己唑醇乳油1 000~1 500倍液、50%多菌灵可湿性粉剂600倍液+50%福美双可湿性粉剂500倍液、5%亚胺唑可湿性粉剂600~800倍液、30%多·烯（多菌灵·烯唑醇）可湿性粉剂1 000~1 500倍液、40%代·腈（代森锰锌·腈菌唑）可湿性粉剂1 000~1 500倍液、25%联苯三唑醇可湿性粉剂1 000~1 250倍液等，为了增加展着性，可加入0.03%明胶或0.1%6501辅剂。

3．梨黑斑病

分布为害　　梨黑斑病是梨树常见病害，主要为害日本梨，也是贮藏期主要病害之一。全国普遍发生，以南方发生较重。

症　　状　　主要为害果实、叶片及新梢。病叶上开始时产生针头大、圆形、黑色的斑点（图2-11），后斑点逐渐扩大成近圆形或不规则形，中心灰白色，边缘黑褐色，有时微现轮纹（图2-12、图2-13）。潮湿时，病斑表面遍生黑霉。果实染病，初在幼果面上产生一个至数个黑色圆形针头大斑点，逐渐扩大成近圆形或椭圆形。病斑略凹陷，表面遍生黑霉。果实长大时，果面发生龟裂，裂隙可深达果心，在裂缝内也会产生很多黑霉，病果往往早落（图2-14）。

图2-11　梨黑斑病为害叶片初期症状

图2-12　梨黑斑病为害叶片中期症状

图2-13　梨黑斑病为害叶片后期症状

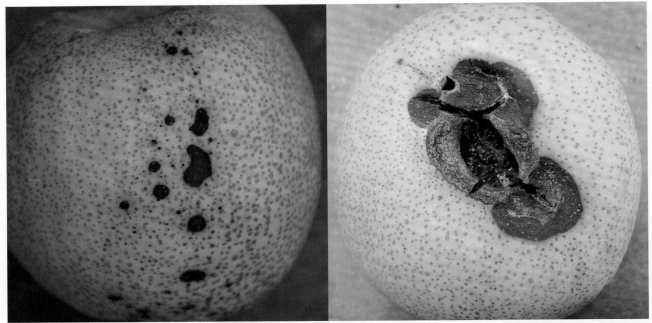

图2-14　梨黑斑病为害果实症状

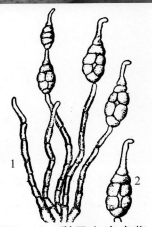

图2-15　梨黑斑病病菌
1.分生孢子梗 2.分生孢子

病　原　菊池链格孢*Alternaria kikuchiana*，属半知菌亚门真菌（图2-15）。分生孢子梗褐色或黄褐色，单一，少数有分枝。分生孢子为短棍棒状，基部膨大，顶端细小，有横隔膜4～11个，纵隔膜0～9个，隔膜所在处略缢缩。

发生规律　以分生孢子及菌丝体在病梢、芽及病叶、病果上越冬。第二年春季，分生孢子通过风雨传播，引起初次侵染。以后新旧病斑上陆续产生分生孢子，引起重复侵染。在南方梨区，一般从4月下旬开始发生至10月下旬以后才逐渐停止，而以6月上旬至7月上旬，即梅雨季节发病最严重。在华北梨区，一般从6月开始发病，7～8月雨季为发病盛期。

防治方法　在果树萌芽前应做好清园工作。剪除有病枝梢，清除果园内的落叶、落果，全部加以销毁。在果园内间作绿肥，或增施有机肥料，促使生长健壮，增强植株抵抗力，以减轻发病。套袋可以减轻发病。

可于梨树发芽前喷药保护，3月上中旬，喷1次0.3%～0.5%五氯酚钠、混合波美5度石硫合剂、50%福美双可湿性粉剂100倍液、65%五氯酚钠100～200倍液，以消灭枝干上越冬的病菌。

在果树生长期，一般在落花后至梅雨期结束前，即在4月下旬至7月上旬喷药保护，可以用65%代森锌可湿性粉剂500～600倍液、75%百菌清可湿性粉剂800倍液、80%敌菌丹可溶性粉剂1 000～1 200倍液、86.2%氧化亚铜干悬浮剂800倍液、80%代森锰锌可湿性粉剂700倍液，间隔期为10天左右，共喷药2～3次。

为了保护果实，套袋前必须喷1次，开花前和开花后各喷1次。可用50%异菌脲可湿性粉剂1 500～2 000倍液、80%代森锰锌可湿性粉剂700倍液+10%苯醚甲环唑水分散粒剂3 000倍液、50%苯菌灵可湿性粉剂1 500～1 800倍液、50%嘧菌酯水分散粒剂5 000～7 000倍液、25%吡唑醚菌酯乳油1 000～3 000倍液、12.5%烯唑醇可湿性粉剂2 500～4 000倍液、24%腈苯唑悬浮剂2 500～3 000倍液、40%腈菌唑水分散粒剂6 000～7 000倍液、25%戊唑醇水乳剂2 000～2 500倍液、3%多氧霉素水剂400～600倍液、1.5%多抗霉素可湿性粉剂200～500倍液。

4. 梨锈病

分布为害　梨锈病是梨树重要病害之一，我国南北梨区普遍发生，在果园附近有松柏等松柏科植物较多的地区，发病较为严重。

症　　状　主要为害幼叶、叶柄、幼果及新梢。起初在叶正面发生橙黄色、有光泽的小斑点，后逐渐扩大为近圆形的病斑，中部橙黄色，边缘淡黄色，最外面有一层黄绿色的晕圈。天气潮湿时，其上溢出淡黄色黏液。病斑组织逐渐变肥厚，叶片背面隆起，正面微凹陷，在隆起部位长出灰黄色的毛状物（图2-16至图2-18）。幼果初期病斑大体与叶片上的相似。病果生长停滞，往往畸形早落。

图2-16　梨锈病为害叶片正、背面症状

图2-17　梨锈病为害叶片背面的
　　　　锈孢子腔

图2-18　梨锈病为害后期叶片正面
　　　　的性子器

　　病　　原　*Gymnosporangium haraeanum* 称梨胶锈菌，属担子菌亚门真菌。性孢子器扁烧瓶形，埋生于叶正面病组织的表皮下，孔口外露，内生许多无色单胞纺锤形或椭圆形的性孢子。锈子器细圆筒形，有长刺状突起，内生锈孢子。锈孢子球形或近球形。橙黄色，表面有瘤状细点。冬孢子角红褐色或咖啡色，圆锥形。冬孢子纺锤形或长椭圆形，双胞，黄褐色（图2-19）。

　　发生规律　只在春季侵染1次，以多年生菌丝体在桧柏类植物的发病部位越冬，春天3月间产生冬孢子角。冬孢子角在梨树发芽展叶期萌发产生担孢子，随风传播至梨树的嫩叶、新梢及幼果上，遇适宜条件萌发产生芽管，直接从表皮细胞或气孔侵入。梨树从展叶开始直至展叶后20天容易被感染。刚落花的幼果易受害，成长期的果实也可被侵染。3月下旬与4月下旬的雨水多发病重（图2-20）。

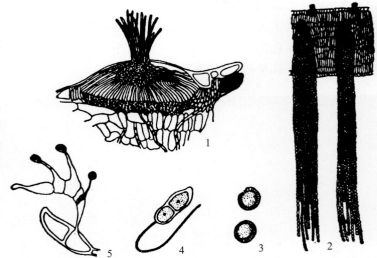

图2-19　梨锈病病菌
1.性孢子器　2.锈子器　3.锈孢子
4.冬孢子　5.冬孢子萌发担子及担孢子

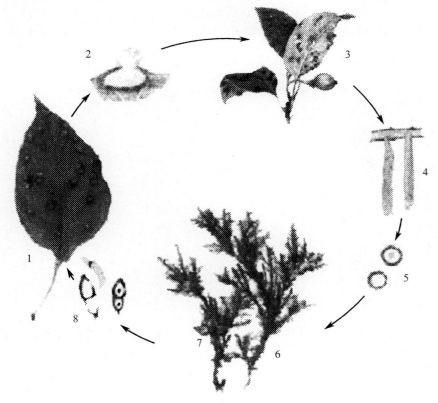

图2-20　梨锈病病害循环
1.病叶前期　2.性孢子器　3.病叶及病果后期　4.锈子器　5.锈孢子
6.桧柏上的干燥冬孢子角　7.吸水膨胀后的冬孢子角　8.冬孢子萌发产生担子和担孢子

防治方法　防治策略是控制初侵染来源，新建梨园应远离桧柏、龙柏等柏科植物，防止担孢子侵染梨树，是防治梨锈病的根本途径。

在梨树萌芽前在桧柏等转主寄主上喷药1～2次，以抑制冬孢子萌发产生担孢子。较好的药剂有2～3°Be石硫合剂、0.3%五氯酚钠与石硫合剂的混合液或1∶1～2∶100～160的波尔多液等。

生长期喷药保护梨树，一般年份可在梨树发芽期喷第1次药，隔10～15天再喷1次即可；春季多雨的年份，应在花前喷1次，花后喷1～2次，每次间隔10～15天。

生长期喷药保护梨树，一般年份可在梨树发芽期喷第1次药，隔10～15天再喷1次即可；春季多雨的年份，应在花前喷1次，花后喷1～2次，每次间隔10～15天。可用20%三唑酮乳油800～1 000倍液+75%百菌清可湿性粉剂600倍液、12.5%烯唑醇可湿性粉剂1 500～2 000倍液、65%代森锌可湿性粉剂500～600倍液+40%氟硅唑乳油8 000倍液、20%萎锈灵乳油600～800倍液+65%代森锌可湿性粉剂500倍液、25%邻酰胺悬浮剂500～800倍液、30%醚菌酯悬浮剂2 000～3 000倍液、25%肟菌酯悬浮剂2 000～4 000倍液、12.5%氟环唑悬浮剂1 500～2 000倍液、40%氟硅唑乳油6 000～8 000倍液、50%粉唑醇可湿性粉剂2 000～2 500倍液、5%己唑醇悬浮剂1 000～2 000倍液、25%丙环唑乳油1 500～2 000倍液均匀喷施。

5. 梨褐腐病

分布为害　梨褐腐病是仁果类生长后期和贮藏期重要病害，在全国各梨产区普遍发生重。

症　　状　只为害果实。在果实近成熟期发生，初为暗褐色病斑，逐步扩大，几天可使全果腐烂，斑上生黄褐色绒状颗粒成轮状排列，表生大量分生孢子梗和分生孢子，树上多数病果落地腐烂，残留树上的病果变成黑褐色僵果（图2-21、图2-22）。

图2-21　梨褐腐病为害果实症状

图2-22　梨褐腐病为害果实后期的绒状颗粒

病　　　原　*Monilia fructigena*称仁果丛梗孢。病果表面产生绒球状霉丛是病菌的分生孢子座，其上着生大量分生孢子梗及分生孢子。分生孢子梗丛状，顶端串生念珠状分生孢子，分生孢子椭圆形，单胞、无色（图2-23）。

发生规律　以菌丝体在树上僵果和落地病果内越冬，翌春产生分生孢子，借风雨传播，自伤口或皮孔侵入果实。8月上旬至9月上旬果实近成熟期多雨潮湿时发病重。在果实贮运中，靠接触传播。在高温、高湿及挤压条件下，易产生大量伤口，病害常蔓延。

防治方法　及时清除初侵染源，发现落果、病果、僵果等立即清出园外，集中烧毁或深埋；早春、晚秋实行果园翻耕。适时采收，减少伤口。严格挑选，去除病、伤果，分级包装，避免碰伤。贮窖保持1～2℃，相对湿度90%。

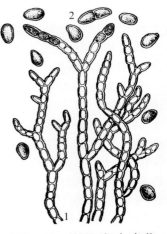

图2-23　梨褐腐病病菌
1.分生孢子梗　2.分生孢子

发病较重的果园，花前喷施45%晶体石硫合剂30倍液药剂保护。

落花后，病害发生前期，可用70%甲基硫菌灵可湿性粉剂800倍液、50%多菌灵可湿性粉剂600～800倍液、50%苯菌灵可湿性粉剂1 000倍液、77%氢氧化铜微粒可湿性粉剂500倍液等。

在8月下旬至9月上旬，果实成熟前喷药2次，可用50%克菌丹可湿性粉剂400～500倍液、20%唑菌胺酯水分散性粒剂1 000～2 000倍液、24%腈苯唑悬浮剂2 500～3 200倍液、10%氰霜唑悬浮剂2 000～2 500倍液、35%多菌灵磺酸盐悬浮剂600～800倍液。

果实贮藏前，用50%甲基硫菌灵可湿性粉剂700倍液浸果10分钟，晾干后贮藏。

6. 梨树腐烂病

分布为害　梨树腐烂病是梨树主要枝干病害，我国东北、华北、西北及黄河故道地区都有发生。

症　　状　为害枝干引起枝枯和溃疡两种症状（图2-24至图2-26）。枝枯型：（如度衰弱的梨树小枝上，病斑形状不规则，边缘不明显，扩展迅速，很快包围整个枝干，使枝干枯死，并密生黑色小粒点。溃疡型（图2-27）：树皮上的初期病斑椭圆形或不规则形，稍隆起，皮层组织变松，呈水渍状湿腐，红褐色至暗褐色。以手压之，病部稍下陷并溢出红褐色汁液，此时组织解体，易撕裂，并有酒糟味。果实受害，初期病斑圆形，褐色至红褐色软腐，后期中部散生黑色小粒点，并使全果腐烂。

图2-24　梨树腐烂病为害萌芽前症状　图2-25　梨树腐烂病枝干上的黄色孢子角

图2-26 梨树腐烂病枝枯型为害症状

图2-27 梨树腐烂病溃疡型为害枝干症状

病　　原　*Valsa ambiens* 称梨黑腐皮壳，属子囊菌亚门真菌。子座散生，分布较密，初埋生，后突破表皮。子囊棍棒状，顶部圆或平截。子囊孢子单胞，无色。无性阶段为 *Cytospora ambiens* 称迁回壳囊孢，属半知菌亚门真菌。分生孢子器生于子座内，分生孢子梗单胞无色，不分枝。分生孢子，两端钝圆，单胞无色（图2-28）。

图2-28　梨腐烂病病菌
1.分生孢子器　2.分生孢子
3.子囊壳　4.子囊　5.子囊孢子

发生规律　以子囊壳、分生孢子器和菌丝体在病组织上越冬，春天形成子囊孢子或分生孢子，借风雨传播，造成新的侵染。1年中春季盛发，夏季停止扩展，秋季再活动，冬季又停滞，出现两个高峰期。结果盛期管理不好，树势弱，水肥不足的易发病。

防治方法　增施有机肥料，适期追肥；防止冻害；适量疏花疏果；合理间作，提高树势。结合冬剪，将枯梢、病果台、干桩、病剪口等死组织剪除，减少侵染源。

早春、夏季注意查找病部，认真刮除病组织，涂抹杀菌剂。刮树皮：在梨树发芽前刮去翘起的树皮及坏死的组织，刮皮后结合涂药或喷药。可喷布5%菌毒清水剂50～100倍液、50%福美双可湿性粉剂50倍液、95%银果原药（邻烯丙基苯酚）50倍液、70%甲基硫菌灵可湿性粉剂1份加植物油2.5份、50%多菌灵可湿性粉剂1份加植物油1.5份混合等，以防止病疤复发。

7. 梨炭疽病

分布为害　梨炭疽病在我国各梨种植区均有分布，发病后引起果实腐烂和落果，对产量影响较大。

症　　状　主要为害果实，也能侵害枝条。果实多在生长中后期发病。发病初期，果面出现淡褐色水渍状的小圆斑，以后病斑逐渐扩大，色泽加深，并且软腐下陷。病斑表面颜色深浅交错，具明显的同心轮纹。在病斑处表皮下，形成无数小粒点，略隆起，初褐色，后变黑色。有时它们排成同心轮纹状。在温暖潮湿情况下，它们突破表皮，涌出一层粉红色的黏质物。随着病斑的逐渐扩大，病部烂入果肉直到果心，使果肉变褐，有苦味。果肉腐烂的形状常呈圆锥形。发病严重时，果实大部分或整个腐烂，引起落果或者在枝条上干缩成僵果（图2-29）。

图2-29　梨炭疽病为害果实后期症状

病　　原　围小丛壳*Glomerella cingulata*，属子囊菌亚门真菌。子囊壳聚生，子囊孢子单胞，略弯曲，无色。无性阶段为*Colletotrichum gloeosporioides*称盘长孢状刺盘孢，属半知菌亚门真菌。分生孢子盘埋生在表皮下，后突破表皮外露；分生孢子梗单胞无色，栅栏状排列；分生孢子无色，椭圆形至长形（图2-30）。

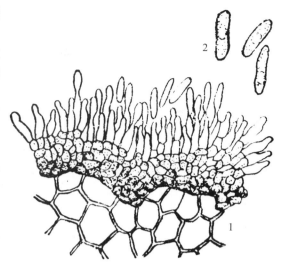

图2-30　梨炭疽病病菌
1.分生孢子盘 2.分生孢子

发生规律　病菌以菌丝体在僵果或病枝上越冬。第二年条件适宜时产生分生孢子，借风雨传播，引起初侵染。多以越冬病菌为中心，然后向下扩展蔓延。一年内可多次侵染，直到采收。病害的发生和流行与雨水有密切关系，4~5月多阴雨的年份，侵染早；6~7月阴雨连绵，发病重。地势低洼、土壤黏重、排水不良的果园发病重；树势弱、日灼严重、病虫害防治不及时和通风透光不良的梨树病重。

防治方法　冬季结合修剪，把病菌的越冬场所，如干枯枝、病虫为害破伤枝及僵果等剪除，并烧毁。多施有机肥，改良土壤，增强树势，雨季及时排水，合理修剪，及时中耕除草。

在梨树发芽前喷二氯萘醌50倍液，或5%~10%重柴油乳剂，或五氯酚钠150倍液。

发病前注意施用保护剂，可以80%代森锰锌可湿性粉剂700倍液、80%敌菌丹可溶性粉剂1 000~1 200倍液、75%百菌清可湿性粉剂800倍液、65%代森锌可湿性粉剂500~600倍液等，间隔7~12天喷施1次。

北方发病严重的地区，从5月下旬或6月初开始，每15天左右喷1次药，直到采收前20天止，连续喷4~5次。雨水多的年份，喷药间隔期缩短些，并适当增加次数。可用50%异菌脲可湿性粉剂2 000倍液、10%多氧霉素可湿性粉剂2 000倍液、86.2%氧化亚铜干悬浮剂800倍液、80%代森锰锌可湿性粉剂700倍液+10%苯醚甲环唑水分散粒剂6 000倍液、80%代森锰锌可湿性粉剂700倍液+50%多菌灵可湿性粉剂800倍液、70%甲基硫菌灵可湿性粉剂1 000倍液+80%敌菌丹可溶性粉剂1 000~1 200倍液、4%嘧啶核苷酸类抗生素水剂600~800倍液、80%敌菌丹可湿性粉剂1 000倍液+50%苯菌灵可湿性粉剂1 000倍液、75%百菌清可湿性粉剂1 000倍液+40%氟硅唑可湿性粉剂8 000~10 000倍液、80%代森锰锌可湿性粉剂600~800倍液+6%氯苯嘧啶醇可湿性粉剂1 000~1 500倍液等药剂均匀喷施。

8. 梨树干枯病

为害症状　苗木受害时，在茎基部表面产生椭圆形、梭形或不规则形状的红褐色水渍状病斑；以后病斑逐渐凹陷，病健交界处产生裂缝，并在病斑表面密生黑色小粒点。大树的主枝和分枝受害初期为近圆形、深色水渍状斑点，发病部位浅，随病情发展，病斑扩大成近椭圆形褐色斑，皮层也进一步腐烂并凹陷，病健交界处裂开。重病枝干皮层折裂翘起，露出木质部，整枝枯死（图2-31、图2-32）。

图2-31　梨树干枯病为害枝干症状

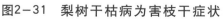

病　原　*Phomopsis fukushii* 福士拟茎点霉，属半知菌亚门真菌。分生孢子器生于寄主表皮下，分生孢子器扁球形，分生孢子具二型，α型近椭圆形，β型的柄生孢子钩状。两种孢子均无色，单胞（图2—33）。

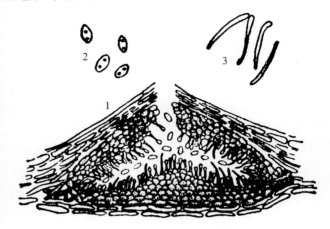

图2—33　梨树干枯病病菌

1.分生孢子器　2.纺锤形分生孢子　3.丝状分生孢子

发生规律　以菌丝体和分生孢子器在病部越冬，翌春产生分生孢子，借风雨及昆虫传播，引起初侵染。高湿条件下，侵入的病菌产生孢子进行再侵染。6月气温较高，病斑扩展更快。土层瘠薄的山地或砂质土壤、地势低洼、土壤黏重、排水不良、施肥不足、通风不良的梨园发病均较重。

防治方法　干枯病可以通过苗木传播，所以调出的苗木必须经过检疫。增施肥料、合理修剪、剪除病枯枝、适时灌水，低洼地注意排水。

早春萌芽前喷5波美度石硫合剂一次；在苗木生长期，可喷布波尔多液1∶2∶200、70%甲基硫菌灵可湿性粉剂1 000～1 200倍液等。

发病初期喷50%苯菌灵可湿性粉剂1 500倍液、40%多·硫悬浮剂600倍液。也可刮除病斑，再涂50%福美双可湿性粉剂50倍液，或采用梨轮纹病和腐烂病的方法治疗。

9. 梨褐斑病

为害症状　主要为害叶片，最初产生圆形、

图2—32　梨树干枯病为害树干基部症状

近圆形的褐色病斑，边缘明显，后渐扩大，相互汇合成不规则形大斑。后期，病斑中间灰白色，密生黑色小点，周围褐色，最外层边缘则为黑色（图2—34至图2—36）。

病　原　*Mycosphaerella sentina* 称梨褐斑小球壳菌，属子囊菌亚门真菌。分生孢子器球形或扁球形，暗褐色，有孔口。分生孢子针状，无色，有3～5个隔膜。子囊壳球形或扁球形，黑褐色。子囊棍棒状，无色透明。子囊孢子纺锤形或圆筒形，稍弯曲，无色，有一个隔膜（图2—37）。

图2-34　梨褐斑病为害叶片正、背面症状

图2-35　梨褐斑病为害叶片后期症状

图2-36　梨褐斑病为害后期落叶状

　　发生规律　以分生孢子器及子囊壳在落叶的病斑上越冬。翌春通过风雨散播分生孢子或子囊孢子，侵入叶片，引起初侵染。在梨树生长期中，产生成熟的分生孢子，可通过风雨传播，再次侵害叶片。病害一般在4月中旬开始发生，5月中下旬盛发。发病严重的，在5月下旬就开始落叶，7月中下旬落叶最严重。

　　防治方法　冬季扫除落叶，集中烧毁，或深埋土中。在梨树丰产

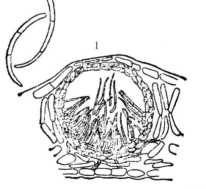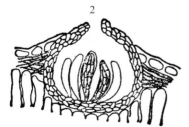

图2-37　梨褐斑病病菌
1.分生孢子器及分生孢子　2.子囊壳

后，应增施肥料，促使树势生长健壮，提高抗病力。

　　早春梨树发芽前，结合防治梨锈病，喷施0.6%倍量式波尔多液，或喷1次3波美度石硫合剂混200倍五氯酚钠，或1：2：200波尔多液。

　　落花后，约4月中下旬病害初发时，喷第1次药；5月上中旬再喷1次药。

　　可用药剂有：80%代森锰锌可湿性粉剂800～1 000倍液、75%百菌清可湿性粉剂600～800倍液、70%甲基硫菌灵可湿性粉剂600～800倍液、10%苯醚甲环唑水分散粒剂3000～5 000倍液、12.5%烯唑醇可湿性粉剂2 500倍液、62.5%仙生（腈菌唑·代森锰锌）可湿性粉剂800倍液、50%异菌脲可湿性粉剂1 000～1 500倍液、50%苯菌灵可湿性粉剂1 500～1 800倍液、50%嘧菌酯水分散粒剂5 000～7 000倍液、25%吡唑醚菌酯乳油1 000～3 000倍液、24%腈苯唑悬浮剂2 500～3 200倍液、40%腈菌唑水分散粒剂6 000～7 000倍液。

10. 梨树白粉病

　　为害症状　主要为害老叶，先在树冠下部老叶上发生，再向上蔓延。最初在叶背面产生圆形的白色霉点，继续扩展成不规则白色粉状霉斑（图2-38），严重时布满整个叶片。生白色霉斑的叶片正面组织初呈黄绿色至黄色不规则病斑，严重时病叶萎缩、变褐枯死或脱落。后期白粉状物上产生黄褐色至黑色的小颗粒。

　　病　原　*Phyllactinia pyri*称梨球针壳菌，属子囊菌亚门真菌。闭囊壳扁圆球形，黑褐色具针状附属丝，无孔口。子囊15～21个，长椭圆形，内含2个子囊孢子。子囊孢子长椭圆形，单胞无色至浅黄色（图2-39）。

图2-38　梨白粉病为害叶片症状

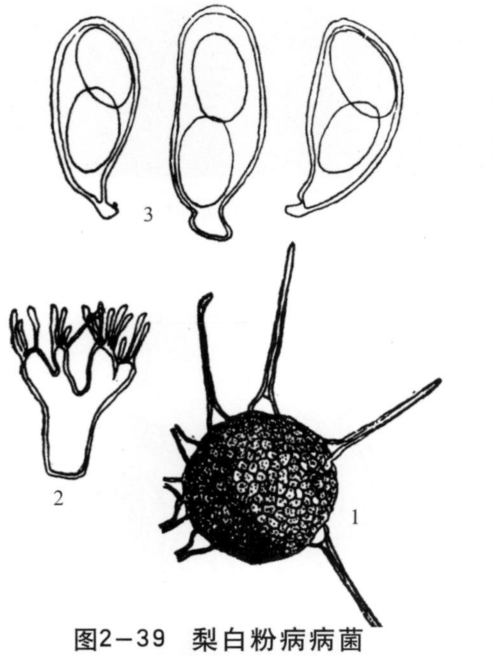

　　发生规律　以闭囊壳在落叶上或黏附在枝干表面越冬。翌年6～7月子囊孢子成熟，借风传播。7月开始发病，秋季为发病盛期。春季温暖干旱，夏季凉爽，秋季晴朗年份病害易流行。密植梨园，通风不畅、排水不良或偏施氮肥的梨树容易发病。

　　防治方法　秋后彻底清扫落叶，并进行土壤耕翻，冬剪或梨树发芽时剪除病枝梢，集中烧毁或深埋。合理施肥，适当修剪。

　　发芽前喷一次3～5波美度石硫合剂，杀死树上越冬病菌。一般于花前和花后各喷1次，可用30%醚菌酯可湿性粉剂2 500～5 000倍液、10%苯醚甲环唑水分散粒剂6 000倍液、70%甲基硫菌灵可湿性粉剂1 000～1 500倍液、20%三唑酮乳油1 500倍液、50%苯菌灵可湿性粉剂1 500～1 600倍液、50%硫悬浮剂300倍液等。

图2-39　梨白粉病病菌
1.闭囊壳　2.帚状细胞　3.子囊和子囊孢子

11．梨干腐病

为害症状 枝干出现黑褐色、长条形病斑，质地较硬，微湿润，多烂到木质部。病斑扩展到枝干半圈以上时，常造成病部以上叶片萎蔫，枝条枯死。后期病部失水，凹陷，周围龟裂，表面密生黑色小粒点。梨干腐病菌也侵害果实，造成果实腐烂（图2-40至图2-42）。

病 原 *Botryosphaeria* sp．葡萄座腔菌，属子囊菌亚门真菌。子囊座中等至大型，子囊孢子单胞无隔，卵形或椭圆形，无色偶现褐色，假囊壳单生。分生孢子单胞、无色、椭圆形。

发生规律 以分生孢子器在发病的枝干上越冬，春天潮湿条件下病斑上形成分生孢子，借雨水传播，形成当年枝干和果实上的初侵染。发病高峰是在近成熟期。树势衰弱，土壤水分供应不足，能加快病斑扩展。在管理粗放的地区和园片发病较重。

防治方法 苗木和幼枝合理施肥，控制枝条徒长。干旱时应及时灌水。在萌芽前期，可喷施160倍量式波尔多液。

发病初期可刮除病斑，并喷施45%晶体石硫合剂300倍液、75%百菌清可湿性粉剂700倍液、50%苯菌灵可湿性粉剂1 500倍液、36%甲基硫菌灵悬浮剂600倍液等。

图2-40 梨干腐病为害枝干症状

图2-41 梨干腐病为害枝条叶片萎蔫状　　　　图2-42 梨干腐病为害整树症状

12. 梨轮斑病

为害症状 主要为害叶片、果实和枝条。叶片受害，开始出现针尖大小黑点，后扩展为暗褐色、圆形或近圆形病斑，具明显的轮纹（图2-43）。在潮湿条件下，病斑背面产生黑色霉层。新梢染病，病斑黑褐色，长椭圆形，稍凹陷。果实染病形成圆形、黑色凹陷斑。

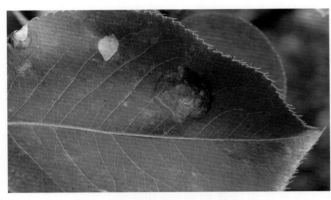

图2-43 梨轮斑病为害叶片症状

病原 *Alternaria mali* 苹果链格孢，属半知菌亚门真菌。分生孢子梗束状，暗褐色，弯曲多孢。分生孢子顶生，短棒锤形，暗褐色，有2～5个横隔，1～3个纵隔，有短柄。

发生规律 病菌以分生孢子在病叶等病残体上越冬，生长势弱，伤口较多的梨树易发病；树冠茂密，通风透光较差，地势低洼的梨园发病重。

防治方法 清除落叶，彻底防治幼树上的黑星病，加强肥水管理，适当疏花、疏果，控制结果量，保持树势旺盛，合理修剪，使树膛内通风透光。

芽萌动时喷洒药剂预防，如80%代森锰锌可湿性粉剂700倍液、75%百菌清可湿性粉剂800倍液、50%多菌灵可湿性粉剂800倍液等。

花前、落花后幼果期，雨季前，梨果成熟前30天左右是防治该病的关键时期。各喷施1次药剂。可用药剂有80%代森锰锌可湿性粉剂700倍液+50%醚菌酯水分散粒剂4 000～5 000倍液、75%百菌清可湿性粉剂800倍液+10%苯醚甲环唑水分散粒剂5 000～7 000倍液、50%多·福（多菌灵·福美双）可湿性粉剂400～600倍液、50%腈·锰锌（腈菌唑·代森锰锌）可湿性粉剂800～1 000倍液、4%己唑醇乳油1 000～1500倍液、50%多菌灵可湿性粉剂600倍液+50%福美双可湿性粉剂500倍液、5%亚胺唑可湿性粉剂600～800倍液、30%多·烯（多菌灵·烯唑醇）可湿性粉剂1 000～1 500倍液、25%联苯三唑醇可湿性粉剂1 000～1 250倍液等，为了增加展着性，可加入0.03%皮胶或0.1%6501辅剂。

13. 梨灰斑病

为害症状 主要为害叶片，叶片受害后先在正面出现褐色小点，逐渐扩大成近圆形、灰白色病斑，病斑逐渐扩展到叶背面。后期叶片正面病斑上生出黑褐色小粒点，病斑表面易剥离（图2-44、图2-45）。

图2-44 梨灰斑病为害叶片症状

图2-45　梨灰斑病为害叶片后期田间症状

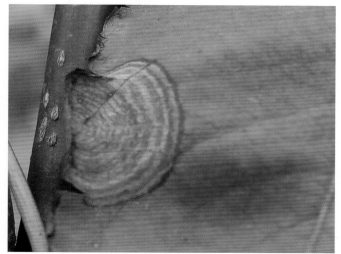

图2-46　梨斑纹病为害叶片症状

病　原　梨叶点霉*Phyllosticta pirina*，属半知菌亚门真菌。

发生规律　病菌以分生孢子器在病落叶上越冬，翌年条件适宜时产生分生孢子，借风雨传播，可进行再侵染。每年6月即可发病，7~8月为发病盛期，多雨年份发病重。

防治方法　冬季清洁果园，及时清除病残叶，深埋或消毁减少越冬菌源。

发病前或雨季之前喷药预防，可喷施倍量式波尔多液200~400倍液、50%多菌灵可湿性粉剂700~800倍液、70%甲基硫菌灵可湿性粉剂800倍液，间隔10~15天，一般年份喷施2~3次，多雨年份喷施3~4次。

14. 梨斑纹病

为害症状　主要为害叶片，多数从叶缘开始发病，初为褐色斑，逐渐扩展成淡褐色大斑，有明显的波状轮纹（图2-46）。

病　原　*Phyllosticta* spp.叶点霉属，可由该属的多种病菌引起，属半知菌亚门真菌。

发生规律　病菌在落叶的病斑上越冬，翌年春季产生分生孢子，借风传播，多从叶缘小孔侵入。

防治方法　可参考梨褐斑病。

15. 梨霉污病

为害症状　为害果实、枝条，严重时也为害叶，在果面产生深褐色或黑色煤烟状污斑，边缘不明显，可覆盖整个果面，一般用手擦不掉。新梢及叶面有时也产生霉污状斑（图2-47）。

病　原　*Gloeodes pomigena*称仁果粘壳孢，属半知菌亚门真菌。分生孢子器半球形，分生孢子椭圆形至圆筒形，无色，成熟时双细胞，两端尖，壁厚，单细胞。

发生规律　以分生孢子器在病枝上越冬。翌春，气温回升，分生孢子借风传播为害，进入雨季更严重。菌丝体多着生于果面，个别菌丝侵入果皮下层。在降雨较多年份，低洼潮湿，积水，地面杂草丛生，树冠郁闭，通风不良等果园中发病常重。

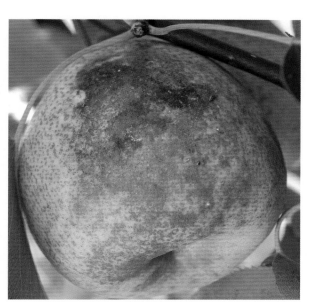

图2-47　梨霉污病为害果实症状

防治方法 加强果园管理，雨季及时割除树下杂草，及时排除积水，降低果园湿度。 发病初期，喷50%甲基硫菌灵可湿性粉剂600～800倍液、50%多菌灵可湿性粉剂500～600倍液、40%多·硫悬浮剂500～600倍液、50%苯菌灵可湿性粉剂1 500倍液、77%氢氧化铜微粒可湿性粉剂500倍液，间隔10天左右喷1次，共2～3次。

16. 梨叶脉黄化病

为害症状 主要为害叶片，致梨树生长量减半。在感病品种或指示植物上，5月末或6月初，叶片沿叶脉和支脉产生褪绿的带状条斑（图2-48、图2-49）。

病　　原 梨茎凹病毒Pear stem pitting virus(PSPV)。这种病毒在梨上普遍存在，黄脉和红色斑驳在梨上的并发症，可能由同一种病毒引起。

发生规律 可以嫁接传染，也可机械传染到草本寄主上。带毒苗木、接穗、砧木是病害的主要侵染来源。把病芽和指示植物的芽，同时嫁接在一株砧木上，指示植物在嫁接当年即表现症状。

防治方法 栽培无病毒苗木。剪取在37℃恒温下处理2～3周生长出的梨苗新梢顶端部分，进行组织培养，繁殖无毒的单株。

禁止在大树上高接繁殖无病毒新品种。禁止用无病毒的梨接穗在未经检毒的梨树上进行高接繁殖或保存。

加强梨苗检疫，防止病毒扩散蔓延。建立健全无病毒母本树的病毒检验和管理制度，把好检疫关，杜绝病毒侵入和扩散。

图2-48　梨叶脉黄化病病叶

图2-49　梨叶脉黄化病病叶严重时症状

17．梨环纹花叶病

分布为害 分布广泛。带毒梨树的干周生长量减少10%，树势衰弱且易遭冻害。

症　状 主要为害叶片，严重时也可为害果实。叶片产生淡绿色或浅黄色环斑或线纹斑。高度感病品种的病叶往往变形或卷缩。有些品种无明显症状，或仅有淡绿色或黄绿色小斑点组成的轻微斑纹（图2-50）。阳光充足的夏天症状明显，而且感病品种在8月份叶片上常出现坏死区域。偶尔也发生在果实上，但病果不变形，果肉组织也无明显损伤。

图2-50　梨环纹花叶病为害叶片症状

病　原 梨环纹花叶病毒 Pear ring mosaic virus 。病毒粒体曲线条状，致死温度52～55℃，稀释限点10^{-4}。

发生规律 通过嫁接途径传染，随着带毒苗木、接穗、砧木等扩散蔓延。病树种子不带毒，因而用种子繁殖的实生苗也是无病毒的。未发现昆虫媒介。气候条件和品种影响症状的表现，干热夏天症状明显，在阴天或潮湿条件下，症状不明显。

防治方法 加强梨苗检疫，防止病毒扩散蔓延。首先应建立健全无病毒母本树的病毒检验和管理制度，把好检疫关，杜绝病毒侵入和扩散。

禁止在大树上高接。繁殖无病毒新品种。一般杂交育成或从国外引进的新品种，多数是无病毒的。禁止用无病毒的梨接穗在未经检毒的梨树上进行高接繁殖或保存，以免受病毒侵染；如需高接必须检测砧木或大树是否带毒，不要盲目进行，以免遭病毒感染。剪取在37℃恒温下处理2～3周伸长出的梨苗新梢顶端部分，进行组织培养，繁殖无毒的单株。

18．梨石果病毒病

分布为害 又称梨石痘病，主要为害果实和树皮。梨树上为害性最大的病毒病害，果实发病后完全丧失商品价值。症状严重度随年份不同而变化。带毒树长势衰退，一般减产30%～40%。

症　状 主要为害果实和树皮。首先在落花10～20天后的幼果上出现症状，在果表皮下产生暗绿色区域，病部凹陷（图2-51）。果实成熟后，皮下细胞变为褐色。病树新梢、枝条和枝干树皮开裂，其下组织坏死。在老树的死皮上产生木栓化突起。病树往往对霜冻敏感。有时早春抽发的叶片出现小的浅绿色褪绿斑。

图2-51 梨石果病毒病
为害果实症状

病　　原　梨石果病毒Stony pit of pear virus 。病毒本身特性尚未研究清楚。

发生规律　梨石痘病在西洋梨品种上的症状最重，病毒主要通过嫁接传染，接穗或砧木带毒是病害的主要侵染来源。

防治方法　选用无病砧木和接穗，避免用根蘖苗作砧木。严格选用无病毒接穗，是防治此病的有效措施。病树也不能用无病毒接穗高接换头。

加强梨园管理。采用配方施肥技术，适当增施有机肥，重点管好浇水，天旱及时浇水，雨后或雨季注意排水，增强树势，提高抗病力。果园发现病树应连根刨掉，以防传染。

19. 梨红粉病

分布为害　主要在果实生长后期和贮藏期发生，不严重。在常温库贮存时，常在梨黑星病斑上继发侵染。

症　　状　主要为害果实，发病初期病斑近圆形，产生黑色或黑褐色凹陷斑，扩展可达数厘米，果实变褐软化，很快引起果腐。果皮破裂时上生粉红色霉层，即病菌分生孢子梗和分生孢子，最后导致整个果实腐烂（图2-52）。

图2-52　梨红粉病为害果实症状

病　　原　粉红单端孢*Trichothecium roseum*，属半知菌亚门真菌。菌落初无色，后渐变粉红色，菌丝体由无色、分隔和分枝的菌丝组成。分生孢子梗细长，直立无色、不分枝，有分隔，于顶端以倒合轴式序列产生分生孢子。分生孢子卵形，双胞，顶端圆钝，至基部渐细，无色或淡红色。

发生规律　红粉菌是一种腐生或弱寄生菌，病菌分生孢子分布很广，孢子可借气流传播，也可在选果，包装和贮藏期通过接触传染，伤口有利于病菌侵入。病菌一般在20~25℃发病快，降低温度对病菌有一定抑制作用。梨树生长后期发生，为害严重。

防治方法　防治该病以预防为主，在采收、分级、包装、搬运过程中尽可能防止果实碰伤、挤伤。入贮时剔除伤果，贮藏期及时去除病果。

对包装房和贮藏窖应进行消毒或药剂熏蒸，注意控制好温度，使其利于梨贮藏而不利于病菌繁殖侵染。有条件的可采用果品气调贮藏法。如选用小型气调库、小型冷凉库、简易冷藏库等，采用机械制冷并结合自然低温的利用，对梨进行中长期贮藏可大大减少该病发生。

近年该病在梨树生产后期发生为害严重，可在生产季节或近成熟期喷施50%苯菌灵可湿性粉剂1500倍液、50%混杀硫悬浮剂500倍液、70%甲基硫菌灵超微可湿性粉剂1 000倍液，防治1次或2次。

二、梨树虫害

梨树害虫是影响梨果产量和品质的重要障碍，食心虫全国各梨区普遍发生，其中,吉林、辽宁、河北、山西、山东、河南等省受害较重；梨星毛虫主要分布于辽宁、河北、山西、河南、陕西、甘肃、山东等地区；梨蚜以辽宁、河北、山东和山西等梨区发生普遍；梨花网蝽在我国梨产区均有分布；梨木虱分布于华北、东北、西北、山东、河南、安徽等省区；梨圆蚧是在国内各地均有发生；梨茎蜂分布于北京、辽宁、河北、河南、山东、山西、四川、青海等省地。

1. 梨小食心虫

分　　布　梨小食心虫（*Grapholitha molesta*）分布全国各地，是最常见的一种食心虫。

为害特点　为害新梢时，多从新梢顶端叶片的叶柄基部蛀入髓部，由上向下蛀食，蛀孔外有虫粪排出和树胶流出，被害嫩梢的叶片逐渐凋萎下垂，最后枯死（图2-53、图2-54）。为害果实时，幼虫蛀入果肉纵横蛀食，常使果肉变质腐败、不能食用（图2-55）。

图2-53　梨小食心虫为害梨树新梢症状

图2-54　梨小食心虫为害桃树新梢症状

图2-55　梨小食心虫为害果实症状

形态特征　成虫全体暗褐或灰褐色。触角丝状，下唇须灰褐上翘。前翅灰黑，翅面上有许多白色鳞片，后翅暗褐色（图2-56）。卵扁椭圆形，中央隆起，半透明。刚产卵乳白色，近孵时可见幼虫褐色头壳（图2-57）。末龄幼虫体淡红至桃红色，腹部橙黄，头褐色，前胸背板黄白色，透明，体背桃红色（图2-58）。蛹纺锤形，黄褐色。茧丝质白色，长椭圆形。

图2-56　梨小食心虫成虫

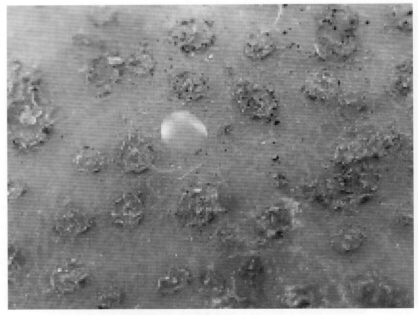

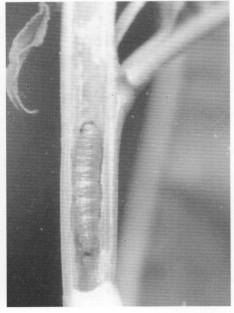

图2-57　梨小食心虫卵

图2-58　梨小食心虫幼虫蛀梢

发生规律　华北地区一年发生3～4代，黄淮海地区4～6代，华南6～7代。以老熟幼虫在梨树和桃树的老翘皮下、根颈部、杈丫、剪锯口、石缝、堆果场等处结茧越冬。越冬幼虫于翌年春

4月上旬开始化蛹，4月下旬越冬代成虫羽化，羽化盛期为5月下旬。6月下旬至8月上旬第1代成虫出现，继续在桃树上产卵。第2代成虫在7月中旬至8月下旬出现。8月下旬是为害梨果最重的时期，第3代成虫约在8月中旬至9月下旬出现，基本都滞育越冬。

防治方法 新建园时尽可能避免桃、梨及其他果树混栽，或栽植过近。早春发芽前，有幼虫越冬的果树，刮除老树皮，刮下的树皮集中烧毁。成虫产卵高蜂期，卵孵化盛期幼虫蛀果前，是防治梨小食心虫的关键时期。

在成虫产卵高峰期，卵果率达0.5%~1%时，可用30%乙酰甲胺磷乳油500~1 000倍液、24%毒死蜱·阿维菌素乳油2 000倍液、48%毒死蜱乳油1 000~1 500倍液、30%辛·脲乳油1 500~2 000倍液均匀喷施、20%哒嗪硫磷乳油500~800倍液、25%甲萘威可湿性粉剂800~1 000倍液、25%灭幼脲悬浮剂750~1 500倍液、5%氟铃脲乳油1 000~2 000倍液、20%抑食肼可湿性粉剂1 000倍液、5%氟虫脲乳油800~1 000倍液等药剂。

于卵孵盛期，幼虫蛀果前，可用2.5%氯氟氰菊酯水乳剂4 000~5 000倍液、2.5%高效氯氟氰菊酯水乳剂4 000~5 000倍液、5.7%氟氯氰菊酯乳油1 500~2 500倍液、20%甲氰菊酯乳油2 000~3 000倍液、1.8%阿维菌素乳油2 000~4 000倍液、2.5%溴氰菊酯乳油2 000~2 500倍液均匀喷雾，虫口数量大时，间隔15天左右再喷1次，连续喷2~3次为宜。

2. 梨星毛虫

分 布 梨星毛虫 (*Illiberis pruni*) 分布于辽宁、河北、山西、河南、陕西、甘肃、山东等省的梨产区。

为害特点 以幼虫食害芽、花蕾、嫩叶等。幼虫出蛰后钻入花芽内为害，使花芽中空，变黑枯死；而后蛀食刚开绽的花芽，芽内花蕾、芽基组织被蛀空，花不能开放，部分被蛀花虽能张开，但歪扭不正，并有褐色伤口或孔洞。展叶后幼虫转移到叶片上吐丝，将叶片缀连成饺子状叶苞，幼虫在虫苞内为害（图2-59）。

形态特征 成虫灰黑色，复眼紫黑至浓黑色，触角锯齿状，雄蛾短羽状，头胸部均有黑色绒毛，翅脉清晰可见（图2-60）。卵扁平，椭圆形，初产乳白色，渐变黄白色，近孵化时变褐色。老幼虫体白色，纺锤形，头小黑色缩于前胸。初孵幼虫淡紫色，2~3龄虫体暗黄色，越冬幼虫外有丝茧（图2-61）。蛹纺锤形，初黄白色，后期变黑褐色（图2-62）。茧白色，双层。

发生规律 一年发生1~2代，以幼龄幼虫在树干老翘皮和裂缝下越冬。翌年4月上旬，花芽露绿时，幼虫开始出

图2-59 梨星毛虫为害叶片症状

蛰，4月中旬花芽膨大至开绽时，开绽期钻入花芽内蛀食花蕾或芽基，为出蛰盛期。6月下旬至7月中旬出现成虫，7月上旬为羽化盛期，到7月下旬至8月上旬，陆续潜入越冬场所，休眠越冬。

防治方法 早春幼虫出蛰前刮去树皮杀死幼虫。在早春果树发芽前，越冬幼虫出蛰前，对老树进行刮树皮，对幼树进行树干周围压土，刮下的树皮要集中烧毁。抓住梨树花芽膨大期，出蛰幼虫盛期和幼虫孵化盛期，趁幼虫尚未进入为害前，及时喷药防治。可用0.5%楝素乳油1 000~

 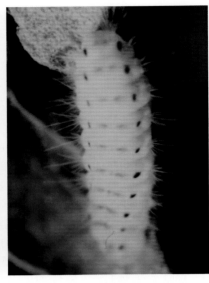 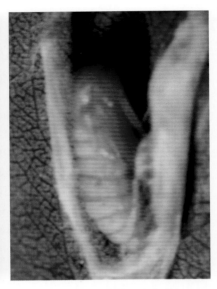

图2-60　梨星毛虫成虫　　　　图2-61　梨星毛虫幼虫　　　　图2-62　梨星毛虫蛹

1 500倍液、25%甲萘威可湿性粉剂1 000~1 500倍液、20%丁硫克百威乳油1 000~1 500倍液、18%杀虫双水剂500~800倍液、25%灭幼脲悬浮剂1 500~2 000倍液、20%虫酰肼悬浮剂1 500~2 000倍液、24%甲氧虫酰肼悬浮剂2 400~3 000倍液、5%虱螨脲乳油1 000~2 000倍液喷雾。

　　成虫发生期和第1代幼虫发生期，以杀死成虫、幼虫和卵，可用20%氰戊菊酯乳油2 000~3 000倍液、25%溴氰菊酯乳油1 500~2 000倍液、2.5%高效氟氯氰菊酯乳油1 000~1 500倍液、1.8%阿维菌素乳油2 000~3 000倍液、5%除虫菊素乳油1 000~2 000倍液。

3．梨冠网蝽

　　分　　布　梨冠网蝽（*Stephanitis nashi*）在我国梨产区均有分布。

　　为害特点　成虫和若虫群集叶背面刺吸汁液，受害叶片正面初期呈现黄白色成片小斑点，严重时叶片苍白。叶背有成片的斑点状黑褐色黏稠粪便（图2-63）。

　　形态特征　成虫体扁平暗褐色，头小，触角丝状（图2-64）。前翅布满网状纹，前翅叠起构成深褐色"X"形斑，前翅及前胸翼状片均半透明。卵椭圆形，黄绿色，一端弯曲。初孵幼虫乳白色半透明（图2-65），渐变为淡绿色，然后变为褐色。

　　发生规律　一年发生3~5代。以成虫潜伏在落叶下、树干翘皮、崖壁裂缝及果园四周灌木

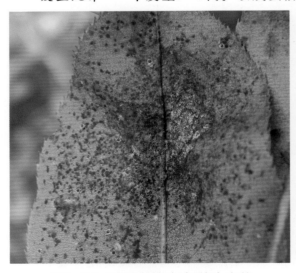 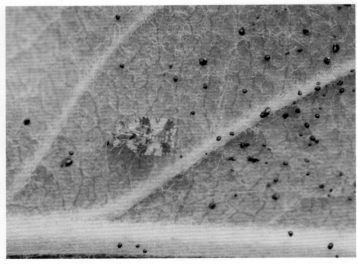

图2-63　梨冠网蝽为害梨叶症状　　　　　　图2-64　梨冠网蝽成虫

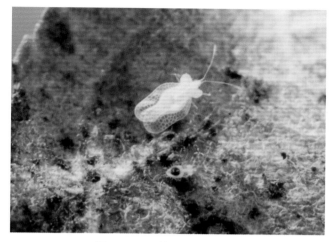

图2-65　梨冠网蝽若虫

丛中越冬。越冬成虫在果树发芽后的4月上旬开始出蛰，4月下旬至5月上旬为出蛰高峰期。第1代成虫6月发生，第2代成虫7月上旬发生，第3代8月上旬发生，第4代8月底发生。全年为害最重时期为7～8月份，即第2～3代发生期。第4代成虫9月下旬至10月上旬开始飞向越冬场所，以10月下旬最多。

防治方法　成虫春季出蛰活动前，彻底清除果园内及附近的杂草、枯枝落叶，集中烧毁或深埋，消灭越冬成虫；秋、冬季节清扫落叶、清除杂草、刮粗皮、松土刨树盘、消灭越冬成虫，果实套袋。

掌握在4月中下旬越冬成虫出蛰盛期、5月下旬第1代若虫孵化盛期是防治关键，以叶背为防治重点，效果显著，对控制梨冠网蝽为害起很大作用。　可用11.5%阿维·吡可湿性粉剂2 000倍液、1.8%阿维菌素乳油2 000～4 000倍液、80%敌敌畏乳油1 500倍液、10%吡虫啉可湿性粉剂2 000倍液、40%乐果乳油750倍液、50%马拉硫磷乳油800～1 500倍液、50%杀螟硫磷乳油1 000～ 2 000倍液、90%晶体敌百虫800～1 000倍液、2.5%氯氟氰菊酯乳油1 000倍液、20%甲氰菊酯乳油1 000倍液、40.7%毒死蜱乳油1 000～2 000倍液、35%硫丹乳油1 500～2 000倍液均匀喷施，间隔10天喷1次，连续喷2次。

4. 梨茎蜂

分　布　梨茎蜂（*Janus piri*）是梨树主要害虫之一。该虫分布于北京、辽宁、河北、河南、山东、山西、四川、青海等省或直辖市。

为害特点　成虫和幼虫为害嫩梢和二年生枝条。成虫产卵时锯折嫩梢和叶柄，卵产于锯口下端组织内。卵所在处的表皮略隆起，被刺伤口呈小黑点，锯口上嫩梢萎蔫。卵孵化后幼虫由断梢部向下蛀食，被害枝不久枯死，成黑色枯桩（图2-66、图2-67）。

图2-66　梨茎蜂为害梨树新梢初期症状

图2-67　梨茎蜂为害梨树新梢后期症状

形态特征　成虫体黑色，前胸背板后缘两侧，中胸背中央与两侧，后胸背末端和翅基部均为黄色，触角丝状黑色，翅透明（图2-68）。卵长椭圆形，乳白色，半透明。幼虫乳白色，体背扁平，多横皱纹，头胸部向下弯曲，尾端向上翘。蛹为裸蛹，初孵化乳白色，以后体色逐渐加深，羽化前变黑色。

发生规律　每年发生1代，北方以老熟幼虫在被害枝条蛀道内过冬，南方以前蛹或蛹过冬。华北一般在3月间化蛹，4月羽化，7月大部分都已蛀入二年生枝条内，8月上旬停止食害，做茧越冬。4～6月为发生为害盛期。

图2-68 梨茎蜂成虫

防治方法 冬季剪除幼虫为害的枯枝，春季成虫产卵后，剪除被害梢，以杀死卵或幼虫。或用铁丝插入被害的二年生枝内刺死幼虫或蛹，减少越冬虫源。3月下旬梨茎蜂成虫羽化期，4月上旬梨茎蜂为害高峰期前，是防治梨茎蜂的关键时期。

3月下旬、4月上旬各喷药1次，可用40%杀扑磷乳油1 500倍液、80%敌敌畏乳油800倍液、20%甲氰菊酯乳油1 000～2 000倍液、2.5%氯氟氰菊酯乳油1 000～2 000倍液、20%氰戊菊酯乳油1 000～1 500倍液、2.5%溴氰菊酯乳油1 500～2 000倍液、40.7%毒死蜱乳油1 000～2 000倍液均匀喷雾。

5. 梨大食心虫

分　　布 梨大食心虫（*Nephopteryx pirivorella*）是梨树的主要害虫之一。全国各梨区普遍发生，其中，吉林、辽宁、河北、山西、山东、河南等省受害较重。

为害特点 以幼虫蛀食芽、花簇、叶簇和果实，为害时从芽基部蛀入，直达髓部，被害芽瘦瘪，造成芽枯死。幼果期蛀果后，常用丝将果缠绕在枝条上，被害果果柄和枝条脱离，但果实不脱落（图2-69）。

发生规律 在东北每年发生1代，山东和四川地区1年2代。各地均以幼龄幼虫在芽（主要是花芽）内结白茧越冬。春季花芽膨大期转芽为害，幼果期转果为害。第1代幼虫为害期在6～8月，第2代成虫发生期为8～9月，2代产卵于芽附近，孵化后幼虫蛀到芽

图2-69 梨大食心虫为害果实症状

内结茧越冬。

防治方法 梨树发芽前，结合修剪管理，彻底剪除或摘掉虫芽；摘除有虫花簇、虫果；果实套袋以保护优质梨。转果期及第一代幼虫期摘除虫果。越冬幼虫出蛰为害芽，幼虫为害果和幼虫越冬前为害芽时，是药剂防治的最佳时期。

可用52.25%氯氰菊酯·毒死蜱乳油1 500倍液、30%乙酰甲胺磷乳油500～1 000倍液、48%毒死蜱乳油1 000～1 500倍液、50%仲丁威可溶性粉剂1 000倍液、25%杀虫双水剂200～300倍液、2.5%氯氟氰菊酯水乳剂4 000～5 000倍液、4.5%高效氯氰菊酯乳油1 000～2 000倍液、20%氰戊菊酯乳油2 000～4 000倍液、20%甲氰菊酯乳油2 000～3 000倍液、25%灭幼脲悬浮剂750～1 500倍液、5%氟苯脲乳油800～1 500倍液、5%氟啶脲乳油1 000～2 000倍液、5%氟铃脲乳油1 000～2 000倍液、1.8%阿维菌素乳油2 000～4 000倍液等均匀喷施。

6. 梨木虱

分　　布　梨木虱（*Psylla pyri*）分布于华北、东北、西北、山东、河南、河北、安徽等梨产区。

为害特点　成虫、若虫在幼叶、果梗、新梢上群集吸食汁液，影响叶片生长而卷缩。在花蕾上寄生多时，不能开花，接着变黄、凋落。果面亦变黑粗糙，果面污染率达50%以上（图2-70至图2-73）。

图2-70　梨木虱为害叶片症状

图2-71　梨木虱为害枝条症状

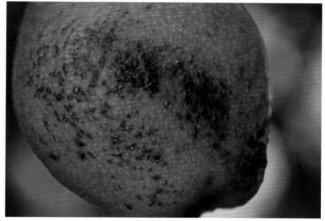

图2-72　梨木虱为害果实症状

图2-73　梨木虱为害梨树新梢症状

形态特征 成虫越冬型褐色，产卵期变红褐色，前翅后缘在臀区有明显的褐色斑（图2-74）。夏型黄色或绿色，体色变化较大，绿色者中胸背板大部为黄色，胸背有黄色纵条。夏型翅上均无斑纹，触角丝状。初孵幼虫扁椭圆形，淡黄色，复眼红色。3龄后体扁圆形，绿色，翅芽稍有褐色，晚秋最末代若虫为褐色，越冬型成虫刚蜕皮时为红色（图2-75）。越冬卵为长椭圆形，黄色；夏季卵初产乳白色。

图2-74 梨木虱成虫

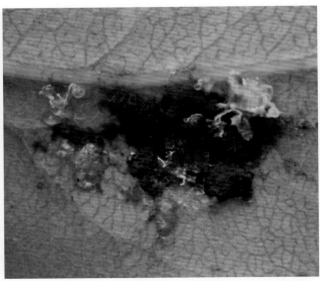

图2-75 梨木虱若虫及为害叶片症状

发生规律 辽宁3代，河北、山东4～6代，以成虫在树皮缝、树洞和落叶下越冬。在早春刚萌动时即出蛰活动，在枝条上吸食汁液，并分泌白色蜡质物，而后即行交尾和产卵，起始卵产在叶痕沟内，呈线状排列，花芽膨大时大量产卵，吐蕾期为产卵盛期，花期为第1代卵的孵化盛期，花后为若虫期。一般在9～10月，果实采收后即产生末代，此代羽化的成虫为越冬代成虫。

防治方法 早春刮树皮、清洁果园，并将刮下的树皮与枯枝落叶、杂草等物集中烧毁，以消灭越冬成虫，压低虫口密度。

梨木虱化学防治关键时期为：① 梨木虱出蛰盛期在2月底至3月初，出蛰盛期是第1代卵孵化始期。②5月下旬至6月上旬，成、低龄若虫发生高峰期。

目前，首选药剂1.8%阿维菌素乳油5 000倍液，常用药剂还有40%氧乐果乳油1 500倍液、2.5%溴氰菊酯乳油1 000倍液、20%氰戊菊酯乳油1 000倍液、50%乙酰甲胺磷乳油1 000倍液、40%水胺硫磷乳油1 500～2 000倍液、50%辛硫磷乳油800倍液、48%毒死蜱乳油1 200倍液。

夏季防治，于5月下旬至6月上旬成、若虫发生高峰期，可选用5%吡·阿乳油5 000～8 000倍液、10%吡虫啉可湿性粉剂2 000～2 500倍液、24%阿维·毒乳油2 000～3 000倍液、1%阿维菌素乳油5 000倍液、1%血根碱可湿性粉剂2 500～3 000倍液、35%硫丹乳油1 000倍液、5%双氧威乳油3 000倍液、3%啶虫脒乳油2 000倍液、20%双甲脒乳油1 500倍液、0.3%虱螨特乳油2 000～2 500倍液、25%噻虫嗪水分散粒剂5 000倍液等，以上药剂均需加洗衣粉300～500倍液，提高药效，10天后再喷1次，效果较好。

7. 梨圆蚧

分　布 梨圆蚧（*Diaspidiotus perniciosus*）是梨树的主要害虫，此虫在国内各地均有发生。

为害特点 主要为害枝条、果实和叶片。被害处呈红色圆斑，严重时皮层爆裂，甚至枯死。果实受害后，在虫体周围出现一圈红晕，虫多时呈现一片红色，严重时造成果面龟裂（图2-76、图2-77）。

图2—76　梨圆蚧为害果实症状

图2—77　梨圆蚧为害枝条症状

形态特征　成虫雌雄异体。雌成虫体扁圆形，橙黄色，体背覆盖灰白色圆形介壳，有同心轮纹，介壳中央稍隆起称壳点，黄色或褐色。雄成虫橙黄色，有翅一对，半透明。初孵若虫扁椭圆形，淡黄色。蛹：雄虫化蛹，长锥形，淡黄色藏于介壳下。

发生规律　一年发生2代，多以2龄若虫在枝上越冬，翌年春季树液流动后，越冬若虫开始为害。5月下旬雄虫开始羽化，至6月上旬羽化结束，越冬代雌虫自6月下旬开始胎生繁殖，7月上旬为产卵盛期，第1代雄虫羽化期为7月末至8月中旬，8月上旬为羽化盛期，8月下旬至10月上旬为第2代雌虫产卵期，9月上旬为产卵盛期，10月后以幼虫越冬。

防治方法　在梨园最初点片发生，个别树的几个枝条发生严重，可剪掉这些枝条，或用刷子刷死成若虫，均可收到良好效果。果实套袋时，注意扎紧袋口，防止若虫爬入袋内为害。

树体休眠期喷药防治，应在梨树发芽前10～15天，喷施波美5度石硫合剂、5%柴油乳剂、3.5%煤焦油乳剂等杀死过冬若虫，效果很好。

越冬代雄成虫羽化盛期和1龄若虫发生盛期，是药剂防治的关键时期。可喷布52.25%毒·氯乳油1 000～2 000倍液、30%氧乐·氰菊乳油1 000倍液、30%乙酰甲胺磷乳油500～600倍液、20%双甲脒乳油800～1 600倍液、48%毒死蜱乳油1 000～1 500倍液、45%马拉硫磷乳油1 500～2 000倍液、25%喹硫磷乳油800～1 000倍液、40%杀扑磷乳油800～1 000倍液、25%速灭威可湿性粉剂600～800倍液、2.5%氯氟氰菊酯乳油1 000～2 000倍液、20%氰戊菊酯乳油1 000～2 000倍液、20%甲氰菊酯乳油2 000～3 000倍液、25%噻嗪酮可湿性粉剂1 000～1 500倍液。

8．梨蚜

分　布　梨蚜（*Schizaphis piricola*）是梨树的主要害虫。全国各梨区都有分布，以辽宁、河北、山东和山西等梨区发生普遍。

为害特点　以成虫、若虫群集于芽、嫩叶、嫩梢上吸取梨汁液。早春若虫集中在嫩芽上为害。随着梨芽开绽而侵入芽内。梨芽展叶后，则转至嫩梢和嫩叶上为害（图2—78）。被害叶从主脉两侧向内纵卷成松筒状（图2—79）。

形态特征　无翅胎生雌蚜体绿、暗绿、黄褐色，常被白色蜡粉。头部额瘤不明显；腹管长大黑色，圆筒形状，末端收缩。有翅胎生雌蚜头胸部黑色，额瘤微突出。若虫体小，无翅，绿色，与无翅雌蚜相似。卵椭圆形，黑色有光泽。

发生规律　一年发生20代左右。以卵在梨树芽腋内和树枝裂缝中越冬。次年3月中、下旬梨芽萌发时开始孵化，并以胎生方式繁殖无翅雌蚜。以枝顶端嫩梢、嫩叶最多。4月中旬至5月上旬为害最严重。5月中下旬产生有翅蚜，陆续迁到狗尾草上为害。9～10月又迁回梨树上为害、繁殖，

图2-78　梨蚜为害新梢症状

产生有性蚜。雌雄交尾后，于11月开始在梨树芽腋产卵越冬。

防治方法　在发生数量不大的情况下，早期摘除被害卷叶，集中处理，消灭蚜虫。越冬卵基本孵化完毕、梨芽尚未开放至发芽展叶期，是防治梨蚜的关键时期。可用0.8%苦参碱·内酯水剂800倍液、25%喹硫磷乳油500～750倍液、20%哒嗪硫磷乳油500～800倍液、40%蚜灭磷乳

图2-79　梨蚜为害叶片症状

油1 000～1 500倍液、50%二溴磷乳油1 000～1 500倍液、50%抗蚜威可湿性粉剂1 500～2 000倍液、25%甲萘威可湿性粉剂400～600倍液、2.5%氯氟氰菊酯乳油1 000～2 000倍液、5.7%氟氯氰菊酯乳油1 000～2 000倍液、20%甲氰菊酯乳油4 000～6 000倍液、1.8%阿维菌素乳油3 000～4 000倍液、10%氯噻啉可湿性粉剂4 000～5 000倍液、10%吡虫啉可湿性粉剂2 000～4 000倍液、3%啶虫脒乳油2 000～2 500倍液、30%松脂酸钠水乳剂100～300倍液、10%烯啶虫胺可溶性液剂4 000～5 000倍液均匀喷雾。

9. 褐边绿刺蛾

分布为害　褐边绿刺蛾（*Latoia consocia*）国内各地几乎都有发生。主要为害苹果、梨、杏、桃、李、梅、樱桃、山楂、枣、板栗、核桃等多种果树。

形态特征　成虫，雌虫体头部粉绿色。复眼黑褐色。触角褐色，雌虫触角丝状；雄虫触角近基部十几节为单栉齿状（图2-80）。胸部背面粉绿色。足褐色。前翅粉绿色，基角有略带放射状褐色斑纹，外缘有浅褐色线，缘毛深褐色；后翅及腹部浅褐色，缘毛褐色。卵扁椭圆形，浅黄绿色。幼虫头红褐色（图2-81），前胸背板黑色，身体翠绿色，背线黄绿至浅蓝色。中胸及腹部第8节各有1对蓝黑色斑；后胸至第7腹节，每节有2对蓝黑色斑；亚背线带红棕色；每节着生棕色枝刺1对，刺毛黄棕色，并夹杂几根黑色毛。体侧翠绿色，间有深绿色波状条纹。自后胸至腹部第9节侧腹面均具刺突1对，上着生黄棕色刺毛。蛹卵圆形。棕褐色。茧近圆筒形，棕褐色。

图2-80 褐边绿刺蛾成虫

图2-81 褐边绿刺蛾幼虫

发生规律 河南一年2代，在长江以南一年发生2～3代，以幼虫结茧越冬。第二年4月下旬至5月上中旬化蛹。5月下旬至6月成虫羽化产卵，6月至7月下旬为第1代幼虫为害期，7月中旬后第1代幼虫陆续老熟结茧化蛹；8月初第1代成虫开始羽化产卵，8月中旬至9月第2代幼虫为害活动，9月中旬以后陆续老熟结茧越冬。

防治方法 结合果树冬剪，彻底清除或刺破越冬虫茧。在发生量大的年份，还应在果园周围的防护林上清除虫茧，夏季结合农事操作，人工捕杀幼虫。刺蛾的低龄幼虫有群集为害的特点，幼虫喜欢群集在叶片背面取食，被害寄主叶片往往出现白膜状，及时摘除受害叶片集中消灭，可杀死低龄幼虫。

防治关键时期是幼虫发生初期。常用药剂有25%灭幼脲胶悬剂500～1 000倍液、90%晶体敌百虫1 500～2 000倍液、2.5%溴氰菊酯乳油3 500～4 500倍液、25%亚胺硫磷乳袖1 000倍液、80%敌敌畏乳油1 000～1 200倍液、50%辛硫磷乳油1 000～1 500倍液、50%马拉硫磷乳油1 000倍液、5%顺式氰戊菊酯乳油3 000倍液等，间隔10～15天1次，连续喷2～3次。

10. 丽绿刺蛾

分布为害 丽绿刺蛾（*Parasa lepida*）分布于河北、河南、江苏、浙江、四川、云南。幼虫为害苹果、茶、柑橘、咖啡。

形态特征 成虫头顶和胸背绿色（图2-82），中央有一褐色纵线，腹背黄褐色，末端褐色较重。前翅绿色，基部尖长形黑棕色斑沿前缘紫，内边平滑弯曲；后翅淡黄色，外缘带褐色。幼虫体粉绿色（图2-83），背面稍白色，背中央有3条紫色或暗绿色带，体侧有一列带刺的瘤，前后瘤红色。

发生规律和防治方法 参考褐边绿刺蛾。

图2-82 丽绿刺蛾成虫

图2-83 丽绿刺蛾幼虫

11. 梨果象甲

分布为害 梨果象甲（*Rhynchite foveipennis*）该虫分布较广，在国内南北梨区均有分布。主要为害梨树嫩枝、花丛和幼果。成虫在产卵前，先咬伤果柄，而后在果面咬一小孔，把卵产在孔内。幼虫在果内孵化后，蛀食果肉和种子，致果萎脱落。

形态特征 成虫体暗紫铜色，有金绿闪光，鞘翅上刻点粗大（图2-84）。卵椭圆形，初乳白色，渐变乳黄色。幼虫乳白色，体表多横皱。蛹初乳白色，渐变黄褐至暗褐色，体表被细毛，裸蛹。

发生规律 一年发生1代或两年发生1代。发生1代的以成虫在土中6cm左右的深处做土室越冬。两年发生1代的以幼虫在土中越冬，翌年以成虫在土中越冬，第三年出土为害。在5月下旬至6月上旬为出土盛期，7月中旬前后出土结束。成虫产卵期自6月上旬至8月上旬，产卵盛期在6月下旬至7月上旬。幼虫多在7月上旬至8月中旬脱果入土。

防治方法 利用成虫假死习性，可在清晨进行摇树捕杀。秋冬浅耕，杀灭在土中越冬的成虫和幼虫。

在成虫尚未产卵前，喷施90%晶体敌百虫600～800倍液、80%敌敌畏乳剂1 000倍液、

图2-84 梨果象甲成虫

2.5%溴氰菊酯乳油3 000～4 000倍液，以后视发生轻重程度，间隔10～15天再用药，连续喷施2～3次。

12. 梨金缘吉丁虫

分布为害 梨金缘吉丁虫（*Lampra limbata*）以华北、华东、西北及辽宁、河北、湖北等地发生较普遍。幼虫在梨树枝干皮层纵横串食，幼树被害处凹陷，变黑，被害处皮层干枯。

形态特征 成虫全体翠绿色，具金属光泽，身体扁平，密布刻点（图2-85）。鞘翅边缘具金黄色微红的纵纹，状似金边。卵椭圆形，初乳白色，后渐变黄褐色。幼虫由乳白渐变黄白、无色。蛹为裸蛹，初乳白色，后变紫绿色，有光泽。

发生规律 大多2年完成1代。以不同龄期幼虫于被害枝干皮层下或木质部蛀道内越冬。幼虫当年不化蛹。4月下旬有成虫羽化。成虫发生期一般在5月至7月上旬，盛期在5月下旬。6月上旬为幼虫孵化盛期。秋后老熟幼虫蛀入木质部越冬。

防治方法 成虫发生期，利用其假死习性，组织人力清晨震树捕杀成虫。

在成虫羽化初期，用药剂封闭枝干，从5月上旬开始。可用90%晶体敌百虫600～800倍液、50%马拉硫磷乳剂1 000～2 000倍液、20%氰戊菊酯乳油2 000～2 500倍液、80%敌敌畏乳油800～1 000倍液、50%杀螟腈乳剂500～1 000倍液、75%硫双灭多威可湿性粉剂1 000～2 000倍液、2.5%氯氟氰菊酯乳油1 000～3 000倍液、10%高效氯氰菊酯乳油1 000～2 000倍液、10%醚菊酯悬浮剂800～1 500倍液、5%氟苯脲乳油800～1 500倍液、20%虫酰肼悬浮剂1 000～1 500倍液等，灌注虫孔（每孔灌注3～10ml），间隔10～15天喷1次，共用药2～3次。

图2-85　梨金缘吉丁虫成虫

13. 梨瘿华蛾

分　布　梨瘿华蛾（*Sinitinea pyrigalla*）在我国各梨区均有发生，以辽宁、河北、山西、山东和陕西等省梨区发生普遍，管理粗放的果园受害重。枝条被害后发育受阻，影响树势，其上所结果实极易因风吹脱落，对梨果产量影响较大。

为害特点　幼虫蛀入枝梢为害，被害枝梢形成小瘤，幼虫居于其中咬食，由于多年为害的结果，木瘤接连成串，形似糖葫芦。在修剪差或小树多的果园里，为害尤显严重，常影响新梢发育和树冠的形成（图2-86）。

形态特征　成虫体灰黄至灰褐色，具银色光泽；复眼黑色，前翅近基部有2条褐色纹，靠外缘中部有一丝褐色鳞片似黑斑，后翅灰褐色，无斑纹，前后翅缘毛较长；足灰褐色。卵圆筒形，初产橙黄色，近孵化时变为棕褐色，表面有纵纹。老熟时全体淡黄白色，头部小，胸部肥大。蛹初为淡褐色，将近羽化时头及胸部变

图2-86　梨瘿花蛾为害枝干症状

为黑色，能明显看出发达的触角和翅伸长到腹部末端，腹末有两个向腹面的突起。

发生规律　在北方梨区一年发生1代，以蛹在被害瘤内越冬，梨芽萌动时成虫开始羽化，花芽膨大鳞片露白时为羽化盛期。羽化后成虫早晨静伏于小枝上，在晴天无风的午后即开始活动，卵散产于枝条粗皮、花芽、叶芽和虫瘤等缝隙处，梨新梢生长期开始孵化，初卵幼虫爬行到刚抽出的幼嫩新梢蛀入为害，对新梢的生长，树冠的形成加大均受到严重的影响。一般到6月份被害处增生膨大形成瘿瘤，幼虫在瘤内生活取食，9月中下旬老熟，咬一羽化孔后于瘤内化蛹越冬。

防治方法　彻底剪除被害虫瘤有良好效果，注意仅剪除里面有越冬蛹的1年生枝虫瘤即可。

剪虫枝的防治措施应在大范围内进行，且连续3~4年彻底进行，可以实现区域性消除。

成虫发生期即花芽萌动期喷药防治，可选用20%氰戊菊酯乳油1 500~2 000倍液、2.5%溴氰菊酯乳油1 500~2 000倍液药剂、2.5%氯氟氰菊酯乳油1 000~3 000倍液、10%高效氯氰菊酯乳油1 000~2 000倍液、10%醚菊酯悬浮剂800~1 500倍液、50%敌敌畏乳油800~1 000倍液喷施1~2次，可收到良好效果。

若虫孵化期，可用25%灭幼服悬浮剂2 000倍液、1.8%阿维菌素乳油3 000~5 000倍液、5%氟苯脲乳油800~1 500倍液、20%虫酰肼悬浮剂1 000~1 500倍液喷施均有良好的防治效果。

14. 白星花金龟

分布为害 白星花金龟（*Potosia brevitarsis*）在南北果区均有分布，在我国分布很广，成虫啃食成熟或过熟的果实，尤其喜食风味甜的果实，常常数十头或十余头群集在果实上或树干的烂皮、凹穴部位吸取汁液。果实被伤害后，常腐烂脱落，树体生长受到一定的影响，损失较严重（图2-87）。

形态特征 成虫体椭圆形，全体黑铜色，具古铜色光泽，前胸背板和鞘翅上散布众多不规则白绒斑10多个，其间有一个显著的三角小盾片（图2-88）。鞘翅宽大，近长方形，触角深褐色，复眼突出。成虫群居，飞翔能力强。卵圆形至椭圆形，乳白色。幼虫头部褐色，胸足3对，身体向腹面弯曲呈"C"字形，背面隆起多横皱纹。老熟幼虫头较小，褐色，胴部粗胖，黄白或乳白色。蛹裸蛹，初黄白，渐变黄褐。

发生规律 每年1代，以幼虫在土中越冬，5月上旬出现成虫，发生盛期为6~7月，9月为末期。成虫喜食成熟果实，尤其雨后数头或10余头群集在烂果皮上吸食汁液。成虫有假死性，对糖醋有较强的趋性，飞行力强。成虫寿命校长，交尾后多产卵于粪堆、腐草堆和鸡粪中。幼虫以腐草、粪肥为食，一般不为害植物根部，任地表幼虫腹面朝上，以背面贴地蠕动而

图2-87 白星花金龟为害果实症状

图2-88 白星花金龟成虫

行。成虫出蛰期很长，到9月仍有成虫活动，出蛰盛期为7~8月。成虫白天活动，对烂果汁有强烈趋性，常常几头群集在同一果实上取食，爬行迟缓，受惊后飞走或掉落地上。春夏季温湿度适宜及低洼重茬、施用大量未腐熟有机肥的地块发生重。

防治方法 翻摊粪堆。成虫未羽化时，翻摊粪堆，放鸡啄食其内的幼虫和蛹。利用成虫的假死性和趋化性，于清早或傍晚，在树下铺塑料布，摇动树体，捕杀成虫。

利用成虫入土习性，在成虫出土羽化前，树下施药剂，可用25%对硫磷微胶囊或25%辛硫

磷微胶囊100倍液处理土壤。

　　在成虫发生期喷药防治。可用90%晶体敌百虫1 000~1 500倍液、50%敌敌畏乳油800~1 000倍液、50%马拉硫磷乳油1 000~1 500倍液、20%氰戊菊酯乳油2 000~2 500倍液、25%喹硫磷乳油1 000~2 000倍液、2.5%溴氰菊酯乳油2 000~3 000倍液。

15．梨刺蛾

　　分布为害　梨刺蛾（*Narosoideus flavidorsalis*）分布在东北、华北、华东、广东。幼虫食叶。低龄啃食叶肉，稍大食成缺刻和孔洞。

　　形态特征　成虫雌体触角丝状，雄双栉齿状。头、胸背黄色，腹部黄色具黄褐色横纹。前翅黄褐色，外线明显，深褐色，与外缘近平行。线内侧具黄色边带铅色光泽，翅基至后缘橙黄色。后翅浅褐色或棕褐色，缘毛黄褐色（图2-89）。末龄幼虫绿色，背线、亚背线紫褐色。各体节具横列毛瘤4个，上生暗褐色刺（图2-90）。蛹黄褐色。茧椭圆形，暗褐色，外黏附土粒。

图2-89　梨刺蛾成虫

图2-90　梨刺蛾幼虫

　　发生规律　一年生1代。以老熟幼虫结茧在土中越冬，7~8月发生，卵多产在叶背，数十粒块1块，8~9月进入幼虫为害期，初孵幼虫有群栖性，2、3龄后开始分散为害，9月下旬幼虫老熟后下树，寻找结茧越冬场地。

　　防治方法　秋冬季摘虫茧或敲碎树干上的虫茧，减少虫源。

　　在幼虫盛发期喷洒80%敌敌畏乳油1 000~1 200倍液、50%辛硫磷乳油1 000~1 500倍液、50%马拉硫磷乳油1 000~1 500倍液、25%亚胺硫磷乳油1 500倍液、5%顺式氰戊菊酯乳油2 000~3 000倍液。

三、梨树各生育期病虫害防治技术

（一）梨树病虫害综合防治历的制订

　　梨树病虫害发生普遍，严重地影响着梨的产量和品质。一般发生较为普遍的病害有梨黑星病、黑斑病、腐烂病、轮纹病、炭疽病、锈病，其中，以梨黑星病、轮纹病为害较重。为害比较严重的害虫有梨大食心虫、梨小食心虫、山楂红蜘蛛、梨茎蜂；一般管理粗放、用药较少的梨园中梨星毛虫、天幕毛虫、刺蛾类、梨瘦华蛾发生较重；而管理较好、施药较多的梨园中螨类、梨木虱、介壳虫等较为严重；部分梨区梨木虱、梨网蝽、茶翅蝽为害较重。我们在梨收获后，要总结梨树病虫发生情况，分析病虫发生特点，拟订明年的病虫防治计划，及早采取防治方法。

　　下面结合大部分梨区病虫发生情况，概括地列出梨树病虫防治历表2-1，供使用时参考。

表2-1　梨树各生育病虫害综合防治历

物候期	日期	重点防治对象	其他防治对象
休眠期	11月~翌年2月	腐烂病、蚧壳虫	食心虫、蚜虫、梨木虱、轮纹病、黑星病等
萌芽前期	3月上中旬	腐烂病、蚧壳虫	食心虫、蚜虫、螨、木虱、梨星毛虫、梨黑星病等
萌芽期	3月下旬到4月上旬	腐烂病、蚧壳虫	食心虫、梨木虱、蚜虫、螨、梨星毛虫、褐斑病等
花期	4月上中旬	疏花、定果	生理落花、花腐病
落花期	4月下旬至5月上中旬	梨黑星病、梨木虱、蚧壳虫	梨星毛虫、梨尺蛾、梨茎蜂、蚜虫、黑斑病、轮纹病等
果实膨大期	5月下旬到6月上旬	梨黑星病、红蜘蛛	梨果象甲、梨木虱、介壳虫、黑斑病、轮纹病等
	6月中下旬	梨大食心虫、红蜘蛛、黑斑病	茶翅蝽、梨象甲、梨木虱、介壳虫、黑星病、褐斑病、轮纹病等
	7月上中旬	梨黑星病、红蜘蛛	梨木虱、介壳虫、食心虫、黑斑病、轮纹病、炭疽病等
果实成熟期	7月下旬至9月上旬	黑星病、食心虫、轮纹病	梨木虱、介壳虫、梨网蝽、轮纹病、炭疽病等
营养恢复期	9月上旬至11月	腐烂病	梨木虱、介壳虫、轮纹病等

（二）休眠期病虫害防治技术

华北地区梨树从11月份到翌年的3月份处于休眠期（图2-91），多数病虫也停止活动，许多病虫在病残枝、叶、树枝干上越冬。这一时期的病虫防治工作有3个，一是剪除、摘掉树上病枝、僵果，抹除枝干上的介壳虫，扫除园中枝叶，并集中烧毁，减少病源；二是深翻土壤，特别是树基周围，注意深挖、暴晒，或翻土前土表喷洒50%辛硫磷乳油300倍液、48%毒死蜱乳油300~500倍液，每亩用药剂500ml左右；三是用高浓度波尔多液涂刷树干，进行树体消毒，还可以刮除老皮，喷涂波美5度石硫合剂。冬季修剪时，最好在刀口处涂抹消毒剂，可用波尔多液等。

图2-91　梨树休眠期

（三）萌芽前期病虫害防治技术

3月上、中旬，气温已开始回升变暖，病虫开始活动，这时期梨树尚未发芽（图2-92），可以喷1次广谱性铲除剂，一般可以收到较好效果，可以大量铲除越冬病原菌和一些蚜虫、螨类、介壳虫等害虫和害螨。可用50%福美双可湿性粉剂100～200倍液、波美3～5度石硫合剂、65%五氯酚钠粉剂200倍液、50%硫悬浮剂200倍液、4%～5%柴油乳剂，全树喷淋，对树基部及基部周围土壤也要喷施。

图2-92　梨树萌芽前期

（四）萌芽期病虫害防治技术

3月下旬到4月上旬，梨树开始萌芽生长（图2-93）。梨树腐烂病进入一年的盛发期，特别是一些老果园，要及早刮治；这时梨树白粉病、锈病、褐斑病开始侵染发生，梨大食心虫、梨尺蠖、梨星毛虫、蚜虫、螨类也开始发生；梨木虱、介壳虫严重的果园，也是防治的关键时期。要结合果园的病虫发生情况，采取喷药措施。

梨树萌芽期　　　　　梨树腐烂病　　　　　梨树轮纹病　　　　　梨树刮皮防治

图2-93　梨树萌芽期病虫害为害症状

　　这一时期是刮治梨树腐烂病的重要时期，用锋利的刀子刮除病患部，并刮除一部分边缘好的树皮，深挖到木质部，而后涂抹药剂，可以用油肿剂（配方为柴油1份、水2份、福美肿0.06份，混合均匀即可）、30%腐烂敌可湿性粉剂100倍液、50%福美双可湿性粉剂50倍液+萘乙酸50mg/kg、S-921抗生素25～30倍液、灭平腐861水剂20倍液、5度石硫合剂、0.1%升汞液、络氨铜10～20倍液、5%菌毒清水剂10～40倍液、30%琥胶肥酸铜可湿性粉剂20～30倍液，涂抹病疤，最好外面再喷以27%无毒高脂膜乳油100～200倍液。

　　这一时期防治梨树腐烂病，也可以结合防治其他病虫，如蚜虫、螨、梨星毛虫、介壳虫、梨木虱、白粉病、锈病、褐斑病等，可以在腐烂病病斑刮净后，深刮到木质部，选1～2块较大的病斑，使用50%福美双可湿性粉剂60倍液+50mg/kg萘乙酸+25%三唑酮可湿性粉剂20倍液+40%毒死蜱乳油，混合均匀，如较稀可加入一些黏土或草木灰，成黏稠液体，涂抹于患部，而后用塑料布包扎，20～30天后解除。这一方法省工、高效，而且持效期长。

　　如白粉病、锈病较重，树上可以喷洒20%复方三唑酮悬浮剂300～500倍液。

　　该期如果介壳虫、梨木虱较多，可以结合其他病虫防治，混合使用20%双甲脒乳油1 000倍液、20%甲氰菊酯乳油1 500倍液、25%喹硫磷乳油1 000～1 500倍液+2.5%氯氟氰菊酯乳油1 500～2 000倍液等。

（五）花期病虫害防治技术

　　4月上、中旬，华北大部分梨区进入开花期（图2-94），由于花粉、花蕊对很多药剂敏感，一般不适于喷洒化学农药。但这一时期是疏花、保花、定花、定果的重要时期，要根据花量、树体长势、营养状况确定疏花定果措施，保证果树丰产与稳产。疏花措施，保花保果措施可以参考苹果疏花、保花、保果措施。

图2-94　梨树开花期

（六）落花期 病虫害防治技术

　　4月下旬到5月上中旬，梨树花期相继脱落（图2-95），幼果开始生长，树叶也开始长大。该期梨白粉病、锈病开始为害，梨黑星病、黑斑病、轮纹病、褐斑病也开始侵染为害；梨木虱第一代卵和若虫、梨茎蜂卵和幼虫、尺蠖幼虫进入为害盛期，介壳虫严重的果园也是防治的有利时期，其他害虫如梨星毛虫、蚜虫、梨食心虫、梨果象甲等都开始活动，需要防治。该期一般情况下都需混合使用一次杀菌剂和杀虫剂。

　　为了减轻对幼果的影响，宜选用一些刺激性小、高效的杀菌剂，一般可以用70%代森锰锌可湿性粉剂1 000～1 500倍液+50%异菌脲可湿性粉剂1 000～1 200倍液或70%代森锰锌可湿性粉剂+25%三唑酮可湿性粉剂1 000倍液喷雾。

褐斑病

梨树落花期　　轮纹病　　锈病　　黑星病　　黑斑病

梨蚜为害　　梨木虱　　梨茎蜂为害状　　梨小食心虫为害

图2-95　梨树落花期病虫害为害症状

杀虫剂可以使用25%水双氰乳油1 500～2 000倍液、20%甲氰菊酯乳油1 000～1 500倍液、20%灭多威乳油1 000～2 000倍液、25%喹硫磷乳油1 000倍液+2.5%氯氟氰菊酯乳油2 000倍液、50%倍硫磷乳油1 000倍液、40%三唑磷乳油1 000倍液喷雾。

如果为疏除一部分幼果，可以结合杀虫而使用甲萘威600～800mg／kg+萘乙酸10mg／kg。这一时期，为保护幼果免受外界环境条件的影响，可以配合使用海藻胶水剂250倍液、二氧化硅0.1%水溶液、27%无毒高脂膜乳剂200倍液、0.3%～0.5%的石蜡乳液等喷雾。

（七）果实幼果至膨大期病虫害防治技术

5月下旬到7月上中旬，梨树生长旺盛，幼果迅速增大（图2-96），是病虫害防治的关键阶段。在这50～60天的时间内，如遇合适的条件，红蜘蛛、梨黑星病、梨木虱、梨黑斑病会随时严重发生，应注意调查与适时防治；5月下旬到6月中旬，梨果象甲、褐斑病发生较重，6月上中旬梨木虱、梨星毛虫、褐斑病发生较多，6月下旬到7月上旬，梨黑斑病、梨大食心虫可能大发生，引起落果；进入7月份以后，阴雨天较多，梨黑星病、轮纹病、炭疽病、梨大食心虫、梨小食心虫、介壳虫开始大发生。这一段时间，病虫的发生特点很难截然分开，会有多种病虫混合发生，但也有所偏重，生产管理上要注意调查与分析，适时采取防治方法。

该期一般需要施药3～6次，可以用1∶2∶160～200倍波尔多液与常用有机农药轮换使用，在阴雨天气最好使用波尔多液，雨过天晴、防治病虫的关键时期用有机合成农药。

防治梨黑星病、黑斑病等病害可以用杀菌剂35%胶悬铜悬浮剂300～500倍、70%甲基硫菌灵可湿性粉剂1 000～1 500倍液+70%代森锰锌可湿性粉剂800～1 000倍液、50%多菌灵可湿性粉剂1 000～1 500倍液+65%代森锌可湿性粉剂500～800倍液等。

图2-96　梨幼果期至果实膨大期病虫为害症状

如果天气干旱、高温，发现红蜘蛛的为害要及时防治。早期防治25%噻螨酮乳油800~1 500倍液20%哒螨灵乳油1 000~1 500倍液；如果结合防治梨木虱、食心虫、梨星毛虫、梨虎等害虫，可以使用5%噻螨酮乳油1 500~2 000倍液、50%辛硫磷乳油1 000倍液+20%甲氰菊酯乳油1 000~2 000倍液、25%倍硫磷可湿性粉剂1 500倍液+5%唑螨酯乳油1 000~2 000倍液、40%毒死蜱乳油+20%三氯杀螨醇乳油600~1 000倍液、20%三唑磷乳油2 000倍液+5%联苯菊酯乳油3 000倍液等。

6月下旬到7月上旬是梨大食心虫卵、幼虫发生盛期，结合防治红蜘蛛或其他害虫可以使用50%辛硫磷乳油1 000~2 000倍液+20%双甲脒乳油1 000~2 000倍液、20%灭多威乳油1 000~2 000倍液+5%联苯菊酯乳油1 000倍液等喷雾。

（八）果实成熟期病虫害防治技术

7月下旬以后，梨陆续进入成熟期（图2-97），梨黑星病、轮纹病、炭疽病等开始侵染果实，该期高温、高湿、多雨，是病害流行的有利时机，应加强防治。7月下旬到8月上中下旬是梨大食心虫、梨小食心虫的产卵、初孵幼虫发生盛期，应注意田间观察，适期防治。一般要施药2～4次，于7月下旬、8月中下旬喷高效农药，其他时间注意轮换使用1∶2∶200倍波尔多液、35%胶悬铜300～500倍液。

图2-97 梨成熟期病虫为害情况

防治梨黑星病、轮纹病、炭疽病等可用50%多菌灵可湿性粉剂800～1 000倍液+70%代森锰锌可湿性粉剂800～1 000倍液、70%甲基硫菌灵可湿性粉剂1 000～1 500倍液+65%代森铵可湿性粉剂600～800倍液等喷雾。

防治梨食心虫，主要是杀卵和防治初孵幼虫，可用20%灭多威乳油3 000～4 000倍液、25%喹硫磷乳油2 500～3 000倍液+20%灭多威乳油3 000～4 000倍液、25%氧乐•氰乳油1 000～1 500倍液、50%辛•氰乳油1 000～2 500倍液喷雾。

（九）营养恢复期病虫害防治技术

进入9月份以后，多数梨已经成熟、采摘，生长进入营养恢复期。这一时期梨树势较弱，一般天气多阴雨、潮湿，气温降低，腐烂病有所发展，应及时刮除树皮腐烂部分，按前述方法涂抹药剂。这时期还有梨黑星病、轮纹病的为害，应喷施1～2次1∶2∶200倍的波尔多液，保护叶片，进行正常的营养恢复。

第三章　桃树病虫害原色图解

　　桃是重要的核果类果树，在我国分布范围广、栽种面积大，是深受人们青睐的营养佳品。我国已记载的桃树病害有90多种，常见的病害有穿孔病、褐腐病、腐烂病、炭疽病、疮痂病、缩叶病、流胶病等。我国已记载的桃树虫害有60多种，常见的虫害有桃蛀螟、桃蚜、食心虫等。其中，桃蛀螟主要分布在长江以南地区；桃小食心虫主要分布在北方桃区；桃蚜分布在全国各地。

一、桃树病害

1. 桃细菌性穿孔病

　　分布为害　　桃细菌性穿孔病是桃树的重要病害之一，在全国各桃产区都有发生，特别是在沿海、沿湖地区，常严重发生（图3-1、图3-2）。

图3-1　桃细菌性穿孔病为害叶片
　　　　症状

图3-2 桃细菌性穿孔病为害田间症状

症　状　主要为害叶片，也为害果实和枝。叶片受害，开始时产生半透明油浸状小斑点，后逐渐扩大，呈圆形或不规则圆形，紫褐色或褐色，周围有淡黄色晕环（图3-3）。天气潮湿时，在病斑的背面常溢出黄白色胶黏的菌脓，后期病斑干枯，在病、健部交界处，发生一圈裂纹，很易脱落形成穿孔。枝梢上有两种病斑：一种称春季溃疡，另一种称夏季溃疡。春季溃疡病斑油浸状，微带褐色，稍隆起；春末病部表皮破裂成溃疡。夏季溃疡多发生在的嫩梢上，开始时环绕皮孔形成油浸状、暗紫色斑点，中央稍下陷，并有油浸状的边缘。该病也为害果实（图3-4）。

图3-3 桃细菌性穿孔病为害叶片症状

图3-4 桃细菌性穿孔病为害果实症状

病　　原　油菜黄单胞菌李致病型*Xanthomonas campestris* pv. *pruni*，属薄壁菌门黄单胞菌属。菌体短杆状，单根极生鞭毛，革兰氏染色阴性，好气性。

发生规律　病原细菌在春季溃疡病斑组织内越冬，翌春气温升高后越冬的细菌开始活动，枝梢发病，形成春季溃疡。桃树开花前后，通过风雨和昆虫传播，从叶上的气孔和枝梢、果实上的皮孔侵入，进行初侵染。病害一般在5月上中旬开始发生，6月梅雨期蔓延最快。夏季高温干旱天气，病害发展受到抑制，至秋雨期又有一次扩展过程（图3-5）。

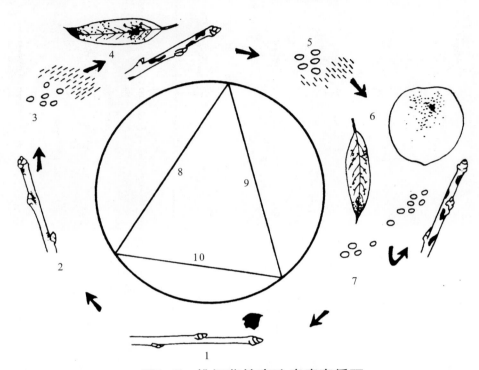

图3-5　桃细菌性穿孔病病害循环

1.在幼枝越冬　2.春天形成溃疡　3.风雨传播溃疡上的细菌　4.侵染
5.风雨传播细菌　6.侵染　7.晚期侵染　8.初循环　9.重复循环　10.冬眠

防治方法　加强肥水管理，保持适度结果量，合理整形修剪，增强树势，提高抗病能力。

芽膨大前期喷1∶1∶100倍波尔多液、45%晶体石硫合剂30倍液、30%碱式硫酸铜胶悬剂300～500倍液等药剂杀灭越冬病菌。

展叶后至发病前是防治的关键时期，可喷施保护剂1∶1∶100倍波尔多液、77%氢氧化铜可湿性粉剂400～600倍液、30%碱式硫酸铜悬浮剂300～400倍液、86.2%氧化亚铜可湿性粉剂2 000～2 500倍液、47%氧氯化铜可湿性粉剂300～500倍液、30%硝基腐殖酸铜可湿性粉剂300～500倍液、30%琥胶肥酸铜可湿性粉剂400～500倍液、25%络氨铜水剂500～600倍液、20%乙酸铜可湿性粉剂800～1 000倍液、12%松酯酸铜乳油600～800倍液等，间隔10～15天喷药1次。

发病早期及时施药防治，可以用72%硫酸链霉素可湿性粉剂3 000～4 000倍液、3%中生菌素可湿性粉剂400倍液、33.5%喹啉铜悬浮剂1 000～1 500倍液、2%宁南霉素水剂2 000～3 000倍液、86.2%氧化亚铜悬浮剂1 500～2 000倍液等药剂。

2. 桃霉斑穿孔病

症　　状　主要为害叶片和花果。叶片染病（图3-6、图3-7），病斑初为圆形，紫色或紫红色，逐渐扩大为近圆形或不规则形，后变为褐色。湿度大时，在叶背长出黑色霉状物即病菌子实体，有的延至脱落后产生，病叶脱落后才在叶上残存穿孔。花、果实染病，病斑小而圆，紫色，凸起后变粗糙，花梗染病，未开花即干枯脱落。

图3-6 桃霉斑穿孔病为害叶片症状

图3-7 桃霉斑穿孔病为害叶片中期症状

病　原　嗜果刀孢霉 *Clasterosporium carpophilum*，属半知菌亚门真菌。子座小，黑色，从子座上长出的分生孢子梗丛生，短小；分生孢子长卵形至梭形，褐色，具1～6个分隔（图3-8）。

发生规律　以菌丝或分生孢子在被害叶、枝梢或芽内越冬，翌年，越冬病菌产生的分生孢子借风雨传播，先从幼叶上侵入，产出新的孢子后，再侵入枝梢或果实，低温多雨利其发病，4月中下旬即见枝梢发病。

防治方法　加强桃园管理，增强树势，提高树体抗病力。及时排水，合理整形修剪，及时剪除病枝，彻底清除病叶，集中烧毁或深埋，以减少菌源。

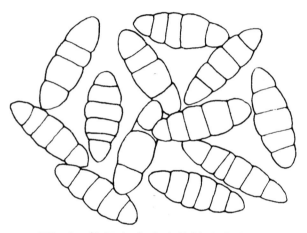

图3-8 桃霉斑穿孔病菌的分生孢子

于早春喷洒50%甲基硫菌灵可湿性粉剂500倍液、70%代森锰锌可湿性粉剂500倍液、50%苯菌灵可湿性粉剂1 500倍液、1：1：100～160倍波尔多液、30%碱式硫酸铜胶悬剂400～500倍液。

3. 桃褐斑穿孔病

症　状　主要为害叶片，也可为害新梢和果实。叶片染病（图3-9、图3-10），初生圆形或近圆形病斑，边缘紫色，略带环纹，大小1～4mm；后期病斑上长出灰褐色霉状物，中部干枯脱落，形成穿孔，穿孔的边缘整齐，穿孔多时叶片脱落。新梢、果实染病，症状与叶片相似。

病　原　核果尾孢霉 *Cerlcospora circumscissa*，属半知菌亚门真菌。有性世代

图3-9 桃褐斑穿孔病为害叶片症状

图3-10　桃褐斑穿孔病为害叶片后期症状

Mycosphaerella cerasella 樱桃球腔菌，属子囊菌亚门真菌。分生孢子梗浅榄褐色，具隔膜1～3个，有明显膝状屈曲，屈曲处膨大，向顶渐细；分生孢子橄榄色，倒棍棒形，有隔膜1～7个。子囊座球形或扁球形，生于落叶；子囊壳浓褐色，球形，多生于组织中，具短嘴口；子囊圆筒形或棍棒形；子囊孢子纺锤形。

　　发生规律　以菌丝体在病叶或枝梢病组织内越冬，翌春气温回升，降雨后产生分生孢子，借风雨传播，侵染叶片、新梢和果实。以后病部产生的分生孢子进行再侵染。病菌发育温限7～37℃，适温25～28℃。低温多雨利于病害发生和流行。

　　防治方法　加强桃园管理。桃园注意排水，增施有机肥，合理修剪，增强通透性。

　　落花后，喷洒70%代森锰锌可湿性粉剂500倍液、70%甲基硫菌灵超微可湿性粉剂1 000倍液、75%百菌清可湿性粉剂700～800倍液、50%混杀硫悬浮剂500倍液，间隔7～10天防治1次，共防3～4次。

4. 桃疮痂病

　　分布为害　我国各桃区均有发生，尤以北方桃区受害较重，在高温多湿的江浙一带发病最重。

　　症　　状　主要为害果实，亦为害枝梢（图3-11、图3-12）。果实发病初期，果面出现暗绿色圆形斑点，逐渐扩大，至果实近成熟期，病斑呈暗紫或黑色，略凹陷，病菌扩展局限于表层，不深入果肉（图3-13）。发病严重时，病斑密集，随着果实的膨大，果实龟裂。新梢被害后，呈现长圆形、浅褐色的病斑，后变为暗褐色，并进一步扩大，病部隆起，常发生流胶。

图3-11　桃疮痂病为害枝条情况

图3-12　桃疮痂病为害叶片正背面症状

图3-13　桃疮痂病为害果实情况

病　　　原　*Cladosporium carpophilum*为嗜果枝孢菌，属半知菌亚门真菌。分生孢子梗短，簇生，暗褐色，有分隔，稍弯曲。分生孢子单生或呈短链状，单胞，偶有双胞。圆柱形至纺锤形或棍棒形，近无色或浅橄榄色，孢痕明显（图3-14）。

发生规律　以菌丝体在枝梢病组织中越冬。翌年春季，气温上升，病菌产生分生孢子，通过风雨传播，进行初侵染。病菌侵入后潜育期长，然后再产生分生孢子梗及分生孢子，进行再侵染。在我国南方桃区，5～6月发病最盛；北方桃园，果实一般在6月开始发病，7～8月发病率最高。果园低湿，排水不良，枝条郁密，修剪粗糙等均能加重病害的发生。

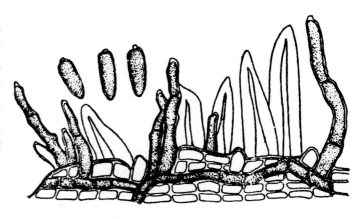

图3-14　桃疮痂病病菌
分生孢子梗及分生孢子

防治方法 秋末冬初结合修剪，认真剪除病枝。注意雨后排水，合理修剪，使桃园通风透光。

萌芽前喷波美5度石硫合剂加0.3%五氯酚钠、45%晶体石硫合剂30倍液，铲除枝梢上的越冬菌源。

落花后半月是防治的关键时期（图3-15），可用70%甲基硫菌灵·代森锰锌可湿性粉剂800倍液、3%中生菌素可湿性粉剂600～800倍液、70%甲基硫菌灵可湿性粉剂800倍液、20%邻烯丙基苯酚可湿性粉剂800倍液、50%多菌灵可湿性粉剂800倍液、65%代森锌可湿性粉剂500～800倍液、75%百菌清可湿性粉剂800倍液、80%代森锰锌可湿性粉剂800倍液、40%氟硅唑乳油8 000～10 000倍液均匀喷施，以上药剂交替使用，效果更好。间隔10～15天喷药1次，连续喷3～4次。

图3-15 桃疮痂病为害桃枝条初期症状

5.桃炭疽病

分布为害 炭疽病是我国桃树主要病害之一，分布于全国各桃产区，以南方桃区受害最重。

症　状 主要为害果实，也能侵害叶片和新梢。幼果果面呈暗褐色，发育停滞，萎缩硬化。果实将近成熟时染病，为圆形或椭圆形的红褐色病斑，显著凹陷，其上散生橘红色小粒点，并有明显的同心环状皱纹（图3-16）。新梢受害，初在表面产生暗绿色水渍状长椭圆的病斑，后渐变为褐色，边缘带红褐色，略凹陷，表面也长有橘红色的小粒点。叶片发病，产生近圆形或不整形淡褐色的病斑，病健分界明显，后病斑中部褪呈灰褐色或灰白色（图3-17）。

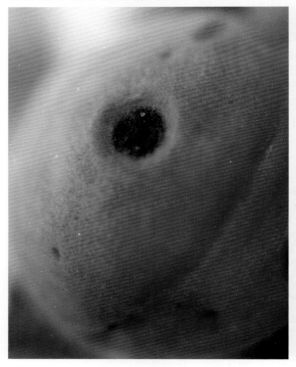

图3-16　桃炭疽病病果

图3-17　桃炭疽病为害叶片症状

　　病　　原　胶孢炭疽菌 *Colletotrichum gloeosporioids*，属半知菌亚门真菌；分生孢子盘橘红色。其上集生分生孢子梗，线状，单胞，无色，顶端着生分生孢子。分生孢子长椭圆形，单胞，无色，内含2个油球，周围有胶状物质（图3-18）。

　　发生规律　以菌丝体在病梢组织内越冬，也可以在树上的僵果中越冬。翌年春季形成分生孢子，借风雨或昆虫传播，侵害幼果及新梢，引起初次侵染。以后于新生的病斑上产生孢子，引起再次侵染。我国长江流域，由于春天雨水多，病菌在桃树萌芽至花期前就大量蔓延．使结果枝大批枯死；到幼果期病害进入高峰期，使幼果大量腐烂和脱落。在我国北方，7、8月份是雨季，病害发生较多。

　　防治方法　结合冬剪，剪除树上的病枝、僵果及衰老细弱枝组；在早春芽萌动到开花前后及时剪除初发病的枝梢，对卷叶症状的病枝也应及时剪掉。搞好开沟排水工作，防止雨后积水；适当增施磷、钾肥；并注意防治害虫。

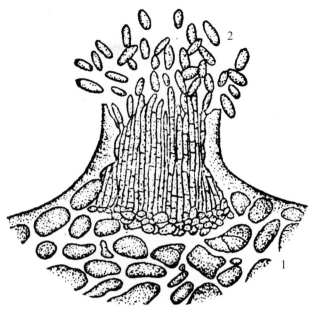

图3-18　桃炭疽病病菌
1 分生孢子盘　2 分生孢子

　　萌芽前喷石硫合剂加80%的五氯酚钠200~300倍液，或1∶1∶100波尔多液1~2次，（展叶后禁喷）铲除病原。

　　发芽后、谢花后是喷药防治的关键时期。可用80%代森锰锌可湿性粉剂600~800倍液、65%代森锌可湿性粉剂500倍液、75%百菌清可湿性粉剂800倍液、80%炭疽福美（福美锌·福美双）可湿性粉剂800倍液、70%丙森锌可湿性粉剂800倍液等，间隔7~10天喷1次。

　　发病前期及时施药，可以用80%代森锰锌可湿性粉剂600~800倍液+50%多菌灵可湿性粉剂800倍液、80%代森锰锌可湿性粉剂600~800倍液+10%苯醚甲环唑水分散粒剂1 000~1 200倍液、80%代森锰锌可湿性粉剂600~800倍液+70%甲基硫菌灵可湿性粉剂800~1 000倍液等药剂均匀喷施。

6．桃褐腐病

　　分布为害　桃褐腐病是桃树的重要病害之一。江淮流域，江苏、浙江和山东每年都有发生，北方桃园则多在多雨年份发生流行。

　　症　　状　主要为害果实，也可为害花叶、枝梢。果实被害最初在果面产生褐色圆形病斑，果肉也随之变褐软腐。继后在病斑表面生出灰褐色绒状霉丛，常成同心轮纹状排列（图3-19），病果腐烂后易脱落，但不少失水后变成僵果（图3-20）。花部受害自雄蕊及花瓣尖端开始，先发生褐色水渍状斑点，后逐渐延至全花，随即变褐而枯萎。新梢上形成溃疡斑，长圆形，中央稍凹陷，灰褐色，边缘紫褐色，常发生流胶。

图3-19　桃褐腐病为害果实中期症状

图3-20 桃褐腐病为害果实后期症状

病原 果生丛梗孢*Monilia fructicol*，属子囊菌亚门真菌。分生孢子梗短，丛生，有时有分枝。分生孢子串生，无色，单胞，椭圆形（图3-21）。

发生规律 主要以菌丝体在树上及落地的僵果内或枝梢的溃疡斑部越冬，翌春产生大量分生孢子，借风雨、昆虫传播，通过病虫伤、机械伤或自然孔口侵入。花期低温、潮湿多雨，易引起花腐。果实成熟期温暖多雨雾易引起果腐。病虫伤、冰雹伤、机械伤、裂果等表面伤口多，会加重该病的发生。树势衰弱，管理不善，枝叶过密，地势低洼的果园发病常较重（图3-22）。

防治方法 结合冬剪彻底清除树上树下的病枝。及时防治害虫，如桃蛀螟、桃蝽象、桃食心虫等，减少伤口，减轻为害。及时修剪和疏果，使树体通风透光。合理施肥，增强树势，提高抗病能力。

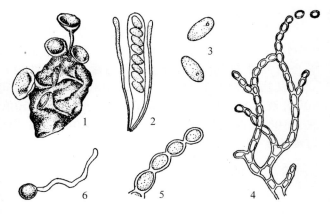

图3-21 桃褐腐病病菌
1.僵果及子囊盘 2.子囊及侧丝 3.子囊孢子 4.分生孢子梗及分生孢子链 5.分生孢子链的一部分 6.分生孢子萌发

桃树萌芽前喷布80%五氯酚钠加石硫合剂、1：1：100波尔多液，铲除越冬病菌。

落花期是喷药防治的关键时期。可用75%百菌清可湿性粉剂800倍液+70%甲基硫菌灵可湿性粉剂800~1 000倍液、75%百菌清可湿性粉剂800倍液+50%异菌脲可湿性粉剂1 000~2 000倍液、50%多菌灵可湿性粉剂1 000倍液、65%代森锌可湿性粉剂500倍液+50%腐霉利可湿性粉剂1 000倍液、75%百菌清可湿性粉剂800倍液+50%苯菌灵可湿性粉剂1 500倍液等，发病严重的桃园可每15天喷1次药，采收前3周停喷。

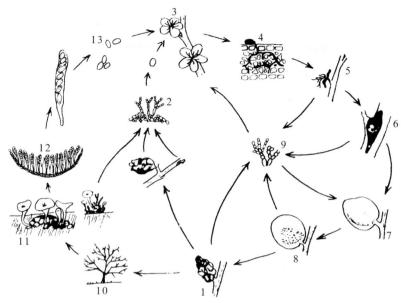

图3-22 桃褐腐病病菌循环

1.树上越冬的僵果 2.从僵果和溃疡产生的分生孢子 3.花感染 4.形成孢子再侵染
5.花凋萎 6.枝凋萎 7.果感染 8.病菌形成孢子 9.产生的分生孢子
10.僵果 11.地面僵果产生子囊盘 12.子囊盘内的子囊 13.子囊孢子

7. 桃树侵染性流胶病

分布为害 桃流胶病是桃树的一种常见的严重病害，世界各核果栽培区均有分布，在我国南方桃区为害较重（图3-23）。

图3-23 桃树侵染性流胶病为害枝干症状

症　　状　主要为害枝干。一年生嫩枝染病，初产生以皮孔为中心的疣状小突起，当年不发生流胶现象，翌年5月上旬病斑开裂，溢出无色半透明状稀薄而有黏性的软胶。被害枝条表面粗糙变黑，并以瘤为中心逐渐下陷，形成圆形或不规则形病斑，其上散生小黑点。多年生枝干受害产生"水泡状"隆起，并有树胶流出（图3-24、图3-25）。

图3-24　桃侵染性流胶病为害枝
　　　　条症状

图3-25　桃侵染性流胶病为害多
　　　　年生枝干症状

病　　原　茶藨子葡萄座腔菌*Botryosphaeria ribis*，属子囊菌亚门真菌。无性态桃小穴壳菌*Dothiorella gregaria*，属半知菌亚门真菌。分生孢子座球形或扁球形，黑褐色，革质，孔口处有小突起。分生孢子梗短，不分支。分生孢子单胞，无色，椭圆形或纺锤形。子囊棍棒状，壁较厚，双层，有拟侧丝。子囊孢子单胞，无色，卵圆形或纺锤形，两端稍钝，多为双列。

发生规律　以菌丝体、分生孢子器在病枝里越冬，翌年3月下旬至4月中旬散发出分生孢子，随风、雨传播，经伤口和皮孔侵入。一年中此病有2个发病高峰，第1次在5月上旬至6月上旬，第二次在8月上旬至9月上旬。一般在直立生长的枝干基部以上部位受害严重；枝干分杈处易积水的地方受害重。

防治方法　增施有机肥，低洼积水地注意排水，合理修剪，减少枝干伤口。

桃树落叶后树干、大枝涂白，防止日灼、冻害，兼杀菌治虫。涂白剂配制方法：生石灰12kg，食盐2～2.5kg，大豆汁0.5kg，水36kg。先把优质生石灰用水化开，再加入大豆汁和食盐，搅拌成糊状即可。

早春发芽前将流胶部位病组织刮除（图3-26），然后涂抹45%晶体石硫合剂30倍液，或喷石硫合剂加80%的五氯酚钠200～300倍液，或1∶1∶100波尔多液，铲除病原菌。

生长期于4月中旬至7月上旬，每隔20天用刀纵、横划病部，深达木质部，然后用毛笔蘸药液涂于病部，全年共处理7次。可用70%甲基硫菌灵可湿性粉剂800～1 000倍液+50%福美双可湿性粉剂300倍液、80%乙蒜素乳油50倍液、1.5%多抗霉素水剂100倍液处理。

图3-26 桃侵染性流胶病为害树干症状

8. 桃树腐烂病

分布为害 桃树腐烂病在我国大部分桃区均有发生，是桃树上为害性很大的一种枝干病害。

症 状 主要为害主干和主枝（图3-27至图3-30），造成树皮腐烂，致使枝枯树死。自早春至晚秋都可发生，其中，4~6月发病最盛。病初期病部皮层稍肿起，略带紫红色并出现流胶，最后皮层变褐色枯死，有酒糟味，表面产生黑色突起小粒点。

图3-27 桃树腐烂病为害症状

图3-28 桃树腐烂病病干上的孢子角

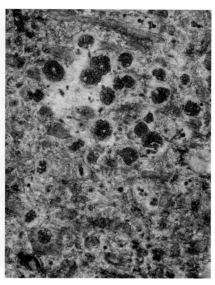

图3-29 桃树腐烂病病部表皮内的眼状小突

图3-30 桃树腐烂病为害后期症状

病　　原　有性世代为核果黑腐皮壳菌 *Valsa leucostoma*，属子囊菌亚门黑腐皮壳属。无性世代为核果壳囊孢 *Cytospora leucostoma*。分生孢子器埋生于子座内，扁圆形或不规则形。分生孢子梗单胞，无色，顶端着生分生孢子。分生孢子单胞，无色，香蕉形，略弯，两端钝圆。子囊壳埋生在子座内，球形或扁球形，有长颈。子囊棍棒形或纺锤形，无色透明，基部细，侧壁薄，顶壁较厚。子囊孢子单胞，无色，微弯，腊肠形（图3-31）。

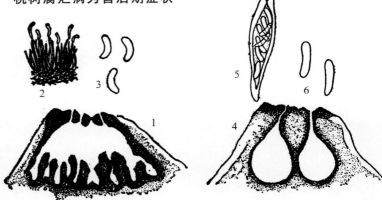

图3-31 桃树腐烂病病菌
1.分生孢子盘 2.分生孢子梗及分生孢子 3.分生孢子 4.子囊壳 5.子囊 6.子囊孢子

发生规律　以菌丝体、子囊壳及分生孢子器在树干病组织中越冬，翌年3~4月产生分生孢子，借风雨和昆虫传播，自伤口及皮孔侵入。病斑多发生在近地面的主干上，早春至晚秋都可发生，春秋两季最为适宜，尤以4~6月发病最盛，高温的7~8月受到抑制，11月后停止发展。施肥不当及秋雨多，桃树休眠期推迟，树体抗寒力降低，易引起发病。

防治方法　适当疏花疏果，增施有机肥，及时防治造成早期落叶的病虫害。防止冻害。

防止冻害比较有效的措施是树干涂白，降低昼夜温差，常用涂白剂的配方是生石灰12~13kg，加石硫合剂原液（20波美度左右）2kg、加食盐2kg，加清水36kg；或者生石灰10kg，加豆浆3~4kg，加水10~50kg。涂白亦可防止枝干日烧。

在桃树发芽前刮去翘起的树皮及坏死的组织，然后喷施50%福美胂可湿性粉剂300倍液。

生长期发现病斑，可刮去病部，涂沫70%甲基硫菌灵可湿性粉剂1份加植物油2.5份、40%福美胂可湿性粉剂50倍液、50%多菌灵可湿性粉剂50～100倍液、70%百菌清可湿性粉剂50～100倍液等药剂，间隔7～10天再涂1次，防效较好。

9. 桃缩叶病

为害症状　主要为害幼嫩组织，其中以嫩叶为主，嫩梢、花和幼果亦可受害。春季嫩叶刚从受侵芽鳞抽出即可受害，表现为病叶变厚膨胀，卷曲变形，颜色发红。随叶片逐渐展开，卷曲加重，病叶肿大肥厚，皱缩扭曲，质地变脆，呈红褐色，上生一层灰白色粉状物（图3-32）。枝梢受害呈黄绿色，病部肥肿，节间缩短，多形成簇生状叶片。严重时病梢扭曲，生长停滞，最后整枝枯死。

图3-32　桃缩叶病为害叶片症状

病　原　*Taphrina deformans* 称畸形外囊菌，属子囊菌亚门真菌。子囊裸生，栅状排列成子实层。子囊圆筒形，上宽下窄，顶端扁平。子囊孢子单胞无色，圆形或椭圆形。芽孢子无色，单胞，卵圆形（图3-33）。

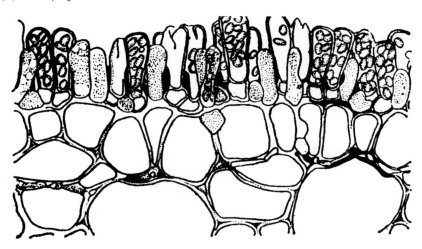

图3-33　桃缩叶病病菌子囊和子囊孢子

发生规律　子囊孢子在桃芽鳞片和树皮上越夏，以厚壁的芽孢子在土中越冬。翌年春桃树萌芽时，芽孢子萌发，直接从表皮侵入或从气孔侵入正在伸展的嫩叶，进行初侵染。一般不发生再侵染。一般在4月上旬展叶后开始发生，5月为发病盛期。春季桃芽膨大和展叶期，由于叶片幼嫩易被感染，如遇10～16℃冷凉潮湿的阴雨天气，往往促使该病流行（图3-34）。

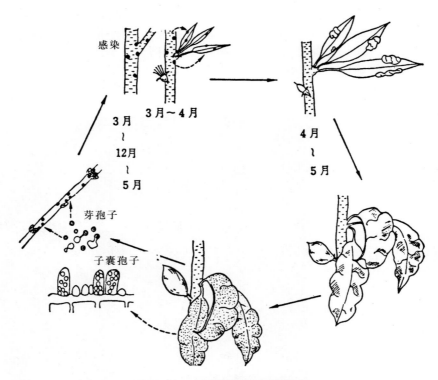

图3-34 桃缩叶病病害循环

防治方法 做好土、肥、水管理，改善通风透光条件，促进树势，增强树体的抗病性。及时摘除病叶，集中烧毁。

果树休眠期，喷洒3～5波美度石硫合剂，铲除越冬病菌。 在桃花芽露红而未展开时是防治的关键时期。可喷洒1次5波美度的石硫合剂、1：1：100波尔多液、50%硫悬浮剂600倍液、15%三唑酮可湿性粉剂500倍液、70%甲基硫菌灵可湿性粉剂600～1 000倍液、65%代森锌可湿性粉剂600～800倍液、75%百菌清可湿性粉剂600～800倍液、50%多菌灵可湿性粉剂600～800倍液、5%井冈霉素水剂500倍液、70%代森锰锌可湿性粉剂500倍液就能控制初侵染的发生，效果很好。

10．桃树根癌病

症 状 此病主要发生在根颈部，也发生于侧根和支根。根部被害后形成癌瘤（图3-35）。开始时很小，随植株生长不断增大。瘤的形状、大小、质地，决定于寄主。一般木本寄主的瘤大而硬，木质化；草本寄主的瘤小而软，肉质。瘤的形状不一致，通常为球形或扁球形，也可互相愈合成不定形。患病的苗木，根系发育不良，细根特少。地上部分的发育显著受到阻碍，生长缓慢，植株矮小。被害严重时，叶片黄化，早落。成年果树受害后，果实小，树龄缩短。但在发病初期，地上部的症状不明显。

图3-35 桃树根癌病苗木受害根部症状

病　　原　*Agrobacterium tumefaciens* 为根癌土壤杆菌，属原核生物界薄壁菌门土壤杆菌属细菌。菌体短杆状，两端略圆，单生或链生，具1～4根周生边毛，有荚膜，无芽孢。

发生规律　病菌在癌瘤组织的皮层内及土壤中越冬。通过雨水、灌溉水和昆虫进行传播。带菌苗木能远距传播。病菌由伤口侵入，刺激寄主细胞过度分裂和生长形成癌瘤。潜育期2～3个月或1年以上。中性至碱性土壤有利发病，各种创伤有利于病害的发生，细菌通常是从树的裂口或伤口侵入，断根处是细菌集结的主要部位。一般切接、枝接比芽接发病重。土壤黏重，排水不良的苗圃或果园发病较重。

防治方法　栽种桃树或育苗忌重茬，也不要在原林（杨树、泡桐等）果（葡萄、柿等）园地种植。嫁接苗木采用芽接法。避免伤口接触土壤，减少染病机会。适当施用酸性肥料或增施有机肥，以改变土壤环境，使之不利于病菌生长。田间作业中尽量减少机械损伤，加强防治地下害虫。

苗木消毒：病苗要彻底刮除病瘤，并用700u/ml的链霉素加1%酒精作辅助剂，消毒1小时左右。将病劣苗剔出后用3%次氯酸钠液浸3分钟，刮下的病瘤应集中烧毁。对外来苗木应在未抽芽前将嫁接口以下部位，用10%硫酸铜液浸5分钟，再用2%的石灰水浸1分钟。

病瘤处理：在定植后的果树上发现病瘤时，先用快刀彻底切除癌瘤，然后用稀释100倍硫酸铜溶液消毒切口，再外涂波尔多液保护；也可用400u/ml链霉素涂切口，外加凡士林保护，切下的病瘤应随即烧毁。

土壤处理：用硫磺降低中性土和碱性土的碱性，病株根际灌浇抗菌剂402进行消毒处理，对减轻为害都有一定作用。用80%二硝基邻甲酚钠盐100倍液涂抹扁桃根颈部的瘤，可防止其扩大绕围根颈，对桃树也可试用。用细菌素（含有二甲苯酚和甲酚的碳氢化合物）处理瘤有良好效果，可以在3年生以内的植株上使用。处理后3～4个月内瘤枯死还可防止瘤的再生长或形成新瘤。

11. 桃花叶病

分布为害　桃花叶病属类病毒病，在我国发生较少，但近几年由于从国外广泛引种，带入此病，有蔓延的趋势。

症　　状　桃树感病后生长缓慢，开花略晚，果实稍扁，微有苦味。早春发芽后不久，即出现黄叶，4～5月最多，但到7～8月份病害减轻，或不表现黄叶。有的年份可能不表现症状，具有隐藏性。叶片黄化但不变形，只呈现鲜黄色病部或乳白色杂色，或发生褪绿斑点和扩散形花叶（图3－36）。少数严重的病株全树大部分叶片黄化、卷叶，大枝出现溃疡。高温适宜这种病株出现，尤其在保护地栽培中发病较重。

图3－36　桃花叶病褪绿症状

病　　原　花叶病是由桃潜隐花叶类病毒寄生引起的，只寄生桃，扁桃无此病。桃潜隐花叶类病毒对热稳定，在各种组织中很快繁殖。桃潜隐花叶病是一种潜隐性病害，桃树感病后生长缓慢，开花略晚，果实稍扁，微有苦味。

发生规律　桃花叶病主要通过嫁接传播，无论是砧木还是接穗带毒，均可形成新的病株，通过苗术销售带到各地。在同一桃园，修剪、蚜虫、瘿螨都可以传毒，在病株周围20m范围内，花叶相当普遍。

防治方法　在局部地区发现病株及时挖除销毁，防止扩散。采用无毒材料(砧木和接穗)进行苗木繁育。若发现有病株，不得外流接穗。修剪上具要消毒，避免传染。局部地块对病株要加强管理，增施有机肥，提高抗病能力。

蚜虫发生期，喷药防治蚜虫。可用药剂有10%吡虫啉可湿性粉剂3 000倍液、10%氯氰菊酯乳油2 000倍液、80%敌敌畏乳油1 500倍液、50%抗蚜威可湿性粉剂2 000倍液等。

12．桃树木腐病

症　状　主要为害桃树的枝干和心材，致心材腐朽，呈轮纹状。染病树木质部变白疏松，质软且脆，腐朽易碎。病部表面长出灰色的病菌子实体，多由锯口长出，少数从伤口或虫口长出，每株形成的病菌子实体1个至数10个（图3-37）。以枝干基部受害重，常引致树势衰弱，叶色变黄或过早落叶，致产量降低或不结果。

病　原　*Fomes fulvus* 称暗黄层孔菌，属担子菌亚门真菌。子实体呈马蹄形或圆头状。菌盖木质坚硬，初期表面光滑，老熟后出现裂纹，初呈黄褐色至灰褐色，后变为暗褐色或浅黑褐色，边缘钝圆具毛。菌髓黄褐色。菌管圆形或多角形，孔口小，孔壁灰褐色较厚。担子排列成行，4个担孢子顶生，担孢子球形，单孢无色。间胞纺锤形、混生于子实层中，基部深褐色，端部色淡（图3-38）。

发生规律　病菌在受害枝干的病部产生子实体或担孢子，条件适宜时，孢子成熟后，借风雨传播飞散，经锯口、伤口侵入。

防治方法　加强桃、杏、李园管理，发现病死及衰弱的老树，应及早挖除烧毁。对树势弱、树龄高的桃树，应采用配方施肥技术，恢复树势，以增强抗病力。发现病树长出子实体后，应马上削掉、集中烧毁，并涂1%硫酸铜消毒。保护树体，千方百计减少伤口，是预防木腐病发生和扩展的重要措施，对锯口可涂上述硫酸铜消毒后，再涂波尔多液或煤焦油等保护，以促进伤口愈合，减少病菌侵染。

图3-37　桃树木腐病为害枝干症状

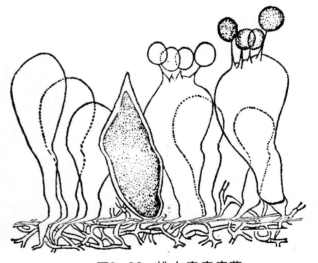

图3-38　桃木腐病病菌

13．桃根结线虫病

症　状　根结线虫病以在寄主植物根部形成根瘤为特征（图3-39）。根瘤开始较小，白色至黄白色，以后继续扩大，呈节结状或鸡爪状，黄褐色、表面粗糙，易腐败。发病植株的根较健康植株的根短，侧根和须很少，发育差。染病较轻的地上部分一般症状不明显，较重的叶片黄瘦，树叶缺乏生机，似缺肥状，长势差或极差。

病　原　南方根结线虫*Meloidogyne incognita*。雌、雄异形。幼虫不分节，蠕虫状。成龄雌虫梨形或袋形，无色，可连续产卵2～3个月，停止产卵以后还能继续存活一段时间。雄虫体形

图3-39　桃根结线虫病为害根部症状

较粗长，不分节，行动较迟缓，寿命短，仅几个星期。

　　发生规律　以卵或2龄幼虫于寄主根部或土壤中越冬。翌年2龄幼虫由寄主根端的伸长区侵入根内于生长锥内定居不动，并不断分泌刺激物，使细胞壁溶解，相邻细胞内含物合并，细胞核连续分裂，形成巨型细胞，形成典型根瘤。虫体也随着开始膨大，经第4次脱皮后发育成为雌性成虫，并抱卵继续繁衍。

　　防治方法　忌重茬，实行轮作，与禾本科作物连茬一般发病轻。有条件的地方，还可采用淤灌或水旱轮作防病。鸡粪、棉籽饼等对线虫发生有较强抑制作用，碳铵、硫铵及未腐熟好的树叶、草肥则对线虫发生有促进作用，应少用或充分腐熟后施用。

　　药剂处理土壤。DD混剂30~40kg/亩，边开沟边施药、边掩土，盖严压实，施药深度16~20cm，沟距20cm左右，熏蒸15天左右即可播种或定植。另外，以80%二氯异丙醚乳油5~7.5kg/亩、10%克线丹颗粒剂3~4kg/亩、10%苯线磷颗粒剂3~5kg/亩，播种前7天处理土壤或生长期使用均可。也可用50%辛硫磷乳油500倍液、80%敌敌畏乳油1 000倍液、90%晶体敌百虫800倍液灌根，每株苗250~500ml，一次即可，效果良好。

14. 桃实腐病

　　分布为害　各桃产区均有发生。广泛为害桃果实，严重影响桃产量和质量。

　　症　　状　桃果实自顶部开始表现为褐色，并伴有水渍状，后迅速扩展，边缘变为褐色。感病部位的果肉也为黑色、且变软、有发酵味（图3-40）。感染初期病果看不到菌丝，后期果实常失水干缩形成僵果，表面布满浓密的灰白色菌丝。

　　病　　原　扁桃拟茎点菌*Phomopsis amygdalina*，属半知菌亚门真菌。菌丝体为灰白色，生长后期的老化菌丝为黑色。分生孢子器为圆锥形，病原的分生孢子梗不分枝。

　　发生规律　病原以分生孢子器在僵果或落果中越冬。春天产生分生孢子，借风雨传播，侵染果实。果实近成熟时，病情加重。桃园密闭不透风、树势弱发病重。

　　防治方法　注意桃园通风透光，增施有机肥，控制树体负载量。捡除园内病僵果及落地果，集中深埋或烧毁。

　　防治应重点在花期喷药，同时结合消除桃园病原。发病初期喷洒50%腐霉利可湿性粉剂2 000倍液、50%苯菌灵可湿性粉剂1 500倍液、50%多菌灵可湿性粉剂700~800倍液、70%甲基硫菌灵可湿性粉剂1 000~1 200倍液。每15天用药1次，连续喷2~3次。

图3-40　桃实腐病为害果实症状

图3-41　桃软腐病为害果实症状

15．桃软腐病

分布为害　全国各地均有发生。传染力很强，常引起贮藏、运输和销售中的大量烂果，损失严重，是桃采收后的主要病害。

症　状　果实最初出现茶褐色小斑点，后迅速扩大。2～3天后，病果呈淡褐色软腐状，表面长有浓密的白色细绒毛，几天后在绒毛丛中生出黑色小点，外观似黑霉（图3-41）。

病　原　*Rhizopus sto-lonifer* 称黑根霉菌，属接合菌亚门真菌。菌丝体由分枝、不具横隔的白色菌丝组成，含有许多细胞核。孢囊黑褐色，内含孢囊孢子。孢子球形、椭圆形或卵形，带褐色，表面有纵向条纹。

发生规律　病原通过伤口侵入成熟果实，孢囊孢子经气流传播。健果与病果接触也可传染。而且传染性很强。温度较高且湿度大时发展很快，4～5天后，病果即可全部腐烂。

防治方法　桃果成熟后及时采收，在采、运、贮过程中，轻拿轻放，防止机械损伤。

物理防治：注意在0～3℃波动低温下进行贮藏和运输。

药剂防治：用苯菌灵、脱乙酰壳多糖和氯硝氨等药剂浸果有一定的防治效果。

16．桃煤污病

分布为害　分布广泛，桃树常见的表面孳生性病害，可降低果实经济价值，甚至引起死亡。

症　状　枝干被害处初现污褐色圆形或不规则形霉点，后形成煤烟状黑色霉层，部分或布满枝条。叶片正面产生灰褐色污斑，后逐渐转为黑色霉层或黑色煤粉层，严重时叶片提早脱落。果实表面则布满黑色煤烟状物，严重降低果品价值（图3-42）。

病　　原　多主枝孢*Cla-sdosporium hergbrum*、大孢枝孢*Cladosporium macsrocarpu-m*、链格孢*Alternaria alterna-ta*，均属半知菌亚门真菌。有性阶段形成子囊及子囊孢子。子囊孢子还可在子囊内或子囊外芽殖，产生芽孢子。菌芽殖最适温度为20℃，最低10℃，最高为26~30℃。侵染最适温度为10~16℃。

发 生 规 律　病原以菌丝体和分生孢子在病叶上、土壤内及植物残体上越过休眠期。春天产生分生孢子，借风雨或蚜虫、介壳虫、粉虱等昆虫传播蔓延。湿度大、通风透光差以及蚜虫等刺吸式口器昆虫多的桃园往往发病重。主要是介壳虫类的影

图3-42　桃煤污病为害果实症状

响，以龟蜡介为主。因其繁殖量大，产生的排泄物多，且直接附着在果实表而，形成煤污状残留用清水难以清洗。

防 治 方 法　改变桃园小气候。使其通透性好，雨后及时排水，防止湿气滞留。及时防治蚜虫、粉虱及介壳虫，对于零星栽植的桃园可在严冬晚上喷清水于树干，结冰后早晨用机械法把冰层振落，介壳虫也随之而脱落。

11月份落叶后连喷2遍5波美度的石硫合剂，5天1遍。能最大程度地消灭介壳虫以及其他越冬的病虫害。

生长季喷杀虫剂时加400倍的柴油作为助剂。也可以在发芽前喷柴·福·乐100倍液。只要把介壳虫防治好，煤污病也就得到了有效防治。

发病初期喷50%多菌灵可湿性粉剂600倍液、50%多霉灵可湿性粉剂1 500倍液、65%抗霉灵可湿性粉剂1 500~2 000倍液。每15天喷洒1次，连续喷施1~2次。及时防治蚜虫、粉虱及介壳虫。

二、桃树虫害

桃蛀螟主要分布在长江以南地区；桃小食心虫主要分布在北方桃区；桃蚜、桑白蚧、桃红颈天牛分布在全国各地；桃潜叶蛾分布华北、西北、华东等地；黑蚱蝉在华南、西南、华东、西北及华北大部分地区都有分布，尤其以黄河故道地区虫口密度为最大。

1. 桃蛀螟

分　　布　桃蛀螟（*Dichocrocis punctiferalis*）在我国各地均有分布，长江以南为害桃果特别严重。

为害特点　以幼虫蛀食为害，为害桃果时，从果柄基部入果核，蛀孔处常流出黄褐色透明黏胶，周围堆积有大量红褐色虫粪，果实易腐烂（图3-43至图3-45）。

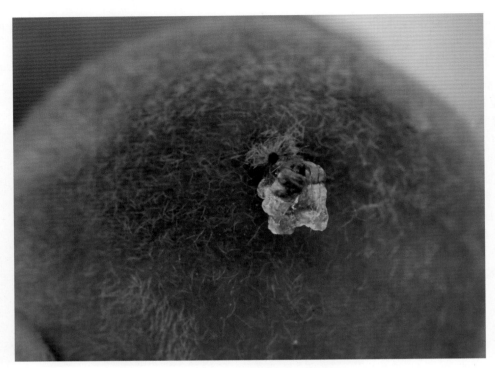

图3-43 桃蛀螟为害桃果症状

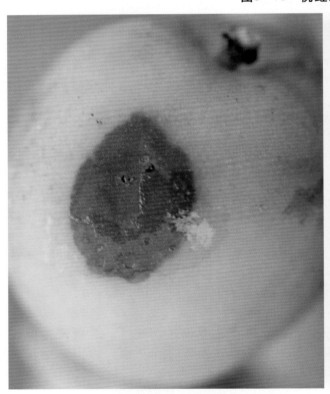

图3-44 桃蛀螟为害杏果症状

图3-45 桃蛀螟为害梨果症状

　　形态特征　成虫全体鲜黄色，前翅有25～28个黑斑，后翅10～15个（图3-46）。卵椭圆形，初产乳白色，后由黄变为红褐色。幼虫体色多变，有淡褐、浅灰、暗红等色，腹面多为淡绿色，体表有许多黑褐色突起（图3-47）。老熟幼虫体背多暗紫红色、淡灰褐、淡灰蓝等。蛹初为淡黄色，后变褐色（图3-48）。

图3-46 桃蛀螟成虫

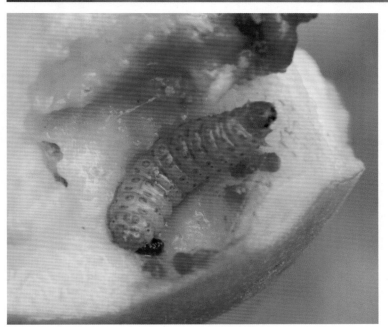

图3-47 桃蛀螟幼虫

图3-48 桃蛀螟蛹

发生规律 蛀螟在华北地区一年发生2~3代，长江流域4~5代。以末代老熟幼虫在高粱、玉米、蓖麻残株及向日葵花盘和仓贮库缝隙中越冬。华北地区越冬代幼虫4月开始化蛹，5月上中旬羽化。第一代幼虫主要为害果树，第一代成虫及产卵盛期在7月上旬，第二代幼虫7月中旬为害春高粱。8月中下旬是第三代幼虫发生期，集中为害夏高粱，是夏高粱受害最重时期。9~10月第4代幼虫为害晚播夏高粱和晚熟向日葵。10月中下旬以老熟幼虫越冬。长江流域第2代为害玉米茎秆。成虫喜在枝叶茂密的桃树果实表面上产卵，两果相连处产卵较多。幼虫孵化以后，在果面上作短距离爬行，便蛀入果肉，并有转果为害习性。成虫白天伏于树冠内膛或叶背，夜间活动，对黑光灯有强烈趋性成虫趋化性较强，羽化后的成虫必需取食补充营养力能产卵，主要取食花蜜。卵多单粒散产在寄主的花、穗或果实上，卵期4~8天。初孵幼虫即钻入花、果及穗中为害，3龄后拉网缀穗将内部籽粒吃成空，对花蜜、糖醋液也有趋性。

防治方法 冬季或早春刮除桃树老翘皮，清除越冬茧。生长季及时摘除被害果，集中处理，秋季采果前在树干上绑草把诱集越冬幼虫集中杀灭。第1、2代成虫产卵高峰期和幼虫孵化期是防治桃蛀螟的关键时期。

可用20%灭多威乳油1 500~2 000倍液、50%仲丁威可溶性粉剂1 000倍液、25%甲萘威可湿性粉剂400倍液、20%丙硫克百威乳油3 000~4 000倍液、25%杀虫双水剂200~300倍液、2.5%氯氟氰菊酯水乳剂4 000~5 000倍液、2.5%高效氯氟氰菊酯水乳剂4 000~5 000倍液、4.5%高效氯氰菊酯乳油1 000~2 000倍液、20%氰戊菊酯乳油2 000~4 000倍液、20%甲氰菊酯乳油2 000~3 000倍液、25%灭幼脲悬浮剂750~1 500倍液、5%氟啶脲乳油1 000~2 000倍液、5%氟虫脲乳油800~1 000倍液、1.8%阿维菌素乳油2 000~4 000倍液，以保护桃果，间隔7~10天喷1次。

2．桃小食心虫

分　　布 桃小食心虫（*Carposina niponensis*）主要分布在北方，为害苹果、桃、梨、山楂、枣等。

为害特点 幼虫蛀果为害。幼虫孵出后蛀入果实，蛀果孔常有流胶点，不久干涸呈白色蜡质粉末。幼虫在果内串食果肉，并将粪便排在果内，幼果长成凹凸不平的畸形果，形成"豆沙馅"果（图3-49至图3-52）。

图3-49　桃小食心虫为害桃果流胶症状

图3-50　桃小食心虫为害桃果豆沙果症状

图3-51　桃小食心虫为害桃果内部症状

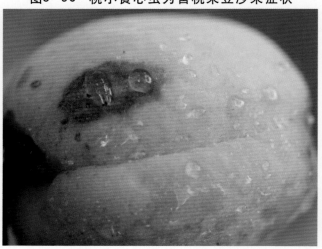

图3-52　桃小食心虫为害杏果症状

形态特征　成虫全体灰褐色,前翅前缘中央处有一个近似三角形的蓝黑色大斑，翅面散生一些灰白色鳞片，后缘有一些条纹（图3-53）。卵椭圆形，中央隆起，表面有皱折，淡红色。幼虫全体桃红色，初龄幼虫黄白色（图3-54）。蛹黄褐色或黄白色，羽化前变为灰黑色（图3-55）。越冬茧扁圆形，夏茧纺锤形。

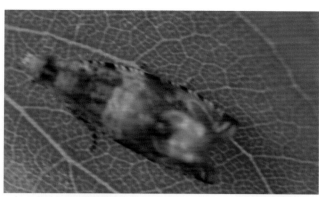

图3-53　桃小食心虫成虫

图3-54　桃小食心虫幼虫

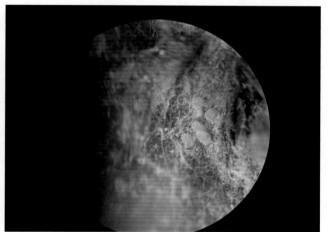

图3-55　桃小食心虫卵

发生规律　桃小食心虫在辽宁每年发生1~2代，在河北、山东则多发生2代。以老熟幼虫在土中做茧越冬，绝大多数分布在树干周围1m范围，5~10cm深的表土中。翌年5月下旬至6月上旬幼虫从越冬茧钻出，雨后出土最多，在地面吐丝缀合细土粒做夏茧并化蛹。成虫多在夜间飞翔、不远飞，无趋光性。常停落在背阴处的果树枝叶及果园杂草上、羽化后2~3天产卵。卵多产于果实的萼洼、梗洼和果皮的粗糙部位，在叶子背面、果台、芽、果柄等处也有卵产下。第一代卵盛期6月下旬至7月上旬。幼虫孵化后，在果面爬行不久，一般从果实胴部啃食果皮，然后蛀入果内，先在皮下串食果肉，果面出现凹陷的潜痕，造成畸形果。第2次卵盛期在8月中旬左右，孵化的幼虫为害至9月份脱果入土做茧越冬。

防治方法　树盘覆地膜。成虫羽化前，可在树冠下地面覆盖地膜，以阻止成虫羽化后飞出。幼虫活动盛期在6月中下旬，是地面防治关键时机。后期世代重叠，发生2代地区8月上中旬是第二代卵和幼虫害果盛期。

越冬幼虫出土期前，用50%辛硫磷乳油100倍液喷洒地面，50%二嗪磷乳油200~300倍液、5%甲基异柳磷颗粒剂0.8kg/亩，与8kg细沙混匀撒入树盘，然后浅锄混土。

在成虫产卵高峰期，卵果率达0.5%~1%时，可用20%灭多威乳油1 500~2 000倍液、50%仲丁威可溶性粉剂1 000倍液、25%甲萘威可湿性粉剂400倍液、25%灭幼脲悬浮剂750~1 500倍液、5%氟苯脲乳油800~1 500倍液、5%氟啶脲乳油1 000~2 000倍液、5%氟铃脲乳油1 000~2 000倍液均匀喷雾。

在卵孵盛期，2.5%高效氯氟氰菊酯水乳剂4 000~5 000倍液、10%氯氰菊酯乳油1 000~1 500倍液、2.5%溴氰菊酯乳油1 500~2 000倍液、20%氰戊菊酯乳油1 000~1 500倍液、2.5%高效氟氯氰菊酯乳油1 000~2 000倍液、20%甲氰菊酯乳油1 000~2 000倍液、1.8%阿维菌素乳油2 000~4 000倍液、1%甲氨基阿维菌素乳油3 000倍液、25%灭幼脲悬浮剂1 000倍液均匀喷雾。喷药重点是果实，每代喷2次，间隔10~15天。

3.桃蚜

分　　布　桃蚜（*Myzus persicae*）分布全国各地。

为害特点　成虫、若虫、幼虫群集新梢和叶片背面为害，被害部分呈现小的黑色、红色和黄色斑点，使叶片逐渐变白，向背面扭卷成螺旋状，引起落叶，新梢不能生长，影响产量及花芽形成，削弱树势。蚜虫排泄的蜜露，常造成烟煤病（图3—56至图3—58）。

图3—56　桃蚜为害桃叶症状

图3—57　桃蚜为害杏叶症状

图3—58　桃蚜为害李叶症状

形态特征 有翅孤雌蚜体色不一，有绿、黄绿、淡褐、赤褐色等。翅透明，脉淡黄。额瘤显著。无翅孤雌蚜体色不一，有绿、黄绿、杏黄及赤褐色（图3-59）。若虫与无翅胎生雌蚜体形相似，体色不一。卵长椭圆形，初产淡绿，渐变灰黑色。

发生规律 北方每年发生20～30代，南方30～40代。生活周期类型属乔迁式。桃蚜是一种转移寄主生活的蚜虫，但也有少数个体终年生活在桃树上不转移寄主。在我国北方主要以卵在桃树的枝条芽腋间、裂缝处、枝条上的干卷叶里越冬，少数以无翅胎生雌蚜在风障菠菜上或窖藏的秋菜上越冬。以卵在桃树上越冬的，翌年早春桃芽萌发至开花期，卵开始孵化，群集于嫩芽上，吸食汁液，3月下旬至4月间，以孤雌胎生方式繁殖为害。梢嫩叶展开后，群集叶背面为害。被害叶向背面卷缩，并排泄黏液，污染枝梢、叶面，抑制新梢生长，引起落叶。桃叶被害严重时向背面反卷、叶扭曲畸形，5月下旬为害最为严重。虫体大、中、小同时存在。夏季有翅蚜陆续

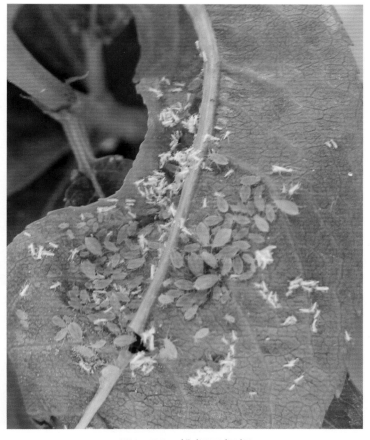

图3-59 桃蚜无翅蚜

迁至烟草、蔬菜等寄主上，10月有翅蚜陆续迁回到桃树上越冬。一般冬季温暖，春暖早而雨水均匀的年份有利于大发生，高温和高湿均不利于发生，数量下降。因此，春末夏初及秋季是桃蚜为害严重的季节。桃树施氮肥过多或生长不良，均有利于桃蚜为害。

防治方法 合理整形修剪，加强土、肥水管理，清除枯枝落叶，刮除粗老树皮。结合春季修剪，剪除被害枝梢，集中烧毁。在桃树行间或果园附近，不宜种植烟草、十字花科蔬菜等作物。早春在桃芽萌动、越冬卵孵化盛期至低龄幼虫发生期，是防治桃蚜的关键时期。

可用5%啶虫脒·高氯乳油1 000～1 500倍液、50%抗蚜威可湿性粉剂2 000～3 000倍液、20%灭多威乳油2 000～2 500倍液、20%丁硫克百威乳油2 000～3 000倍液、25%甲萘威可湿性粉剂400～600倍液、2.5%氯氟氰菊酯乳油1 000～2 000倍液、2.5%高效氯氟氰菊酯乳油1 000～2 000倍液、5%氯氰菊酯乳油5 000～6 000倍液、2.5%高效氯氰菊酯水乳剂1 000～2 000倍液、1.8%阿维菌素乳油3 000～4 000倍液、0.3%苦参碱水剂800～1 000倍液、0.3%印楝素乳油1 000～1 500倍液、0.65%苦蒿素水剂400～500倍液、10%氯噻啉可湿性粉剂4 000～5 000倍液、10%吡虫啉可湿性粉剂2 000～4 000倍液、30%松脂酸钠水乳剂100～300倍液、10%烯啶虫胺可溶性液剂4 000～5 000倍液，用药时加入0.1%～0.2%洗衣粉可有效的提高杀虫效果。在为害严重的年份，需喷施2次。

4. 桃粉蚜

分　布 桃粉蚜（*Hyalopterus amygdali*）南北各桃产区均有发生，以华北、华东、东北各地为主。

为害特点 春夏之间经常和桃蚜混合发生为害桃树叶片。成、若虫群集于新梢和叶背刺吸汁液，受害叶片呈花叶状，增厚，叶色灰绿或变黄，向叶背后对合纵卷，卷叶内虫体被白色蜡粉。严重时叶片早落，新梢不能生长。排泄蜜露常致煤烟病发（图3-60至图3-62）。

图3-60　桃粉蚜为害桃树症状

图3-61　桃粉蚜为害杏树症状

图3-62　桃粉蚜为害李树症状

形态特征 有翅孤雌蚜：体长约2mm，翅展约6mm，头胸部暗黄色，胸瘤黑色，腹部黄绿色或浅绿色。被有白色蜡质粉，复眼红褐色（图3-63）。无翅胎生雌蚜：复眼红褐色。腹管短小，黑色，尾片长大，黑色，圆锥形，有曲毛5～6根。胸腹无斑纹，无胸瘤，体表光滑，缘瘤小。卵：椭圆形，初黄绿后变黑色，有光泽。若蚜：体小，绿小，与无翅胎生雌蚜相似，体绿色被白粉（图3-64）。

图3-63 桃粉蚜　　　　　　　　　　图3-64 桃粉蚜若虫

发生规律 每年发生10～20代，江西南昌20多代，北京10余代，生活周期类型属侨迁式。以卵在桃、杏、李等果树枝条小枝杈、腋芽及裂皮缝处越冬。次年桃树萌芽时，卵开始孵化，初孵幼虫群集叶背和嫩尖处为害。5月上中旬繁殖为害最盛，6～7月大量产生有翅蚜，迁飞到芦苇等禾本科植物上为害繁殖，10～11月又迁回到桃树上，产生性蚜，交尾后产卵越冬。

防治方法 合理整形修剪，加强土、肥水管理，清除枯枝落叶，刮除粗老树皮。结合春季修剪，剪除被害枝梢，集中烧毁。在桃树行间或果园附近，不宜种植烟草、白菜等农作物，以减少蚜虫的夏季繁殖场所。

芽萌动期喷药防治桃粉蚜的效果最好，越冬卵孵化高峰期喷施2.5%溴氰菊酯乳油、20%氰戊菊酯乳油2 000倍液。

抽梢展叶期，喷施10%吡虫啉可湿性粉剂2 000～3 000倍液，每年1次即可控制为害。

为害期喷药，可参考桃蚜。在药液中加入表面活性剂（0.1%～0.3%的中性洗衣粉或0.1%害立平），增加黏着力，可以提高防治效果。

5．桑白蚧

分　布 桑白蚧（*Pseudaulacaspis pentagona*）分布遍及全国，是为害最普遍的一种介壳虫。

为害特点 以若虫和成虫群集于主干、枝条上，以口针刺入皮层吸食汁液，也有在叶脉或叶柄、芽的两侧寄生，造成叶片提早硬化（图3-65至图3-67）。

图3-65 桑白蚧为害桃树枝干症状

图3-66 桑白蚧为害杏树枝干症状

图3-67 桑白蚧为害李树枝干症状

形态特征　成虫：雌成虫介壳白或灰白，近扁圆，背面隆起，略似扁圆锥形，壳顶点黄褐色，壳有螺纹。壳下虫体为橘黄色或橙黄色，扁椭圆（图3-68）。雄虫若虫阶段有蜡质壳，白色或灰白色、狭长、羽化后的虫体橙黄色或粉红色，翅一对，膜质（图3-69）。初孵若虫淡黄，体长椭圆形、扁平。卵长椭圆形，初产粉红，近孵化时变橘红色。蛹雄虫有蛹阶段，裸蛹，橙黄色。

图3-68　桑白蚧雌成虫

图3-69　桑白蚧雄虫若虫

发生规律　年发生代数由北往南递增，黄河流域2代，长江流域3代，海南、广东为5代，华北地区每年发生2代，均以受精雌虫在枝干上越冬。4月下旬开始产卵，卵产于介壳下，产卵后干缩而死。产卵期长短与气温高低成反比，雌成虫产卵后死于介壳内，呈紫黑色。初孵若虫活跃喜爬，5～11小时后固定吸食，不久即分泌蜡质盖于体背，逐渐形成介壳。雌若虫3次蜕皮变成无翅成虫，雄若虫2次蜕皮后化蛹。若虫5月初开始孵化，自母体介壳下爬出后在枝干上到处乱爬，几天后，找到适当位置即固定不动，并开始分泌蜡丝，蜕皮后形成介壳，把口器刺入树皮下吸食汁液。雌虫2次蜕皮后变为成虫，在介壳下不动吸食，雄虫第2次蜕皮后变为蛹，在枝干上密集成片。6月中旬成虫羽化，6月下旬产卵，第2代雌成虫发生在9月间，交配受精后，在枝干上越冬。低地地下水位高，密植郁闭多湿的小气候有利其发生。枝条徒长，管理粗放的桑园发生也多。

防治方法　做好冬季清园，结合修剪，剪除受害枝条，刮除枝干上的越冬雌成虫，并喷一次波美3度石硫合剂，消灭越冬虫源，减少翌年为害。

抓住第1代若蚧发生盛期，趁虫体未分泌蜡质时，用硬毛刷或细钢丝刷刷掉枝干上若虫。剪除受害严重的枝条。之后喷洒石硫合剂、95%机油乳油50倍液。

在各代若虫孵化高峰期，尚未分泌蜡粉介壳前，是药剂防治的关键时期。可用3%苯氧威乳油1 000～1 500倍液、25%速灭威可湿性粉剂600～800倍液、50%甲萘威可湿性粉剂800～1 000倍液、2.5%氯氟氰菊酯乳油1 000～2 000倍液、4.5%高效氯氰菊酯乳油2 000～2 500倍液、20%氰戊菊酯乳油1 000～2 000倍液、20%甲氰菊酯乳油2 000～3 000倍液、2.5%氟氯氰菊酯乳油2 500～3 000倍液、10%吡虫啉可湿性粉剂1 500～2 000倍液，均匀喷雾。在药剂中加入0.2%的中性洗衣粉，可提高防治效果。

或在介壳形成初期，用40%杀扑磷乳油700倍液、25%噻嗪酮可湿性粉剂1 000～1 500倍液、95%机油乳油200倍加40%水胺硫磷乳油1 000倍液喷雾，防效显著。

6. 桃红颈天牛

分　布　桃红颈天牛（*Aromia bungii*）在全国各桃产区均有分布，北起辽宁、内蒙古，西至甘肃、陕西、四川，南至广东、广西，东达沿海及四川、湖北、湖南、江西等地。

为害特点 幼虫为害主干或主枝基部皮下的形成层和木质部浅层部分，造成树干中空，皮层脱离，虫道弯弯曲曲塞满粪便，排粪处也有流胶现象，造成树衰弱，枝干死亡（图3-70至图3-73）。

图3-70 桃红颈天牛为害桃树枝干流胶症状

图3-71 桃红颈天牛为害桃树枝干排粪症状

图3-72 桃红颈天牛为害杏树枝干症状

图3-73 桃红颈天牛为害李树枝干症状

形态特征　雌成虫全体黑色有亮光，腹部黑色有绒毛，头、触角及足黑色，前胸背棕红色（图3-74）。雄成虫体小而瘦。卵长椭圆形，乳白色。老熟幼虫乳白色，前胸较宽广，体两侧密生黄棕色细毛（图3-75）。蛹初为乳白色，后渐变为黄褐色。

图3-74　桃红颈天牛成虫

图3-75　桃红颈天牛幼虫

发生规律　华北地区2～3年发生一代，以幼虫在树干蛀道内越冬。翌年3、4月间恢复活动，在皮层下和木质部钻不规则的隧道，成虫于5～8月出现；各地成虫出现期自南至北依次推迟。福建和南方各省于5月下旬成虫盛见；湖北于6月上中旬成虫出现最多；成虫终见期在7月上旬；河北成虫于7月上中旬盛见；山东成虫于7月上旬至8月中旬出现；北京7月中旬至8月中旬为成虫出现盛期。

防治方法　成虫出现期，利用午间静息枝条的习性，进行人工捕捉，特别在雨后晴天，成虫最多。有在早熟桃上补充营养的习性，也可利用早熟烂桃诱捕。成虫产卵盛期至幼虫孵化期是防治的关键时期。

在成虫产卵盛期至幼虫孵化期，可用75%硫双威可湿性粉剂1 000～2 000倍液、2.5%氯氟氰菊酯乳油1 000～3 000倍液、10%高效氯氰菊酯乳油1 000～2 000倍液、10%醚菊酯悬浮剂800～1 500倍液、5%氟苯脲乳油800～1 500倍液、20%虫酰肼悬浮剂1 000～1 500倍液、15%吡虫啉微囊悬浮剂3 000～4 000倍液，均匀喷布离地1.5m范围内的主干和主枝，10天后再重喷1次，杀灭初孵幼虫效果显著。

7. 桃潜叶蛾

分布为害　桃潜叶蛾（*Lyonetica clerkella*）分布华北、西北、华东等地。以幼虫潜入桃叶为害，在叶组织内串食叶肉，造成弯曲的隧道，并将粪粒充塞其中，造成早期落叶（图3-76）。

图3-76　桃潜叶蛾为害叶片症状

形态特征　成虫体银白色，前翅狭长，银白色，前翅外端部有一金黄色鳞片组成的卵形斑（图3-77）。卵扁椭圆形，无色透明。幼虫胸淡绿色，体稍扁。茧扁枣核形，白色（图3-78）。

图3-77　桃潜叶蛾成虫　　　　　图3-78　桃潜叶蛾茧及为害症状

发生规律　各地发生代数不一，河北昌黎5~6代。以成虫在树皮缝内或落叶、杂草丛中越冬。来年4月桃展叶后，成虫羽化，夜间活动产卵于叶下表皮内、幼虫孵化后，在叶组织内潜食为害，串成弯曲隧道，并将粪粒充塞其中，叶的表皮不破裂，可由叶面透视。叶受害后枯死脱落。幼虫老熟后在叶内吐丝结白色薄茧化蛹。5月上中旬发生第一代成虫，以后每月发生1代，最后1代发生在11月上旬。幼虫老熟后钻出，在叶背面结茧化蛹。虫口密度大时幼虫脱出后吐丝下垂，随风飘附在枝、干的背阴面结茧化蛹。10~11月羽化的成虫即潜入树皮下、树下落叶和草丛中准备越冬。

防治方法　在越冬代成虫羽化前，彻底清扫桃园内的落叶和杂草，集中烧毁，消灭越冬蛹或成虫。

蛹期和成虫羽化期是药剂防治的关键时期。可用1%甲氨基阿维菌素苯甲酸盐乳油3 000~4 000倍液、90%灭多威可溶性粉剂3 000~5 000倍液、25%甲萘威可湿性粉剂600~800倍液、2.5%氯氟氰菊酯水乳剂3 000~4 000倍液、5%顺式氯氰菊酯乳油1 000~1 500倍液、2.5%溴氰菊酯乳油1 500~2 500倍液、20%氰戊菊酯乳油800~1 200倍液、5.7%氟氯氰菊酯乳油2 500~3 500倍液、20%甲氰菊酯乳油1 000~3 000倍液、25%灭幼脲悬浮剂1 000~2 000倍液、5%氟铃脲乳油1 000~2 000倍液、5%氟虫脲可分散液剂1 000~2 000倍液、5%虱螨脲乳油1 500~2 500倍液、1.8%阿维菌素乳油2 000~4 000倍液。

8. 桃小蠹

分布为害　桃小蠹（*Scolytus seulensis*）近几年在河北部分桃产区为害严重。成、幼虫蛀食枝干韧皮部和木质部，蛀道于其间，常造成枝干枯死或整株死亡（图3-79、图3-80）。

图3-79　桃小蠹为害桃树枝干症状

图3-80 桃小蠹为害李树枝干症状

形态特征 成虫体黑色，鞘翅暗褐色有光泽（图3-81）。卵乳白色、圆形。幼虫乳白色、肥胖，无足。蛹长与成虫相似，初乳白色后渐深。

图3-81 桃小蠹成虫及为害症状

发生规律 每年发生1代，以幼虫于坑道内越冬。翌春老熟于坑道端蛀圆筒形蛹室化蛹，羽化后咬圆形羽化孔爬出。6月间成虫出现，秋后以幼虫在坑道端越冬。

防治方法 结合修剪彻底剪除有虫枝和衰弱枝，集中处理效果很好。

在成虫产卵前，可用75%硫双威可湿性粉剂1 000~2 000倍液、2.5%氯氟氰菊酯乳油2 000~3 000倍液、10%高效氯氰菊酯乳油1 000~2 000倍液、10%醚菊酯悬浮剂800~1 500倍液、5%氟苯脲乳油800~1 500倍液、20%虫酰肼悬浮剂1 000~1 500倍液喷洒，毒杀成虫效果良好，间隔15天喷1次，喷2~3次即可。

9. 黑蚱蝉

分布为害 黑蚱蝉（*Cryptotympana atrata*）分布于全国各地，华南、西南、华东、西北及华北大部分地区都有分布，尤其以黄河故道地区虫口密度为最大。雌虫产卵时其产卵瓣刺破枝条皮层与木质部，造成产卵部位以上枝梢失水枯死，严重影响苗木生长（图3-82,图3-83）。

图3-82 黑蚱蝉为害桃枝症状

图3-83 黑蚱蝉为害杏树枝条症状

形态特征 成虫体黑色有光泽，局部密生金色纤毛，前、后翅透明，基部呈烟褐色，脉纹黄褐色（图3-84）。卵长椭圆形，乳白色，有光泽（图3-85）。若虫黄褐色，具翅芽，能爬行。老熟若虫体黄褐色，体壁坚硬，有光泽（图3-86）。

图3-84 黑蚱蝉成虫

图3-85 黑蚱蝉卵

图3-86 黑蚱蝉老熟若虫

发生规律 4年或5年发生1代，以卵和若虫分别在被害枝内和土中越冬。越冬卵于6月中、下旬开始孵化，7月初结束。当夏季平均气温达到22℃以上（豫西地区在6~7月），老龄若虫多在雨后的傍晚，从土中爬出地面，顺树干爬行，老熟若虫出土时刻为20~6时，以21~22时出土最多，当晚蜕皮羽化出成虫。雌虫7~8月先刺吸树木汁液，进行一段补充营养，之后交尾产卵，选择嫩梢产卵，产卵时先用腹部产卵器刺破树皮，然后产卵于木质部内。经产卵受害枝条，产卵部位以上枝梢很快枯萎。 枯枝内的卵须落到地面潮湿的地方才能孵化。若虫在地下生活4年或5年。每年6~9月蜕皮1次，共4龄。1、2龄若虫多附着在侧根及须根上，而3、4龄若虫多附着在比较粗的根系上，且以根系分叉处最多。若虫在土壤中越冬，蜕皮和为害均筑一个椭圆形土室。

防治方法 结合冬剪和早春修剪，在卵孵化入土前剪除产卵枝并集中烧毁。冬季或早春结合灌溉、施肥、深翻园土以消灭在土中生活的若虫。

在5月若虫未出土前，用40%氧化乐果乳油200倍液等，每株用8~10kg药液泼淋树盘。

对虫口密度较大的果园，在成虫盛发期，喷洒20%甲氰菊酯乳油1 500~2 000倍液、2.5%溴氰菊酯乳油2 000~2 500倍液、2.5%氯氟氰菊酯乳油1 000~3 000倍液、10%高效氯氰菊酯乳油1 000~2 000倍液、10%醚菊酯悬浮剂800~1 500倍液、5%氟苯脲乳油800~1 500倍液、20%虫酰肼悬浮剂1 000~1 500倍液，可获良好防治效果。

10．桃仁蜂

分布为害 桃仁蜂（*Eurytoma maslovskii*）分布于山西、辽宁等地。幼虫在正在发育桃核内蛀食，桃仁多被食尽，仅残留部分种皮。被害果逐渐干缩成僵果，或早期脱落。

形态特征 成虫体黑色，前翅透明，略带褐色，后翅无色透明（图3-87）。卵长椭圆形，略弯曲，乳白色，近透明。幼虫乳白色，纺锤形，略扁，稍弯曲。蛹纺锤形，乳白色，后变黄褐色。

图3-87 桃仁蜂成虫

发生规律 每年发生1代，以老熟幼虫在被害果仁内越冬。翌年4月间开始化蛹，5月中旬成虫羽化，幼虫孵化后在桃仁内取食，至7月幼虫老熟，即在桃核内越夏、越冬。

防治方法 秋季至春季桃树萌芽前后，彻底清理桃园。

在4月下旬至5月上旬，成虫盛发期，喷施20%氰戊菊酯乳油1 000~1 500倍液、2.5%溴氰菊酯乳油1 000~3 000倍液、20%甲氰菊酯乳油1 000~2 000倍液。

11．小绿叶蝉

分布为害 小绿叶蝉（*Empoasca flavescens*）在全国各省发生普遍，以长江流域发生为害较重。以成、若虫吸食汁液为害。早期吸食花萼、花瓣，落花后吸食叶片，被害叶片出现失绿的白色斑点，严重时全树叶片呈苍白色，提早落叶，使树势衰弱。受害严重的果树，全树叶片一片苍白，落叶提前，造成树势衰弱。过早落叶，有时还会造成秋季开花，严重影响来年的开花结果（图3-88至图3-90）。

图3-88 小绿叶蝉为害桃叶
初期症状

图3-89 小绿叶蝉为害桃叶
后期症状

图3-90 小绿叶蝉为害杏叶症状

形态特征　成虫：全体淡黄、黄绿或暗绿色。头顶钝圆，其顶端有一黑点，黑点外围有一白色晕圈。前翅淡白色半透明，翅脉黄绿色，后翅无色透明，翅脉淡黑色（图3-91）。若虫：共5龄，全体淡黑色，复眼紫黑色，翅芽绿色。卵：呈长椭圆形，一端略尖，乳白色，半透明（图3-92）。产于叶片背面主脉内。

图3-91　小绿叶蝉成虫

图3-92　小绿叶蝉若虫

发生规律　每年发生4~6代，以成虫在桃园附近的松、柏等常绿树，以及杂草丛中越冬。第二代3月上中旬先在早期发芽的杂草和蔬菜上生活，待桃树现蕾萌芽时，开始迁往桃上为害，谢花后大多数集中到桃树上为害。全年以7~9月桃树上虫口密度最高。9月间发生最后1代成虫，桃树落叶后迁入越冬场所越冬。成虫在天气温和晴朗时行动活跃，清晨或傍晚及暴风雨时不活动，在气温较低时活动性较差，早晨是防治的有利时机。若虫喜群集叶片背面，受惊时很快横向爬动分散。

防治方法　成虫出蛰前及时刮除翘皮，清除落叶及杂草，减少越冬虫源。

化学防治。在以下3个关键时期喷药防治：谢花后的新梢展叶生长期、5月下旬第一代若虫孵化盛期和7月下旬至8月上旬第二代若虫孵化盛期。可以选用如下药剂：10%吡虫啉可湿性粉剂3 000倍液、5%高效氯氰菊酯乳油2 000~3 000倍液、20%氰戊菊酯乳油3 000倍液、2.5%溴氰菊酯乳油2 500倍液、80%敌敌畏乳油800倍液、1.8%阿维菌素乳油3 000倍液等。

12. 茶翅蝽

分布为害　茶翅蝽（*Halyomorpha picus*）分布较广，全国各地均有分布。成虫和若虫吸食嫩叶、嫩梢和果实的汁液，果实被害后，呈凹凸不平的畸形果，近成熟时的果实被害后，受害处果肉变空，木栓化（图3-93至图3-95）。

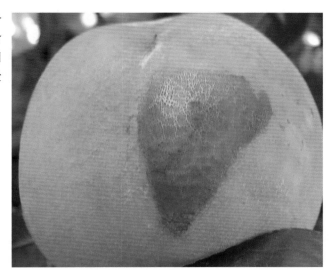

图3-93　茶翅蝽为害桃果症状

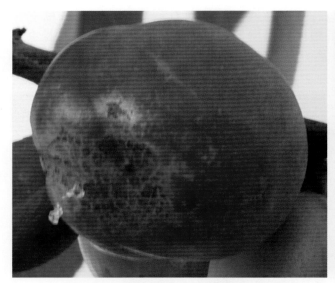

图3-94 茶翅蝽为害油桃果实症状

图3-95 茶翅蝽为害李果症状

形态特征 成虫扁椭圆形，灰褐色，略带紫红色。前翅革质有黑褐色刻点。卵扁鼓形，初灰白色，孵化前黑褐色（图3-96）。若虫无翅，前胸背两侧各有刺突，腹部各节背部有黑斑，两侧各有一黑斑，共8对。

图3-96 茶翅蝽成虫

发生规律 华北地区每年发生1代，华南每年发生2代。以成虫在墙缝、屋檐下、石缝里越冬。有的潜入室内越冬。在北方5月份开始活动，迁飞到果园取食为害。成虫白天活动，交尾并产卵。成虫常产卵于背面，每雌虫可产卵55~82粒。卵期6~9天。6月上旬田间出现大最初孵若虫，小若虫先群集在卵壳周围成环状排列，2龄以后渐渐扩散到附近的果实上取食为害。田间的畸形桃主要为若虫为害所致，新羽化的成虫继续为害直至果实采收。9月中旬当年成虫开始寻找场所越冬，到10月上旬达入蛰高峰。上年越冬成虫在6月上旬以前产卵，到8月初以前羽化为成虫，可继续产卵，经过若虫阶段，再羽化为成虫越冬。

防治方法 结合其他管理措施，随时摘除卵块及捕杀初孵若虫。

在第一代若虫发生期，结合其他害虫的防治，喷施40%马拉硫磷乳油1 000倍液、20%氰戊菊酯乳油1 000倍液、20%甲氰菊酯乳油1 000倍液、2.5%溴氰菊酯乳1 500~2 000倍液，间隔10~15天喷1次，连喷2~3次，均能取得较好的防治效果。

13. 桃球坚蚧

分布为害 桃球坚蚧（*Didesmoccus koreanus*）分布于东北、华北、华东及河南、陕西、宁夏、四川、云南、湖北、江西等省。以若虫和雌成虫集聚在枝干上吸食汁液，被害枝条发育不良，出现流胶，树势严重衰弱，树体不能正常生长和花芽分化，严重时枝条干枯，一经发生，常在一、二年内蔓延全园，如防治不利，会使整株死亡（图3-97至图3-101）。

图3-97　桃球坚蚧为害桃树枝干症状

图3-98　桃球坚蚧为害桃树枝条症状

图3-99　桃球坚蚧为害杏树枝干症状

图3-100 桃球坚蚧为害杏树枝条症状

图3-101 桃球坚蚧为害李树枝干症状

形态特征 雌成虫：介壳近半球形，暗红褐色，雌虫壳尾端略突出并有一纵裂缝，表面覆有薄层蜡质，略呈光泽，背面有凹下小点，排列不整齐（图3-102）。雄成虫：介壳长扁圆形，白色，两侧有两条纵斑纹，介壳末端为钳状并有褐色斑点2个。虫体淡粉红色或淡棕色，胸部赤褐色，口器退化，有前翅一对，细长，半透明，前缘淡红，翅面有细微刻点。卵：长椭圆形，半透明，腹面向内弯，背面略隆起。初产时为白色，后渐变粉红色，近孵化时在卵的前端呈现红色眼点。初孵若虫长椭圆形扁平，淡褐至粉红色，被白粉。蛹赤褐色；雄虫有蛹期，裸蛹，长扁圆形，足及翅芽为淡褐色。茧长椭圆形灰白半透明，扁平背面略拱，有2条纵沟及数条横脊，末端有一横缝。

图3-102 桃球坚蚧雌成虫

发生规律　一年发生1代，以2龄若虫固着在枝条上越冬，外覆有蜡被。次年3月上中旬开始活动，另找地点固着，群居在枝条上取食，不久便逐渐分化为雌、雄性。雌性若虫于3月下旬又蜕皮1次，体背逐渐变大成球形。雄性若虫于4月上旬分泌白色蜡质形成介壳，再蜕皮化蛹其中，4月中旬开始羽化为成虫。4月下旬到5月上旬雌雄成虫羽化并交配，交配后的雌虫体迅速膨大，逐渐硬化，5月上旬开始产卵，5月中旬为若虫孵化盛期。初孵若虫爬行寻找适当场所，以枝条裂缝处和枝条基部叶痕中为多。6月中旬后蜡质又逐渐溶化白色蜡层，包在虫体四周。此时发育缓慢，雌雄难分。越冬前蜕皮1次，蜕皮包于2龄若虫体下，到12月份开始越冬。雌虫能孤雌生殖。全年4月下旬至5月上中旬为害最盛。

防治方法　冬春季节结合冬剪，剪除有虫枝条并集中烧毁。也可在3月上旬至4月下旬期间，即越冬幼虫从白色蜡壳中爬出后到雌虫产卵而未孵化时，用草团或乱布等擦除越冬雌虫，并注意保护天敌。

药剂防治：对人工防治剩余的雌虫需抓住两个关键时期。

①早春防治　在发芽前结合防治其他病虫，先喷1次5波美度石硫合剂，或50%噻嗪酮可湿性粉剂1 000倍液然后在果树萌芽后至花蕾露白期间，即越冬幼虫自蜡壳爬出40%左右并转移时，再喷1次50%辛硫磷乳油1 000倍液、2.5%溴氰菊酯乳油1 500~2 000倍液等，喷药最迟在雌壳变硬前进行。或喷95%机油乳剂400~600倍液，波美5度石硫合剂，5%重柴油乳剂或3.5%煤焦油乳剂或洗衣粉200倍液。

②若虫孵化期防治　在6月上中旬连续喷药2次，第一次在孵化出30%左右时，第二次与第一次间隔1周。可用20%甲氰菊酯乳油1 000倍液、2.5%溴氰菊酯乳油1 000~1 500倍液、25%亚胺硫磷乳油500~600倍液、50%马拉硫磷乳油1 000倍液、40%杀扑磷乳油1 000~2 000倍液，防治效果均较好。上述药剂中混1%的中性洗衣粉可提高防治效果。

14. 桃白条紫斑螟

分布为害　幼虫食叶，初龄啃食下表皮和叶肉，稍大在梢端吐丝拉网缀叶成巢，常数头至10余头群集巢内食叶成缺刻与孔洞，随虫龄增长虫巢扩大，叶柄被咬断者呈枯叶于巢内，丝网上粘附许多虫粪。

形态特征　成虫体灰至暗灰色，各腹节后缘淡黄褐色。触角呈丝状，雄鞭节基部有暗灰至黑色长毛丛，略呈球形。前翅暗紫色，基部2/5处有1条白横带，有的个体前缘基部至白带亦为白色。后翅灰色外缘色暗。卵扁长椭圆形，初淡黄白渐变淡紫红。幼虫头灰绿有黑斑纹，体多为紫褐色，前胸盾片灰绿色，背线宽黑褐色，两侧各具2条淡黄色云状纵线，故体侧各呈3条紫褐纵线，臀板暗褐或紫黑色。低、中龄幼虫多淡绿至绿色，头部有浅褐色云状纹，背线宽，深绿色，两侧各有2条黄绿色纵线（图3-103）。蛹头胸和翅芽翠绿色，腹部黄褐色，背线深绿色。尾节背面呈三角形凸起，暗褐色，臀棘6根。茧纺锤形，丝质灰褐色。

发生规律　每年发生2~3代，在树冠下表土中结茧化蛹越冬，少数于树皮缝和树洞中越冬，越冬代成虫发生期5月上旬至6月中旬，第1代成

图3-103　桃白条紫斑螟幼虫

虫发生期7月上旬至8月上旬。第1代幼虫5月下旬开始孵化，6月下旬开始老熟入土结茧化蛹，蛹期15天左右。第2代卵期1013天，7月中旬开始孵化，8月中旬开始老熟入土结茧化蛹越冬。前期由于防治蚜虫、食心虫喷药，田间很少见到为害。早熟桃采收以后，为害逐渐加重，幼虫发生期很不整齐，在1个梢上可见到多龄态幼虫共生。幼虫老熟后入土结茧化蛹。

防治方法　春季越冬幼虫羽化前，翻树盘消灭越冬蛹。结合修剪、剪除虫巢，集中烧掉或深埋。

幼虫发生期喷药防治，可用25%灭幼脲悬浮剂2 000倍液、20%氰戊菊酯乳油2 000～3 000倍液、2.5%溴氰菊酯乳油2 000～3 000倍液、10%联苯菊酯乳油4 000～5 000倍液、苏云金杆菌乳剂300倍液喷雾。

15．桃剑纹夜蛾

分布为害　桃剑纹夜蛾（*Acronicta incretata*）国内分布广泛。以低龄幼虫群集叶背啃食叶肉成纱网状，幼虫稍大后将叶片食成缺刻，并啃食果皮，大发生时常啃食果皮，使果面上出现不规则的坑洼。

形态特征　成虫体长18～22mm。前翅灰褐色，有3条黑色剑状纹，1条在翅基部呈树状，2条在端部。翅外缘有一列黑点。卵表面有纵纹，黄白色。幼虫体长约40mm，体背有1条橙黄色纵带，两侧每节有1对黑色毛瘤，腹部第1节背面为一突起的黑毛丛（图3－104）。蛹体棕褐色，有光泽，1～7腹节前半部有刻点，腹末有8个钩刺。

发生规律　一年发生2代。以蛹在地下土中或树洞、裂缝中作茧越冬。越冬代成虫发生期在5月中旬到6月上旬，第1代成虫发生期在7～8月。卵散产在叶片背面叶脉旁或枝条上。

防治方法　虫量少时不必专门防治。

图3－104　桃剑纹夜蛾幼虫

发生严重时，可喷洒5%顺式氰戊菊酯乳油5 000～8 000倍液、30%氟氰戊菊酯乳油2 000～3 000倍液、10%醚菊酯悬浮剂800～1 500倍液、20%氟啶脲可湿性粉剂1 000倍液、8 000IU／ml苏云金杆菌可湿性粉剂400～800倍液、10%硫肟醚水乳剂1 000～1 500倍液等。

三、桃树各生育期病虫害防治技术

1．桃树病虫害综合防治历的制订

桃树有许多病虫害为害严重。在病害中以细菌性穿孔病和褐腐病发生最普遍，为害较严重；缩叶病，在桃树萌芽期低温多雨年份常严重发生；炭疽病，在一些地区的早熟桃品种上发生严重；腐烂病，可造成桃树枝干死亡，局部果园发生严重；流胶病，在各地发生普遍，严重削弱树势，是桃树的重要病害；另外，桃疮痂病等也常为害。在桃树害虫中，以桃蛀螟、桃小食心虫、桃蚜、叶螨为害较重。

我们在桃收获后，要认真总结桃树病虫害发生情况，分析病虫害的发生特点，拟定明年的病虫害防治计划，及早采取防治方法。

下面结合河南省大部分桃区病虫发生情况，概括地列出病虫防治历表3－1，供使用时参考。

表3-1　桃树各生育病虫害综合防治历

物候期		防治对象
休眠期	11月到翌年2月下旬	越冬的病菌、虫源
萌芽前期	3月上中旬	流胶病、缩叶病、腐烂病、蚜虫
花期	3月下旬到4月上旬	疏花定果
落花期	4月中下旬	褐腐病、缩叶病、流胶病、桃蚜
幼果期	5月上中旬	桃蚜、细菌性穿孔病、褐腐病、炭疽病、疮痂病、叶螨、食心虫
成熟期	6月下旬到7月上中旬	褐腐病、穿孔病、炭疽病、疮痂病、食心虫、叶螨
营养恢复期	7月下旬到8月中旬	细菌性穿孔病、褐腐病、流胶病、叶螨
	8月下旬到10月	流胶病、穿孔病
果实膨大期	5月下旬到6月中旬	褐腐病、炭疽病、细菌性穿孔病、疮痂病、流胶病、食心虫、叶螨

2．休眠期至萌芽前期病虫害防治技术

华北地区桃树从10月中下旬到翌年的3月处于休眠期（图3-105），多数病虫也停止活动，一些病虫在病残枝、叶、树干上越冬。这一时期的病虫防治工作有3个：一是剪除、摘掉树上的病枝、僵果，扫除落叶，刮除树干和主枝基部的粗皮，并集中烧毁（图3-106）；二是翻耕土壤，特别是树干周围要深挖、暴晒（图3-107）；三是药剂涂刷树干，进行树体消毒，可以用涂白剂（图3-108）（见苹果病虫休眠期防治方法），也可以喷洒波美5度石硫合剂。冬季修剪时，最好在刀口处涂抹消毒剂，可以用0.1%升汞水、波尔多液等。

3月上中旬，气温回升变暖，病虫开始活动，这时期桃树尚未发芽，可喷施一次广谱性铲除剂，一般效果较好，可以铲除越冬病原菌和一些蚜虫、螨类、食心虫等害虫和害螨。药剂有波美3～5波美度石硫合剂或65%五氯酚钠粉剂200倍液、50%硫悬浮剂200倍液、4%～5%柴油乳油，进行全树喷淋，对树基部及基部周围土壤也要喷施。桃树发芽较早，为防止冻害，可以在上述药液中混加黄腐酸盐1 000倍液。

图3-105　桃树休眠期

图3-106　桃园清理

图3-107　桃园翻耕

图3-108　桃树树干涂白防治越冬病虫

3．花期病虫害防治技术

3月下旬到4月上旬，华北地区多部分品种的桃树进入开花期（图3-109）。由于花粉、花蕊对很多药剂敏感，一般不适合喷洒化学农药。但这一时期是疏花、保花、疏果、定果的重要时期，要根据花量、树体长势、营养状况，确定疏花定果措施，保证果树丰产与稳产。

（1）疏花措施　桃的花芽多且许多品种座果结实率高，特别是成年树座果极易超越负载量。结果过多必然产生大量小果，降低果实品质和果实利用率，应注意及时疏花、疏果，一般在盛花期后疏花效果最好。在盛花后10天以内，喷施萘乙酸20、40、60mg/kg3个浓度，疏花率分别为26.6%、30.1%和58.4%；在盛花后2周喷萘乙酸20、40、60mg/kg3个浓度，疏花率分别为20.8%、23.6%和35.7%。

（2）保花保果措施　由于桃树开花较早，在生产中常因为阴雨、大风、寒冷天气而影响正常的开花与授粉；或由于去年花芽形成时受到某些因素的影响，花芽较少。一般要采取措施，提高授粉率，减少落花，从而保证高产与稳产。同时，花期采取措施保花最为简捷有效。因为桃树落花后，花后3~4周和5月下旬的3个落果期，导致落果的原因多数是末被授粉或受精胚发育停止。所以，该期施用激素、微肥，促进开花授粉，是保花保果的关键时期。根据开花情况、天气情况，一般可在花期人工放蜂，盛花期喷布0.3%~0.5%硼砂溶液+0.3%尿素溶液，或0.3%~0.5%硼砂溶液+0.1%砂糖溶液，在中心花开放6%~7%时喷洒一次，可以起到保花效果，并能促使花粉萌发、防治桃缩果病。另外，于花期到幼果期喷洒2,4-滴20mg/kg、三十烷醇1~2mg/kg、赤霉素20~50mg/kg，可以提高花粉萌发率，促进座果。也可以在花期配合喷施丰产素3 000倍液或爱多收3 000倍液等。

图3-109　桃树开花期

4．落花至展叶期病虫害防治技术

　　4月中下旬，桃花相继败落（图3-110），幼果将开始生长，树叶也开始长大。桃细菌性穿孔病、桃缩叶病、桃树流胶病、桃树腐烂病、蚜虫开始发生为害，桃褐腐病、炭疽病、疮痂病等开始侵染，叶螨也开始活动，生产上应以刮治流胶病，防治缩叶病、蚜虫为主，考虑兼治其他病虫害。

图3-110　桃树落花至展叶期

防治桃树流胶病，可以刮除病斑、胶块，而后用抗菌剂80%乙蒜素乳油100倍液、50%硫悬浮剂250g混合，涂刷病斑，以杀灭越冬病菌。

防治缩叶病、流胶病等病害的发生与侵染，又要减少药剂对幼果的影响，可以使用50%多菌灵可湿性粉剂1 000～2 000倍液+70%代森锰锌可湿性粉剂800～1 000倍液、70%甲基硫菌灵可湿性粉剂1 000～1 500倍液+75%百菌清可湿性粉剂1 000～1 500倍液、50%苯菌灵可湿性粉剂1 500～2 500倍液+65%代森锌可湿性粉剂600～1 000倍液，最好混合加入0.3%～0.5%硼砂、0.1%～0.5%尿素、0.1%硫酸锌等微肥和赤霉素20～50mg/kg、1.8%爱多收水剂2 000倍液等激素物质。

防治蚜虫可用50%辛·氰乳油1 000～2 000倍液、25%氧乐氰乳油1 000～1 500倍液、21%灭杀毙乳油1 000～2 000倍液喷雾。

5．幼果期病虫害防治技术

5月上中旬，新梢生长旺盛，果实开始生长（图3-111）。该期蚜虫一般发生严重，桃缩叶病、褐腐病、流胶病发生较重，桃红颈天牛、桑白蚧壳虫、叶螨、茶翅蝽、炭疽病、细菌性穿孔病也开始发生，食心虫第1代幼虫开始蛀食嫩梢。应注意虫情，合理混用下述农药。

图3-111　桃树幼果期

防治该期病害可用50%多菌灵可湿性粉剂800～1 200倍液+70%代森锰锌可湿性粉剂800倍液、70%甲基硫菌灵可湿性粉剂1 000～1 500倍液+65%代森锌可湿性粉剂600～800倍液、20%井冈霉素可溶性粉剂1 000～2 000倍液、50%乙烯菌核利可湿性粉剂1 000～2 000倍液+45%代森铵可湿性粉剂600～800倍液、50%苯菌灵可湿性粉剂1 000～1 500倍液喷雾。并注意轮换使用35%胶悬铜悬浮剂300～500倍液、14%络氨铜水剂300～500倍液。

杀虫剂，应以防治蚜虫、食心虫为主，兼治叶螨，并注意杀卵效果。可用20%甲氰菊酯乳油、25%水双氰乳油1 000～2 000倍液、50%辛硫磷乳油1 000～2 000倍液、21%灭杀毙乳油1 000～ 2 000倍液等喷雾。该期可喷施20%多效唑可湿性粉剂，以1 000～1 500mg/kg为宜，可以抑制新梢生长，增大桃的单果重量。

6．果实膨大期病虫害防治技术

5月下旬到6月中旬，大多数品种果实迅速生长膨大（图3-112）。该期叶螨、食心虫是主要害虫，病害以褐腐病、疮痂病、桃树缩叶病较重，生产管理上应注意调查，及时防治。

该期一般温暖、干旱，应注意防治山楂红蜘蛛，注意观察桃蛀螟和梨小食心虫的产卵、幼虫发生情况，适时防治。施药时应注意二者的结合，可用50%辛硫磷乳油1 000～2 000倍液、50%水胺硫磷乳油2 000～3 000倍液+20%甲氰菊酯乳油3 000～4 000倍液、25%水双氰乳油1 000～2 000倍液等喷雾。如有红蜘蛛发生，早期可用73%炔螨特乳油1 500～2 500倍液+25%联苯菊酯乳油3 000～4 000倍液等喷雾。杀菌剂可以参考前期用药。

图3-112　桃果膨大期

7．成熟期病虫害防治技术

6月中下旬以后，桃开始成熟采摘（图3-113）。这时多高温、多雨，桃褐腐病、炭疽病发生严重，桃小食心虫对中晚熟品种为害严重，应注意适时防治，同时还要兼治桃疮痂病、细菌性穿孔病等病害。

杀虫剂主要在食心虫的卵期、初孵幼虫期喷施，药剂有50%辛·氰乳油1 500～2 500倍液、25%水双氰乳油1 000～2 000倍液。如果山楂叶螨发生较重，可喷洒27.5%尼索螨醇乳油1 000～2 000倍液、5%噻螨酮乳油2 500倍液、5%喹硫磷乳油1 500倍液+20%三氯杀螨醇乳油500～800倍液等。该期在虫螨防治时，必须兼顾考虑。

杀菌剂使用上，应以防治炭疽病、褐腐病为主，可喷洒50%多菌灵可湿性粉剂800～1 000倍液+70%代森锰锌可湿性粉剂600～1 000倍液、50%苯菌灵可湿性粉剂1 500～2 000倍液+40%乙膦铝可湿性粉剂400～600倍液、70%甲基硫菌灵可湿性粉剂1 000倍液+10%双效灵水剂400倍液。

图3-113 桃果成熟期

8. 营养恢复期病虫害防治技术

7月以后，桃相继成熟、采摘，这时树势较弱，开始进入营养恢复期（图3-114）。这期间桃穿孔病等较重，导致大量落叶，有时还有叶螨发生，树流胶病发生严重，一般要持续到8月份。这期间除应不断使用保护剂1：1：160～200倍波尔多液，还应注意及时喷药治疗，可用50%多菌灵可湿性粉剂1 500～2 500倍液+50%乙霉威可湿性粉剂1 500～2 500倍液、50%多菌灵可湿性粉剂800～1 500倍液、15%三唑酮可湿性粉剂1 000～1 500倍液、12.5%烯唑醇可湿性粉剂1 500～2 000倍液等。

图3-114 桃树营养恢复期

第四章 葡萄病虫害原色图解

一、葡萄病害

葡萄是一种色艳味美且富有营养的水果，葡萄适应性很强，我国广大地区均可种植。我国已报道的葡萄病害有40多种，其中霜霉病、黑痘病、白腐病、炭疽病、灰霉病等是葡萄生产上的主要病害。

1. 葡萄霜霉病

分布为害 葡萄霜霉病在世界各葡萄产区均有发生。我国沿海、长江流域及黄河流域，此病广泛流行（图4-1）。

图4-1 葡萄霜霉病为害叶片症状

症　　状 主要为害叶片，也为害新梢、叶柄、卷须、幼果、果梗及花序等幼嫩部分。叶片受害，初期在叶片正面产生半透明油渍状的淡黄色小斑点，边缘不明显；随后渐渐变成淡绿色至黄褐色的多角形大斑，后变黄枯死。在潮湿的条件下，叶片背面形成白色的霜霉状物（图4-2至图4-5）。新梢、叶柄及卷须受害产生水浸状、略凹陷的褐色病斑，潮湿时产生白色霜霉状物。幼果从果梗开始发病，受害幼果呈灰色，果面布满白色霉层（图4-6）。

图4-2 葡萄霜霉病为害叶片初期症状

图4-3　葡萄霜霉病为害叶片中期症状

图4-4　葡萄霜霉病为害叶片后期症状

图4-5　葡萄霜霉病为害叶片末期症状

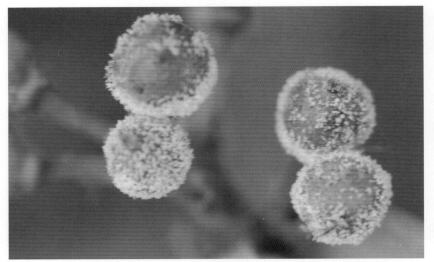

图4-6 葡萄霜霉病为害幼果症状

病　　原　*Plasmopara viticola* 称葡萄单轴霉，属鞭毛菌亚门真菌（图4-7）。菌丝管状。孢子囊椭圆形，透明，着生在树枝状的孢囊梗上。孢囊梗一般4～6枝，呈束状，无色，单轴分枝3～6次，分枝处呈直角，分枝末有2～3个短的小梗，圆锥状，末端钝，孢子囊即着生在小梗上。每个孢子囊产生4～8个游动孢子，有双鞭毛，能游动。游动孢子为单细胞，呈肾形。

发生规律　病菌以卵孢子在病组织中越冬，或随病叶遗留在土壤中越冬。越冬后的卵孢子，降雨量达10mm以上，土温15℃左右时即可萌发，产生芽孢囊，再由芽孢囊产生游动孢子，借风雨传播到寄主叶片上，通过气孔侵入。病菌侵入寄主后，经过一定的潜育期，即产生游动孢子囊，游动孢子囊萌发产生游动孢子，进行再侵染。在整个生长季节可以进行多次再侵染（图4-8）。

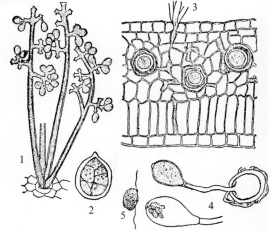

图4-7 葡萄霜霉病病菌

1.分生孢子梗和分生孢子　2.分生孢子
3.被害组织中卵孢子　4.卵孢子萌发
5.游动孢子

在长江以南地区，全年有2～3次发病高峰，第一次在梅雨季节，第二次在8月中下旬。个别年份在9月中旬至10月上旬还会出现一次高峰。浙江杭州一般在9月上旬开始发病，10月上旬为发病盛期。沈阳地区一般 7～8月开始发病，9～10月为发病盛期。葡萄霜霉病的流行与天气条件有密切关系，多雨、多雾露、潮湿、冷凉的天气利于霜霉病的发生。果园地势低洼，栽植过密，栅架过低，荫蔽，通风透光不良，偏施氮肥，树势衰弱等均有利于发病。

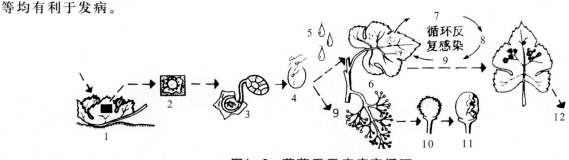

图4-8 葡萄霜霉病病害循环

1.病叶中的病原菌　2.卵孢子　3.萌发形成芽孢囊　4.释放游动孢子　5.雨水
6.幼嫩组织被侵染　7.形成子实体　8.形成孢子囊　9.游动孢子　10.灰霉果
11.果实腐烂　12.病叶脱落

防治方法　结合冬季修剪进行彻底清园，剪除病、弱枝梢，清扫枯枝落叶，集中烧毁；秋冬季深翻耕，雨后及时排出积水。

葡萄发芽前，可在植株和附近地面喷1次3～5波美度的石硫合剂，以杀灭菌源，减少初侵染。

从6月上旬坐果初期开始，喷施75%百菌清可湿性粉剂600～800倍液、80%代森锰锌可湿性粉剂600～800倍液、70%丙森锌可湿性粉剂400～600倍液、56%氧化亚铜悬浮剂800～1 000倍液、77%氢氧化铜可湿性粉剂600～700倍液、50%克菌丹可湿性粉剂400～500倍液、50%灭菌丹可湿性粉剂200～400倍液等药剂预防。

在病害发生初期（图4-9），可用1.5%多抗霉素可湿性粉剂200～500倍液、68.75%恶唑·锰锌可分散粒剂800～1 200倍液、60%唑醚·代森联水分散粒剂1 000～2 000倍液、66.8%丙森·缬霉威可湿性粉剂700～1 000倍液、50%嘧菌酯水分散粒剂5 000～7 000倍液、58%甲霜·锰锌可湿性粉剂300～400倍液、40%克菌·戊唑醇悬浮剂1 000～1 500倍液，喷雾时要注意叶片正面和背面都要喷洒均匀。

病害发生中期，可用50%甲呋酰胺可湿性粉剂800～1 000倍液、25%甲霜灵可湿性粉剂500～800倍液、20%唑菌胺酯水分散性粒剂1 000～2 000倍液、25%烯肟菌酯乳油2 000～3 000倍液、10%氰霜唑悬浮剂2 000～2 500倍液、12.5%噻唑菌胺可湿性粉剂1 000倍液、25%甲霜·霜霉威可湿性粉剂600～800倍液、50%烯酰吗啉可湿性粉剂1 000～1 800倍液、25%双炔酰菌胺悬浮剂1 500～2 000倍液、25%烯肟·霜脲氰可湿性粉剂2 250～4 500倍液、

图4-9　葡萄霜霉病为害初期田间症状

50%烯酰吗啉可湿性粉剂800～1 800倍液，为防止病菌产生抗药性，杀菌剂应交替使用。

2. 葡萄黑痘病

分布为害　葡萄黑痘病是葡萄重要病害之一。此病分布广，发生普遍，我国所有的葡萄产区几乎均有发生。以北方沿海和春夏多雨潮湿的长江流域及黄河故道地区发生最为严重（图4-10、图4-11）。

图4-10　葡萄黑痘病为害叶片症状

图4-11 葡萄黑痘病为害果实症状

症　状　主要为害叶片、新梢、叶柄、果柄和果实。嫩叶发病初期，叶面出现红褐色斑点，周围有褪绿晕圈，逐渐形成圆形或不规则形病斑，病斑中部凹陷，呈灰白色，边缘呈暗紫色，后期常干裂穿孔（图4-12至图4-14）。新梢、叶柄、果柄发病形成长圆形褐色病斑，后期病斑中间凹陷开裂，呈灰黑色，边缘紫褐，数斑融合，常使新梢上段枯死（图4-15至4-19）。幼果发病，果面出现深褐色斑点，渐形成圆形病斑，四周紫褐色，中部灰白色，形如鸟眼（图4-20）。

图4-12　葡萄黑痘病为害叶片初期症状

图4-13 葡萄黑痘病为害叶片中期症状

图4-14 葡萄黑痘病为害叶片后期症状

图4-15 葡萄黑痘病为害叶柄症状

图4-16 葡萄黑痘病为害新梢初期症状

图4-17 葡萄黑痘病为害新梢后期症状

图4-18 葡萄黑痘病为害茎蔓症状

图4-19 葡萄黑痘病为害果柄症状 　　　　　图4-20 葡萄黑痘病为害果实症状

病　　原　　有性世代为痂囊腔菌*Elsinoe ampelina*，属子囊菌亚门真菌。无性世代为葡萄痂圆孢*Sphaceloma ampelinum*，属半知菌亚门真菌（图4-21）。分生孢子盘黑色，半埋生于寄主组织中。产孢细胞圆筒形，短小密集，无色、单胞。分生孢子无色、单胞，卵形或长圆形，稍弯，中部缢缩。

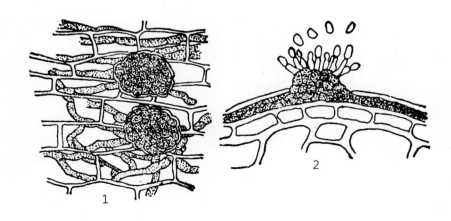

图4-21 葡萄黑痘病病菌
1.菌丝及菌丝层　2.分生孢子及分生孢子盘

发生规律　以菌丝体或分生孢子盘、分生孢子在病枝梢、叶痕或病残组织上越冬，次年春季气温升高，葡萄开始萌芽展叶时，产生新的分生孢子，借风雨传播（图4-22）。一般在3月下旬至4月上中旬，葡萄开始萌动、展叶、开花，病菌即可开始初侵染，6月中下旬以后，气温升高，如有较多的降雨，植株可受到严重为害，此时是盛发高峰期。秋季又有一次生长旺季，大量抽出新的枝梢，黑痘病又出现一个发病高峰期。

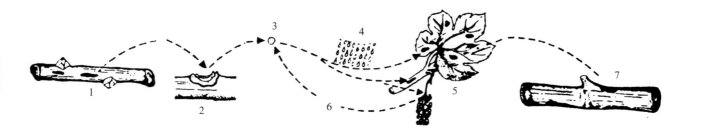

图4-22 葡萄黑痘病病害循环
1.病菌在枝条上越冬　2.病菌萌发　3.分生孢子　4.雨水
5.侵染幼嫩组织　6.重复侵染　7.枝条上的病菌

防治方法　合理施肥，不偏施氮肥。结合夏季修剪，及时绑蔓，去除副梢、卷须和过密的叶片。及时清除地面杂草和杂物，保持地面清洁。适当疏花疏果，控制果实负载量。

葡萄芽鳞膨大，但尚未出现绿色组织时，喷布铲除剂，如3～5波美度的石硫合剂、80%五氯酚钠原粉稀释200～300倍液、10%硫酸亚铁加1%粗硫酸。

葡萄开花前，可用50%多菌灵可湿性粉剂1 000倍液、65%代森锌可湿性粉剂500～600倍液、86.2%氢氧化铜悬浮剂1 000～1 400倍液、70%代森锰锌可湿性粉剂600～800倍液等药剂喷施。

葡萄开花后病害发生初期，可喷施70%甲基硫菌灵可湿性粉剂800～1 000倍液、3%中生菌素可湿性粉剂600～800倍液、25%嘧菌酯悬浮剂800～1 250倍液、32.5%锰锌·烯唑醇可湿性粉剂400～600倍液、5%亚胺唑可湿性粉剂600～800倍液、25%戊唑醇水乳剂1 000～2 000倍液等。

在病害发生中期，可用40%氟硅唑乳油8 000～10 000倍液、50%咪鲜胺锰盐可湿性粉剂1 500～2 000倍液、40%噻菌灵可湿性粉剂1 000～1 500倍液、25%咪鲜胺乳油500～1 000倍液、50%腐霉利可湿性粉剂800～1 000倍液等药剂。若遇下雨，要及时补喷。控制了春季发病高峰后，还应注意控制秋季发病高峰。

3. 葡萄白腐病

分布为害　葡萄白腐病是葡萄重要病害之一。主要发生在我国东北、华北、西北和华东北部地区。

症　　状　主要为害果穗、穗轴、果粒、枝蔓和叶片。果穗受害，多发生在果实着色期，先从近地面的果穗尖端开始发病，在穗轴和果梗上产生淡褐色、水渍状、边缘不明显的病斑，进而病部皮层腐烂，手捻极易与木质部分离脱落，并有土腥味。果粒受害，多从果柄处开始，而后迅速蔓延到果粒，使整个果粒呈淡褐色软腐，严重时全穗腐烂，病果极易受震脱落，重病园地面落满一层，这是白腐病发生的最大特点（图4-23）。枝蔓多在有机械伤或接近地面的部位发病，最初出现水浸状、红褐色、边缘深褐色病斑，以后逐渐扩展成沿纵轴方向发展的长条形病斑，色泽也由浅褐色变为黑褐色，病部稍凹陷，病斑表面密生灰色小粒点（图4-24）。叶片受害，先从植株下部近地面的叶片开始，多在叶尖、叶缘或有损伤的部位形成淡褐色、水渍状、近圆形或不规则形的病斑，并略具同心轮纹，其上散生灰白色至灰黑色小粒点，且以叶脉两边居多，后期病斑干枯易破裂（图4-25）。

图4-23　葡萄白腐病为害果穗症状

图4-24　葡萄白腐病为害枝蔓症状

图4-25　葡萄白腐病为害叶片症状

病　原　白腐盾壳霉*Conioth-yrium diplodiella*，属半知菌亚门真菌（图4-26）。分生孢子器球形，灰褐至暗褐色，底部壳壁突起呈丘状；分生孢子梗单胞，不分支。分生孢子初无色，后渐变为暗褐色，单胞，卵圆形至梨形。

发生规律　以分生孢子器和菌丝体随病残组织在地表和土中越冬，也能在枝蔓病组织上越冬。分生孢子靠雨水溅散传播，经伤口或皮孔侵入而形成初次侵染。高温高湿的气候条件，是病害发生和流行

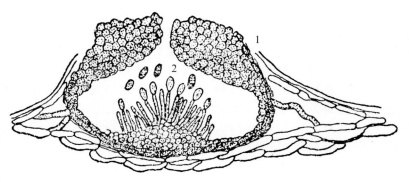

图4-26　葡萄白腐病病菌
1.分生孢子器　2.分生孢子

的主要因素。6~8月一般高温多雨，适宜病害的发生。幼果期开始发病，着色期及成熟期感病较多。

防治方法　生长季节摘除病果、病蔓、病叶，冬剪时把病组织剪除干净。尽量减少不必要的伤口，增施有机肥料，合理调节负载量，注意雨后及时排水，降低田间湿度，花后对果穗进行套袋，以保护果实。

对重病果园要在发病前用50%福美双可湿性粉剂1份、硫磺粉1份、碳酸钙1份混匀后撒在葡萄园地面上，每亩撒1~2kg，可减轻发病为害。

在葡萄发芽前，喷施一次3~5度波美度石硫合剂、50%硫悬浮剂200倍液、50%克菌丹可湿性粉剂200倍液，对越冬菌源有较好的铲除效果。

生长季节，6月下旬开花后，病害发生前期，可用75%百菌清可湿性粉剂700~800倍液、80%代森锰锌可湿性粉剂600~800倍液、78%科博（代森锰锌·波尔多液）可湿性粉剂400~600倍液、65%代森锌可湿性粉剂600~800倍液、70%甲基硫菌灵可湿性粉剂800倍液、25%嘧菌酯悬浮剂800~1 250倍液等药剂预防。

病害发生初期，可用25%戊唑醇水乳剂2 000~3 000倍液、25%嘧菌酯悬浮剂800~1 250倍液、35%丙唑·多菌灵悬浮剂1 400~2 000倍液、40%氟硅唑乳油8 000~10 000倍液、30%戊唑·多菌灵悬浮剂800~1 200倍液、40%克菌·戊唑醇悬浮剂1 000~1 500倍液、10%戊菌唑乳油2 500~5 000倍液、10%苯醚甲环唑水分散粒剂2 500~3 000倍液等药剂均匀喷施，间隔10~15天再喷1次，多雨季节防治3~4次。

4. 葡萄炭疽病

分布为害　葡萄炭疽病是葡萄近成熟期引起果实腐烂的重要病害之一。我国各葡萄产区均有分布，长江流域及黄河故道各省、市普遍发生，南方高温多雨的地区发生最普遍。

症　　状　主要为害果粒，造成果粒腐烂。果实着色后、近成熟期显现症状，果面出现淡褐或紫色斑点，水渍状，圆形或不规则形，渐扩大，变褐至黑褐色，腐烂凹陷。天气潮湿时，病斑表面涌出粉红色黏稠点状物，呈同心轮纹状排列。病斑可蔓延到半个至整个果粒，腐烂果粒易脱落（图4-27,图4-28）。

图4-27　葡萄炭疽病为害幼果症状

图4-28　葡萄炭疽病为害成熟果症状

病　　原　*Colletotrichum gloeosporioides* 胶孢炭疽菌，属半知菌亚门真菌（图4-29）。分生孢子盘黑色。分生孢子梗无色、单胞，圆筒形或棍棒形。分生孢子无色、单胞，圆筒形或椭圆形。

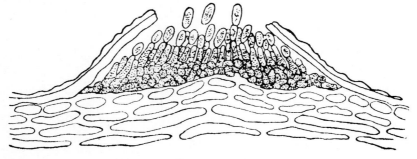

图4-29　葡萄炭疽病病菌分生孢子盘和分生孢子

发生规律　病菌主要以菌丝潜伏在一年生枝蔓表层组织和叶痕等部位越冬。残留在架面的病枝、病果也是重要的侵染源。第二年春季，越冬病菌产生分生孢子，随风雨、昆虫传播到寄主体，发生初侵染。在南方，花期遇连续降雨潮湿天气，花穗遭受侵染。从幼果期开始侵染，至果实着色近成熟时发病。在果实近成熟期高温、多雨、湿度高的地区，果穗发病严重。广东地区，3月中下旬至4月上中旬，是炭疽病病菌侵染花穗引起花腐的时期，而5月下旬至6月中下旬，雨水较多，温度较高，抗性开始降低，田间陆续发病，一直延续到果实采收完。四川地区5月上中旬开始发病，7月上旬至8月中旬为发病高峰期。华东地区，如上海，炭疽病于6月上旬初见于叶片发病，果实的发病盛期，早熟品种为6月下旬至7月上旬，晚熟品种为7月下旬至8月上旬。

防治方法　结合修剪清除留在植株上的副梢、穗梗、僵果、卷须等，并把落于地面的果穗、残蔓、枯叶等彻底清除。及时摘心、绑蔓，使果园通风透光良好。注意合理施肥，雨后要搞好果园的排水工作，防止园内积水。

春季幼芽萌动前喷布3～5度波美度石硫合剂加0.5%五氯酚钠。

在葡萄发芽前后，可喷施1∶0.7∶200倍波尔多液、80%代森锰锌可湿性粉剂800倍液、波美3度石硫合剂+200倍五氯酚钠。

葡萄落花期，病害发生前期，可喷施50%多菌灵可湿性粉剂600～800倍液、80%代森锰锌可湿性粉剂600～800倍液、70%丙森锌可湿性粉剂600～800倍液等药剂。

6月中旬葡萄幼果期是防治的关键时期，可用2%嘧啶核苷类抗生素水剂200倍液、1%中生菌素水剂250~500倍液、35%丙唑·多菌灵悬浮剂1 400~2 000倍液、25%咪鲜胺乳油800~1 500倍液、40%腈菌唑可湿性粉剂4 000~6 000倍液、40%氟硅唑乳油8 000~10 000倍液、40%克菌·戊唑醇1 000~1 500倍液、50%醚菌酯干悬浮剂3 000~5 000倍液、10%苯醚甲环唑水分散粒剂2 000~3 000倍液、25%丙环唑乳油2 000~2 500倍液、50%咪鲜胺锰盐可湿性粉剂800~1 200倍液、43%戊唑醇悬浮剂2 000~2 500倍液、60%噻菌灵可湿性粉剂1 500~2 000倍液、5%已唑醇悬浮剂800~1 500倍液、40%腈菌唑水分散粒剂6 000~7 000倍液、6%氯苯嘧啶醇可湿性粉剂1 000~1 500倍液等药剂喷施，间隔10~15天连喷3~5次。

5. 葡萄灰霉病

　　分布为害　灰霉病是一种严重影响葡萄生长和贮藏的重要病害。目前，在河北、山东、辽宁、四川、上海等地发生严重。

　　症　　状　主要为害花序、幼果和已成熟的果实，有时亦为害新梢、叶片和果梗。花序受害，似热水烫状，后变暗褐色，病部组织软腐，表面密生灰霉，被害花序萎蔫，幼果极易脱落（图4-30）。新梢及叶片上产生淡褐色，不规则形的病斑，亦长出鼠灰色霉层（图4-31、图4-32）。花穗和刚落花后的小果穗易受侵染，发病初期被害部呈淡褐色水渍状，很快变暗褐色，整个果穗软腐（图4-33），潮湿时病穗上长出一层鼠灰色的霉层。成熟果实及果梗被害，果面出现褐色凹陷病斑，很快整个果实软腐，长出鼠灰色霉层，果梗变黑色，不久在病部长出黑色块状菌核（图4-34）。

图4-30　葡萄灰霉病为害花序症状

图4-31　葡萄灰霉病为害叶片症状

图4-32　葡萄灰霉病为害新梢症状

图4-33　葡萄灰霉病为害小果穗症状　　　　图4-34　葡萄灰霉病为害果实症状

病　　原　*Botrytis cinerea* 灰葡萄孢，属半知菌亚门真菌。分生孢子梗细长，灰黑色，呈不规则的树状分支。分生孢子单胞、无色，椭圆形或卵圆形。菌核褐色，形状不规则。

发生规律　以菌核、分生孢子和菌丝体随病残组织在土壤中越冬。翌春在条件适宜时，分生孢子通过气流传播到花穗上。初侵染发病后又长出大量新的分生孢子，又靠气流传播进行多次再侵染（图4-35）。该病有两个明显的发病期，第一次发病在5月中旬至6月上旬（开花前及幼果期）主要为害花及幼果，造成大量落花落果。第二次发病期在果实着色至成熟期。排水不良，土壤黏重，枝叶过密，通风透光不良均能促进发病。

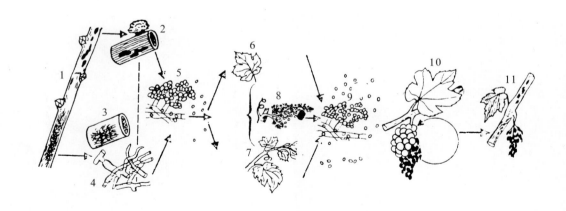

图4-35　葡萄灰霉病病害循环

1.病菌在枝条上越冬　2~3.病菌萌发　4.分生孢子梗　5.分生孢子　6.新叶　7.新梢　8.花序
9.分生孢子梗及分生孢子　10.重复侵染叶片和果实　11.病菌在枝条上越冬

防治方法　彻底清园，春季发病后，摘除病花穗。适当增施磷、钾肥，防止枝梢徒长，适当修剪，增加通风透光。

开花前喷1～2次药剂预防，喷洒1∶1∶200波尔多液、50%多菌灵可湿性粉剂500倍液、70%甲基硫菌灵可湿性粉剂800倍液等，有一定的预防效果。

4月上旬葡萄开花前，可喷施80%代森锰锌可湿性粉剂800倍液、50%多菌灵可湿性粉剂800～1 000倍液、65%代森锌可湿性粉剂500～600倍液等药剂预防。

在病害发生初期，可用40%嘧霉胺悬浮剂1 500～1 700倍液、30%爱苗（苯醚甲环唑·丙环唑）乳油5 000倍液、50%腐霉利可溶性粉剂1 000倍液、40%双胍辛胺可湿性粉剂1 000～2 000倍液、25%咪鲜胺乳油1 000倍液、60%噻菌灵可湿性粉剂500～600倍液、50%异菌脲可湿性粉剂1 000倍液、50%苯菌灵可湿性粉剂1 000倍液等药剂喷施，间隔10～15天喷1次，连续喷2～3次。

6．葡萄褐斑病

分布为害　葡萄褐斑病分布广泛，我国各葡萄产区均有发生和为害，以多雨潮湿的沿海和江南各省发病较多（图4-36、图4-37）。

图4-36　葡萄大褐斑病为害叶片症状

图4-37　葡萄小褐斑病为害叶片症状

症　状　仅为害叶片。病斑定形后，直径3～10mm 的称大褐斑病；直径2～3mm的称小褐斑病。大褐斑病：初期在叶片表面产生许多近圆形、多角形或不规则的褐色小斑点，以后病斑逐渐扩大。叶背面病斑周缘模糊，淡褐色，后期上生灰色或深褐色的霉状物。病害发展到一定程度时，病叶干枯破裂而早期脱落（图4-38，图4-39）。小褐斑病：病斑较小，近圆形或不规则形，大小一致，边缘深褐色，中部颜色稍浅，后期病斑背面长出一层较明显的黑色霉状物（图4-40）。

图4-38　葡萄大褐斑病为害叶片症状

图4-39　葡萄大褐斑病为害叶片田间症状

病　　原　大褐斑病病原*Psedoceroospora vitis*称葡萄假尾孢，属半知菌亚门真菌（图4-41）。子座小，球形。分生孢子梗紧密成束，孢梗束下部紧密，上部散开。分生孢子梗暗褐色，不分枝，多个隔膜，曲膝状，具齿突。分生孢子顶生，褐色至暗褐色，倒棍棒形，具喙，直立或稍弯曲。

图4-40　葡萄小褐斑病为害叶片症状

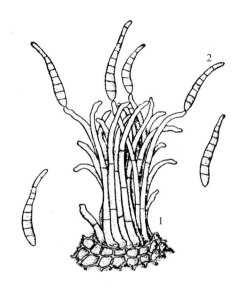

图4-41　葡萄大褐斑病病菌
1.孢梗束　2.分生孢子

小褐斑病病原*Cercospora rossleri*称座束梗尾孢，属半知菌亚门真菌（图4-42）。子座无色，半球形。分生孢子梗疏散不成束，暗褐色，直或稍弯曲，隔膜多，近顶端膝曲状，孢痕明显。分生孢子圆筒形或椭圆形，直或稍弯曲，暗褐色。

发生规律　病菌以病丝体和分生孢子在病叶上越冬。翌年春天，气温升高遇降雨或潮湿条件，越冬菌或孢梗束产生新的分生孢子，借气流或风雨传播到叶片上，由叶背气孔侵入。发病时期一般5～6月始，7～9月为盛期。降雨早而多的年份发病重，干旱年份发病晚而轻，壮树发病轻，弱树发病重。发病通常自下部叶片开始，逐渐向上蔓延，在高温、高湿条件下病害发生最盛。葡萄园管理粗放、不注意清园或肥料不足，树势衰弱易发病。果园地势低洼、潮湿、通风不良、挂果负荷过大发病重。

防治方法　秋后结合深耕要及时清扫落叶烧毁，改善通风透光条件；合理施肥，合理灌水，增强树势，提高抗病力。

春季萌芽后可喷施80%代森锰锌可湿性粉剂500～800倍液、50%多菌灵可湿性粉剂1 000倍液、75%百菌清可湿性粉剂800～1 000倍液、65%代森锌可湿性粉剂500～800倍液，减少越冬菌源。

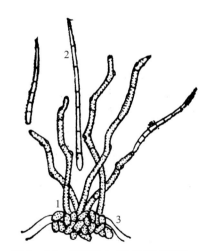

图4-42　葡萄小褐斑病病菌
1.分生孢子梗　2.分生孢子
3.寄生角质层

展叶后6月中旬，即发病初期（图4-43），可用53.8%氢氧化铜悬浮剂1 000~1 200倍液、10%苯醚甲环唑水分散粒剂3 000~5 000倍液、25%丙环唑乳油3 000~5 000倍液、5%已唑醇悬浮剂1 000~1 200倍液、50%异菌脲可湿性粉剂1 000~1500倍液、50%氯溴异氰脲酸可溶性粉剂1 500倍液、50%苯菌灵可湿性粉剂1 500~2 000倍液、50%嘧菌酯水分散粒剂5 000~7 000倍液、25%吡唑醚菌酯乳油1 000~3 000倍液、24%腈苯唑悬浮剂2 500~3 200倍液、40%腈菌唑水分散粒剂6 000~7 000倍液、1.5%多抗霉素可湿性粉剂200~300倍液等药剂喷施，间隔10~15天喷1次，连喷2~3次，防效显著。

图4-43 葡萄褐斑病为害叶片初期田间症状

7. 葡萄黑腐病

症　　状　主要为害果实、叶片、叶柄和新梢等部位。叶片染病叶脉间现红褐色近圆形小斑，病斑扩大后中央灰白色，外部褐色，边缘黑色（图4-44）。近成熟果实染病，初呈紫褐色小斑点，逐渐扩大，边缘褐色，中央灰白色略凹陷；病部继续扩大，导致果实软腐，干缩变为黑色或灰蓝色僵果（图4-45）。新梢染病出现深褐色椭圆形微凹陷斑。

图4-44 葡萄黑腐病为害叶片症状

图4-45　葡萄黑腐病为害果实症状

病　　原　有性阶段为*Guignardia bidwellii* 葡萄球座菌，属子囊菌亚门真菌。无性阶段为 *Phoma uvicola* 葡萄黑腐茎点霉，属半知菌亚门真菌（图4-46）。子囊壳黑色球形，顶端具扁平或乳状突开口，中部由拟薄壁组织组成。子囊棍棒形或圆筒状。子囊孢子透明，卵形或椭圆形，直或稍向一侧弯曲，一端圆无分隔。分生孢子器球形或扁球形，顶部孔口突出于寄主表皮外。分生孢子器壁较薄，暗褐色。分生孢子单胞、无色，椭圆形或卵圆形。

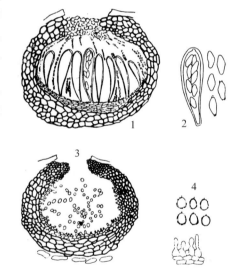

图4-46　葡萄黑腐病病菌
1.子囊壳　2.子囊和子囊孢子　3.分生孢子器　4.产孢细菌和分生孢子

发生规律　主要以分生孢子器、子囊壳或菌丝体在病果、病蔓、病叶等病残体上越冬，翌年春末气温升高，释放出分生孢子或子囊孢子，靠雨点溅散或昆虫及气流传播（图4-47）。高温、高湿利于该病发生。8～9月高温多雨适其流行。一般6月下旬至采收期都能发病，果实着色后，近成熟期更易发病。管理粗放，肥水不足，虫害发生多的葡萄园易发病。

防治方法　清除病残体，减少越冬菌源，翻耕果园土壤。发病季节及时摘除并销毁病果，剪除病枝梢，及时排水修剪，降低园内湿度，改善通风透光条件，加强肥水管理。果实进入着色期，套袋防病。

发芽前喷波美3～5度石硫合剂、45%晶体石硫合剂20～30倍液。

在开花前、谢花后和果实膨大期各喷1次，可用1：0.7：200倍式波尔多液、50%多菌灵可湿性粉剂600～800倍液、70%甲基硫菌灵超微可湿性粉剂1 000倍液、70%代森锰锌可湿性粉剂500倍液、75%百菌清可湿性粉剂600倍液、50%苯菌灵可湿性粉剂1 000倍液等。

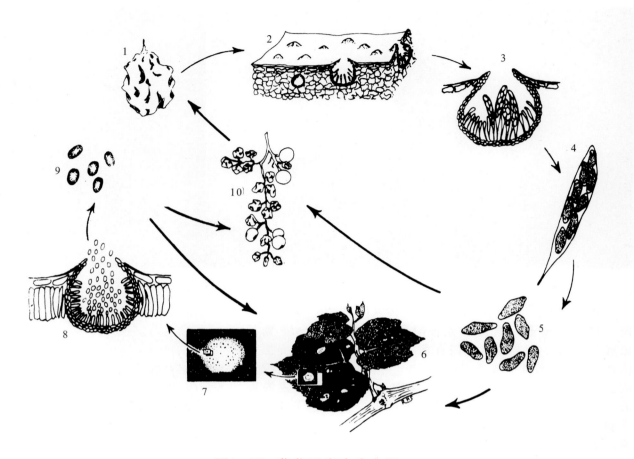

图4-47 葡萄黑腐病病害循环
1.病菌在地面和病残体上越冬　2.带子囊壳的僵果　3.子囊壳和子囊孢子　4.子囊
5.子囊孢子　6.侵染新梢和叶片　7.黑色子实体　8.分生孢子器和分生孢子
9.分生孢子　10.侵染果实

8. 葡萄房枯病

症　状　主要为害果梗、穗轴、叶片和果粒，初期小果梗基部呈深红黄色、边缘具褐色晕圈的病斑，病斑逐渐扩大，色泽变褐。当病斑绕梗一周时，小果梗干枯缢缩。穗轴发病初表现褐色病斑，逐渐扩大变黑色而干缩，其上长有小黑点。穗轴僵化后以下的果粒全部变为黑色僵果，挂在蔓上不易脱落。叶片发病初为圆形褐色斑点，逐渐扩大变成中央灰白色，外部褐色，边缘黑色的病斑。果粒发病最初由果蒂部分失水萎蔫，出现不规则的褐色斑，逐渐扩大到全果，变紫变黑，干缩成僵果，果梗、穗轴褐变、干燥枯死，长时间残留树上，是房枯病的主要特征（图4-48）。

病　原　有性世代*Physalospora baccae*称葡萄囊孢壳菌，属子囊菌亚门真菌。无性世代*Macrophoma faocida*称葡萄房枯大茎点霉，属半知菌亚门真菌（图4-49）。子囊壳扁球形，黑褐色。子囊无色，圆柱形。子囊孢子无色，单胞，椭圆形。分生孢子器椭圆形，暗褐色。分生孢子梗短小，圆筒状，单胞，无色。分生孢子椭圆形，单胞、无色。

发生规律　病菌以分生孢子器、子囊壳、菌丝等在病果或病枝叶上越冬。翌年5~6月释放出分生孢子或子囊孢子，靠风雨传播侵染，多雨高温最易发病。一般年份6~7月开始发病，近成熟时发病最重。植株营养不良及结果过多，土壤过湿等均易发病；管理粗放，植株生长势弱、郁闭潮湿的葡萄园发病重。

图4-48　葡萄房枯病为害果穗症状

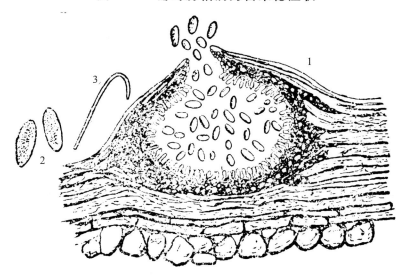

图4-49　葡萄房枯病病菌
1.分生孢子器　2.分生孢子　3.侧丝

防治方法　秋季要彻底清除病枝、叶、果等，注意排水，及时剪副梢，改善通风透光条件，降低湿度。增施有机肥，多施磷、钾肥，培育壮树，提高抗病能力。

葡萄上架前喷洒3~5度石硫合剂、75%百菌清可湿性粉剂1 000倍液、50%多菌灵可湿性粉剂800~1 000倍液、70%代森锰锌可湿性粉剂600~800倍液，减少越冬病源。

展叶后果穗形成期开始喷药，可喷施70%代森锰锌可湿性粉剂800倍液+70%甲基硫菌灵可湿性粉剂500~600倍液、50%福美双可湿性粉剂1 000~1 500倍液+50%多菌灵可湿性粉剂500~600倍液、80%炭疽福美（福美双·福美锌）可湿性粉剂1 500~2 000倍液+50%苯菌灵可湿性粉剂800倍液等药剂。

9．葡萄白粉病

症　　状　为害叶片、枝梢及果实等部位，叶片受害，在叶正面产生不规则形大小不等的褪绿色或黄色小斑块，病斑正反面均可见覆有一层白色粉状物（图4-50），严重时白粉状物布满全叶，叶面不平，逐渐卷缩枯萎脱落。新梢、果梗及穗轴受害时，初期表面首先出现不规则斑块并覆有白色粉状物，可使穗轴、果梗变脆，枝梢生长受阻。幼果受害时先出现褪绿斑块，果面出现星芒状花纹，其上覆盖一层白粉状物（图4-51），病果停止生长或畸形，果内味酸。

图4-50　葡萄白粉病为害叶片症状

图4-51　葡萄白粉病为害果实症状

病　　原　葡萄钩丝壳菌*Uncinula necator*，属子囊菌亚门真菌（图4-52）。菌丝蔓延在寄主表皮外，白色。分生孢子念珠状串生，单胞，椭圆形或卵圆形。子囊壳圆球形，黑褐色，外有钩针状附属丝，子囊壳内有多个椭圆形的子囊，子囊内有4~6个子囊孢子，子囊孢子单胞。

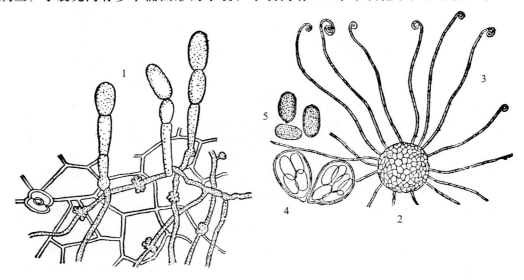

图4-52　葡萄白粉病病菌
1.分生孢子　2.子囊壳　3.附属丝　4.闭囊　5.子囊孢子

　　发生规律　以菌丝体在被害组织内或芽鳞间越冬，翌年在适宜的环境条件下产生分生孢子，通过气流传播进行初侵染，初侵染发病后只要条件适宜，可产生大量分生孢子不断进行再侵染（图4-53）。一般于5月下旬至6月上旬开始发病，6月中下旬至7月下旬为发病盛期。

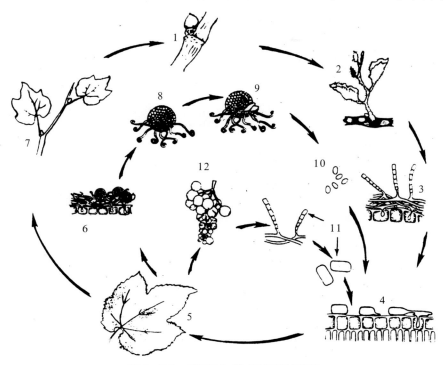

图4-53　葡萄白粉病病害循环

　　1.病菌越冬　2.病菌萌发侵染叶片　3.形成分生孢子　4.再侵染幼嫩组织　5.病菌在叶面上形成分生孢子　6.闭囊果在病叶上形成　7.幼芽被侵染　8.闭囊果　9.子囊和子囊孢子　10.子囊孢子　11.分生孢子　12.病菌侵染果穗

　　防治方法　秋后剪除病梢，清扫病叶、病果及其他病菌残体。注意开沟排水，增施有机肥料，提高抗病力；及时摘心绑蔓，剪除副梢及卷须，保持通风透光良好。

　　在葡萄发芽前喷一次波美3～5波美度石硫合剂，减少越冬菌源。

　　发芽后再喷一次，可用0.2～0.3波美度石硫合剂、75%百菌清可湿性粉剂600倍液、70%甲基硫菌灵可湿性粉剂800倍液等药剂预防。

　　开花前和幼果期各喷1次。可用15%三唑酮可湿性粉剂600倍液、40%氟硅唑乳油6 000～8 000倍液、12.5%烯唑醇可湿性粉剂1 000～2 000倍液、10%苯醚甲环唑水分散粒剂1 500～2 000倍液、5%己唑醇悬浮剂800～1 500倍液、5%亚胺唑可湿性粉剂600～700倍液、25%丙环唑乳油1 000倍液、25%咪鲜胺乳油500～1 000倍液、50%嘧菌酯水分散粒剂5 000～7 000倍液、20%唑菌胺酯水分散性粒剂1 000～2 000倍液、40%环唑醇悬浮剂7 000～10 000倍液、25%氟喹唑可湿性粉剂5 000～6 000倍液、30%氟菌唑可湿性粉剂2 000～3 000倍液、3%多氧霉素水剂400～600倍液等。

10. 葡萄穗轴褐枯病

　　症　　状　主要发生在幼穗的穗轴上，果粒发病较少，穗轴老化后不易发病。发病初期，幼果穗的分枝穗轴上产生褐色的水浸状小斑点，并迅速向四周扩展，使整个分枝穗轴变褐枯死，不久失水干枯，变为黑褐色，有时在病部表面产生黑色霉状物，果穗随之萎缩脱落（图4-54）。

　　病　　原　葡萄生链格孢*Alternaria viticola*，属半知菌亚门真菌。分生孢子梗丛生，直立，上端有时呈屈曲状，有分隔，褐色至暗褐色，梗顶端色较淡。分生孢子单生或串生，倒棍棒状，淡褐色至深褐色，砖格状分隔，喙较长。

图4-54　葡萄穗轴褐枯病为害穗轴症状

　　发生规律　以菌丝体或分生孢子在病残组织内越冬，也可在枝蔓表皮、芽鳞片间越冬。翌年开花前后形成分生孢子，借风雨传播，侵染幼嫩的穗轴组织，引起初侵染。春季开花前后，遇低温多雨天气，有利于病害发生。地势低洼、管理不善的果园以及老弱树发病重。

　　防治方法　清除病残组织，及时清除病穗，集中烧毁或带到棚外。控制氮肥用量，增施磷钾肥，同时搞好果园通风透光、排涝降湿等工作。

　　在葡萄发芽前，喷3波美度石硫合剂、50%硫悬浮剂50~100倍液。

　　于萌芽后4月下旬，开花前5月上旬，开花后5月下旬各喷1次。使用的药剂有80%代森锰锌可湿性粉剂800倍液、50%多菌灵可湿性粉剂800~1 000倍液、70%甲基硫菌灵可湿性粉剂1 000倍液、50%异菌脲可湿性粉剂1 000倍液、50%乙烯菌核利可湿性粉剂1 000倍液、40%醚菌酯悬浮剂800~1 000倍液等药剂。可杀菌保护花芽叶芽，防治花期及幼果期病害。

11. 葡萄蔓枯病

　　症　　状　主要为害蔓或新梢。蔓基部近地表处易染病，初病斑红褐色，略凹陷，后扩大成黑褐色大斑（图4-55）。秋天病蔓表皮纵裂为丝状，易折断。主蔓染病，病部以上枝蔓生长衰弱或枯死。叶色变黄，叶缘卷曲，新梢枯萎，叶脉、叶柄及卷须常生黑色条斑（图4-56）。

图4-55　葡萄蔓枯病为害枝蔓症状

图4-56 葡萄蔓枯病为害新梢症状

病 原 有性阶段为*Cryptosporella viticola*称葡萄生小隐孢壳菌，属子囊菌亚门真菌。无性阶段为*Phomopsis viticola*称葡萄拟茎点霉，属半知菌亚门真菌（图4-57）。分生孢子器黑褐色，烧瓶状，埋生在子座中，分生孢子有两型。Ⅰ型为长纺锤形至圆柱形，略弯曲，单胞、无色。Ⅱ型丝状，多呈钩形。

发生规律 以分生孢子器或菌丝体在病蔓上越冬，翌年5~6月释放分生孢子，借风雨传播，在具水滴或雨露条件下，分生孢子经4~8小时即可萌发，经伤口或由气孔侵入，引起发病。多雨或湿度大的地区、植株衰弱、冻害严重的葡萄园发病重。

防治方法 加强葡萄园管理，增施有机肥，疏松或改良土壤，雨后及时排水，注意防冻。

及时检查枝蔓，发现病部后，轻者用刀刮除病斑，重者剪掉或锯除，伤口用5波美度石硫合剂或45%晶体石硫合剂30倍液消毒。

在5~6月及时喷施10%苯醚甲环唑水分散粒剂2 000~3 000倍液、77%氢氧化铜可湿性微粒粉剂500倍液、50%琥胶肥酸铜可湿性粉剂500倍液、14%络氨铜水剂350倍液等药剂。

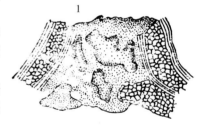

图4-57 葡萄蔓枯病病菌
1.分生孢子器 2.丝状分生孢子 3.长椭圆形分生孢子

12. 葡萄环纹叶枯病

症 状 主要为害叶片，病害初发时，叶片上出现黄褐色，圆形小病斑，周边黄色，中央深褐色，可见轻微环纹。病斑逐渐扩大后，同心轮纹较为明显。病斑在叶片中间或边缘均可发生，一般一片叶上同时出现多个病斑（图4-58）。天气干燥时，病斑扩展迅速，多呈灰绿色或灰褐色水浸状大斑，后期病斑中部长出灰色或灰白色霉状物，即病菌的分生孢子梗和分生孢子。病斑相连形成大型斑，严重时3~4天扩至全叶，致叶片早落。受害严重叶片叶脉边缘可见黑色菌核。

病 原 桑生冠毛菌*Cristulariella moricola*，属半知菌亚门真菌。分生孢子梗最初为针状芽体，后呈指状，直立，无色；成熟的分生孢子梗为尖塔状，白色，直立于病斑表面。分生孢子梗的上部生长球状芽体。小孢子柄瓶梗状或直管状，在其上产生小孢子，小孢子圆形，无色。菌核初白色，后转为黑色，颗粒状，形状不定。

发生规律 病菌一般以菌核和分生孢子在病组织内越冬，作为翌年病害的初侵染源。在早春气候适宜时形成分生孢子，借雨水传播，侵染幼嫩叶片。葡萄近收获期易感病。

图4-58 葡萄环纹叶枯病为害叶片症状

防治方法 葡萄收获后，清除葡萄园内枯枝落叶等病残体，集中销毁。注意修剪，保持通风透光良好，降低园内湿度。

发病初期，可结合白腐病和炭疽病等病害防治，也可在枝叶上喷施50%腐霉利可湿性粉剂2 000～2 500倍液、50%异菌脲可湿性粉剂1 000～1 500倍液、50%乙烯菌核利可湿性粉剂1 500倍液等均匀喷施，间隔10～15天喷1次，连喷3～4次，对病害有较好的防治效果。

13．葡萄扇叶病

症　　状 扇叶株系：主要症状为叶片变小。叶基部的裂刻扩展增大，呈平截状。叶片边缘的锯齿伸长，主脉聚缩，全叶呈现不对称等畸形。有些品种的叶片出现褪绿斑驳。新梢和叶柄有时变成扁平的带状，或在一个节上生出两个芽，节间缩短。黄色花叶株系：在新梢叶片上出现鲜明的黄色斑点，逐渐扩散成为黄绿相间的花斑叶。已黄化的叶片，秋季呈日烧状并发白，叶缘部分常变褐色。镶脉株系：镶脉症状多出现在夏季初期和中期。发病时，沿叶脉形成淡绿色或黄色带状斑纹，但叶片不变形（图4-59至图4-61）。

病　　原 Grapevine Fanleaf virus(GFLV)葡萄扇叶病病毒，属于线虫传多面体病毒属(Nepovirus)。目前已知有3个致毒株系，即扇叶株系(Fanleaf strain)、黄色花叶株系(Yellow mosaic strain)和镶脉株系(Veinbanding strain)。

发生规律 病毒存在于葡萄根、幼叶和果皮中，可由几种土壤线虫传播，通过嫁接亦能传毒。介体线虫的成虫和幼虫都可传毒，传毒与得毒时间相同。病毒和线虫间具有专化性。得毒时间相当短，在病株上饲食数分钟便能带毒。线虫的整个幼虫期都可带毒和传毒，但蜕皮后不带毒。葡萄扇叶病毒远距离传播主要由调运带毒苗木导致。其他线虫传播多角体病毒能通过各自的虫媒传给葡萄和杂草。

图4-59 葡萄扇叶病黄色花叶症状

图4-60　葡萄扇叶病镶脉症状

图4-61　葡萄扇叶病扇叶症状

防治方法　培育葡萄无病毒母本树，繁殖和栽培无病毒苗木。实行植物检疫，建立健全植物检疫制度，是防止葡萄扇叶病继续传播的一项重要措施。清除发病株，减少病毒源。定植前施足腐熟有机肥，生长期合理追肥，细致修剪、摘梢和绑蔓，增强树体抗病力。

土壤消毒：在扇叶病严重发生的地区或葡萄园，土壤中有传毒线虫存在，有必要对土壤进行消毒处理。可用溴甲烷30kg／亩，施用深度为50～75cm，间距为165cm，施后覆盖塑料薄膜；或用1，3-二氯丙烷，用量为93～155L／亩，施用深度75～90cm。

及时防治各种害虫，尤其是可能传毒的昆虫，如叶蝉、蚜虫等，可采用10%吡虫啉可湿性粉剂1 000～1 500倍液、50%抗蚜威可湿性粉剂1 500倍液防治，减少传播机会。

防治线虫，用5%克线磷颗粒剂100～400mg/kg(有效成分)，浸根5～30分钟，可杀灭线虫，防止传毒。

14. 葡萄轮斑病

症　状　主要为害叶片，初在叶面上现红褐色圆形或不规则形病斑，后扩大为圆形或近圆形，叶面具深浅相间的轮纹（图4-62），湿度大时，叶背面长有浅褐色霉层，即病菌分生孢子梗和分生孢子。

图4-62　葡萄轮斑病为害叶片症状

病　　原　葡萄生扁棒壳 *Acrospermun viticola*，属子囊菌亚门真菌。子囊长圆筒形，无色，无侧丝。8个子囊孢子并列于子囊内。子囊孢子线状，无性阶段产生菌丝，形成淡黄褐色的分生孢子梗，分生孢子梗具隔膜1~3个，顶端生稍膨大轴细胞1个。分生孢子椭圆形或圆筒形，具隔膜1~4个，淡黄色。

发生规律　病菌以子囊壳在落叶上越多，翌年夏天温度上升、湿度增高时散发出子囊孢子，经气流传播到叶片，从叶背气孔侵入，发病后产出分生孢子进行再侵染。高温高湿是该病发生和流行的重要条件，管理粗放、植株郁闭、通风透光差的葡萄园发病重。

防治方法　认真清洁田园，加强田间管理。

展叶后6月中旬，即发病初期，可用70%甲基硫菌灵可湿性粉剂800倍液、53.8%氢氧化铜悬浮剂1 000~1 200倍液、10%苯醚甲环唑水分散粒剂3 000~5 000倍液、25%丙环唑乳油3 000~5 000倍液、5%己唑醇悬浮剂1 000~1 200倍液、50%异菌脲可湿性粉剂1 000倍液、50%氯溴异氰脲酸可溶性粉剂1 500倍液等药剂喷施，间隔10~15天喷1次，连喷2~3次，防效显著。

15. 葡萄枝枯病

症　　状　主要为害枝条，严重时也可为害穗轴、果实和叶片。当年生枝条染病多见于叶痕处，病部呈暗褐色至黑色，向枝条深处扩展，直达髓部，致病枝枯死（图4-63）。邻近健组织仍可生长，则形成不规则瘤状物，染病枝条节间短缩，叶片变小。果实上的病斑暗褐色或黑褐色，圆形或不规则形（图4-64）。

图4-63　葡萄枝枯病为害枝蔓症状　　　图4-64　葡萄枝枯病为害果实症状

病　　原　葡萄生拟茎点菌 *Phomopsis viticda*，属半知菌亚门真菌。分生孢子器单腔，生于子座表面，子座不明显，分生孢子梗短小。分生孢子有椭圆形和丝状两种。

发生规律　以分生孢子器或菌丝体在病蔓上越冬，翌年5、6月间释放分生孢子，借风雨传播，在具水滴或雨露条件下，分生孢子经4~8小时即可萌发，经伤口或由气孔侵入，引起发病。潜育期30天左右，后经1~2年才显出症状，因此本病一经发生，常连续2~3年。多雨或湿度大的地区、植株衰弱、冻害严重的葡萄园发病重。

防治方法　加强葡萄园管理，增施有机肥，疏松或改良土壤，雨后及时排水，注意防冻。及时检查枝蔓，发现病部后，轻者用刀刮除病斑，重者剪掉或锯除，伤口用5波美度石硫合剂或45%晶体石硫合剂30倍液消毒。

可结合防治葡萄其他病害，在发芽前喷一次80%五氯酚钠200~300倍液+5波美度石硫合剂。

在5~6月及时喷施1:0.7:200倍式波尔多液、77%氢氧化铜可湿性微粒粉剂500倍液、50%琥胶肥酸铜可湿性粉剂500倍液、14%络氨铜水剂350倍液等药剂，间隔10~15天喷1次，连喷2~3次。

16. 葡萄果锈病

症　　状　葡萄果锈病主要发生在果实上，形成条状或不规则锈斑。锈斑只局限在果皮表面，为表皮细胞木栓化所形成，严重时果粒开裂，种子外露（图4-65）。

图4-65　葡萄果锈病为害果实症状

病　　原　葡萄果锈病由茶黄螨（*Polyphagotarsonemus latus*）为害所造成。

发生规律　茶黄螨以雌成螨在枝蔓缝隙内和土壤中越冬。葡萄上架发芽后逐渐开始活动，落花后转移到幼果上刺吸为害，使果皮产生木栓化愈伤组织，变色形成果锈。

防治方法　在葡萄萌芽前喷一次2～3波美度石硫合剂，杀灭越冬雌成螨。

在幼果发病初期喷杀螨剂可防治果锈，有效药剂为20%氰戊菊酯乳油2 000～2 500倍液、10%联苯菊酯乳油2 500～3 000倍液、73%克螨特乳油2 000倍液、1.8%阿维菌素乳油4 000～6 000倍液。

17. 葡萄煤污病

症　　状　煤污病虽然不会引起果粒的腐烂，但果粒长大开始变软时，果面出现小黑点，散生象蝇粪状（图4-66）。病果粒不腐败，但绿色果面有明显黑点，果粉消失，有损外观（图4-67）。新梢也长出小黑点。

图4-66　葡萄煤污病为害叶片症状

图4-67　葡萄煤污病为害果实症状

　　病　　　原　仁果细盾霉菌 *Leptothyrium pomi* ，属半知菌亚门真菌。分生孢子梗双胞，下部细胞暗褐色，圆筒形，螺旋状弯曲。上部细胞无色，在顶部通常有两个形成分生孢子的细胞。分生孢子着生处色泽较浓。分生孢子无色，平滑，双胞，隔膜处细。基部色深较平，即着生分生孢子形成细胞的部分。

　　发生规律　病原受害果粒、枝梢上的小黑点，是菌核似的菌丝体组织，但枝上菌丝体组织所形成的分生孢子是初侵染源。果粉为薄片结晶状物，菌丝分泌分解酶将果粉分解，菌丝体随即覆盖果面。随着果粉消失范围逐渐扩大，菌丝相继蔓延。气候不良，降雨天数多，葡萄园湿重时病害发生多。

　　防治方法　因地制宜采用抗病品种。秋后彻底清扫果园，烧毁或深埋落叶，减少越冬病源。生长期注意排水，适当增施有机肥，增强树势，提高植株抗病力，生长中后期摘除下部黄叶、病叶，以利通风透光，降低湿度。

　　发病初期，喷施50%氯溴异氰尿酸可溶性粉剂1 000~1 500倍液、30%碱式硫酸铜悬浮剂400~500倍液、70%代森锰锌可湿性粉剂500~600倍液、75%百菌清可湿性粉剂600~700倍液、36%甲基硫菌灵悬浮剂800~1 000倍液、50%多菌灵可湿性粉剂700~1 000倍液，每隔10~15天喷1次，连续防治3~4次。

18. 葡萄苦腐病

　　症　　　状　主要为害果实，严重时也可为害枝干。果实受害，从果梗侵袭果粒，浅色果粒发病后变褐色，常出现环纹排列的分生孢子盘，尤其在整个果粒发病以前，这种现象更为明显。蓝色果粒则表面粗糙，有小泡，这是分生孢子盘刚生长的状态，2~3天内，果粒软化，易脱落。有时果粒有苦味，苦腐病由此而得名。不脱落的果粒则继续变干，牢固的固着在穗上，苦味也不明显。发病重时，整个果穗皱缩、枯干（图4-68）。为害当年生枝蔓，发初期，使其基部第1、2节的表皮颜色逐

图4-68　葡萄苦腐病为害果粒症状

渐变为浅褐色，叶柄基部也逐渐变为灰褐色，后失水皱缩，逐渐下垂，萎蔫而枯干，不脱落。新梢受害基部逐渐变为灰白色，病部后期长出黑色小粒点，此为病菌的分生孢子盘。随后病斑逐渐蔓延到穗柄、果穗。

　　病　　　原　煤色黑盘孢菌 *Melanconium fuligineum* ，属半知菌亚门真菌。分生孢子盘散生或群生。分生孢子梗透明，有隔膜，不规则分枝。分生孢子黑色，光滑，薄壁，单胞，圆筒形、纺锤形或卵形，基部平，上端钝。子囊壳无子座，近球形，埋生于寄主表皮组织内，多单生，呈黑色。子囊棍棒状，无色，前端有顶环。子囊孢子长椭圆形，无色，单胞。

　　发生规律　病原主要以分生孢子盘及菌丝体在病枝蔓、病果、病叶等残体上越冬，春末条件适宜时，分生孢子通过雨滴溅散或昆虫传播进行初侵染。初侵染发病后，寄主发病部位又形成新的分生孢子盘和分生孢子，可进行多次的再侵染。在生长季有2次发病高峰，第1个高峰在

6月底至7月初，主要为害一年生枝和叶片，多数在新梢基部开始木栓化时发病；第2个发病高峰主要为害果实，多数发生在葡萄着色以后，发病较快，可使产量受到很大损失。

防治方法　秋冬季结合其他病害的防治，彻底搞好清园工作，剪除病枝梢、清除病落果、落叶、集中焚毁。生长季发现病枝、病叶、病果，及时剪除处理。

药剂防治：清园后喷波美3度石硫合剂加200倍五氯酚钠。

生长季，结合防治其他病害，喷施21%过氧乙酸水剂400～500倍液、50%多菌灵可湿性粉剂800～1 000倍液、1∶0.7∶200倍式波尔多液，均可有效地控制此病的发展蔓延。

19.葡萄日灼症

症　状　主要发生在果穗上。果粒发生日灼时，果面出现淡褐色近圆形斑，边缘不明显，果实表面先皱缩后逐渐凹陷，严重的果实变为干果，失去商品价值（图4-69）。卷须、新梢尚未木质化的顶端幼嫩部位也可遭受日灼伤害，致梢尖或嫩叶萎蔫变褐色（图4-70）。

图4-69　葡萄日灼症为害叶片症状

图4-70　葡萄日灼症为害果实症状

病　　因　日灼病多发生在6月中旬至7月上旬果穗着色成熟期裸露于阳光下的果穗上，其原因系树体缺水，供应果实水分不足引起，这与土壤湿度、施肥、光照及品种有关。当根系吸水不足，叶蒸发量大，渗透压升高，叶内含水量低于果实时，果实里的水分容易被叶片夺走，致果实水分失衡出现障碍则发生日灼。当根系发生沤根或烧根时，也会出现这种情况。生产上大粒品种易发生日灼。有时荫蔽处的果穗，因修剪、打顶、绑蔓等移动位置或气温突然升高植株不能适应时，新梢或果实也可能发生日灼。

防治方法　对易发生日灼病的品种，夏季修剪时，在果穗附近多留些叶片或副梢，使果穗荫蔽。合理施肥，控制氮肥施用量，避免由于植株徒长而加重日灼病的发生。雨后注意排水，及时松土。疏果后套袋子，采收前20天摘袋。

20. 葡萄缺镁症

症　　状　主要从植株基部老叶发生，初叶脉间褪绿，后叶脉间发展成黄化斑点，多由叶片内部向叶缘扩展引起叶片黄化，叶肉组织坏死，仅留叶脉保持绿色，界线明显（图4-71）。生长初期症状不明显，进入果实膨大期后逐渐加重，坐果量多的植株果实还未成熟便出现大量黄叶，黄叶一般不早落。缺镁对果粒大小和产量影响不大，但果实着色差、成熟推迟、糖分低、品质降低。

图4-71　葡萄缺镁症为害叶片症状

病　　因　主要是由于土壤中置换性镁不足，多因有机肥不足或质量差造成土壤供镁不足引起。此外，在酸性土壤中镁元素较易流失，施钾过多也会影响镁的吸收，造成缺镁。

防治方法　增施优质有机肥。

在葡萄开始出现缺镁症时，叶面喷3%～4%硫酸镁，隔20～30天喷1次，共喷3～4次，可减轻病症。缺镁严重土壤，应考虑和有机肥混施硫酸镁100kg/亩。

二、葡萄虫害

迄今为止，我国已报道的害虫有80多种，其中，二星叶蝉、葡萄瘿螨、短须螨等是葡萄生产上的主要虫害。

1. 二星叶蝉

分　　布　二星叶蝉（*Erythroneura apicalis*）分布于辽宁、河北、河南、山东、山西、陕西、安徽、江苏、浙江、湖北、湖南等省。

为害特点　主要以成虫和若虫在叶背面吸食为害。叶片被害初期呈点状失绿，叶面出现小白点，随着为害加重，各点相连成白斑，直至全叶苍白，影响光合作用和枝条发育，早期落叶。

形态特征　成虫全体淡黄白色，复眼黑色，散生淡褐色斑纹(图4-72)。头前伸呈钝三角形，其上有2个黑色圆斑。前翅半透明，淡黄白色，翅面有不规则形状的淡褐色斑纹。卵长椭圆形，稍弯曲，初为乳白色，渐变为橙黄色。若虫有黑色翅芽，初孵化时为白色(图4-73)，以后逐渐变红褐色或黄白色。

图4-72　二星叶蝉成虫

图4-73　二星叶蝉若虫

发生规律　在河北北部一年发生2代，山东、山西、河南、陕西3代。以成虫在果园杂草丛、落叶下、土缝、石缝等处越冬。翌年3月末、4月初葡萄末发芽时，成虫开始活动。5月初葡萄展叶后才转移其上为害并产卵，5月中旬第1代若虫出现，多是黄白色，6月中旬孵化的幼虫多为红褐色，第1代成虫在6月上中旬。7月上中旬开始孵化成若虫。第2代成虫以8月上中旬发生最多，以此代也为害较盛。第2代成虫以9～10月最盛。

防治方法　秋后彻底清除葡萄园内落叶和杂草，集中烧毁或深埋，消灭其越冬场所。生长期，使葡萄枝叶分布均匀，及时摘心、绑蔓、去副梢，使葡萄园通风透光，减轻为害。葡萄开花以前，第1代若虫发生盛期是防治二星叶蝉的关键时期。

葡萄开花以前，第1代若虫发生期比较整齐，可用药剂50%敌敌畏乳油1 500倍液、50%辛硫磷乳油1 000倍液、40%氧乐果乳油1 500倍液、50%杀螟松乳油2 000倍液、50%马拉硫磷乳油800～1 500倍液、80%乙酰甲胺磷可湿性粉剂2 000倍液、25%亚胺磷乳油1 000倍液、90%晶体敌百虫1 500倍液均匀喷雾，间隔5～7天喷1次，连喷2～3次，防治效果较好。

发生量较大时，可喷施10%吡虫啉可湿性粉剂2 000倍液、3%啶虫脒乳油2 000倍液、10%氯氰菊酯乳油1 000～1 500倍液、20%氰戊菊酯乳油2 500倍液、2.5%溴氰菊酯乳油1 000～1 500倍液等。

2. 葡萄瘿螨

分　　布　葡萄瘿螨（*Eriophyes vitis*）在我国大部分葡萄产区均有分布，在辽宁、河北、山东、山西、陕西等地为害严重。

为害特点　成、若螨在叶背刺吸汁液，初期被害处呈现不规则的失绿斑块。斑块状表面隆起，叶背面产生灰白色茸毛（图4-74），后期斑块逐渐变成锈褐色，称毛毡病，被害叶皱缩变硬、枯焦。严重时也能为害嫩梢、嫩果、卷须和花梗等，使枝蔓生长衰弱。

图4-74　葡萄瘿螨为害叶片症状

形态特征　雌成螨体似胡萝卜，前期乳白色、半透明（图4-75）。雄成螨体形略小。背盾板似三角形，背盾板上有数条纵纹，背瘤位于盾板后缘的略前方，有纵轴，背毛向前斜伸。幼螨共2龄，淡黄色，与成螨无明显区别。卵椭圆形，淡黄色。无蛹期。

图4-75　葡萄瘿螨雌成螨

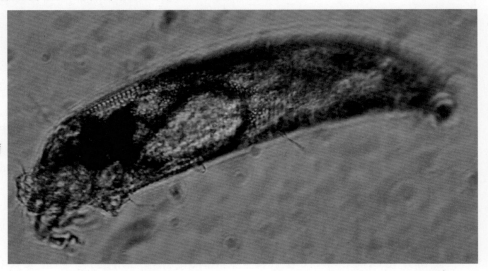

发生规律　一年发生多代，成螨群集在芽鳞片内绒毛处，或枝蔓的皮孔内越冬。翌年春季随着芽的萌动，从芽内爬出，随即钻入叶背茸毛间吸食汁液，并不断扩大繁殖为害。全年以6~7月为害最重，秋后成螨陆续潜入芽内越冬。

防治方法　冬春彻底清扫果园，收集被害叶片深埋。在葡萄生长初期，发现有被害叶片时，也应立即摘掉烧毁，以免继续蔓延。早春葡萄芽萌动时，葡萄生长期瘿螨发生初期是防治葡萄瘿螨的关键时期。

　　早春葡萄芽萌动时，喷3～5波美度石硫合剂，或50%硫悬浮剂，45%晶体石硫合剂30倍液，以杀死潜伏在芽内的瘿螨。葡萄生长季节，发现有瘿螨为害时，可喷施45%溴螨酯乳油2 000～2 500倍液、20%三氯杀螨醇乳油800～1 000倍液、50%四螨嗪悬浮剂2 000倍液、20%双甲脒乳油1 000～1 500倍液、5%唑螨酯悬浮剂2 000～3 000倍液、1.8%阿维菌素乳油2 000～3 000倍液、10%浏阳霉素乳油3 000～4 000倍液、0.3%印楝素乳油1 000～1 500倍液、1%血根碱可湿性粉剂2 500～3 000倍液加3 000倍6501沾着剂，全株喷洒，使叶片正反面均匀着药。

　　在发生严重的园区，可喷施15%哒螨灵乳油1 000～2 000倍液、73%炔螨特乳油2 500～3 000倍液、5%噻螨酮乳油1 500～2 000倍液、50%苯丁锡可湿性粉剂1 000～1 500倍液、25%三唑锡可湿性粉剂1 500～2 000倍液、30%三磷锡乳油2 500～3 000倍液、50%溴螨酯乳油1 000～2 000倍液、30%嘧螨酯悬浮剂2 000～4 000倍液、10%苯螨特乳油1 000～2 000倍液、15%杀螨特可湿性粉剂1 000～2 000倍液、25%乐杀螨可湿性粉剂1 000～1 500倍液等药剂。

3. 斑衣蜡蝉

　　为害特点　斑衣蜡蝉(*Lycorma delicatula*)以若虫、成虫刺吸枝蔓、叶片的汁液。叶片被害后，形成淡黄色斑点，严重时造成叶片穿孔、破裂（图4-76）。为害枝蔓，使枝条变黑（图4-77）。

　　形态特征　成虫体暗褐色，被有白色蜡粉（图4-78）。头顶向上翘起，呈突角形，前翅革质，基半部灰褐色，上部有黑斑20多个，后翅基部鲜红色。卵长圆形，褐色，卵块上覆一层土灰色粉状分泌物。若虫与成虫相似，初孵化时白色，1～3龄体变黑色，体上有许多小白斑（图4-79）。

图4-76　斑衣蜡蝉为害叶片症状

图4-77 斑衣蜡蝉为害新梢、枝蔓症状

图4-78 斑衣蜡蝉成虫

图4-79 斑衣蜡蝉若虫

发生规律 每年1代，以卵在枝蔓、架材和树干、枝杈等部位越冬。翌年4月上旬以后陆续孵化为幼虫，蜕皮后为若虫。6月下旬出现成虫，8月交尾产卵。成虫则以跳助飞，多在夜间交尾活动为害。从4月中下旬至10月，为若虫和成虫为害期。8～9月为害最重。

防治方法 结合枝蔓的修剪和管理将枝蔓和架材上的卵块清除或碾碎，消灭越冬卵，减少翌年虫口密度。幼虫发生盛期是防治斑衣蜡蝉关键时期。

在幼虫大量发生期，喷施10%氯氰菊酯乳油1 000～1 500倍液、2.5%溴氰菊酯乳油1 000～1 500倍液、20%氰戊菊酯乳油800～1 500倍液、50%辛硫磷乳油800～1 500倍液、50%马拉硫磷乳油800～1 500倍液、50%杀螟硫磷乳油800～1 500倍液、25%亚胺硫磷乳油1 000倍液等，狠抓幼虫期防治，可收良好效果。

对成虫、若虫混合发生期，可用40%乐果乳油1 500～2 000倍液、10%吡虫啉可湿性粉剂1 000～2 000倍液、3%啶虫脒乳油1 000～1 500倍液等。由于虫体特别，若虫被有蜡粉，所用药液中如能混用含油量0.3%～0.4%的柴油乳油剂或黏土柴油乳油剂，可显著提高防效。

4. 东方盔蚧

为害特点　东方盔蚧(*Parthenolecanium orientalis*)以若虫和成虫为害枝叶和果实。常排泄出无色黏液，落在枝叶和果穗上严重发生时，致使枝条枯死（图4-80，图4-81）。

图4-80　东方盔蚧为害枝条症状

图4-81　东方盔蚧为害果实症状

形态特征　雌成虫黄褐色或红褐色，扁椭圆形，体背边缘有横列的皱褶，排列规则，似龟甲状（图4-82）。雄成虫体红褐色，头部红黑，触角丝状，前翅土黄色。卵长椭圆形，淡黄白色近孵化时呈粉红色，卵上微覆蜡质白粉。若虫扁平，黄或黄褐色，背面稍隆起椭圆形，若虫越冬前变棕褐色，越冬后体背隆起，蜡线消失分泌大量白色蜡粉。

发生规律　在山东、河南每年发生2代，以2龄若虫在枝干裂缝、老皮下及叶痕处越冬。葡萄萌芽期开始活

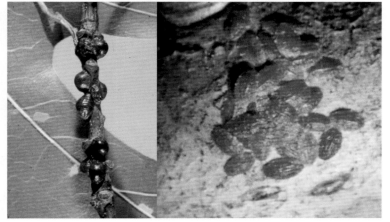

图4-82　东方盔蚧雌成虫

动，4月虫体膨大，5月上旬产卵于介壳下，5月中下旬葡萄始花期若虫孵化，5月下旬到6月初为孵化盛期。6月中下旬脱皮，2龄时转移到光滑枝蔓、叶柄、穗轴、果粒上固定，继续为害。7月上中旬第1代成虫产卵，下旬孵化，仍先在叶上为害，9月中旬以后转到枝蔓越冬。

防治方法　果园附近防风林，不要栽植刺槐等寄主林木。冬季清园，将枝干翘皮刮掉。春季葡萄发芽前剥掉裂皮喷药可减少越冬若虫；第1代若虫出壳盛期是防治的关键时期。

春季葡萄发芽前剥掉裂皮，使虫体暴露出来，然后喷布晶体石硫合剂30倍液，杀灭越冬若虫。

5月下旬至6月上旬第1代若虫出壳盛期，7月上中旬成虫产卵期，各喷施1次。可用10%吡虫啉可湿性粉剂2 000～3 000倍液、25%辛·甲·高氯乳油1 500～2 000倍液、95%机油乳剂100～300倍液、50%杀螟硫磷乳油1 500～2 000倍液、30%乙酰甲胺磷乳油500～600倍液、48%毒死蜱乳油1 000～1 500倍液、45%马拉硫磷乳油1 500～2 000倍液、40%杀扑磷乳油800～1 000倍液、30%硝虫硫磷乳油600～1 000倍液、2.5%氯氟氰菊酯乳油1 000～2 000倍液、20%氰戊菊酯乳油1 000～2 000倍液、25%噻嗪酮可湿性粉剂1 000～1 500倍液、45%松脂酸钠可溶性粉剂80～120倍液等。

5．葡萄透翅蛾

为害特点　葡萄透翅蛾（*Parathrene regalis*）幼虫蛀食嫩梢和1～2年生枝蔓，致使嫩梢枯死或枝蔓受害部肿大呈瘤状，内部形成较长的孔道，妨碍树体营养的输送，使叶片枯黄脱落。

形态特征　成虫全体黑褐色，头的前部及颈部黄色(图4-83)。触角紫黑色，前翅赤褐色，前缘及翅脉黑色。后翅透明。雄蛾腹部末端左、右有长毛丛1束。卵椭圆形，略扁平，紫褐色。幼虫共5龄。全体略呈圆筒形（图4-84）。老熟时带紫红色，前胸背板有倒"八"形纹，前方色淡。蛹红褐色，圆筒形。

图4-83　葡萄透翅蛾成虫

图4-84　葡萄透翅蛾幼虫

发生规律　一年发生1代，以老熟幼虫在葡萄枝蔓内越冬。翌年4月底5月初，越冬幼虫开始化蛹。5～6月成虫羽化。在7月上旬之前，幼虫在当年生的枝蔓内为害；7月中旬至9月下旬，幼虫多在二年生以上的老蔓中为害。10月份以后幼虫进入老熟阶段，继续向植株老蔓和主干集中，在其中短距离地往返蛀食髓部及木质部内层。使孔道加宽，并刺激为害处膨大成瘤，形成越冬室，之后老熟幼虫便进入越冬阶段。

防治方法　结合冬剪，剪除有虫枝蔓，集中烧毁，以消灭越冬幼虫。及时清除葡萄园周围的五敛莓等杂草。生长季节，发现被害新梢要及时剪除。葡萄盛花期，即成虫羽化盛期是防治葡萄透翅蛾的关键时期。

在葡萄盛花期为成虫羽化盛期，但花期不宜用药，应在花后3～4天，喷施2.5%溴氰菊酯乳油3 000倍液、20%三唑磷乳油1 500～2 000倍液、50%辛硫磷乳油1 000～1 500倍液、50%杀螟松乳油1 000倍液、2.5%氯氟氰菊酯乳油1 000倍液、20%氰戊菊酯乳油3 000倍液、50%亚胺硫磷乳油1 000倍液、25%灭幼脲悬浮剂2 000倍液、20%除虫脲悬浮剂3 000倍液、50%马拉硫磷乳油1 000倍液、10%氯氰菊酯乳油2 000～3 000倍液。

受害蔓较粗时，可用铁丝从蛀孔插入虫道，将幼虫刺死；也可塞入浸有50%敌敌畏乳油100～200倍液、90%晶体敌百虫50倍液的棉球，然后用泥封口。

6. 葡萄天蛾

为害特点　葡萄天蛾（*Ampelophaga rubiginosa*）以幼虫取食叶片，常将叶片食成缺刻，甚至将叶片吃光，仅留叶柄，削弱树势、影响产量和品质。

形态特征　成虫体肥大呈纺锤形，体翅茶褐色，背面色暗，腹面色淡，近土黄色（图4-85）。体背中央自前胸到腹端有1条灰白色纵线。触角短栉齿状，前翅各横线均为暗茶褐色，前缘近顶角处有一暗色三角形斑。后翅周缘棕褐色，中间大部分为黑褐色，缘毛色稍红。卵球形，表面光滑。淡绿色，孵化前淡黄绿色。幼虫体绿色，背面色较淡（图4-86）。体表布有横条纹和黄色颗粒状小点。蛹长纺锤形。初为绿色，逐渐背面呈棕褐色，腹面暗绿色。

图4-85　葡萄天蛾成虫

图4-86　葡萄天蛾幼虫

发生规律　北方每年发生1～2代，南方每年发生2～3代，各地均以蛹在土内越冬。1代区6～7月发生成虫，3代区4～5月发生第1代，6～7月发生第2代，8～9月发生第3代。6月中旬田间始见幼虫，多于叶背主脉或叶柄上栖息，7月下旬陆续老熟入土化蛹，8月上旬开始羽化，8月中旬发生第二代幼虫，9月下旬幼虫老熟入土化蛹越冬。

防治方法　捕捉幼虫，因此虫树下有大量虫粪很易发现。冬春北方结合防寒和解除防寒翻土时将蛹拣出杀死，南方可在翻树下土时结合挖蛹，消灭部分越冬蛹。幼龄幼虫期是防治葡萄天蛾的关键时期。

在幼龄幼虫期，虫口密度大时，可喷施苏云金杆菌粉剂300倍液、80%敌敌畏乳油1 500倍液、50%辛硫磷乳油1 000倍液、40%水胺硫磷乳油700倍液、20%氰戊菊酯乳油2 000倍液、10%氯氰菊酯乳油2 000倍液，50%二嗪磷乳油1 500倍液、50%甲萘威可湿性粉剂400倍液、90%晶体敌百虫1 500倍液、40%氧乐果乳油1 000倍液、25%亚胺硫磷乳油1 000倍液、50%马拉硫磷乳油1 000倍液、50%杀螟硫磷乳油1 000倍液、25%灭幼脲胶悬剂1 000～1 500倍液、2.5%溴氰菊酯乳油1 500～3 000倍液等。

7. 葡萄十星叶甲

分布为害　葡萄十星叶甲（*Oides decempunctata*）在我国各葡萄产区均有分布。以成虫和幼虫为害叶片、芽，将叶片咬成孔洞，严重时将叶肉全吃光，仅留下一层薄的绒毛及叶脉、叶柄，芽被啃食不能发育。

形态特征 成虫土黄色，椭圆形。前胸背板有许多小刻点。两鞘翅上共有黑色圆形斑点10个（图4-87）。卵椭圆形，初为黄绿色，后渐变为暗褐色。幼虫体扁而肥，近长椭圆形，黄褐色。蛹裸蛹，金黄色。

图4-87 葡萄十星叶甲成虫

发生规律 一年发生1~2代。以卵在根系附近土中和落地下越冬；1代在5月下旬开始孵化，6月上旬为盛期，6月底陆续老熟入土，7月上中旬开始羽化，8月上旬至9月中旬为产卵期，直到9月下旬陆续死亡。2代区越冬卵4月中旬孵化，5月下旬化蛹，6月中旬羽化，8月上旬产卵；8月中旬至9月中旬二代卵孵化，9月上旬至10月中旬化蛹，9月下旬至10月下旬羽化，并产卵越冬。

防治方法 冬春季结合清园，清除果园的枯枝、落叶集中烧毁。

喷药时间应在幼虫孵化盛末期、幼虫尚未分散前进行。药剂有80%敌敌畏乳油1 500倍液、50%辛硫磷乳油1 500倍液、90%晶体敌百虫1 000倍液、10%氯氰菊酯乳油、2.5%溴氰菊酯乳油、20%氰戊菊酯乳油4 000~5 000倍液、40%乐果乳油1 500~2 000倍液、25%水胺硫磷乳油1 500倍液。

8. 葡萄根瘤蚜

分布为害 葡萄根瘤蚜（*Phylloxera vitifolii*）主要为害根部和叶片。根部受害，须根端部膨大，出现小米粒大小、呈菱形的瘤状结，在主上形成较大的瘤状突起（图4-88）。叶上受害，叶背形成许多粒状虫瘿（图4-89）。

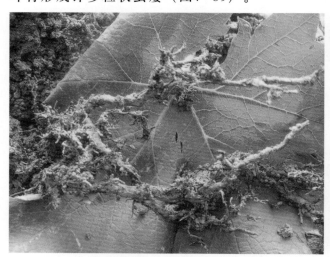

图4-88 葡萄根瘤蚜为害根部症状

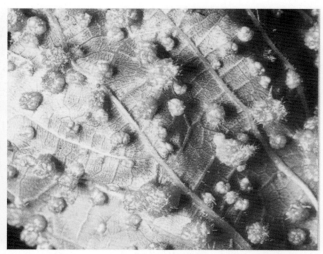

图4-89 葡萄根瘤蚜为害叶片症状

形态特征 由于生活习性及环境条件不同，葡萄根瘤蚜的形态有很大的变化，可分为根瘤型（图4-90）、叶瘿型、有翅型和有性型。

发生规律 每年发生8代，以初龄若虫在表土和粗根缝处越冬。翌年4月开始活动，5月上旬产生第1代卵，5月中旬至6月底和9月份两个时期发生最重。有翅若虫于7月上旬始见，9月下旬至10月为盛期，延至11月上旬，有翅蚜虫极少钻出地面。

防治方法 检疫苗木时要特别注意根系所带泥土有无蚜卵、若虫和成虫，一旦发现，立即进行药剂处理。

图4-90 葡萄根瘤蚜根瘤型

土壤处理。发现有根瘤蚜虫的葡萄园，可用50%辛硫磷乳油0.5kg，加细土50kg进行毒土处理。

已发生根瘤蚜的葡萄园，在5月上中旬，可用25%抗蚜威可湿性粉剂2 000~3 000倍液、40%氧乐果乳油1 500倍液灌根，每株灌药液15kg；或利用大水灌溉，阻止根瘤蚜的繁殖。

9. 康氏粉蚧

分布为害 康氏粉蚧（*Pseudococcus comstocki*）分布在全国各地。以若虫和雌成虫刺吸芽、叶、果实、枝干及根部的汁液，嫩枝和根部受害常肿胀且易纵裂而枯死（图4-91）。

形态特征 雌成虫扁平，椭圆形，体粉红色（图4-92），表面被有白色腊质物，体缘具有17对白色蜡丝。雄成虫体紫褐色，1对透明翅，后翅退化成平衡棒。卵椭圆形，浅橙黄色。若虫初孵化时扁平，椭圆形，浅黄色。蛹仅雄虫有蛹期，浅紫色。茧长椭圆形，白色棉絮状。

发生规律 一年发生3代，以卵在树体裂缝、翘皮下及树干基部附近土缝处越冬。萌芽时越冬若虫开始活动，第1代若虫盛发期为5月中下旬，6月上旬至7月上旬陆续羽化，第2代若虫6月下旬至7月下旬孵化，盛期在7月上中旬，8月上旬至9月上旬羽化为成虫，交配产卵。第3代若虫8月下

图4-91 康氏粉蚧为害葡萄症状

图4-92 康氏粉蚧雌成虫

旬开始孵化，8月下旬至9月上旬进入盛期，9月下旬开始羽化，交配产卵越冬。

防治方法 冬季刮除枝蔓上的裂皮，用硬毛刷子清除越冬卵囊，集中烧毁。

早春喷施5%轻柴油乳剂、波美3～5度石硫合剂，杀灭虫卵。芽萌动时全树喷布40%杀扑磷乳油1 000倍液，消灭越冬孵化的若虫。

在若虫孵化盛期进行药剂防治，第1代若虫发生期即果实套袋前是药剂防治的关键期，常用药剂：2.5%氯氟氰菊酯乳油1 500倍液、20%氰戊菊酯乳油1 500～2 000倍液、80%敌敌畏乳油1 000～1 500倍液、40%杀扑磷乳油1 500倍液、3%啶虫脒乳油1 500倍液等，为提高杀虫效果，可在药液中混入0.1%～0.2%的洗衣粉。

10. 葡萄沟顶叶甲

分布为害 葡萄沟顶叶甲（*Scelod ontalezoisii*）主要分布于亚洲东南部，在我国各地均有分布。成虫啃食葡萄地上部分，叶片被咬成许多长条形孔洞，重者全叶呈筛孔状而干枯；取食花梗、穗轴和幼果造成伤痕而引起大量落花、落果，使产量和品质降低，葡萄在整个生长期均可遭害；幼虫生活于土中，取食须根和腐植质。

形态特征 成虫体长椭圆形，宝蓝色或紫铜色，具强金属光泽，足跗节和触角端节黑色（图4-93）。头顶中央有1条纵沟，唇基与额之间有1条浅横沟，复眼内侧上方有1条斜深沟。鞘翅基部刻点大，端部的细小，中部之前刻点超过11行。后足腿节粗壮。卵长棒形稍弯曲，半透明，淡乳黄色。幼虫老熟时头淡棕色，胸部淡黄色，柔软肥胖多皱，有胸足3对。蛹为裸蛹，初黄白色，近羽化前蓝黑色。

发生规律 每年发生1代，以成虫在葡萄根际土壤中越冬。翌春4月上旬葡萄发芽期成虫出蛰为害，4月中旬葡萄展叶期为出蛰高峰。5月上旬开始交尾，5月中下旬产卵。5月下旬至6月上旬孵化为幼虫，在土壤中生活，6月下旬筑土室化蛹，越冬代成虫陆续死亡。6月底至7月初当年成虫开始羽化，取食为害至秋末落叶时入土越冬。全年中5月上旬和8月下旬为两个成虫高峰期。

图4-93 葡萄沟顶叶甲成虫

防治方法 利用成虫假死性，振落收集杀死。6～7月刮除老翘皮，清除葡萄叶甲卵。冬季深翻树盘土壤20cm以上；开沟灌水或稀尿水，阻止成虫出土和使其窒息死亡。

春季越冬成虫出土前，在树盘土壤施4.5%甲敌粉1.5kg/亩或50%辛硫磷乳剂500倍液或制成毒土；还可用3%杀螟松粉剂1.5～2kg/亩，施后浅锄。虫量多时在7～8月还可增施1次，杀灭土中成、幼虫。

春季葡萄萌芽期和5、6月幼果期进行。可选用2.5%溴氰菊酯乳油2 000～3 000倍液、5%顺式氰戊菊酯乳油2 000～2 500倍液、50%二溴磷乳油1 500～2 000倍液、50%辛硫磷乳油1 000～1 500倍液、48%毒死蜱乳油1 000～1 500倍液、52.25%毒死蜱·氯氰菊酯乳油1 500～2 000倍液、90%晶体敌百虫800～1 000倍液等，对成虫均有良好效果。

三、葡萄各生育期病虫害防治技术

（一）葡萄病虫害综合防治历的制订

在葡萄栽培中，有许多病虫为害严重。在多种病害中以霜霉病、白腐病、黑痘病、炭疽病为害重，部分地区葡萄灰霉病、褐斑病、蔓割病、房枯病等也常造成很大为害。虫害以葡萄瘿螨发生较为严重和普遍，其他如葡萄短须螨、葡萄二星叶蝉等也时有发生。

在葡萄收获后，要认真地总结病虫害发生和为害情况，分析病虫害发生特点，拟定明年的病虫害防治计划，及早采取防治方法。

下面结合河南省大部分葡萄产地病虫发生情况，概括地列出葡萄树病虫防治历表4-1。

表4-1 葡萄各生育病虫害综合防治历

物候期	日期	防治对象
休眠期	11月至翌年3月下旬	各种越冬病虫害
萌芽前期	3月下旬至4月上旬	黑痘病、蔓枯病、褐斑病、白粉病、害螨
展叶及新梢生长期	4月中下旬至5月上旬	白粉病、黑痘病、介壳虫、二星叶蝉、瘿螨、褐斑病、白腐病、霜霉病、灰霉病、透翅蛾
开花期	5月中下旬	保花、疏花、生理落花、落果、缺肥
落花后期	5月下旬至6月上旬	黑痘病、灰霉病、白粉病、炭疽病、褐斑病、蔓割病、毛毡病、害螨、斑衣蜡蝉
幼果期	6月中下旬至7月上旬	白粉病、霜霉病、黑痘病、房枯病、白腐病、蔓枯病、褐斑病、斑衣蜡蝉、害螨、透翅蛾
成熟期	7月中旬至8月中旬	白腐病、炭疽病、房枯病、灰霉病、霜霉病、黑痘病、二星叶蝉、葡萄天蛾
营养恢复期	8月中下旬至10月	霜霉病、褐斑病、毛毡病、蔓割病、炭疽病、二星叶蝉、葡萄天蛾

（二）休眠期病虫害防治技术

华北地区葡萄树从10月下旬到翌年3月份处于休眠期（图4-94），树体停止生长，多数病菌也停止活动，开始在病残枝、叶、蔓上越冬。这一时期应结合修剪，清扫枯枝、落叶、病蔓，将其集中烧毁或深埋，减少越冬病源。同时深翻土壤，并充分暴晒。

图4-94 葡萄休眠期

（三）萌芽前期病虫害防治技术

3月下旬到4月上旬（图4-95），气温已开始回升变暖，病菌、害虫开始活动，这一时期葡萄尚未发芽，可以喷施一次广谱性保护剂，一般效果较好，能够铲除越冬病原菌、害虫。可喷洒2～3波美度石硫合剂、45%晶体石硫合剂200～300倍液、65%五氯酚钠粉剂200倍液、50%福美双可湿性粉剂200倍液等，全面喷洒枝、蔓及基部周围的土表。

图4-95　葡萄萌芽前期

（四）展叶及新梢生长期病虫害防治技术

4月中、下旬到5月上旬，葡萄开始萌芽展叶（图4-96），新梢开始迅速生长（图4-97）。这一时期许多病菌开始产孢子，侵染、为害新梢，如黑痘病、白粉病、灰霉病等，应注意使用保护剂，必要时喷洒治疗剂。

图4-96　葡萄展叶期

图4-97 葡萄新梢生长期

这一阶段，一般应喷洒1~3次保护剂，可用1:0.7:160~240倍波尔多液、30%胶悬铜悬浮剂、30%碱式硫酸铜悬浮剂400~600倍液喷雾；如果往年白粉病发病较重，可用一次波美0.3~0.5度石硫合剂；对于巨峰葡萄或往年灰霉病发病较重的葡萄树，除用上述保护剂外，还应在5月上旬临近葡萄开花前喷洒1次50%福美双可湿性粉剂500~800倍液、70%代森锰锌可湿性粉剂800~1 000倍液、70%甲基硫菌灵可湿性粉剂1 000~2 000倍液、75%百菌清可湿性粉剂1 000倍液等。

这一时期需要防治的害虫有蚧壳虫、二星叶蝉、瘿螨等。防治二星叶蝉、介壳虫，可喷施80%敌敌畏乳油、50%辛硫磷乳油、90%晶体敌百虫1 500倍液、40%氧乐果乳油1 000倍液、20%氰戊菊酯乳油3 000倍液、40%乐果乳油1 000~1 500倍液、50%杀螟硫磷乳剂1 000倍液。若瘿螨发生量大时，可喷施15%哒螨灵乳油3 000~4 000倍液、73%炔螨特乳油2 500~3 000倍液、5%噻螨酮乳油1 500~2 000倍液等。

（五）落花后期病虫害防治技术

5月下旬到6月上旬，葡萄花期相继结束，幼果开始形成（图4-98）。天气一般白天温暖、晚上凉湿，葡萄灰霉病进入第一个为害盛期，葡萄白粉病、葡萄黑痘病开始为害，有时发生严重。其他病害，如炭疽病、褐斑病进入侵染盛期。防治上应针对病情及时治疗，并注意使用保护剂。

该期一般要使用1~2次保护剂，如喷洒1:0.7:160~200倍波尔多液、30%碱式硫酸铜或35%胶悬铜悬浮剂400~600倍液。并结合病情、天气情况，可用有机合成保护剂与治疗剂混合喷施，用70%代森锰锌可湿性粉剂800倍液、15%异菌脲可湿性粉剂1 000倍液、75%百菌清可湿性粉剂800倍液、15%三唑酮可湿性粉剂600~1 000倍液、40%多硫悬浮剂500~800倍液、50%多菌灵可湿性粉剂600~800倍液、50%乙霉威可湿性粉剂800~1 000倍液等。

这一时期应注意蓟马、绿盲蝽、透翅蛾、葡萄虎蛾及红蜘蛛等害虫的发生量，如有发生，应及时的喷药防治。

防治蓟马、绿盲蝽，喷施50%辛硫磷乳油1 500倍液、10%虫螨腈乳油2 000倍液、1.8%阿维菌素乳油4 000倍液、35%硫丹乳油2 000倍液、25%喹硫磷乳油1 000倍液。

图4-98 葡萄落花期

防治葡萄透翅蛾，喷施2.5%溴氰菊酯乳油3 000倍液、50%辛硫磷乳油1 000~1 500倍液、50%杀螟松乳油1 000倍液、25%灭幼脲悬浮剂2 000倍液、20%除虫脲悬浮剂3 000倍液、40%甲基异柳磷乳油800倍液、40%氧乐果乳油1 000~1 200倍液。可兼治葡萄虎蛾。

防治害螨，可喷施5%噻螨酮乳油2 000倍液、20%双甲脒乳油1 000~1 500倍液、73%炔螨特乳油2 000倍液、20%四螨嗪乳油2 000倍液、20%三唑锡乳油2 000倍液、40%三氯杀螨醇乳油800倍液等。

（六）幼果期病虫害防治技术

6月中下旬到7月上旬，葡萄生长旺盛，一般品种幼果进入迅速膨大生长期（图4-99）。如气温较高，白粉病一般发生较重。有些也有部分霜霉病发生，黑痘病发生常导致落果，其他病害如炭疽病也开始侵染和部分发病。

该阶段病害防治的主要任务是预防各种病害的蔓延。

保护剂的选用要根据天气而定，阴雨天气可以使用30%碱式硫酸铜或35%胶悬铜悬浮剂300~500倍液、77%氢氧化铜可湿性粉剂400~600倍液、1:0.5:160~240倍波尔多液、70%代森锰锌可湿性粉剂800倍液。天气晴朗无雨

图4-99 葡萄幼果期

干旱，可以使用75%百菌清可湿性粉剂800~1 000倍液等。该季节一般需喷洒保护剂2~4次，视天气与病情，一般5~8天喷1次。

如田间白粉病发生较重，可以结合其他病害的防治，及时喷洒50%混硫悬浮剂500~600倍液、50%多硫悬浮剂400~600倍液、15%三唑酮可湿性粉剂1 000~1 500倍液、70%代森锰锌可湿性粉剂600~1 000倍液、75%百菌清可湿性粉剂600~1 000倍液等，并可以兼治黑痘病、白腐病、炭疽病等。

如遇霜霉病、毛毡病的发生，也要采取措施及时防治，防止扩展为害。

(七)成熟期病虫害防治技术

7~8月份，华北地区多数品种葡萄相继成熟，开始采摘（图4-100）。该期葡萄生长势有所降低，天气多为阴雨连绵，空气湿度大，为病虫发生盛期，生产上务必注意防治，保证丰产。

图4-100 葡萄成熟期

这一时期，葡萄炭疽病、白腐病、房枯病、灰霉病、黑痘病、霜霉病等都有大发生的可能，生产上要加强预防和治疗。要将保护剂与治疗剂交替使用，视天气和病情，间隔5~10天喷1次。

发现病情，及时治疗，防治炭疽病、白腐病、黑痘病等，可用50%甲·福（甲霜灵·福美双）可湿性粉剂400~600倍液、50%多菌灵可湿性粉剂500~800倍液、70%代森锰锌可湿性粉剂600~1 000倍液等。防治灰霉病还可以使用50%异菌脲可湿性粉剂800~1 000倍液、50%腐霉利可湿性粉剂800~1 000倍液。

如该期发现霜霉病为害，可以喷施25%甲霜灵可湿性粉剂500~800倍液、40%乙膦铝可湿性粉剂200~300倍液、50%甲霜灵·代森锰锌可湿性粉剂400~600倍液等药剂。

这一时期发生较严重的害虫有金龟子、叶蝉、绿盲蝽等，生产上务必注意防治，保证丰产丰收。

防治金龟子，喷施80%敌敌畏乳油1 000倍液、2.5%氯氟菊酯乳油2 000倍液、50%马拉硫磷乳油1 000倍液。

防治叶蝉、绿盲蝽，喷施10%吡虫啉可湿性粉剂5 000倍液、3%啶虫脒乳油2 000倍液、10%氯氰菊酯乳油1 000~1 500倍液、20%氰戊菊酯乳油2 500倍液、2.5%溴氰菊酯乳油1 000~1 500倍液等。

(八)营养恢复期病虫害防治技术

8月份以后，华北地区葡萄大部分已经成熟采摘。葡萄长势开始恢复，天气潮湿、多雨，开始湿凉。该期霜霉病、褐斑病等仍发生较重，应按上述方法及时防治。同时，注意不断使用保护剂，确保正常的营养恢复，为下一年葡萄丰产打好基础。

第五章 柑橘病虫害原色图解

一、柑橘病害

我国柑橘种植历史悠久，种植面积大，病害种类繁多。据统计，柑橘病害有100多种，其中,为害较重的病害主要有疮痂病、炭疽病、黄龙病、溃疡病等。贮藏期病害主要为青霉病、绿霉病等。

1. 柑橘疮痂病

分布为害 柑橘疮痂病是柑橘重要病害之一，在全国的柑橘种植区都有发生，尤以江浙等省橘区发生严重。

症 状 主要为害叶片、新梢和果实，尤其易侵染幼嫩组织。叶片染病，初生蜡黄色油渍状小斑点，后渐扩大，形成灰白色至暗褐色圆锥状疮痂，后病斑木质化凸起，叶背突出，叶面凹陷（图5-1）。新梢染病，与叶片症状相似。幼果染病，果面密生茶褐色小斑，后扩大在果皮上形成黄褐色圆锥形、木质化的瘤状突起（图5-2）。

图5-1 柑橘疮痂病为害叶片症状

图5-2 柑橘疮痂病为害幼果症状

病 原 柑橘痂圆孢 *Sphaceloma fawcettii* ，属半知菌亚门真菌（图5-3）。分生孢子盘散生或聚生，近圆形；分生孢子梗无色或灰色；分生孢子单胞，无色，长椭圆形或卵圆形。

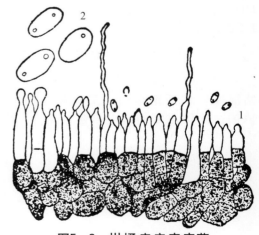

图5-3 柑橘疮痂病病菌
1.分生孢子盘 2.分生孢子

发生规律　菌丝体在病组织内越冬，翌春春季阴雨多湿，病菌开始活动，产生分生孢子，借风雨或昆虫传播，侵染新梢和嫩叶；约10天后，产生新分生孢子进行再侵染，为害新梢、幼果。果实通常在5月下旬到6月上中旬感病。以春梢、幼龄树受害较重。在柑橘感病时期雨水越多，发病越重。

防治方法　合理修剪、整枝，增强通透性，降低湿度；控制肥水，促使新梢抽发整齐。结合修剪和清园，彻底剪除树上残枝，残叶；并清除园内落叶，集中烧毁。

对外来苗木实行严格检疫或将新苗木用50%苯菌灵可湿性粉剂800倍液、50%多菌灵可湿性粉剂800倍液浸30分钟。

在每次抽梢开始时及幼果期均要喷药保护。在春梢与幼果时各喷1次药，共喷两次即可。第1次在春芽萌动至长1~2mm时，保护新梢；第2次是在落花2/3时，以保护幼果。有效药剂有：75%百菌清可湿性粉剂800倍液、80%代森锰锌可湿性粉剂300~500倍液、77%氢氧化铜可湿性粉剂800倍液、14%络氨铜水剂200~300倍液、50%福美双可湿性粉剂800倍液等药剂。

在新叶和幼果发生初期，可喷施68.75%恶唑菌酮·锰锌可分散粒剂1000~1500倍液、20%噻菌铜胶悬剂500~1 000倍液、25%嘧菌酯悬浮剂800~1 250倍液、25%咪鲜胺乳油1 000~1 500倍液、10%苯醚甲环唑水分散粒剂1 500~2 000倍液、50%苯菌灵可湿性粉剂500~600倍液、20%唑菌胺酯水分散性粒剂1 000~2 000倍液、5%亚胺唑可湿性粉剂600~700倍液等药剂。

2. 柑橘炭疽病

分布为害　炭疽病是柑橘的重要病害之一，在我国各橘区普遍发生。可引起落叶、枯枝、幼果腐烂，对产量影响较大。

症　　状　为害地上部的各个部位。叶片发病症状分叶斑型及叶枯型两种。叶斑型（图5-4）：症状多出现在成长叶片或老叶边缘或近边缘处，病斑近圆形，稍凹陷，中央灰白色，边缘褐色至深褐色；潮湿时可在病斑上出现许多朱红色带黏性的小液点，干燥时为黑色小粒点，排列成同心轮状或呈散生。叶枯型（图5-5）：症状多从叶尖开始，初期病斑呈暗绿色，渐变为黄褐色，叶卷曲，常大量脱落。枝梢症状分为两种：急性型：发生于连续阴雨时刚抽出的嫩梢，似开水烫伤状，后生橘红色小液点。慢性型：多自叶柄基部腋芽处，病斑椭圆形淡黄色，后扩大为长梭形，一周后变灰白枯死，上生黑色小点。幼果初期症状为暗绿色凹陷不规则病斑，后扩大至全果，湿度大时，出现白色霉及红色小点，后变成黑色僵果。成熟果发病，一般从果蒂部开始，初期为淡褐色（图5-6），以后变为褐色凹陷而腐烂。泪痕型受害果实的果皮表面有许多条如眼泪一样的红褐色小凸点组成的病斑。

图5-4　柑橘炭疽病为害叶片叶斑型

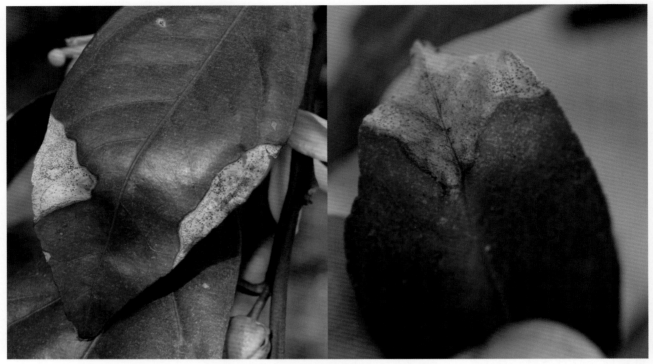

图5-5　柑橘炭疽病为害叶片叶枯型

图5-6　柑橘炭疽病为害果实症状

病　　原　盘长孢状刺盘孢*Colletotrichum gloeospori-oides*，属半知菌亚门真菌（图5-7）。分生孢子盘埋生在寄主表皮下，后外露，湿度大时，涌出诸红色分生孢子团，分生孢子盘一般不产生刚毛，分生孢子梗不分隔呈栅栏状排列，无色，圆柱形。分生孢子圆筒形，稍弯，无色，单胞。

发生规律　病菌以菌丝体或分生孢子在病组织上越冬，翌春温湿度适宜时产出分生孢子，借风雨或昆虫传播。在高温多湿条件下发病，一般春梢生长后期开始发病，夏、秋梢期盛发。栽培管理不良，冻害严重，早春低温潮湿，夏秋季高温多雨等，均能助长病害发生。

防治方法　加强橘园管理，重视深翻改土；增施有机

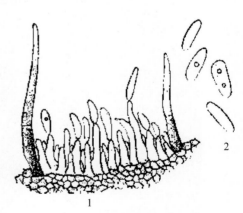

图5-7　柑橘炭疽病病菌
1.分生孢子盘　2.分生孢子

肥，防止偏施氮肥，适当增施磷、钾肥，雨后排水。及时清除病残体，集中烧毁或深埋，以减少菌源。

冬季清园时喷1次波美0.8～1度石硫合剂，同时可兼治其他病害。

在病害发生前期，可喷施65%代森锌可湿性粉剂600～800倍液、50%代森铵水剂800～1 000倍液、70%丙森锌可湿性粉剂600～800倍液、25%多菌灵可湿性粉剂250～300倍液、80%代森锰锌可湿性粉剂600～1 000倍液、50%甲基硫菌灵可湿性粉剂600～800倍液等药剂。

在春、夏、秋梢及嫩叶期，幼果期各喷药1次，可喷施25%嘧菌酯可湿性粉剂800～1 250倍液、80%炭疽福美（福美锌·福美双）可湿性粉剂800～1 000倍液、50%苯菌灵可湿性粉剂1 000～1 500倍液、10%苯醚甲环唑水分散粒剂1 500～2 000倍液、25%溴菌·多菌灵可湿性粉剂300～500倍液、60%二氯异氰脲酸钠可溶粉剂800～1 000倍液、60%噻菌灵可湿性粉剂1 500～2 000倍液、40%氟硅唑乳油8 000～10 000倍液、5%己唑醇悬浮剂800～1 500倍液、40%腈菌唑水分散粒剂6 000～7 000倍液、25%咪鲜胺乳油800～1 000倍液、50%咪鲜胺锰络化合物可湿性粉剂1 000～1 500倍液、6%氯苯嘧啶醇可湿性粉剂1 000～1 500倍液、2%嘧啶核苷类抗生素水剂200倍液、1%中生菌素水剂250～500倍液等。

3. 柑橘黄龙病

分布为害　柑橘黄龙病是我国柑橘生产中为害最大的病害，主要发生在广东、广西、福建和台湾等地区，四川、云南、贵州、江西、湖南和浙江地区也有发现。

症　　状　枝、叶、花、果及根部均可显症，尤以夏、秋梢症状最明显。发病初期，部分新梢叶片黄化，树冠顶部新梢先黄化（图5-8），逐渐向下发展，经1～2年后全株发病，3～4年后失去经济价值。叶肉变厚、硬化、叶表无光泽，叶脉肿大，有些肿大的叶脉背面破裂，似缺硼状。根部症状主要表现为腐烂，其严重程度与地上枝梢相对称。果实受害，畸形，着色不均，常表现为"红鼻子"果（图5-9）。

图5-8　柑橘黄龙病为害新稍症状

图5-9　柑橘黄龙病病果

病　　原　亚洲韧皮杆菌 *Liberobacter asianticum*，属薄壁菌门原粒生物。病原体多呈圆形或椭圆形，少数呈不规则形。菌体双层膜。外层膜厚薄不均匀。

发生规律　病菌在树体内，通过嫁接和柑橘木虱传播。5月下旬开始发病，8～9月最严重。春、夏季多雨，秋季干旱时发病重；施肥不足，果园地势低洼，排水不良，树冠郁闭，发病重。4～8年生的树发病重。

防治方法　加强检疫。杜绝病苗、病穗传入无病区和新建的橘园。苗圃要与橘园相距2km以上。

播种前砧木种子用50～52℃热水预浸5分钟，再用55～56℃温水浸泡50分钟。接穗选自无病毒的高产优质母树，或用1 000mg/kg盐酸四环素液浸泡2小时，取出后用清水洗净再嫁接。

防治传毒媒介。嫩梢抽发期用40%乐果乳油1 000～2 000倍液、90%晶体敌百虫800倍液、

25%亚胺硫磷乳油400倍液、25%噻嗪酮可湿性粉剂1 500倍液喷杀，防治柑橘木虱。

病树治疗。重病树立即挖除；轻病树，可在主干基部钻孔，深达主干直径的2/3，从孔口注射药液，每株成年树注射1 000mg/kg盐酸四环素液2～5L。

4.柑橘溃疡病

分布为害 溃疡病在我国柑橘种植区普遍发生，以广东、广西、湖南和福建等地区发生较重。

症 状 主要为害叶片、果实和枝梢。叶片染病，初在叶背产生黄色或暗黄绿色油渍状小斑点，后叶面隆起，呈米黄色海绵状物。后隆起部破碎呈木栓状或病部凹陷，形成褶皱。后期病斑淡褐色，中央灰白色，并在病健部交界处形成一圈褐色釉光。凹陷部常破裂呈放射状。果实染病，与叶片上症状相似（图5-10）。病斑只限于在果皮上，发生严重时会引起早期落果。枝梢染病，初生圆形水渍状小点，暗绿色，后扩大灰褐色，木栓化，形成大而深的裂口，最后数个病斑融合形成黄褐色不规则形大斑，边缘明显（图5-11）。

图5-10 柑橘溃疡病为害叶片、果实症状

图5-11 柑橘溃疡病为害枝干症状

病 原 黑腐黄单胞菌柑橘致病型 *Xanthomonas campestris* pv. *citri*，属黄单胞杆菌属细菌（图5-12）。菌体短杆状；具极生单鞭毛，有荚膜；无芽孢，革兰氏染色阴性。

发生规律 病菌在病叶、病枝或病果内越冬，翌春遇水从病部溢出，通过雨水、昆虫、苗木、接穗和果实进行传播，从寄主气孔、皮孔或伤口侵入，生长季节潜育期3～10天。从3月下旬至12月病害均可发生，一年可发生3个高峰期。春梢发病高峰期在5月上旬，夏梢发病高峰期在6月下

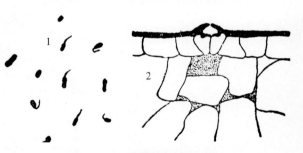

图5-12 柑橘溃疡病病原
1.病原细菌 2.被害组织内的病原物

旬，秋梢发病高峰期在9月下旬，其中以6～7月夏梢和晚夏梢受害最重。

防治方法 加强栽培管理。不偏施氮肥，增施钾肥；控制橘园肥水，保证夏、秋梢抽发整齐。结合冬季清园，彻底清除树上与树下的残枝、残果或落地枝叶，集中烧毁或深埋。

培育无病苗木，在无病区设置苗圃，所用苗木、接穗进行消毒，可用72%农用链霉素可溶性粉剂1 000倍液加1%酒精浸30～60分钟，或用0.3%硫酸亚铁浸泡10分钟。

春季开花前及花落后的10天、30天、50天，夏、秋梢期在嫩梢展叶和叶片转绿时，各喷药1次。可用药剂有72%农用链霉素可湿性粉剂3 000～4 500倍液、20%噻菌铜胶悬剂300～500倍液、20%乙酸铜水分散粒剂800～1 200倍液、30%氧氯化铜悬浮剂800倍液、64%福美锌·氢氧化铜可湿性粉剂500～600倍液、77%氢氧化铜可湿性粉剂400～500倍液、56%氧化亚铜悬浮剂500倍液、14%络氨铜水剂200倍液、3%中生菌素可湿性粉剂1 000倍液、12%松酯酸铜悬浮剂500倍液。

5.柑橘黄斑病

分布为害 柑橘黄斑病在各柑橘产区均有发生，管理水平低，树势弱的果园发病重，受害严重时引起大量落叶。

症　状 常见有2种症状。一种是黄斑型：发病初期在叶背生1个或数个油浸状小黄斑，随叶片长大，病斑逐渐变成黄褐色或暗褐色，形成疮痂状黄色斑块。另一种是褐色小圆斑型（图5-13）：初在叶面产生赤褐色略凸起小病斑，后稍扩大，中部略凹陷，变为灰褐色圆形至椭圆形斑，后期病部中央变成灰白色，边缘黑褐色略凸起，在灰白色病斑上可见密生的黑色小粒点，即病原菌的子实体。

图5-13　柑橘黄斑病为害叶片褐色小圆斑型

病　原 柑橘球腔菌*Mycosphaerella citri*，属子囊菌亚门真菌。子囊座近球形、丛生，黑褐色，有孔口。子囊倒棍棒形，成束状着生在子囊座上。子囊孢子在子囊内排列成二行，无色，长卵形。

发生规律 病菌以菌丝体或分生孢子在落叶的病斑或树上的病叶中越冬，翌春遇有适宜温湿度开始产生孢子，通过风雨传播，粘附在柑橘的新叶上，孢子发芽后侵入叶片，致新梢上叶片染病。5月上旬始发，6月中下旬进入盛期，9月后停滞或病叶脱落。一般春梢叶片重于夏秋梢，老树弱树易发病。

防治方法 加强橘园管理，增施有机肥，及时松土、排水，增强树势，提高抗病力。及时清除地面的落叶，集中深埋或烧毁。

第1次喷药可结合疮痂病防治，在落花后，喷施50%多菌灵可湿性粉剂600～800倍液、80%代森锰锌可湿性粉剂600倍液、70%甲基硫菌灵可湿性粉剂800～1 000倍液、77%氢氧化铜可湿性粉剂800倍液等药剂，间隔15～20天喷1次，连喷2～3次。

6. 柑橘黑星病

分布为害 黑星病又叫黑斑病，各橘区均有发生。果实被害最严重。果实被害后，不但降低品质，而且在贮运时病斑还会发展，造成腐烂，损失很大。

症　状 主要为害果实，症状分黑星型和黑斑型两类。黑星型（图5-14）：病斑圆形，红褐色。后期病斑边缘略隆起，呈红褐色至黑色，中部略凹陷，为灰褐色，常长出黑色粒状的分生孢子器。果上病斑达数十个时，可引起落果。黑斑型（图5-15）：初期斑点为淡黄色或橙黄色，以后扩大形成不规则的黑色大病斑，中央部分有许多黑色小粒点。病害严重的果实，表面大部分可以被许多互相联合的病斑所覆盖。

图5-14 柑橘黑星病病果黑星型

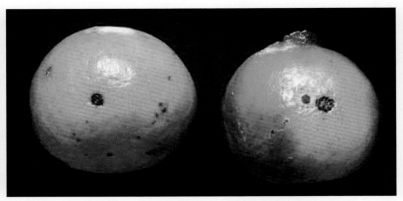

图5-15 柑橘黑星病病果黑斑型

病 原 柑果茎点菌*Phoma citricarpa*，属半知菌亚门真菌。分生孢子器球形至扁球形，黑褐色，分生孢子卵形至椭圆形，单胞、无色。有性世代*Guignardia citricarpa*称柑果黑腐菌，属子囊菌亚门真菌（图5-16）。

发生规律 病菌以菌丝体或分生孢子器在病果或病叶上越冬，翌春条件适宜散出分生孢子，借风雨或昆虫传播，芽管萌发后进行初侵染。病菌侵入后不马上表现症状，只有当果实近成熟时才现病斑，并可产生分生孢子进行再侵染。春季温暖高湿发病重；树势衰弱，树冠郁密，低洼积水地，通风透光差的橘园发病重。不同柑橘种类和品种间抗病性存在差异。柑类和橙类较抗病，橘类抗病性差。

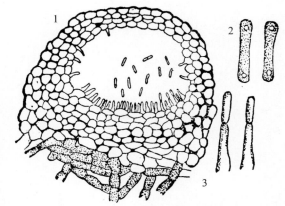

图5-16 柑橘黑星病病原
1.分生孢子器 2.分生孢子梗 3.分生孢子

防治方法 加强橘园栽培管理。采用配方施肥技术，调节氮、磷、钾比例；低洼积水地注意排水；修剪时，去除过密枝叶，增强树体通透性，提高抗病力。清除初侵染源，秋末冬初结合修剪，剪除病枝、病叶，并清除地上落叶、落果，集中销毁。同时喷洒波美1~2度石硫合剂，铲除初侵染源。

柑橘落花后，开始喷洒50%多菌灵可湿性粉剂1 000倍液、80%代森锰锌可湿性粉剂500~800倍液、40%多·硫悬浮剂600倍液、50%多霉灵（多菌灵·乙霉威）可湿性粉剂1 500倍液、50%甲基硫菌灵可湿性粉剂500倍液、30%氧氯化铜悬浮液700倍液、50%苯菌灵可湿性粉剂1 500倍液，间隔15天喷1次，连喷3~4次。

7. 柑橘青霉病和绿霉病

为害症状 青霉病和绿霉病分布普遍，是柑橘贮运期间最严重的病害。这两种病害的症状相似：发病初期，多从果蒂或伤口处发病，在果实表面出现水渍状病斑，呈褐色软腐，后长出白色霉层，以后又在其中部长出青色或绿色粉状霉层，霉层带以外仍存在水渍状环纹。病斑后期可深入果肉，导致全果腐烂。不同之处：青霉病以开始贮藏时发生较多，不会粘附包装纸，能闻到发霉气味（图5-17）。绿霉病以贮藏中后期发生较多，仅长在果皮上，霉层常黏附于包装纸上，能闻到一股芳香气味等（图5-18）。

病 原 意大利青霉*Penicillium italicum*，引起青霉病；*P. digitatum*称指状青霉，引起绿霉病，均属半知菌亚门真菌。前者菌落产孢处淡灰绿色，分生孢子梗集结成束，无色，具隔膜，先端数回分枝呈帚状；分生孢子初圆筒形，后变椭圆形或近球形。指状青霉菌落暗黄绿色，后变橄灰色；分生孢子梗同上；分生孢子无色、单胞，卵形至圆柱形。

图5-17 柑橘青霉病病果

图5-18 柑橘绿霉病病果

发生规律 这两种病菌腐生于各种有机物上，产生分生孢子，借气流传播，通过各种伤口侵入为害，也可通过病健果接触传染。柑橘贮藏初期多发生青霉病；贮藏后期多发生绿霉病。相对湿度95%~98%时利于发病；采收时果面湿度大，果皮含水多发病重。

防治方法 采收、包装和运输中尽量减少伤口。不宜在雨后、重雾或露水未干时采收。注意橘果采收时的卫生。要避免拉果剪蒂、果柄留得过长及剪伤果皮。

贮藏库及其用具消毒。贮藏库可用10g/m³硫磺密闭薰蒸24小时；或与果篮、果箱、运输车箱一起用70%甲基硫菌灵可湿性粉剂200～400倍液、50%多菌灵可湿性粉剂200～400倍液消毒。

采收前7天，喷洒70%甲基硫菌灵可湿性粉剂1 000倍液、50%苯菌灵可湿性粉剂1 500倍液、50%多菌灵可湿性粉剂2 000倍液。

采后3天内，用50%甲基硫菌灵可湿性粉剂500～1 000倍液、50%硫菌灵可湿性粉剂500～1 000倍液、25%咪鲜胺乳油2 000～2 500倍液、40%双胍辛胺可湿性粉剂2 000倍液、50%咪鲜胺锰盐可湿性粉剂1 000～2 000倍液、45%噻菌灵悬浮剂3 000～4 000倍液浸果，预防效果显著。

8. 柑橘树脂病

症　　状　橘树染病后致枝叶凋萎或整株枯死。枝干染病，有流胶和干枯两种类型。流胶型（图5-19）：病部初期呈灰褐色水渍状，组织松软，皮层具细小裂缝，后期流有褐色胶液，边缘皮层干枯或坏死翘起，致木质部裸露。干枯型：皮层初呈红褐色、干枯稍凹陷，有裂缝、皮层不易脱落，病健部相接处具明显隆起界线，流胶不明显。果实染病，表面散生黑褐色硬质突起小点，有的很多密集成片，呈砂皮状（图5-20）。

图5-19　柑橘树脂病枝干流胶症状

图5-20　柑橘树脂病病果

病　　原　柑橘间座壳*Diaporthe medusaea*，属子囊菌亚门真菌。无性世代为柑橘拟茎点霉*Phomopsis cytosporella*，属半知菌亚门真菌（图5-21）。子囊壳球形，单生或簇生、多埋藏于韧皮部黑色子座中；子囊长棍棒状，无柄，无色。子囊孢子梭形，无色，双胞。分生孢子器球形至不规则形，具孔口，分生孢子具二型：Ⅰ型为卵型，单胞无色，内含1～4个油球；Ⅱ型孢子丝状或钩状，无色单胞。

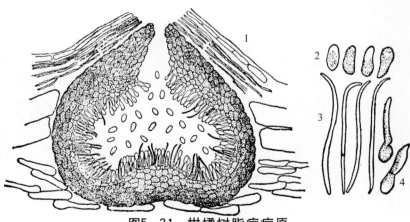

图5-21　柑橘树脂病病原
1.分生孢子器　2.圆形分生孢子　3.丝状分生孢子　4.孢子萌发

发生规律　菌丝或分生孢子器在枝干上病部越冬，翌春产出分生孢子借昆虫或风雨传播，经伤口侵入。在浙江一带橘产区5～6月或9～10月是发病盛期，红蜘蛛、介壳虫为害重的植株，易发病。此外，遇冻害、涝害或肥料不足致树势衰弱发病重。

防治方法　加强管理，主要是防冻、防涝、避免日灼及各种伤口，以减少病菌侵染。剪除病枝，收集落叶，集中烧毁或深埋。

　　于春芽萌发期喷1次0.8∶0.8∶100波尔多液，喷洒时注意主干及大枝部分。

　　认真刮除病枝或病干上病皮，病部伤口涂36%甲基硫菌灵悬浮剂100倍液、50%苯菌灵可湿性粉剂200倍液、25%甲霜灵可湿性粉剂100～200倍液、80%乙膦铝可湿性粉剂100倍液。若施药后再用无色透明乙烯薄膜包扎伤口，防效更佳。

　　必要时结合防治炭疽病、疮痂病，于发病初期喷50%苯菌灵可湿性粉剂1 500倍液、50%混杀硫悬浮剂500倍液、70%甲基硫菌灵可湿性粉剂1 000倍液、60%多菌灵盐酸盐可湿性粉剂800倍液。

9. 柑橘脚腐病

　　症　　状　主要为害根颈部，地上部也可受害。根颈部染病（图5-22），病部初呈褐色；湿腐，具酒糟气味，流有胶液。后期如天气干燥，病部常干裂；条件适宜时，病斑迅速扩展，严重的环绕整个树干，致橘树死亡。

　　病　　原　柑橘疫霉*Phytophthora citrophthora*；寄生疫霉*Phytophthora parasitica*，属鞭毛菌亚门真菌。孢囊梗长，孢子囊顶生、间生或侧生，卵圆形或球形；厚垣孢子球形；藏卵器间生或侧生，卵孢子球形，蜜黄色。

　　发生规律　以厚垣孢子和卵孢子在土壤中或以菌丝体在病组织内越冬。借雨水飞溅传播，病菌萌发产生芽管，侵入寄主为害，后病部菌丝产生孢子囊及游动孢子，进行再侵染。高温多雨季节发病重；地势低洼，排水不良，树冠郁闭、通风透光差，发病重。

　　防治方法　选用抗病砧木是防治此病根本措施。嫁接时，适当提高嫁接口位置，不宜定植太深。加强管理，低洼积水地注意排水，合理修剪，增强通透性；避免间作高杆作物。

图5-22　柑橘脚腐病为害根颈部症状

　　发现病树，及时将腐烂皮层刮除，并刮掉病部周围健全组织0.5～1cm，然后于切口处涂抹10%等量式波尔多液、2%～3%硫酸铜液、80%三乙膦酸铝可湿性粉剂100～200倍液、25%甲霜灵可湿性粉剂400倍液。

10. 柑橘煤污病

　　症　　状　主要为害叶片、枝梢及果实，初期仅在病部生一层暗褐色小霉点，后期逐渐扩大，直至形成绒毛状黑色或暗褐色霉层，并散生黑色小点刻，即病菌的闭囊壳或分生孢子器（图5-23）。

图5-23　柑橘煤污病病叶

病　原　柑橘煤炱*Meliola butleri*；巴特勒小煤炱*Capnodium citr*；刺盾炱*Chaetothyrium spinigerum*等，均属子囊菌亚门真菌（图5-24）。其中常以柑橘煤炱为主，菌丝丝状、暗褐色，具分枝。子囊壳球形，子囊长卵形，内生子囊孢子8个，子囊孢子长椭圆形，具纵横隔膜，砖格状。分生孢子器筒形，生于菌丝丛中，暗褐色，分生孢子长圆形，单胞无色。

发生规律　以菌丝体或分生孢子器及闭囊壳在病部越冬，翌春由霉层上飞散孢子借风雨传播，并以蚜虫、介壳虫、粉虱的分泌物为营养，辗转为害。荫蔽潮湿及管理不善的橘园，发病重。

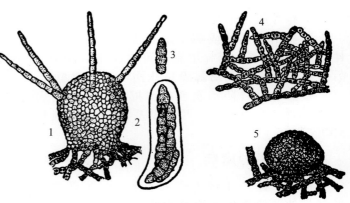

图5-24　柑橘煤污病病菌
1.子囊壳　2.子囊　3.子囊孢子
4.菌丝　5.分生孢子器

防治方法　及时防治介壳虫、粉虱、蚜虫等刺吸式口器害虫，加强橘园管理。

发病初期，喷施40%克菌丹可湿性粉剂400倍液、0.5∶1∶100倍式波尔多液、90%机油乳剂200倍液、50%多菌灵可湿性粉剂600～800倍液。

11. 柑橘黑腐病

症　状　主要为害果实。果面近脐部变黄，似成熟果，后病部变褐，呈水渍状，不断扩大，呈不规则状，四周紫褐色，中央色淡，湿度大时，病部表面长出白色气生菌丝，后转为墨绿色，致果瓣腐烂，果心空隙长出墨绿色线状霉菌，严重的果皮开裂；幼果染病，多发生在果蒂部，后经果柄向枝上蔓延，造成枝条干枯，致幼果变黑或成僵果早落（图5-25）。

图5-25　柑橘黑腐病为害果实症状

病　原　柑橘链格孢*Alternaria citr*，属半知菌亚门真菌。分生孢子梗束状，一般不分枝，暗褐色，弯曲，具隔1～7个；分生孢子卵形或纺锤形，长椭圆形至倒棍棒状，暗褐色，表面光滑或具小粒点，具横隔膜1～6个，纵隔膜0～5个，横分隔处略缢缩。

发生规律　以分生孢子随病果遗落地面或以菌丝体潜伏在病组织中越冬，翌年产生分生孢子进行初侵染，幼果染病后产出分生孢子，通过风雨传播进行再侵染。适合发病气温28～32℃，橘园肥料不足或排水不良，树势衰弱、伤口多发病重。

防治方法　加强橘园管理，在花前、采果后增施有机肥，做好排水工作，雨后排涝．旱时及时浇水，保证水分均匀供应。及时剪除过密枝条和枯枝，及时防虫，以减少人为伤口和虫伤。

发病初期，可喷施75%百菌清可湿性粉剂600~800倍液、70%代森锰锌可湿性粉剂500倍液、40%克菌丹可湿性粉剂400倍液。

12．柑橘裂皮病

症　　状　新梢少或部分小枝枯死，叶片小或叶脉附近绿色叶肉黄化，似缺锌状，病树树势弱但开花多，落花落果严重。砧木部分树皮纵向开裂，翘起延至根部，皮层剥落，木质部外露呈黑色（图5-26）。

病　　原　Citrus exocortis viroid（CEV）称柑橘裂皮类病毒。柑橘裂皮类病毒无蛋白质衣壳，是低分子核酸。

发生规律　病株和隐症带菌树是初侵染源，除通过苗木或接穗传播外，也可通过工具、农事操作及菟丝子传病。柑橘裂皮病在以枳、枳橙和蓝普来檬作砧木的柑橘树上严重发病，而用酸橙和红橘作砧木的橘树在侵染后不显症，成为隐症寄主。

防治方法　利用茎尖嫁接脱毒法，培育无病苗木。严格实行检疫，防止病害传播蔓延。新建橘园应注意远离有病的老园，严防该病传播蔓延。

操作前后用5%~20%漂白粉或25%福尔马林液加2%~5%氢氧化钠液或5%次氯酸钠浸洗1~2秒，消毒嫁接刀、枝剪、果剪等工具和手，以防接触传染。

图5-26　柑橘裂皮病为害树干症状

13．柑橘赤衣病

症　　状　主要为害枝条或主枝，发病初期仅有少量树脂渗出，后干枯龟裂，其上着生白色蛛网状菌丝（图5-27），湿度大时，菌丝沿树干向上、下蔓延，围绕整个枝干，病部转为淡红色，病部以上枝叶凋萎脱落，影响生长发育，降低产量，严重发病时会整株枯死。

图5-27　柑橘赤衣病为害树干症状

病　原　鲑色伏革菌 *Corticium salmonicolor*，属担子菌亚门真菌。子实体系蔷薇色薄膜，生在树皮上。担子棍棒形或圆筒形，顶生2~4个小梗；担孢子单细胞，无色，卵形，顶端圆，基部具小突起。无性世代产出球形无性孢子，单细胞，无色透明，孢子集生为橙红色。

发生规律　病菌以菌丝或白色菌丛在病部越冬，翌年，随桔树萌动菌丝开始扩展，并在病疤边缘或枝干向阳面产出红色菌丝，孢子成熟后，借风雨传播，经伤口侵入，引起发病。在温暖、潮湿的季节发生较烈，尤其多雨的夏秋季，遇高温或桔树枝叶茂密发病重。橘树管理不善、郁闭阴暗处容易发生。

防治方法　冬季彻底清园，剪除病枝，带出园外集中烧毁，减少病源。在夏秋雨季来临前，修剪枝条或徒长枝，使通风良好，减少发病条件。搞好雨季清沟排水，降低地下水位，以防止橘树根系受渍害，并降低橘园湿度。合理施肥，改重施冬肥为巧施春肥，早施、重施促梢壮果肥，补施处暑肥，适施采果越冬肥。

春季橘树萌芽时，用8%~10%的石灰水涂刷树干。

及时检查树干，发现病斑马上刮除后，涂抹10%硫酸亚铁溶液保护伤口。

每年从4月上旬开始，抢在发病前喷施保护药。一定要将药液均匀地喷洒到橘树中、下部内膛的树干、枝条背阴面，每周1次，连续施药3~4次。可用15%氯溴异氰尿酸水剂600~800倍液、30%氧氯化铜悬浮剂700~1 000倍液、14%络氨铜水剂300~500倍液、77%氢氧化铜可湿性粉剂600~800倍液、50%苯菌灵可湿性粉剂1 500~2 000倍液、50%混杀硫悬浮剂500~600倍液，对轻度感病枝干，可刮去病部，涂石硫合剂原液，并在干后再涂抹石蜡。

14. 柑橘酸腐病

症　状　果实染病后，出现橘黄色圆形斑。病斑在短时间内迅速扩大，使全果软腐，病部变软，果皮易脱落。后期出现白色黏状物，为气生菌丝及分生孢子，整个果实出水腐烂并发生酸败臭气（图5-28）。

图5-28　柑橘酸腐病为害果实症状

病　原　白地霉 *Geotrichum candidum*，属半知菌亚门真菌。分生孢子梗侧生于菌丝上，分枝少，无色。

发生规律　病菌从伤口侵入，故首先在伤口附近出现病斑。由果蝇传播及接触传染，本病具较强的传染力。在密闭条件下容易发病。

防治方法　参照柑橘青霉病与绿霉病的防治方法，并及时清除烂果与流出的汁液。

二、柑橘虫害

我国柑橘种植历史悠久，种植面积大，虫害种类繁多。据统计，柑橘害虫达70种以上，其中为害严重有柑橘红蜘蛛、柑橘锈壁虱、柑橘木虱、橘蚜、柑橘矢尖蚧、柑橘潜叶蛾等。

1. 柑橘红蜘蛛

分　　布　柑橘红蜘蛛（*Pananychus citri*）是我国柑橘产区普遍发生的最严重的害虫之一。

为害特点　成、若、幼螨以口针刺吸叶、果、嫩枝、果实的汁液。被害叶面出现灰白色失绿斑点，严重时在春末夏初常造成大量落叶、落花、落果。

形态特征　成螨雌体椭圆形，背面有瘤状突起，深红色，背毛白色着生毛瘤上（图5-29）。雄体略小鲜红色，后端狭长呈楔形。卵球形略扁，红色有光泽，后渐褪色。幼螨体色较淡。若螨与成螨相似。

发生规律　每年发生15~18代，世代重叠。以卵、成螨及若螨于枝条裂缝处或叶背处越冬。早春3月上旬开始活动为害，4~5月嫩叶展开时达高峰，5月~7月，气温较高，虫口密度下降，

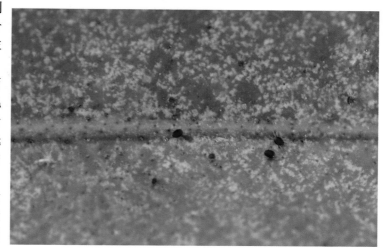

图5-29　柑橘红蜘蛛雌成螨

9~11月气温下降，虫口又复上升，为害严重。一年中春、秋两季发生严重。

防治方法　适度修剪，增施有机肥，增强树势，合理间作，不与桃、梨、桑等混栽。防治的关键时期有3个：①春梢抽生时，越冬卵孵化盛期；②柑橘开花后，温度、湿度都适宜生育繁殖，若螨、成螨混发期，必须重点防治；③11~12月月均温均较低，可选择一些在温度低时仍能发挥药效的土，如机油乳剂、石硫合剂等。开花前有螨叶率65%，平均每叶有螨2头；花后有螨叶率85%，平均每叶5头；盛花期每叶或每果3~5头，且天敌数量少，不足控制红蜘蛛，应用药防治。

在柑橘春梢大量抽发期，越冬卵孵化盛期，用20%哒螨灵可湿性粉剂2 000~4 000倍液、73%炔螨特乳油2 000~3 000倍液、5%噻螨酮乳油1 000~2 000倍液、20%四螨嗪悬浮剂3 000~3 500倍液、25%三唑锡可湿性粉剂1 000~2 000倍液、30%三磷锡乳油2 500~3 000倍液、20%双甲脒乳油800~1 500倍液均匀喷雾。

柑橘开花后，若螨、成螨混发期，可用5%唑螨酯悬浮剂2 000~3 000倍液、25%单甲脒水剂1 000倍液、50%溴螨酯乳油2 500倍液、20%三氯杀螨醇乳油800倍液、5%氟虫脲乳油750~1 000倍液、2.5%氯氟氰菊酯乳油2 500倍液、10%浏阳霉素乳油1 000~1 200倍液、50%苯丁锡可湿性粉剂2 000~3 000倍液、1.8%阿维菌素乳油2 000~4 000倍液均匀喷雾，药剂要交替使用，以免产生抗药性。

11~12月，可喷施95%机油乳油100~200倍液减少越冬卵、若螨、成螨。

2. 柑橘木虱

分　　布　柑橘木虱（*Diaphorina citri*）分布在广东、广西、福建、云南、四川、贵州、湖南、江西和浙江等省。

为害特点　成、若虫刺吸芽、幼叶、嫩梢及叶片汁液，被害嫩梢幼芽干枯萎缩，新叶扭曲畸形。若虫排出的白色分泌物落在枝叶上，能引起煤污病，影响光合作用。

形态特征　成虫体青灰色，具褐色斑纹，被有白粉（图5-30）。头部灰褐色，前端尖，前方的两个颊锥突出。前翅狭长，半透明，散布褐色斑纹，翅缘色较深，后翅无色透明。雌螨产卵期呈橘红色，腹部纺锤形。卵近圆形，初产时乳白色，后为橙黄色，孵化前为橘红色。若虫扁椭圆形背面稍隆起，体黄色，共5龄。

发生规律 浙江南部年生6~7代，以成虫在叶背越冬；台湾、福建、广东、四川8~14代，世代重叠，全年可见各虫态。翌年3~4月开始活动为害，并在新梢嫩芽上产卵繁殖，以后各次抽梢均可受害。每年可出现3次高峰：第一次在3月中旬至4月上中旬，

图5-30 柑橘木虱成虫

春梢发芽，成虫开始大量产卵繁殖；第二次在5月下旬至6月下旬，第1代成虫在夏梢的嫩芽、嫩梢上产卵；第三次在7月底至9月，第6~7代主要发生在生长势较强的幼年树或整株橘树秋季大枝重截后旺发晚秋的成年树上。以秋梢期为害最重，秋芽常枯死。

防治方法 橘园种植防护林，增加荫蔽度可减少发生。加强栽培管理，使新梢抽发整齐，并摘除零星枝梢，以减少木虱产卵繁殖场所。砍除失去结果能力的衰弱树，减少虫源。

根据柑橘木虱各代若虫的发生期与春、夏、秋"三梢"抽发期密切相关的特点，在防治技术上要重点抓住"三梢"抽发期这一防治适期，一般宜掌握新梢萌芽至芽长5cm时开展第1次防治。若虫口基数较高，且抽梢不整齐造成抽梢较长时，还需防治第2、3次，间隔7~10天。一般情况下，春梢防治1次，夏梢1~2次，秋梢2~3次，全年防治4次以上时，可基本控制柑橘木虱的为害。

可喷洒10%吡虫啉可湿性粉剂2 000倍液、5%丁烯氟虫腈悬浮剂1 500倍液、25%噻虫嗪水分散粒剂5 000倍液、20%啶虫脒可溶性液剂5 000倍液、1.8%阿维菌素乳油2 500倍液、25%噻嗪酮可湿性粉剂1 000倍液、50%丁醚脲可湿性粉剂1 500倍液、50%马拉硫磷乳油1 000~2 000倍液、80%敌敌畏乳油1 500~2 500倍液、25%喹硫磷乳油500~1 000倍液、20%甲氰菊酯乳油1 000~3 000倍液、2.5%联苯菊酯乳油2 500~3 000倍液、2.5%鱼藤精乳油500倍液、40%硫酸烟碱500倍液加0.3%浓度的皂液。必要时加入等量消抗液，可提高防效。

3. 橘蚜

为害特点 橘蚜（*Toxoptera citricidus*）成虫和若虫群集在柑橘嫩梢、嫩叶、花蕾和花上取食汁液，使新叶卷缩、畸形幼果和花蕾脱落，并分泌大量蜜露，诱发煤烟病，枝叶发黑。

形态特征 成虫：无翅胎生雌蚜漆黑色有光泽（图5-31），触角丝状，腹管长管状。翅白色透明，翅脉色深，翅痣淡黄褐色，前翅中脉分3叉。有翅胎生雌蚜与无翅胎生雌蚜相似，体深褐色。卵椭圆形，初产时淡黄色，后为黄褐色，最后变为漆黑无光泽。若虫与无翅胎生雌蚜相似，体褐色，有翅若蚜3龄出现翅芽。

发生规律 每年发生10~20代，以

图5-31 橘蚜无翅胎生雌蚜

老龄若虫或无翅胎生雌蚜在树上越冬，有的以卵在叶背越冬。翌年3月下旬至4月上旬越冬卵孵化为无翅若蚜为害春梢嫩枝、叶，春梢成熟前达到高峰。8~9月为害秋梢嫩芽、嫩枝，影响次年产量，以春末夏初和秋初繁殖最快，为害最重。至晚秋产生有性蚜交配，11月下旬至12月产卵越冬。

防治方法　冬夏剪除被害及有虫、卵的枝梢，并刮杀枝干上的越冬蚜卵。夏、秋梢抽发时，结合摘心和抹芽，去除零星新梢，打断其食物链，减少虫源。

田间新梢有蚜率达25%左右时喷药防治，可用10%吡虫啉可湿性粉剂3 000倍液、15%吡·乙酰可湿性粉剂2 000~3 000倍液、30%乙酰甲胺磷乳油1 000~1 500倍液、40%高氯·马乳油1 500~2 000倍液、4.5%高效氯氰菊酯乳油2 000~3 000倍液、45%马拉硫磷乳油1 000~1 500倍液、10%高效烟碱乳油600~1 000倍液、40%柴油·辛硫磷乳油800~1 000倍液、10%烯啶虫胺可溶性液剂4 000~5 000倍液、20%吡虫·三唑锡可湿性粉剂1 000~2 000倍液、30%啶虫·毒死蜱水乳剂1 000~1 500倍液、17.5%哒螨·吡虫啉可湿性粉剂1 500~2 000倍液、25%噻虫嗪水分散粒剂4 000~5 000倍液、2.5%溴氰菊酯乳油2 500~5 000倍液、50%抗蚜威可湿性粉剂1 000~2 000倍液、25%速灭威乳油1 000~2 000倍液、20%甲氰菊酯乳油5 000~6 000倍液、10%氯氰菊酯乳油2 000~2 500倍液、0.5%苦参碱水溶液500~1 000倍液、3%啶虫脒乳油2 500~3 000倍液，间隔7天左右喷1次，连喷2~3次。

4．矢尖蚧

为害特点　矢尖蚧（*Unaspis yanonensis*）若虫和雌成虫刺吸枝干、叶和果实的汁液，被害处四周变成黄绿色，严重者叶干枯卷缩，枝条枯死，果实不易着色，果小味酸。

形态特征　成虫雌介壳棕褐至黑褐色，边缘灰白色，介壳质地较硬、略弯曲，形似箭头。雄介壳狭长，粉白色绵絮状，淡黄色（图5-32）。雄成虫深红色，具发达的前翅。卵椭圆形，橙黄色。1龄若虫草鞋形橙黄色，触角和足发达；2龄扁椭圆形，淡黄色（图5-33），触角和足均消失。蛹长形，橙黄色。

图5-32　矢尖蚧雄虫

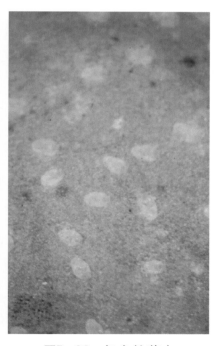

图5-33　矢尖蚧若虫

发生规律　每年可发生2~3代，以受精雌虫越冬为主，少数以若虫及蛹越冬。第1代幼蚧5月上旬初见，孵化高峰期为5月中旬，第2代幼蚧盛发高峰期在7月下旬，第3代幼蚧盛发高峰期在9月中旬。

防治方法 加强综合管理，使通风透光良好，增强树势提高抗病虫能力。剪除蚧虫严重枝，放空地上待天敌飞出后再行烧毁。亦可刷除枝干上密集的蚧虫。抓住卵孵盛期适期防治幼蚧，尤其是第1代卵孵化较整齐，是全年防治最佳时期。

可用30%噻嗪·毒死蜱乳油1 500～2 500倍液、22.5%啶虫·二嗪磷乳油1 000～1 500倍液、40%马拉·杀扑磷乳油500～1 000倍液、40%杀扑·毒死蜱乳油1 600～2 000倍液、35%噻嗪·氧乐果乳油800～1 000倍液、40%机油·毒死蜱乳油800～1 250倍液、30%吡虫·噻嗪酮悬浮剂2 000～3 000倍液、25%噻嗪酮悬浮剂1 000～2 000倍液、20%啶虫·毒死蜱乳油800～1 000倍液、20%杀扑·毒死蜱乳油800～1 000倍液、6%阿维·啶虫脒水乳剂1 000～2 000倍液、25%噻虫嗪水分散粒剂4 000～5 000倍液、20%氰戊·氧乐果乳油1 500～3 000倍液、20%氯氰·毒死蜱乳油800～1 000倍液、0.5%烟碱·苦参碱500～1 000倍液、40%机油·杀扑磷乳油500～800倍液、44%机油·马拉松乳油350～440倍液、40%乐果·杀扑磷乳油1 000～1 500倍液、15%氰戊·喹硫磷乳油700～1 000倍液、20%噻嗪·哒螨灵乳油800～1 000倍液、20%噻嗪酮·杀扑磷乳油800～1 000倍液、25%噻虫嗪水分散粒剂1 000～1 500倍液、20%噻嗪酮可湿性粉剂4 000～5 000倍液、48%毒死蜱乳油1 000～1 500倍液均匀喷雾，间隔10～15天喷洒1次，连喷2～3次。如化学农药和矿物油乳剂混用效果更好，对已分泌蜡粉或蜡壳者亦有防效。

5．褐圆蚧

分布为害 褐圆蚧（*Chrysomphalus aonidum*）在我国各柑橘产区都有发生，尤以华南和闽南橘区发生普遍而严重。可为害叶片、枝梢和果实。受害叶片褪绿，出现淡黄色斑点；果实受害后表面不平，斑点累累，品质低下（图5-34）；为害严重时导致树势衰弱，大量落叶落果，新梢枯萎，甚至造成树体死亡。

形态特征 雌成虫介壳为圆形，呈紫褐色，边缘为淡褐色或灰白色，由中部向上渐宽，高高隆起，壳点在中央，呈脐状。雌成虫体呈倒卵形，为淡黄色；雄成虫蚧壳椭圆形或卵形，色泽与雌蚧壳相似。雄成虫体呈淡橙黄色，足、触角、交尾器及胸部背面均为褐色，有翅1对，透明。卵呈长圆形，为淡橙黄色。若虫呈卵形，为淡橙黄色，共2龄。

发生规律 一年发生3～6代，后期世代重叠严重，主要以若虫越冬。卵产于蚧壳下母体的后方，经数小时至2～3天后孵化为若虫。初孵若虫活动力强，转移到新梢、嫩叶或果实上取食。经1～2天后固定，并以

图5-34 褐圆蚧为害果实症状

口针刺入组织为害。雌虫若虫期蜕皮2次后变为雌成虫；雄虫若虫期共2龄，经前蛹和蛹变为成虫。各代1龄若虫的始盛期为5月中旬、7月中旬、9月下旬及11月下旬，以第2代的种群增长最大。

防治方法 合理修剪，剪除虫枝。使用选择性农药，注意保护和利用天敌。

防治指标为5～6月10%的叶片（或果实）有虫；7～9月10%果实发现有若虫2头/果。可选用95%机油乳剂100～150倍液、40%杀扑磷乳油1 500倍加95%机油乳剂250倍液、25%喹硫磷乳油1 000倍液、50%乙酰甲胺磷乳油800倍液、25%噻嗪酮可湿性粉剂1 000倍液、48%毒死蜱乳油1 500倍液等，喷雾防治。

6．红圆蚧

分布为害 红圆蚧（*Aonidiella aurantii*）分布广泛，在部分地区已成为柑橘的主要害虫。成

虫和若虫在寄主的枝干、叶片和果实上吸取汁液（图5-35），影响植株的树势、产量和品质，严重时造成落叶、落果、枯枝。

形态特征　雌成虫蚧壳近圆形，呈橙红色。有壳点2个，呈橘红色或橙红色，不透明。雌成虫呈肾形，呈淡橙黄色。雄虫蚧壳椭圆形，有壳点1个，圆形，呈橘红色或黄褐色。雄成虫体呈橙黄色，眼呈紫色，有足3对，尾部有一针状交尾器。卵椭圆形，呈淡黄色至橙黄色。若虫初孵时为黄色，椭圆形，有触角及足。2龄若虫足和触角均消失，体渐圆，近杏仁形，呈橘黄色。后变为肾形，叶橙红色。

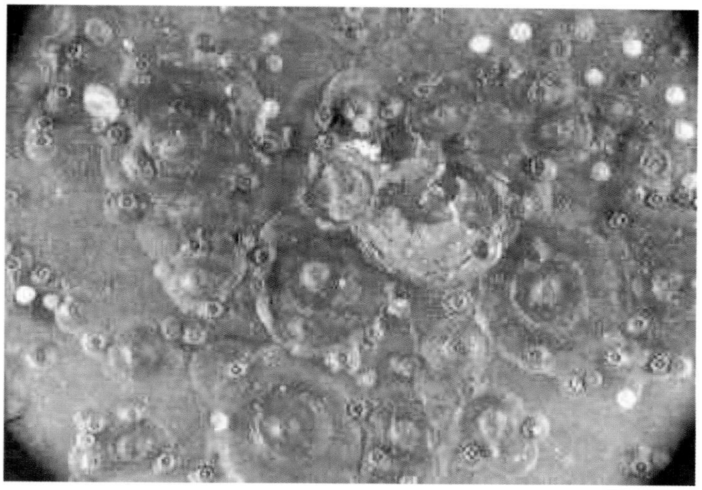

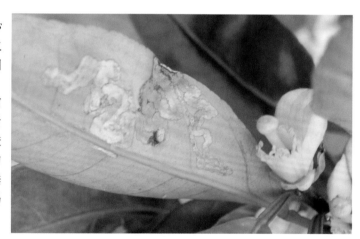

图5-35　红圆蚧为害果实症状

发生规律　一年发生3~4代，世代重叠明显，以受精雌成虫和若虫在枝叶上越冬。6月上中旬胎生第1代若虫，至8月中旬变为成虫；9月上旬胎生第2代若虫，至10月中旬变为成虫。初孵若虫在母体下停留一段时间后，开始固定，雌虫喜欢固定在叶片的背面，雄虫则以叶片正面较多。若虫固定后1~2小时即开始分泌蜡质，形成蚧壳。

防治方法　参照褐圆蚧。

7. 柑橘潜叶蛾

为害特点　柑橘潜叶蛾（*Phyllocnistis citrella*）幼虫为害新梢嫩叶，潜入表皮下取食叶肉，形成弯曲隧道，内留有虫粪（图5-36）。被害叶卷缩、硬化，易脱落。

形态特征　成虫银白色，触角丝状，前翅披针形，中部有黑褐色"Y"形斜纹，后翅针叶状（图5-37）。卵椭圆形，白色透明。幼虫体扁平黄绿色，头三角形，老熟幼虫体扁平，纺锤形（图5-38）。蛹纺锤形，初为淡黄色，后变为深黄褐色。茧黄褐色，很薄。

图5-36　柑橘潜叶蛾为害叶片症状

图5-37　柑橘潜叶蛾成虫

图5-38　柑橘潜叶蛾幼虫

发生规律 浙江每年发生9~10代，广东、广西15~16代，世代重叠，多以幼虫和蛹越冬。成虫和卵盛发后的10天左右，便是幼虫盛发期。在南亚热带橘区，2月初孵幼虫为害春梢嫩叶；主要为害夏梢、秋梢和晚秋梢；每年抽梢5~6次，幼虫有4~5个高峰期；在中、北热带橘区，3~4月开始活动，4月下旬至5月上旬幼虫为害柑橘苗圃嫩梢，主害秋梢和晚夏梢。

防治方法 冬季剪除在枝梢上越冬的幼虫和蛹，春季和初夏早期摘除零星发生为害的幼虫和蛹。及时抹芽控梢，摘除过早、过晚的新梢，通过水、肥管理使夏、秋梢抽发整齐健壮。一般在新梢萌发不超过3mm或新叶受害率达5%左右开始喷药，重点应在成虫期及低龄幼虫期进行。

可用10%吡虫啉可湿性粉剂2 000倍液、20%苦皮藤素乳油500倍液、90%杀虫单可湿性粉剂600~1 000倍液、25%杀虫双水剂500~800倍液、20%氰戊菊酯乳油2 000~2 500倍液、52.25%氯氰·毒死蜱乳油1 000~1 250倍液、1.8%阿维菌素乳油4 000~5 000倍液、5%虱螨脲乳油1 500~2 500倍液、5%氟啶脲乳油2 000~3 000倍液、0.3%印楝素乳油400~600倍液、10%氯氰·敌敌畏乳油600~800倍液、6.3%阿维·高氯可湿性粉剂3 000~5 000倍液、40%水胺硫磷乳油1 000~1 300倍液、4.5%高效氯氰菊酯乳油2 250~3 000倍液、3%啶虫脒乳油1 000~2 000倍液、25%除虫脲可湿性粉剂1 000~2 000倍液、20%氰戊·氧乐果乳油1 500~3 000倍液、20.5%阿维·除虫脲悬浮剂2 000~4 000倍液、16%氯氰·三唑磷乳油1 000~2 000倍液、15%高氯·毒死蜱乳油800~1 200倍液均匀喷雾，间隔5~10天喷1次，连喷2~3次，重点喷布树冠外围和嫩芽嫩梢。

8．拟小黄卷叶蛾

为害特点 拟小黄卷叶蛾（*Adoxophyes cyrtosema*）以幼虫为害新梢、嫩叶、花和幼果，吃成千疮百孔，引起幼果大量脱落，成熟果腐烂。

形态特征 成虫体黄色，前翅色纹多变。雄虫前翅黄色，具前缘褶，后翅淡黄色（图5-39）。卵椭圆形，常排列成鱼鳞状块，初淡黄渐变深黄，孵化前黑色。一龄幼虫头部为黑色，其余各龄幼虫均为黄色，体黄绿色。蛹黄褐色，纺锤形。

图5-39 拟小黄卷叶蛾成虫

发生规律 广州地区每年发生8~9代，福州7代，世代重叠，以幼虫在叶苞及卷叶内越冬，少数以蛹或成虫越冬。越冬幼虫于3月上旬化蛹，3月中旬羽化产卵，初孵幼虫3月下旬至4月上旬盛发，4~5月幼虫大量为害花和幼果，引致大量落果；6~8月幼虫主害嫩叶；9~11月为害成熟果，引起采果前大量腐烂和脱落。

防治方法 冬季剪除虫枝，清除枯枝落叶和杂草，集中处理减少虫源。摘除卵块和虫果及卷叶团，放天敌保护器中。

谢花期及幼果期喷药防治幼虫，可用80%敌敌畏乳油800~1 000倍液、50%杀螟硫磷乳油800~1 000倍液、90%晶体敌百虫800~900倍液、20%氰戊菊酯乳油2 000~3 000倍液、2.5%氯氟氰菊酯乳油2 000~3 000倍液、25%杀虫双水剂600~800倍液，如能混入0.3%茶枯或0.2%中性洗衣粉可提高防效。

9．柑橘小实蝇

为害特点 柑橘小实蝇（*Dacus dorsalis*）成虫产卵于果实内，幼虫于果内蛀食，常果实未熟先黄腐烂或脱落。

形态特征 成虫全体黄色与黑色相间，翅透明，翅脉黄褐色，前缘中部至翅端有灰褐色带状斑（图5-40）。卵梭形，乳白色。幼虫体蛆形黄白色。蛹椭圆形，淡黄色（图5-41）。

发生规律 每年发生3~8代，无严格的越冬过程，生活史不整齐，各虫态常同时存在。成虫午前羽化，8时前后最盛。全年5~9月虫口密度最高。

图5-40 柑橘小实蝇成虫

图5-41 柑橘小实蝇幼虫及蛹

防治方法 羽化前深翻使之不能羽化出土。

成虫羽化期地面喷撒1.5%辛硫磷粉4~5kg杀初羽化的成虫。

成虫产卵前，喷洒90%晶体敌百虫800~1 000倍液、80%敌敌畏乳油1 000~1 500倍液、25%亚胺硫磷乳油500~800倍液、20%氰戊菊酯乳油2 000~3 000倍液、20%甲氰菊酯乳油2 000~2 500倍液，加3%~5%的糖水以诱集毒杀成虫。隔4~5天喷1次，连续喷2~3次效果很好。

10.柑橘大实蝇

分布为害 柑橘大实蝇（*Tetradacus citri*）以幼虫为害果瓤，造成果实腐烂和落果。

形态特征 成虫体黄褐色（图5-42），复眼金绿色，中胸背板正中有"人"形深茶褐色斑纹，两侧各具1条较宽的同色纵纹。腹部5节长卵形，基部较狭，腹背中央纵贯1条黑纵纹，第3腹节前缘有1条黑横带，同纵纹交成"十"字形于腹背中央。翅透明，前缘中央和翅端有棕色斑。卵长椭圆形，一端稍尖，微弯曲，乳白色两端稍透明。幼虫体蛆形乳白色，胸部11节，口钩黑色常缩入体内（图5-43）。蛹椭圆形，黄褐色。

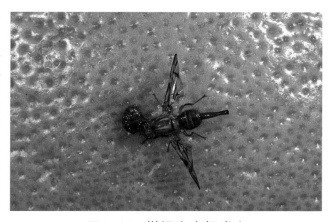

图5-42 柑橘大实蝇成虫

发生规律 1年发生1代，以蛹在3~7cm土层中越冬，翌年4~5月羽化，6~7月交配、产卵，卵产在果皮下，幼虫共3龄，均在果内为害。老熟幼虫于10月下旬，随被害果落地或事先爬出入土化蛹。雨后初晴利于羽化，一般在上午羽化出土，出土后在土面爬行一会，就开始飞翔。新羽化成虫周内不取食，经20多天性成熟，在晴天交配，下午至傍晚活跃，把卵产在果顶或赤道面之间，产卵处呈乳状突起。

防治方法 参考柑橘小实蝇。

图5-43 柑橘大实蝇幼虫

11．柑橘凤蝶

为害特点 柑橘凤蝶（*Papilio xuthus*）幼虫食芽、叶，初龄食成缺刻与孔洞，稍大常将叶片吃光，只残留叶柄。

形态特征 成虫有春型和夏型两种。春型比夏型体略小。雌略大于雄，色彩不如雄艳，两型翅上斑纹相似，体淡黄绿至暗黄，前翅黑色近三角形，近外缘有8个黄色月牙斑，翅中央从前缘至后缘有8个由小渐大的黄斑。后翅黑色（图5-44）。卵近球形（图5-45），初黄色，后变深黄，孵化前紫灰至黑色。幼虫黄绿色（图5-46）。1龄幼虫黑色，刺毛多；2～4龄幼虫黑褐色。蛹体鲜绿色，有褐点（图5-47）。

图5-44 柑橘凤蝶成虫

图5-45 柑橘凤蝶卵

图5-46 柑橘凤蝶幼虫

图5-47 柑橘凤蝶蛹

发生规律 每年发生3～6代，以蛹在枝上、叶背等隐蔽处越冬。越冬代5～6月，第1代7～8月，第2代9～10月，以第3代蛹越冬。广东各代成虫发生期：越冬代3～4月，第1代4月下旬至5月，第2代5月下旬至6月，第3代6月下旬至7月，第4代8～9月，第5代10～11月，以第6代蛹越冬。

防治方法 捕杀幼虫和蛹。于幼虫龄期，喷洒40%敌·马乳油1500倍液、40%菊·杀乳油1 000～1 500倍液、90%晶体敌百虫800～1 000倍液、10%溴·马乳油2 000倍液、80%敌敌畏或50%杀螟硫磷乳油1 000～1 500倍液。

12．山东广翅蜡蝉

分布为害 山东广翅蜡蝉（*Ricania shantugensis*）以成虫、若虫刺吸枝条、叶的汁液为害，产卵于当年生枝条内，致产卵部以上枝条枯死（图5-48）。

形态特征 成虫体呈淡褐色略显紫红，被覆稀薄淡紫红色蜡粉。前翅宽大，底色暗褐至黑褐色，被稀薄淡紫红蜡粉而呈暗红褐色，有的杂有白色蜡粉而呈暗灰褐色；后翅呈淡黑褐色，半透明，前缘基部略呈黄褐色，后缘色淡（图5-49）。卵长椭圆形，微弯，初产时为乳白色，后变为淡黄色。若虫体近卵圆形，翅芽外宽，近似成虫。初龄若虫，体被白色蜡粉，腹末有4束蜡丝呈扇状，尾端多向上前弯而蜡丝覆于体背（图5-50）。

图5-48　山东广翅蜡蝉为害枝条、叶脉症状

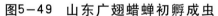

图5-49　山东广翅蜡蝉初孵成虫　　　　图5-50　山东广翅蜡蝉初孵若虫

发生规律　1年发生1代，以卵在枝条内越冬，翌年5月孵化，为害至7月底羽化，8月中旬进入羽化盛期，成虫经取食后交尾产卵，8月底开始产卵，9月下旬至10月上旬进入产卵盛期，10月中、下旬产卵结束。成虫白天活动，善跳、飞行迅速，喜于嫩枝、芽、叶上刺吸汁液。卵多产于枝条光滑部的木质部内，外覆白色蜡丝状分泌物。

防治方法　冬春结合修剪，剪除有卵块的枝条，集中深埋或烧毁。

若虫期，选用48%毒死蜱乳油1 000倍液、10%吡虫啉可湿性粉剂2 000倍液、25%噻嗪酮可湿性粉剂1 000倍液，喷雾防治。由于该虫被有蜡粉，药液中如能混用含油量0.3%～0.4%的柴油乳剂或黏土柴油乳剂，可显著提高防效。

13. 嘴壶夜蛾

分布为害　嘴壶夜蛾（*Oraesia emarginata*）在我国各柑橘产区均有分布，成虫以锐利、有倒刺的坚硬口器刺入果皮，吸食果肉汁液，果面留有针头大的小孔，果肉失水呈海绵状，被害部变色凹陷，以后腐烂脱落。

形态特征　成虫头部和足呈淡红褐色（图5-51），腹部背面为灰白色，其余多为褐色。口器深褐色，角质化，先端尖锐，有倒刺10余条。雌蛾触角丝状，前翅呈茶褐色，有"N"形花纹，后缘呈缺刻状。雄蛾触角栉齿状，前翅色泽较浅。卵呈扁球形，初产时为黄白色，1天后出现暗红色花纹，卵壳表面有较密的纵向条纹。幼虫老熟时全体黑色（图5-52），各体节有一大斑和数目不等的小黄斑组成亚背线，另有不连续的小黄斑及黄点组成的气门上线。蛹为红褐色（图5-53）。

图5-51　嘴壶夜蛾成虫

图5-52　嘴壶夜蛾幼虫

图5-53　嘴壶夜蛾蛹

发生规律　一年发生4～6代，以蛹和老熟幼虫越冬。田间发生很不整齐，幼虫全年可见，但以9～10月发生量较多。成虫略具假死性，对光和芳香味有趋性。白天分散在杂草、作物、篱笆、树干等处潜伏，夜间进行取食和产卵等活动。幼虫老熟后在枝叶间吐丝粘合叶片化蛹。

防治方法　合理规划果园。山区、半山区地区发展柑橘时应成片大面积种植，并尽量避免混栽不同成熟期的品种或多种果树。铲除柑橘园内及周围1 000m范围内的木防己和汉防己。

拒避或毒杀。每树用5～10张吸水纸，每张滴香茅油1ml，傍晚时挂于树冠周围；或用塑料薄膜包住萘丸，上刺小孔数个，每株树挂4～5粒。

毒饵诱杀。用瓜果片浸5%丁烯氟虫腈悬浮剂1 200倍液、2.5%溴氰菊酯乳油3 000倍液制成毒饵，挂在树冠上诱杀吸果夜蛾成虫。

开始为害时喷洒5.7%氟氯氰菊酯乳油或2.5%氯氟氰菊酯乳油2 000～3 000倍液、5%丁烯氟虫腈悬浮剂1 500倍液、2.5%溴氰菊酯乳油2 000倍液喷射树冠，每隔15～20天喷药1次。采果前20天停喷。

14. 鸟嘴壶夜蛾

分布为害　鸟嘴壶夜蛾（*Oraesia excavata*）在我国分布于华北地区，河南、陕西、安徽、江苏、浙江、福建、广东、台湾、广西、湖南、湖北、云南等省、自治区。成虫除为害柑橘果实。

形态特征　成虫头部、前胸及足赤橙色，中、后胸为褐色，腹部背面呈灰褐色，腹面为橙色，前翅为紫褐色，后翅为淡褐色（图5-54）。前翅翅尖向外缘突出、外缘中部向外弧形凸出和后缘中部的弧形内凹均较嘴壶夜蛾更为显著。卵呈扁球形，底部平坦，初产时为黄白色，1～2天后色泽变灰，并出现棕红色花纹。幼虫初孵时为灰色，后变为灰绿色。老熟时为灰褐色或灰黄色，似枯枝。蛹体呈暗褐色，腹末较平截。

发生规律　一年发生4代，以幼虫和成虫越冬。卵多散产于果园附近背风向阳处木防己的上

图5-54　鸟嘴壶夜蛾成虫

部叶片或嫩茎上。幼虫行动敏捷，有吐丝下垂习性，白天多静伏于荫蔽处，夜间取食。成虫在天黑后飞入果园为害，喜食好果。成虫有明显的趋光性、趋化性（芳香和甜味），略有假死性。

防治方法　参照"嘴壶夜蛾"。

15．柑橘恶性叶甲

分布为害　柑橘恶性叶甲（*Clitea metallica*）成虫食嫩叶、嫩茎、花和幼果；幼虫食嫩芽、嫩叶和嫩梢，分泌物和粪便污染致幼叶枯焦脱落。

形态特征　成虫长椭圆形，兰黑色有光泽（图5-55）。头，胸和鞘翅均为蓝黑色，具金属光泽，口器黄褐色，触角基部至复眼后缘具一倒"八"字形沟纹，触角丝状黄褐色。前胸背板密布小刻点，鞘翅上有纵刻点列10行，胸部腹面黑色，足黄褐色，后足腿节膨大，中部之前最宽，超过中足腿节宽的2倍。腹部腹面黄褐色。卵长椭圆形，乳白至黄白色。外有一层黄褐色网状黏膜（图5-56）。幼虫头黑色，体草黄色。前胸盾半月形，中央具一纵线分为左右两块，中、后胸两侧各生一黑色突起，胸足黑色。体背分泌黏液粪便粘附背上。蛹椭圆形，初黄白后橙黄色，腹末具一对叉状突起。

图5-55　柑橘恶性叶甲成虫　　　　　　　　图5-56　柑橘恶性叶甲卵

发生规律　浙江、湖南、四川和贵州年生3代，江西和福建3~4代，广东6~7代，均以成虫在树皮缝、地衣、苔藓下及卷叶和松土中越冬。春梢抽发期越冬成虫开始活动，3代区一般3月底开始活动，各代发生期：第1代4月上旬至6月上旬，第2代6月下旬至8月下旬，第3代(越冬代)9月上旬至翌年3月下旬。全年以第1代幼虫为害春梢最重，后各代发生甚少，夏、秋梢受害不重。成虫能飞善跳，有假死性，卵产在叶上，以叶尖(正、背面)和背面叶缘较多。初孵幼虫取食嫩叶叶肉残留表皮，幼虫共3龄，老熟后爬到皮缝中、苔藓下及土中化蛹。

防治方法　清除霉桩、苔藓、地衣、堵树洞，消除越冬和化蛹场所。树干上束草诱集幼虫化蛹，羽化前及时解除烧毁。

利用成虫的假死习性，在成虫盛发期于柑橘树下铺上塑料薄膜等，再猛摇动树干使成虫假死掉在薄膜上收集烧毁。利用老熟幼虫沿树干下爬入土化蛹的习性，在其幼虫化蛹前在树干上捆扎带泥稻草绳诱其幼虫入内化蛹，在羽化前解下稻草绳烧毁。

药剂防治。初花期即橘潜叶甲卵盛孵期是防治的关键时期，可喷洒90%晶体敌百虫800~1 000倍液、80%敌敌畏乳油1 000~1 200倍液、50%马拉硫磷乳油1 000~1 500倍液、20%甲氰菊酯乳油2 000~3 000倍液、2.5%溴氰菊酯乳油2 000~2 500倍液、20%氰成菊酯乳油2 000~3 000倍液均有良好效果。隔7~10天1次，连喷2次。

16. 黑刺粉虱

分　　布　黑刺粉虱（*Aleurocanthus spiniferus*）国内分布在江苏、安徽、湖北、台湾、海南、广东、广西、云南、四川、云南等地。

为害特点　成、若虫刺吸叶、果实和嫩枝的汁液，被害叶出现失绿黄白斑点，随为害的加重斑点扩展成片，进而全叶苍白早落（图5-57）；果实被害风味品质降低，幼果受害严重时常脱落。排泄蜜露可诱致煤污病发生。

形态特征　成虫体橙黄色，薄敷白粉。复眼肾形红色。前翅紫褐色上有7个白斑；后翅小淡紫褐色。卵新月形，基部钝圆具一小柄，直立附着在叶上，初乳白色后变淡黄，孵化前灰黑色。

图5-57 黑刺粉虱为害叶片症状

若虫体黑色，体背上具刺毛14对，体周缘泌有明显的白蜡圈（图5-58）；共3龄，初龄椭圆形淡黄色，体背生6根浅色刺毛，体渐变为灰至黑色有光泽，体周缘分泌一圈白蜡质物；2龄黄黑色，体背具9对刺毛，体周缘白蜡圈明显。蛹椭圆形，初乳黄渐变黑色。蛹壳椭圆形，漆黑有光泽，壳边锯齿状，周缘有较宽的白蜡边，背面显著隆起。

发生规律　安徽、浙江年生4代，福建、湖南和四川4～5代，均以若虫于叶背越冬。越冬若虫3月间化蛹，3月下旬至4月羽化。世代不整齐，从3月中旬至11月下旬田间各虫态均可见。各代若虫发生期：第1代4月下旬至6月，第2代6月下旬至7月中

图5-58 黑刺粉虱若虫

旬，第3代7月中旬至9月上旬，第4代10月至翌年2月。成虫喜较阴暗的环境，多在树冠内膛枝叶上活动，卵散产于叶背，散生或密集呈圆弧形。初孵若虫多在卵壳附近爬动吸食，共3龄，若虫每次蜕皮壳均留叠体背。

防治方法　加强管理合理修剪，使通风透光良好，可减轻发生与为害。

早春发芽前结合防治蚧虫、蚜虫、红蜘蛛等害虫，喷洒含油量5%的柴油乳剂或黏土柴油乳剂，毒杀越冬若虫有较好效果。

药剂防治。1～2龄时施药效果好，可喷洒80%敌敌畏乳油800～1 000倍液、40%氧乐果乳油1 000～1 500倍液、40%乐果乳油1 000～1 500倍液、50%马拉硫磷乳油1 000～2 000倍液、10%联苯菊酯乳油5 000～6 000倍液、10%噻嗪酮乳油2 000～3 000倍液。3龄及其以后各虫态的防治，最好用含油量0.4%～0.5%的矿物油乳剂混用上述药剂，可提高杀虫效果。

17．绣线菊蚜

分　布　绣线菊蚜（*Aphis citricola*）分布于浙江、江苏、江西、四川、贵州、云南、广东、广西、重庆、福建、台湾等省、自治区、直辖市。

为害症状　成虫和若虫群集在柑桔的芽、嫩梢、嫩叶、花蕾和幼果上吸食汁液。在嫩叶上多群集在叶背为害。幼芽受害后，分化生长停滞，不能抽梢；嫩叶受害后，叶片向背面横向卷曲；梢被害后，节间缩短。花和幼果受害后，严重的会造成落花落果。绣线菊蚜的分泌物，能诱发煤烟病，影响光合作用，产量降低，果品质量差。

形态特征　无翅胎生雌蚜体淡黄绿色，与幼小的嫩叶同色，体表有网状纹，腹管圆筒形，尾片圆锥形。有翅胎生雌蚜胸部暗褐色至黑色，腹部绿色（图5-59）。触角第三节有小圆形次生感觉圈5～10个，体表光滑。绣发菊蚜头部前缘中央突出，与桃蚜凹入形状显著不同，尾片大约呈圆柱形，仅基部稍宽。

发生规律　台湾省每年发生18代左右，以成虫越冬。在温度较低的地区，秋后产生两性蚜，于雪柳等树上产卵，少数也能在柑橘树上产卵，春季孵出无翅干母，并产生胎生有翅雌蚜。柑橘树上春芽伸展时开始飞到柑橘树上为害，春叶硬化时虫数暂时减少，

图5-59　绣线菊蚜无翅胎生雌蚜、有翅胎生雌蚜

夏芽萌发后又急剧增加，盛夏雨季时又一度减少，秋芽时再度大发生，一直到初冬。

防治方法　冬春结合修剪，剪除在秋梢和冬梢上越冬的卵和虫；在各次抽梢发芽期，抹除抽生不整齐的新梢，切断其食物链。

药剂防治可参考苹果害虫绣线菊蚜。

18．潜叶甲

分布为害　潜叶甲又叫拟恶性叶甲，分布于重庆、浙江、湖南、江苏、福建、江西、湖北、四川、广西和广东，仅为害柑橘类，以山地柑橘园发生较重。成虫取食叶背面的叶肉和嫩芽，仅留下叶面表皮，使被害叶上留下很多透明斑；幼虫潜入叶内取食叶肉，使叶上出现宽短亮泡状或长形弯曲的蛀道。受害严重时引起落叶、落花、落果（图5-60）。

形态特征　成虫体椭圆形。头和复眼均为黑色，触角丝状，11节，基部3节黄褐色，其余节黑色，前胸背板黑色，有光泽，多小刻点；鞘翅橘黄色，每鞘翅纵列刻点行11列，较清楚可见9列；足黑色，后足腿节膨大。腹部枯黄色，雄虫腹板末端3裂状，中央凹，雌虫腹板末端圆形，中央不凹。卵椭圆形，米黄色至黄色，表面具网状纹，覆盖着黑褐色粪便，横粘在

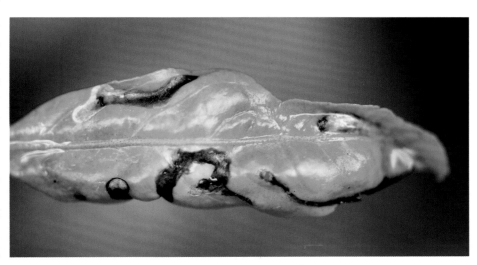

图5-60　潜叶甲为害叶片症状

叶上。老熟幼虫体深黄色。头部色较淡，边缘略带淡红黄色（图5-61）；触角3节，蛹淡黄色至深黄色，椭圆形。头部弯向腹面。

发生规律　在重庆、江西、浙江和福建，每年发生1代，或有第二代幼虫发生的记载，一般第二代卵不能发育。以成虫在柑橘、龙眼、水松、柳或榕等树干的翘皮裂缝、伤口、地衣、苔藓下或树周围松土中越冬、越夏。一般在3月下旬至4月中下旬，越冬成虫开始活动，爬上春梢为害，产卵于嫩叶上，4月中旬至5月是幼虫为害盛期，5月至6月上旬为当年羽化成虫为害期，6月以后气温升高，成虫潜伏越夏，后

图5-61 潜叶甲幼虫

转入越冬。成虫能飞善跳，喜群集，有假死性，常栖息在树冠下部嫩叶背面，以食嫩叶为主，叶柄、花蕾和果柄也可受害，被害叶背面的叶肉被啃掉，仅剩下表皮。卵单粒散产，粘附在嫩叶边缘或叶背面，以叶缘上为多。幼虫孵化后约在1小时内从叶背边缘或叶背面钻入表皮下食叶肉，并向中脉行进，蛀出宽短或弯曲的隧道，在新鲜的隧道中央可见到1条黑色的排泄物。叶片大量遭受破坏，极易脱落，幼虫潜入树冠下松土层内2~4cm处，构筑土室化蛹。

防治方法　在冬、春季结合清园，堵塞树洞，除掉树干上的霉桩、地衣、苔藓等成虫藏身之地。在4~5月受害叶脱落后应及时扫集、烧毁，以消灭暂留在落叶中的幼虫。利用成虫的假死习性，在成虫盛发为害期，地面铺塑料薄膜，振动树冠，收集落下的成虫，集中烧毁。成虫和幼虫为害春梢和早夏梢，可在越冬成虫活动期和产卵高峰期各喷药1次。

药剂种类可参考柑橘恶性叶甲的防治药剂。

19. 柑橘粉虱

分布为害　柑橘粉虱（*Dialeurodes citri*）分布于江苏、浙江、湖南、福建、台湾、广东、海南、广西、云南、四川等省或地区。以幼虫群集于叶背刺吸汁液，粉虱产生分泌物易诱发煤病（图5-62），影响光合作用，致发芽减少，树势衰弱。

形态特征　成虫体淡黄色，全体覆有白色蜡粉，复眼红褐色，翅白色（图5-63）。卵椭圆形，淡黄色，具短柄附着于叶背。幼虫淡黄绿色，椭圆形，扁平，体周围有小突起17对，并有白色蜡丝呈放射状。蛹椭圆形，淡黄绿色。

图5-62　柑橘粉虱为害叶片症状

图5-63 柑橘粉虱成虫

发生规律 浙江一年发生3代，以老熟幼虫或蛹在叶背越冬。成虫白天活动，雌虫交尾后在嫩叶背面产卵，每雌产130粒左右。未经交尾亦能产卵繁殖，但后代全是雄虫。幼虫孵化后经数小时即在叶背固定，后渐分泌白色棉絮状蜡丝，虫龄增蜡丝也长。幼虫以树丛中间徒长枝和下部嫩叶背面发生最多。

防治方法 参见黑刺粉虱。

20. 柑橘灰象甲

分布为害 柑橘灰象甲 (*Sympiexomia citri*) 主要分布于江苏、福建、广东、海南、广西、四川。成虫为害春梢新叶。叶片被吃成残缺不全，幼果果皮被啃食，果面呈不整齐的凹陷缺刻或残留疤痕，俗称"光疤"，重者造成落果。

形态特征 成虫体密被淡褐色和灰白色鳞片（图5-64）。头管粗短，背面漆黑色，中央纵列1条凹沟，从喙端直伸头顶，其两侧各有1浅沟，伸至复眼前面，前胸长略大于宽，两侧近弧形，背面密布不规则瘤状突，中央纵贯宽大的漆黑色斑纹，纹中央具1条细纵沟，每鞘翅上各有10条由刻点组成的纵行纹，行间具倒伏的短毛，鞘翅中部横列1条灰白色斑纹，鞘翅基部灰白色。雌成虫鞘翅端部较长，合成近"V"形，腹部末节腹板近三角形。雄成虫两鞘翅末端钝圆，合成近"U"形。末节腹板近半圆形。无后翅。卵长筒形而略扁，乳白色，后变为紫灰色。末龄幼虫体乳白色或淡黄色。头部黄褐色，头盖缝中

图5-64 柑橘灰象甲成虫

间明显凹陷。背面中间部分略呈心脏形，有刚毛3对，两侧部分各生1根刚毛，于腹面两侧骨化部分之间，位于肛门腹方的一块较小，近圆形，其后缘有刚毛4根。蛹淡黄色。

发生规律 福建一年发生1代，少数两年完成1代，以成虫和幼虫越冬。成虫刚出土时不太活泼，假死性强。幼虫孵化后即落地入土，深度为10~50cm，取食植物幼根和腐殖质。

防治方法 4月中旬成虫盛发期利用成虫假死性，在树下铺塑料布，然后振动树枝，将掉落的成虫集中烧毁，连续两次，可以基本消除其为害。

成虫上树前或上树后产卵前防治，喷施40%乙酰甲胺磷乳油1 000~2 000倍液、45%马拉硫磷乳油1 000~2 000倍液、40%氧乐果乳油800~1 000倍液、40%三唑磷乳油2 000~3 000倍液、35%伏杀硫磷乳油500~800倍液、40%乐果乳油1 000~2 000倍液、50%丁苯硫磷乳油1 000~1 500倍液、5%顺式氯氰菊酯乳油2 000~2 500倍液、10%高效氯氰菊酯乳油2 000~3 000倍液、2.5%溴氰菊酯乳油2 000~4 000倍液，对成虫有显著效果。

第六章 枣树病虫害原色图解

一、枣树病害

目前，各枣区报道的枣树病害有20多种，但在生产中发生普遍、为害严重的病害主要有枣锈病、枣疯病、炭疽病、缩果病等。

1. 枣锈病

分布为害 枣锈病是枣树重要的流行性病害，全国分布广泛，尤以河南、山东、河北等枣区更为严重。

症　　状 仅为害叶片，病初在叶片背面散生淡绿色小点，后逐渐突起成黄褐色锈斑，多发生在叶脉两侧及叶尖和叶基。后期破裂散出黄褐色粉状物（图6-1）。叶片正面，在与夏孢子堆相对处呈现许多黄绿色小斑点，叶面呈花叶状，逐渐失去光泽，最后干枯早落（图6-2）。

图6-1　枣锈病为害叶片背面症状

图6-2　枣锈病为害叶片正面症状

病　　原 枣层锈菌*Phakopsora zizyphivulgaris*，属担子菌亚门真菌（图6-3）。夏孢子堆形状不规则。夏孢子球形或椭圆形，黄色或淡黄色，表面生短刺。冬孢子堆比夏孢子堆小，近圆形或不规则形，稍凸起，但不突破表皮。冬孢子长椭圆形或多角形，单胞，平滑，顶端壁厚，下端稍薄，上部栗褐色，基部淡色。

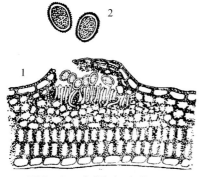

图6-3　枣锈病病菌
1.夏孢子堆　2.夏孢子

发生规律　主要是以夏孢子堆在落叶上越冬，为来年发病的初侵染来源。翌年夏孢子借风雨传播到新生叶片上，在高湿条件下萌发。一般从7月上旬开始出现症状，8月下旬至9月初夏孢子堆大量出现，通过风雨传播不断引起再侵染，使病害加重。7、8月份的雨早、雨多发病严重。

防治方法　合理密植，修剪过密枝条，以利通风透光，增强树势，雨季及时排水，防止果园过湿，行间不种高秆作物和西瓜、蔬菜等经常灌水的作物。落叶后至发芽前，彻底清扫枣园内落叶，集中烧毁或深翻掩埋土中，消灭初侵染来源。

6月中旬，夏孢子萌发前，喷施80%代森锰锌可湿性粉剂600～800倍液、50%多菌灵可湿性粉剂800～1 000倍液、50%甲基硫菌灵可湿性粉剂1 000倍液、50%代森锌可湿性粉剂500倍液等药剂预防。

在7月中旬枣锈病的盛发期喷药防治，可用25%三唑铜可湿性粉剂1 000～1 500倍液、10%苯醚甲环唑水分散粒剂1 000～1 500倍液、12.5%烯唑醇可湿性粉剂1 000～2 000倍液、20%萎锈灵乳油400倍液、97%敌锈钠可湿性粉剂500倍液、12.5%腈菌唑乳油2 000～3 000倍液，间隔15天再喷施1次。

2. 枣疯病

分布为害　枣疯病是枣树的一种毁灭性病害，在全国大部枣区均有发生，河北、北京、山西、陕西、河南、安徽、广西等枣区发生较严重。

症　状　枣疯病的发生，一般是先从一个或几个枝条开始，然后再传播到其他枝条，最后扩展至全株，但也有整株同时发病的。症状特点是枝叶丛生，花器变为营养器官（图6-4），花柄延长成枝条，花瓣、萼片和雄蕊肥大、变绿、延长成枝叶，雌蕊全部转化成小枝（图6-5）。病枝纤细，节间变短，叶小而萎黄，一般不结果。病树健枝能结果，但其所结果实大小不一，果面凹凸不平，着色不匀，果肉多渣，汁少味淡，不堪食用。后期病根皮层变褐腐烂，最后整株枯死（图6-6）。

病　原　主要是植原体（Phytoplasma）。

发生规律　疯枣树是枣疯病主要的侵染来源，病原体在活着的病株内存活。北方枣产区自然传病媒介主要是3种叶蝉，即凹缘菱纹叶蝉、橙带拟菱纹叶蝉和红闪小叶蝉。地势较高，土地瘠薄，肥水条件差的山地枣园病重；管理粗放，杂草丛生的枣园病重。

防治方法　加强枣园肥水管理，对土质差的进行深翻扩穴，增施有机肥，改良土壤，促进枣树生长，增强抗病能力，可减缓枣疯病的发生和流行。枣产区尽量实行枣粮间作，避免病株和健株根的接触，以阻止病害传播。发现病苗应立即刨除；严禁病苗调入或调出；及时刨除病树；及时去除病根蘖及病枝，减少初侵染来源。

于早春树液流动前和秋季树液回流至根部前，用注射1 000万单位土霉素100ml、0.1%四环素500ml。

以4月下旬、5月中旬和6月下旬为最佳喷药时期，全年共喷药3～4次。可喷布50%喹硫磷乳剂1 000倍液、80%敌敌畏乳油1 000倍液、50%辛硫磷乳油1 000倍液、50%杀螟硫磷乳油1 000倍液、50%异丙威乳油500倍液、10%氯氰菊酯乳油1 000倍液、20%氰戊菊酯乳油1 000倍液、2.5%溴氰菊酯乳油1 000倍液、10%联苯菊酯乳油1 000～1 500倍液等药剂防治媒介叶蝉。

图6-4　枣疯病为害花器叶变症状

图6-5　枣疯病为害丛枝症状

图6-6　枣疯病为害后期整株症状

3. 枣炭疽病

分布为害　枣炭疽病是枣生产中重要的病害之一，分布于河南、山西、陕西、安徽等省。以河南灵宝大枣和新郑灰枣受害最重。

症　　状　主要为害果实，也可侵染枣吊、枣叶、枣头及枣股。染病果实着色早，在果肩或果腰处出现淡黄色水渍状斑点，逐渐扩大成不规则形黄褐色斑块，中间产生圆形凹陷病斑，病斑扩大后连片，呈红褐色，引起落果（图6-7）。在潮湿条件下，病斑上长出许多黄褐色小突起。剖开病果，果核变黑，味苦，不能食用。轻病果虽可食用，但均带苦味，品质变劣。叶片受害后变黄绿早落，有的呈黑褐色焦枯状悬挂在枝头（图6-8）。

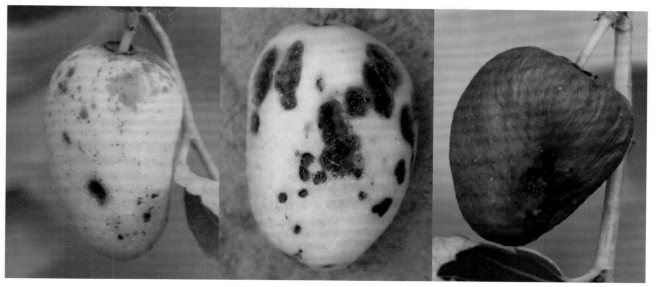

图6-7　枣炭疽病为害果实症状

图6-8　枣炭疽病为害叶片症状

病　　原　盘长孢状刺盘孢 *Colletotrichum gloesporides*，属半知菌亚门真菌（图6-9）。分生孢子盘位于表皮下。分生孢子长圆形或圆筒形，无色，单胞，中央有1～2个油点。

发生规律　以菌丝体在枣吊、枣股、枣头和僵果中越冬，其中以枣吊和僵果的带菌量为最高。翌年春季雨后，越冬病菌形成分生孢子盘，涌出分生孢子，遇水分散，随风雨传播，或昆虫带菌传播。枣果、枣吊、枣叶、枣头等从5月即可能被病菌侵入，带有潜伏病菌，到7月中下旬才开始发病，出现病果。8月雨季，发展快。降雨早，连阴天时，发病早而重。

防治方法　摘除残留的越冬老枣吊，清扫掩埋落地的枣

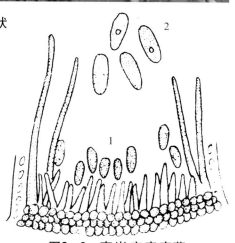

图6-9　枣炭疽病病菌
1.分生孢子盘　2.分生孢子

231

吊、枣叶，并进行冬季深翻；再结合修剪剪除病虫枝、枯枝，以减少侵染来源。增施农家肥料，可增强树势，提高植株的抗病能力。

于发病期前的6月下旬喷施一次杀菌剂消灭树上病原，可选70%甲基硫菌灵可湿性粉剂800倍液、75%百菌清可湿性粉剂800倍液、77%氢氧化铜可湿性粉剂400～600倍液、50%多菌灵可湿性粉剂800倍液等。

于7月下旬至8月下旬，间隔10天，喷洒1∶2∶200倍波尔多液、50%苯菌灵可湿性粉剂500～600倍液、40%氟硅唑乳油8 000～10 000倍液、5%亚胺唑可湿性粉剂600～700倍液，保护果实，至9月上中旬结束喷药。

4. 枣缩果病

分布为害　枣缩果病是枣树的一种新病害，常与炭疽病混合发生，目前已成为威胁枣果产量和品质的重要病害。分布于河北武邑，河南、山东、山西、陕西、安徽、甘肃、辽宁等地。

症　状　为害枣果，引起果腐和提前脱落。病果初在肩部或腹部出现淡黄色晕环，逐渐扩大，稍凹呈不规则淡黄色病斑。进而果皮水渍状，浸润型，散布针刺状圆形褐点；果肉土黄色、松软，外果皮暗红色、无光泽。病部组织发软萎缩，果柄暗黄色，提前形成离层而早落。病果小、皱缩、干瘪，组织呈海绵状坏死，味苦，不堪食用（图6-10）。

图6-10　枣缩果病为害果实症状

病　原　目前，对枣缩果病的病原尚无统一定论。1987年报道是一种细菌侵染引起；后来报道是原生小穴壳菌、茎点霉等多种真菌引起。目前认为该病病原菌以小穴壳菌（*Dothioralla gregaria*）为主（图6-11）。

发生规律　在华北地区，一般于枣果变白至着色时发病。枣果开始着色时发病，8月上旬至9月上旬是发病盛期。降雨量大，发病高峰提前。一旦遇到阴雨连绵或夜雨昼晴天气，此病就容易暴发成灾。

防治方法　秋冬季节彻底清除枣园病果烂果，集中处理。若大龄树，在枣树萌芽前刮除并烧毁老树皮。增施有机肥和磷钾肥，少施氮肥，合理间作，改善枣园通风透光条件。雨后及时排水，降低田间湿度。

图6-11　枣缩果病菌
1.分生孢子器　2.分生孢子

加强对枣树害虫，特别是刺吸式口器和蛀果害虫，如桃小食心虫、介壳虫、蝽象等害虫的防治，可减少伤口，有效减轻病害发生。前期喷施杀虫剂，以防治食芽象甲、叶蝉、枣尺蠖为主；后期8～9月结合杀虫，施用氯氰菊酯等杀虫剂与烯唑醇混合喷雾，对枣缩果病的防效可达95%以上。

根据气温和降雨情况，7月下旬至8月上旬喷第一次药，间隔10天左右再喷2～3次药，枣果采收前10～15天是防治关键期。目前比较有效的药剂有80%代森锰锌可湿性粉剂750倍液、50%多菌灵可湿性粉剂600倍液、70%甲基硫菌灵可湿性粉剂1 000倍液、10%苯醚甲环唑水分散粒剂2 000～3 000倍液等。喷药时要均匀周到，雾点要细，使果面全部着药，遇雨及时补喷。

5. 枣焦叶病

分布为害　该病分布于我国河南、甘肃、安徽、浙江、湖北等部分枣区，其中，河南新郑枣区最为严重。

症　　状　主要表现在叶、枣吊上。发病初期出现灰色斑点，局部叶绿素解体，之后病斑呈褐色，周围呈淡黄色，半月后病斑中心出现组织坏死，叶缘淡黄色，由病斑连成焦叶，最后焦叶呈黑褐色，叶片坏死，部分出现黑色小点（图6-12）。

图6-12　枣焦叶病为害叶片症状

病　　原　果盘长孢 *Colletotrichum gloesporides*，属半知菌亚门真菌。有性阶段围小丛壳菌 *Glomerella cinglata*，属子囊菌亚门真菌。

发生规律　主要以无性孢子在树上越冬，靠风力传播，由气孔或伤口侵染。5月中旬平均气温21℃、大气相对湿度61%时，越冬菌开始为害新生枣吊，多在弱树多年生枣股上出现，这些零星发病树即是发病中心。7月份气温27℃、大气相对湿度75%～80%时，是病菌进入流行盛期。8月中旬以后，成龄枣叶感病率下降，但二次萌生的新叶感病率颇高。9月上中旬感病停止。在河南新郑枣区，6月中旬个别叶发病，7~8月为发病盛期。树势弱、冠内枯死枝多者发病重。发病高峰期降水次数多，病害蔓延速度快。

防治方法 冬季清园，打掉树上宿存的枣吊，收集枯枝落叶，集中焚烧灭菌。萌叶后，除去未发叶的枯枝，以减少传播源。加强肥水管理，增强树势。雨季防止枣园积水，保持根系良好的透气性，也能减轻或防止该病的发生。

从6月上旬开始，喷施70%甲基硫菌灵可湿性粉剂800~1 000倍液、50%多菌灵可湿性粉剂500倍液、77%氢氧化铜悬浮剂400~500倍液、2%宁南霉素水剂400~500倍液等药剂，间隔10~15天喷1次，连喷3次，即可控制该病发生。

于落花后喷25%咪鲜胺乳油1 000倍液、10%苯醚甲环唑水分散粒剂1 000~1 500倍液，每隔15天喷1次，连喷3~4次。

6. 枣灰斑病

症　　状 主要为害叶片，叶片感病后，病斑暗褐色，圆形或近圆形。后期中央变为灰白色，边缘褐色，其上散生黑色小点，即为病原菌的分生孢子器（图6-13）。

图6-13　枣灰斑病为害叶片症状

病　　原 叶点霉菌*Phyllosticta* sp.，属半知菌亚门真菌（图6-14）。分生孢子器扁球形。

发生规律 病原菌以分生孢子器在病叶上越冬。翌年春后，分生孢子于湿润天气借风雨传播，引起侵染。多雨年份发病重。

防治方法 秋后清扫枯枝落叶，集中烧毁或深埋，减少侵染源。

发病初期，可选用70%甲基硫菌灵可湿性粉剂800~1 000倍液、50%多菌灵可湿性粉剂800~1 000倍液、10%苯菌灵可湿性粉剂1 500~1 800倍液、50%嘧菌酯水分散粒剂5 000~7 000倍液、25%吡唑醚菌酯乳油1 000~3 000倍液、24%腈苯唑悬浮剂2 500~3 200倍液、50%异菌脲可湿性粉剂1 000~1 500倍液等喷雾防治。

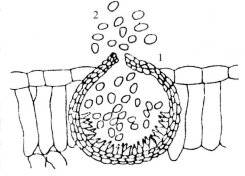

图6-14　枣灰斑病病菌
1.分生孢子器　2.分生孢子

7. 枣叶斑病

分布为害 在浙江、河南、山东、湖南等地枣区均有发生，近年来发生比较严重。病重时造成叶片早落，影响坐果，出现幼果早落（图6-15）。

图6-15 枣叶斑病为害叶片症状

症 状 主要为害叶片，一般初期在叶片上出现灰褐色或褐色圆形斑点，边缘有黄色晕圈，病情严重时，叶片黄化早落，妨碍枣树花期的授粉、受精过程，并出现落花、落果现象。

病 原 枣叶橄榄色盾壳霉*Conithyrium aleuritis*，枣叶斑点盾壳霉*C. fuckelii*，均属半知菌亚门真菌。

发生规律 病菌以分生孢子在病叶中越冬。枣树花期开始染病，在春季和夏季雨水多的季节易发此病。

防治方法 秋、冬季进行清园，清扫并焚烧枯枝落叶，消灭越冬病原菌。

在萌芽前枣园喷施3~5波美度石硫合剂。

5~7月，喷施50%多菌灵可湿性粉剂800倍液、70%甲基硫菌灵可湿性粉剂800~1000倍液、40%腈菌唑水分散粒剂6 000~7 000倍液、25%丙环唑乳油500~1 000倍液、1.5%多抗霉素可湿性粉剂200~500倍液，间隔7~10天喷1次，连喷2~3次，可有效地控制该病的发生。

8. 枣树腐烂病

症 状 主要侵染衰弱树的枝条。病枝皮层开始变红褐色，渐渐枯死，以后从枝皮裂缝处长出黑色突起小点，即为病原菌的子座（图6-16）。

图6-16 枣树腐烂病为害枝条症状

病　　原　壳囊孢 *Cytospora* sp.，属半知菌亚门真菌。

发生规律　病原菌以菌丝体或子座在病皮内越冬，翌年春后形成分生孢子，通过风雨和昆虫等传播，经伤口侵入。该菌为弱寄生菌，先在枯枝、死节、干桩、坏死伤口等组织上潜伏，然后侵染活组织。枣园管理粗放、树势衰弱，则容易感染。

防治方法　加强管理，多施农家肥，增强树势，提高抗病力。彻底剪除树下的病枝条，集中烧毁，以减少病害的侵染来源。

轻病枝可先刮除病部，然后用80%乙蒜素乳油50倍液、50%福美双悬浮剂100～150倍液涂抹，消毒保护。

9. 枣花叶病

症　　状　为害枣树嫩梢叶片，受害叶片变小，叶面凹凸不平、皱缩、扭曲、畸形，呈黄绿相间的花叶状（图6-17）。

病　　原　Jujube mosaic virus（JMV）称枣树花叶病毒。

发生规律　此病主要通过叶蝉和蚜虫传播，嫁接也能传病。天气干旱，叶蝉、蚜虫数量多，发病就重。

防治方法　加强栽培管理，增强树势，提高抗病能力。嫁接时不从病株上采接穗，发病重的苗木要烧毁，避免扩散。

以4月下旬枣树发芽期开始喷药，可喷施50%辛硫磷乳剂1 000倍液、80%敌敌畏乳油1 000倍液、50%杀螟硫磷乳油1 000倍液、50%异丙威乳油500倍液、20%氰戊菊酯乳油1 000倍液、2.5%溴氰菊酯乳油1 000倍液、10%联苯菊酯乳油1 000～1 500倍液等药剂防治媒介叶蝉；或喷施10%吡虫啉可湿性粉剂1 000倍液、50%抗蚜威可湿性粉剂2 500倍液等药剂防治蚜虫，间隔10～15天，全年共喷药3～4次。

图6-17　枣花叶病为害叶片症状

10. 枣黑腐病

分布为害　枣黑腐病又称轮纹病，各枣区均有发生。主要引起果实腐烂和提早脱落。在8～9月枣果膨大发白即将着色时大量发病。年份病果率20%～30%，流行年份可达50%以上，甚至枣果绝收。

症　　状　主要侵害枣果、枣吊、枣头等部位。枣果前期受害则先在前部或后部出现浅黄色不规则的变色斑，病斑逐渐扩大并有凹陷或皱摺，颜色逐渐变成红褐色至黑褐色，打开果实可见果肉呈浅土黄色小病斑，严重时整个果肉呈褐色至黑色。后期受害果面出现褐色斑点，渐渐扩大为椭圆形病斑，果肉呈软腐状，严重时全果软腐（图6-18）。一般枣果出现症状2～3天

图6-18 枣黑腐病为害枣果症状

后就提前脱落。当年的病果落地后，在潮湿条件下，病部可长出许多黑色小粒点。越冬病僵果的表面产生大量黑褐色球状凸起。

病　原　贝伦格葡萄座腔菌 *Botryosphaeria berengerianade*，属半知菌亚门真菌。分生孢子器扁圆形或椭圆形，有乳头状孔口。器壁黑褐色，炭质，其内壁密生分生孢子梗分生孢子梗丝状，单胞，顶端着生分生孢子。分生孢子。椭圆形或纺锤形，单胞，无色。

发生规律　病原以菌丝、分生孢子器和分生孢子在病浆果和枯死的枝条上越冬。翌年分生孢子借风雨、昆虫等传播，从伤口、虫伤、自然孔口或直接穿透枣果的表皮层侵入。病原在6月下旬落花后的幼果期开始侵染，但不发病而处子潜伏状态到8月下旬至9月上旬枣果近成熟期才发病即为潜伏侵染。阴雨多的年份病害发生早且重，尤其8月中旬至9月上旬若连续降雨病害就会暴发成灾。

防治方法　搞好清园工作。消除落地僵果，对发病重的枣园或植株，结合修剪剪除枯枝、病虫枝，集中烧毁，以减少病原。加强栽培管理。对发病的枣园，增施腐熟的农家肥，增强树势，提高抗病能力。枣行间种低秆作物以使枣树间通风透光，降低湿度，减少发病。

春季发芽前树体喷21%过氧乙酸水剂400~500倍液，消灭越冬病原。

生长期于7月初喷第1次药，至9月上旬可用杀菌剂喷3次，药剂选用50%克菌丹可湿性粉剂400~500倍液、20%唑菌胺酯水分散性粒剂1 000~2 000倍液、68.75%恶唑菌铜·代森锰锌乳油1 500~2 000倍液、50%多菌灵可湿性粉剂600~800倍液、50%甲基硫菌灵可湿性粉剂800~1 000倍液、50%异菌脲可湿性粉剂1 000~1 500倍液、50%苯菌灵可湿性粉剂1 500~1 800倍液、60%噻菌灵可湿性粉剂1 500~2 000倍液、50%嘧菌酯水分散粒剂5 000~7 500倍液、25%戊唑醇水乳剂2 000~2 500倍液、3%多氧霉素水剂400~600倍液、2%嘧啶核苷类抗生素水剂200倍液、20%邻烯丙基苯酚可湿性粉剂600~1 000倍液。

二、枣树虫害

目前，各枣区报道的枣树虫害有30多种，其中，发生普遍、为害严重的虫害有枣尺蠖、枣龟蜡蚧、枣黏虫、枣瘿蚊等。

1. 枣尺蠖

分　　布　枣尺蠖（*Sucra jujuba*）在我国所有枣区均有分布，在河北、山东、河南、山西、陕西五大产枣区常猖獗成灾。

为害特点　以幼虫为害枣芽、枣吊、花蕾、新梢和叶片等绿色组织部分。将叶片吃成缺刻，芽被咬成孔洞但未被全部吃光时，展叶后很多叶片有孔洞。严重时嫩芽被吃光，甚至将芽基部啃成小坑，造成大幅度减产，甚至绝收（图6-19）。

图6-19　枣尺蠖为害枣树症状

形态特征 成虫雌雄异型。雄体灰褐色（图6-20），触角橙褐色羽状，前翅内、外线黑褐色波状，中线色淡不明显；后翅灰色，外线黑色波状。前后翅中室端均有黑灰色斑点一个。雌体被灰褐色鳞毛（图6-21），无翅，头细小，触角丝状，足灰黑色。卵扁圆形，初淡绿色，表面光滑有光泽，后转为灰黄色，孵化前呈暗黑色。幼虫初孵幼虫灰黑色；2龄幼虫头黄色有黑点；3龄幼虫全身有黄、黑、灰间杂的纵条纹（图6-22）。蛹纺锤形，初为绿色，后变为黄色至红褐色。

图6-20 枣尺蠖雄成虫

图6-21 枣尺蠖雌成虫

图6-22 枣尺蠖幼虫

发生规律 一年发生1代，以蛹分散在树冠下土中越冬，靠近树干部位较集中。成虫羽化在3月中旬至5月上旬，盛期在3月下旬至4月中旬。枣树萌芽期卵开始孵化，盛期在枣吊旺盛生长期。5龄幼虫食量最大。

防治方法 晚秋和早春翻树盘消灭越冬蛹，孵化前刮树皮消灭虫卵。卵孵化盛期至幼龄幼虫期是防治的关键时期。

在卵孵化盛期，喷施10%烟碱乳油800～1 000倍液、10%醚菊酯悬浮剂800～1 500倍液、5%除虫菊素乳油1 000～1 250倍液、25%灭幼脲悬浮剂1 000～2 000倍液、20%抑食肼可湿性粉剂1 000倍液、10%呋喃虫酰肼悬浮剂1 000～1 500倍液、0.65%苗蒿素水剂400～500倍液、10%硫肟醚水乳剂1 000～1 500倍液、20%虫酰肼胶悬剂1 000～2 000倍液、20%氰戊菊酯乳油2 000～3 000倍液、5%高效氯氰菊酯乳油1 500～2 000倍液、2.5%溴氰菊酯乳油1 000～1 500倍液，间隔10天喷1次，直至卵孵化完成。

枣树发芽展叶时，大部分幼虫进入2龄时，可用50%辛硫磷乳油1 000～2 000倍液、50%马拉硫磷乳油1 000～2 000倍液、25%喹硫磷乳油700～1 000倍液、20%亚胺硫磷乳油800～1 000倍液、35%伏杀硫磷乳油1 000～1 400倍液、50%丁苯硫磷乳油800～1 000倍液、90%晶体敌百虫800～1 000倍液，为防止害虫产生抗性影响防效，药剂要轮换使用。

2．枣龟蜡蚧

分　布　枣龟蜡蚧（*Ceroplastes japonicus*）广泛分布于我国各地，其中，以山东、山西、河北、湖北、江苏、浙江、福建、陕西关中东部等地区比较严重。

为害特点　成虫、若虫和幼虫用刺吸枝条和叶片，吸食汁液并大量分泌排泄物使枝条或叶片着生黑色霉菌污染枝叶（图6-23），影响光合作用，被害枝衰弱，严重时枝条死亡或造成枣头、枣股枯死，也可造成幼果脱落而减产（图6-24）。

图6-23　枣龟蜡蚧为害叶片症状

图6-24　枣龟蜡蚧为害枣树枝条症状

　　形态特征　雌成虫体椭圆形，紫红色，背覆灰白色蜡质介壳，表面有龟状凹纹，周缘具8个小突起（图6-25）。雄成虫体棕褐色，触角鞭状，翅透明有两条明显脉纹。卵椭圆形，初产时浅澄黄色，半透明而有光泽，后渐变深，近孵化时为紫红色。若虫初孵化若虫体扁平，椭圆形（图6-26）。蛹仅雄虫在介壳下化蛹，为裸蛹，纺锤形，棕褐色，翅芽色淡。

图6-25　枣龟蜡蚧雌成虫

图6-26　枣龟蜡蚧初孵若虫

　　发生规律　一年发生1代，以受精雌成虫固着在小枝条上越冬，以当年枣头上最集中。次年3、4月间开始取食，4月中下旬虫体迅速膨大，取食最烈。6月是产卵期间，卵产在母壳下。6月下旬至7月上旬相继孵化。若虫为害至7月末雌雄分化，8月下旬至9月中旬雄虫羽化，交尾后死亡。雌虫9月中旬前后，陆续转移到小枝上继续为害，虫体增大，蜡壳加厚，11月进入越冬。

　　防治方法　休眠期结合冬季修剪剪除虫枝，雌成虫孵化前用刷子或木片刮刷枝条上成虫。

　　防治的关键时期有2个：第1次在6月底至7月初，卵孵化的初期；第2次在7月5日左右，卵孵化高峰期。可用30%乙酰甲胺磷乳油500～600倍液、20%双甲脒乳油800～1 600倍液、48%毒死蜱乳油1 000～1 500倍液、45%马拉硫磷乳油1 500～2 000倍液、80%敌敌畏乳油1 000～1 500倍液、40%氧乐果乳油1 500～2 000倍液、25%喹硫磷乳油800～1 000倍液、40%杀扑磷乳油800～1 000倍液、3%苯氧威乳油1 000～1 500倍液、25%速灭威可湿性粉剂600～800倍液、50%甲萘威可湿性粉剂600～800倍液、2.5%氯氟氰菊酯乳油1 000～2 000倍液、20%氰戊菊酯乳油2 000～3 000倍液、20%甲氰菊酯乳油2 000～3 000倍液、25%噻嗪酮可湿性粉剂1 000～1 500倍液、95%机油乳油50～60倍液、45%松脂酸钠可溶性粉剂80～120倍液等药剂。为提高杀虫效果，可在药液中混入0.1%～0.2%的洗衣粉，每隔15天喷1次，共喷2～3次。

3. 枣黏虫

　　分布为害　枣黏虫（*Ancylis sativa*）分布于河北、河南、山东、山西、陕西、江苏、湖南、

安徽、浙江等地。枣树展叶时，幼虫吐丝缠缀嫩叶取食，轻则将叶片吃成大小缺刻，重则将叶片吃光（图6-27）。幼果期蛀食幼果，造成大量落果（图6-28）。

图6-27　枣黏虫为害叶片症状

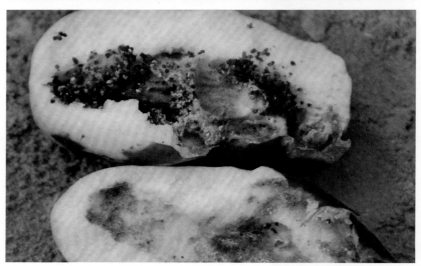

图6-28　枣黏虫为害果实症状

形态特征　成虫全体灰褐黄色。前翅褐黄色，翅面中央有黑褐色纵线纹3条，后翅灰色。卵椭圆形或扁圆形，初产时乳白色，后变为淡黄色、黄色、杏黄色。幼虫共5龄。初孵幼虫头部黄褐色，胴部黄白色，随取食变成绿色。老熟幼虫头部淡褐色，有黑褐色花斑（图6-29）。蛹纺锤形，初时绿色，逐渐变为黄褐色，羽化前为深褐色。

图6-29　枣黏虫成虫和幼虫

发生规律　一年发生3~4代，世代有重叠现象，以蛹在粗皮裂缝、树洞、干枝橛和劈缝中越冬。越冬蛹于3月中旬开始羽化，盛期在4月上旬，末期4月下旬。3月下旬开始产卵，盛期4月上旬，末期6月上旬。幼虫于4月上旬孵化，盛期在4月下旬至5月上旬，5月下旬为为害严重期。

防治方法　冬闲刮树皮、堵树洞消灭越冬蛹。

在各代幼虫孵化盛期进行喷药防治。重点是第1代幼虫初、盛期即枣树发芽初、盛期进行喷药，是消灭此虫的关键期。可用40%三唑磷乳油1 000~2 000倍液、20%氰戊菊酯乳油2 000~3 000倍液、2.5%溴氰菊酯乳油2 500~3 000倍液、30%氧乐·氰菊乳油2 000~3 000倍液、20%水胺硫磷乳油600~750倍液、50%嘧啶磷乳油600~1 000倍液、40%杀扑磷乳油1 000~1 500倍液、50%二溴磷乳油1 500~2 000倍液、50%吡唑硫磷乳油1 500~2 000倍液、30%多噻烷乳油750~1 000倍液、1.8%阿维菌素乳油3 000~4 000倍液、0.5%甲氨基阿维菌素苯甲酸盐微乳剂3 000~4 000倍液。

4. 枣瘿蚊

分布为害　枣瘿蚊（*Contaria* sp.）分布于河北、陕西、山东、山西、河南等各地枣产区。幼虫为害嫩叶，叶受害后红肿，纵卷，叶片增厚，先变为紫红色，最终变黑褐色，并枯萎脱落（图6-30）。

图6-30　枣瘿蚊为害嫩叶症状

形态特征　雌成虫体似小蚊，前翅透明，后翅退化为平衡棒。雄成虫体小，触角发达，长过体半。卵白色微带黄，长椭圆形。幼虫乳白色，蛆状。茧丝质白色。蛹略呈纺锤形，初化蛹乳白色，后渐变黄褐色。

发生规律　一年发生5~6代，以幼虫于树冠下土壤内做茧越冬，次年5月中下旬羽化为成虫，第1~4代幼虫盛发期分别在6月上旬、6月下旬、7月中下旬、8月上中旬，8月中旬出现第5代幼虫，9月上旬枣树新梢停止生长时，幼虫开始入土做茧越冬。

防治方法　清理树上、树下虫枝、叶、果，并集中烧毁，减少越冬虫源。

4月中下旬枣树萌芽展叶时，喷施40%氧化乐果乳油1 500倍液、25%灭幼脲悬乳剂1 000~1 500倍液、52.25%毒·氯乳油2 500~3 000倍液、10%氯氰菊酯乳油2 000倍液、20%氰戊菊酯乳油2 000倍液、2.5%溴氰菊酯乳油2 000倍液、80%敌敌畏乳油1 000倍液，间隔10天喷1次，连喷2~3次。

5. 枣锈壁虱

分布为害　枣锈壁虱(*Epitrimerus zizyphagus*)近年在部分枣产区严重发生。以成虫和若虫为害叶、花蕾、花、果实和绿色嫩枝。叶片受害加厚变脆，沿主脉向叶面卷曲合拢，后期叶缘焦枯，容易脱落。花蕾受害后，逐渐变褐色，并干枯脱落。果实受害后，出现褐色锈斑，果个较小，严重时凋萎脱落（图6-31）。

图6-31　枣锈壁虱为害枣果状

形态特征　成虫呈胡萝卜形，初为白色，后为淡褐色，半透明。卵圆形极小，初产时白色，半透明，后变为乳白色。若虫与成虫相似，白色，初孵时半透明。

发生规律　一年发生3代以上，以成虫或老龄若虫在枣股芽鳞内越冬，一年有3次为害高峰，分别在4月末、6月下旬和7月中旬，每次持续10~15天。8月上旬开始转入芽鳞缝隙越冬。

防治方法　在发芽前（芽体膨大时效果最佳），喷布1次3~5度的石硫合剂，可杀灭在枣股上越冬的成虫或老龄若虫。

枣树发芽后20天内（5月上中旬），正值此虫出蛰为害初期尚未产卵繁殖时，及时喷施40%硫悬浮剂300倍液、1.8%阿维菌素乳油5 000倍液、15%哒螨灵乳油2 500倍液，15天后再喷1次。

6. 枣奕刺蛾

分布为害　枣奕刺蛾（*Phlossa conjuncta*）分布于河北、辽宁、山东、江苏、安徽、浙江、湖南、湖北、广东、四川、台湾、云南等地。以幼虫取食叶片，低龄幼虫取食叶肉，稍大后即可取食全叶（图6-32）。

图6-32　枣奕刺蛾为害叶片症状

形态特征　成虫全体褐色，雌蛾触角丝状；雄蛾触角短双栉状。头小，复眼灰褐色。胸背上部鳞毛稍长，中间微显红褐色。腹部背面各节有似"人"字形的褐红色鳞毛。前翅基部褐色，中部黄褐色，近外缘处有2块近似菱形的斑纹彼此连接，靠前缘一块为褐色，靠后缘一块为红褐色，横脉上有1个黑点。后翅为灰褐色（图6-33）。卵椭圆形，扁平，初产时鲜黄色，半透明。幼虫初孵幼虫体筒状，浅黄色，背部色稍深。老熟幼虫头褐色，较小，体背面有蓝色斑，连结成金钱状斑纹（图6-34）。在胸背前3节上有3对、体节中部1对，腹末2对皆为红色长枝刺，体的两侧周围各节上有红色短刺毛丛1对。蛹椭圆形，扁平，初化蛹时黄色，渐变浅褐色，羽化前变为褐色，翅芽为黑褐色。茧椭圆形，比较坚实，土灰褐色。

图6-33　枣奕刺蛾成虫

图6-34　枣奕枣蛾幼虫

发生规律　每年发生1代，以老熟幼虫在树干根颈部附近土内7～9cm深处结茧越冬。6月上旬开始化蛹。6月下旬开始羽化为成虫。7月上旬幼虫开始为害，为害严重期在7月下旬至8月中旬，自8月下旬开始，幼虫逐渐老熟，下树入土结茧越冬。成虫有趋光性。白天静伏叶背，有时抓住叶悬系倒垂，或两翅做支撑状，翘起身体，不受惊扰。卵于叶背，卵成片排列。初孵幼虫爬行缓慢，集聚较短时间即分散叶背面为害。初期取食叶肉，留下表皮，虫体大即取食全叶。

防治方法　结合果树冬剪，彻底清除或刺破越冬虫茧。在发生量大的年份，还应在果园周围的防护林上清除虫茧。夏季结合农事操作，人工捕杀幼虫。

幼虫发生初期，喷施20%虫酰肼悬浮剂1 500～2 000倍液、5%氟虫脲可分散液剂1 500～2 000倍液、20%丁硫克百威乳油2 000～2 500倍液、90%晶体敌百虫1 000～1 500倍液、50%辛硫磷乳油1 500～2 000倍液、80%敌敌畏乳油800～1 000倍液、25%灭幼脲悬浮剂1 500～2 000倍液、5%高效氯氰菊酯乳油2 500～3 000倍液、20%氰戊菊酯乳油1 500～2 000倍液。

第七章　香蕉病虫害原色图解

一、香蕉病害

香蕉是我国南部重要的经济作物，其病害是影响产量和品质的重要因素之一。香蕉病害主要有20多种，其中，为害较为严重的有香蕉束顶病、炭疽病、黑星病、花叶心腐病、褐缘灰斑病等。

1. 香蕉束顶病

分布为害　香蕉束顶病是香蕉的重要病害之一。我国广东、广西、福建、海南、云南及台湾等地均有发生。一般发病率可达10%～30%，有的甚至高达50%～80%。

症　状　新长出的叶片，一片比一片短而窄小（图7-1），植株矮缩，叶片硬直并成束长在一起。病株老叶颜色比健株的黄些，新叶则比健株的较为浓绿。叶片硬而脆，很易折断。在嫩叶上有许多与叶脉平行的淡绿和深绿相间的短线状条纹，叶柄和假茎上也有，蕉农称为"青筋"。病株分蘖多，根头变紫色，无光泽，大部分根腐烂或变紫色，不发新根。染病蕉株一般不能抽蕾。为害严重时，植株死亡（图7-2）。

图7-1　香蕉束顶病为害新叶症状

病　原　Banana bunchy top virus（BBTV），称香蕉束顶病毒。病毒粒体球形。

发生规律　病原病毒在园内主要借香蕉交脉蚜传播，远距离传播则通过病株吸芽调运。病毒不能借汁液摩擦及土壤传播。任何有利于蚜虫猖獗发生的环境条件都有利于发病。一般在雨水少、天气干旱的年份蕉蚜发生多，发病较重。在下雨多、天气潮湿的年份蚜虫死亡较多，病害发生较少，发病高峰一般在4～5月，其次在9～10月。

图7-2　香蕉束顶病为害叶柄症状

防治方法　选种无病蕉苗，新蕉区最好用组培苗。增施磷钾肥；合理轮作，彻底挖除病株，挖前先喷药杀蚜，铲除蕉园附近蚜虫的寄主，并于每年开春后清园时喷药杀死蚜虫。

及时喷药消灭蕉园中的交脉蚜。一般在3～4月和9～11月喷药防治，可喷50%抗蚜威可湿性粉剂2 000倍液、40%乐果或40%氧乐果乳油1 000倍液、80%敌敌畏乳油1 000倍液、10%吡虫啉可湿性粉剂1 500倍液、20%氰戊菊酯乳油2 500~3 000倍液，40%乐果乳油1 000倍液加90%晶体敌百虫1 000倍液。

　　病害发生初期及时喷药防治，可用2%宁南霉素水剂250~300倍液、3.95%三氮唑核苷水剂500~600倍液、0.5%菇类蛋白多糖水剂300倍液、5%菌毒清水剂400倍液、1.5%植病灵乳剂1 000倍液，喷雾、灌根或注射。

2．香蕉炭疽病

　　分布为害　香蕉炭疽病分比较广，福建、台湾、广东、广西等省区普遍发生，主要为害成熟或近熟的果实，尤其为害储运期的果实最为严重。

　　症　　状　主要为害蕉果。初在近成熟（图7-3）或成熟的果面（图7-4）上现"梅花点"状淡褐色小点，后迅速扩大并连合为近圆形至不规则形暗褐色稍下陷的大斑或斑块，其上密生带黏质的针头大小点，随后病斑向纵横扩展，果皮及果肉亦变褐腐烂，品质变坏，不堪食用。干燥天气，病部凹陷干缩。果梗和果轴发病，同样长出黑褐色不规则病斑，严重时全部变黑干缩或腐烂，后期亦产生朱红色黏质小点。

图7-3　香蕉炭疽病为害青果症状

　　病　　原　香蕉盘长孢 *Gloeosporium musarum*，属半知菌亚门真菌。分生孢子盘圆形。分生孢子长椭圆形，单胞，无色，聚集一起时呈粉红色。

　　发生规律　病菌以菌丝体和分生孢子盘在病叶和病残体上存活越冬。次年分生孢子及菌丝体产生的分生孢子由风雨或昆虫传播到青果上，萌发芽管侵入果皮内，并发展为菌丝体。每年4~10月为此病的多发期，在高温多雨季节发病尤为严重。分生孢子辗转传播，不断进行重复侵染。成熟果实在贮运期间还可以通过接触传染。一般香蕉产区温度较高，在多雨雾重的天气和园圃潮湿的条件下，或贮运期气温高、湿度大往往发病严重。

图7-4　香蕉炭疽病为害成熟果症状

　　防治方法　选种高产、优质的抗病品种，加强水肥管理，增强植株生势，提高抗病力。及时清除和烧毁病花、病轴和病果，并在结果始期进行套袋，可减少病菌侵染。采收应选择晴天，采果及贮运时要尽量避免损伤果实。

　　结实初期，喷施50%多菌灵可湿性粉剂500倍液、80%代森锰锌可湿性粉剂1 500倍液、75%百菌清可湿性粉剂1 000倍液等药剂预防病害。

　　在病害发生初期，可用50%甲基硫菌灵可湿性粉剂1 000~1 200倍液、25%腈苯唑悬浮剂1 000倍液、40%多硫悬浮剂500~1 000倍液、20%丙硫多菌灵悬浮剂800~1 000倍液、5%咪鲜胺可湿性粉剂800~1 000倍液、77%氢氧化铜可湿性粉剂1 000倍液等药剂，每隔10~15天喷药1次，连喷3~4次。如遇雨则隔7天左右喷1次，着重喷果实及附近叶片。

　　果实采收后，可用50%异菌脲可湿性粉剂250倍液、50%抑霉唑可湿性粉剂500倍液、45%噻菌灵悬浮剂450~600倍液浸果1分钟(浸没果实)，取出晾干，可控制贮运期间烂果。

3．香蕉黑星病

分布为害　香蕉黑星病是香蕉产区的常见病害。

症　状　主要为害叶片和青果，也为害成熟果。叶片发病（图7-5），在叶面及中脉上散生或群生许多小黑粒，后期小黑粒周围呈淡黄色，中部稍下陷，病斑密集成块斑，叶片变黄而凋萎。青果发病，多在果肩弯背部分生许多小黑粒，果面粗糙，随后许多小黑粒聚集成堆。果实成熟时，在每堆小黑粒周围形成椭圆形的褐色小斑；不久病斑呈暗褐色或黑色，周缘呈淡褐色，中部组织腐烂下陷，其上的小黑粒突起（图7-6）。

图7-5　香蕉黑星病为害叶片症状

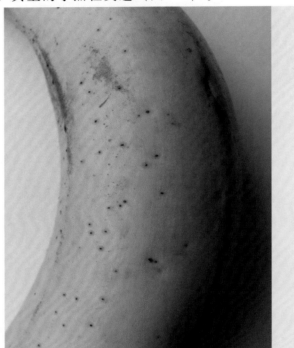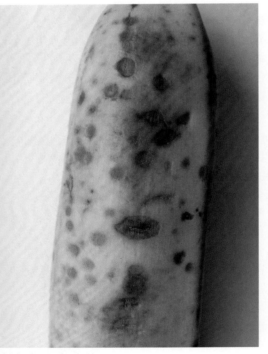

图7-6　香蕉黑星病为害果实症状

病　原　香蕉大茎点菌*Macrophoma musae*，属半知菌亚门真菌。分生孢子器褐色，圆锥形，顶部有一细孔。分生孢子单胞，椭圆形或卵形，无色或淡褐色，其中一端长有一根细线状的附属丝。

发生规律　病菌以分生孢子器或分生孢子在蕉园枯叶残株上越冬。第二年雨后分生孢子靠雨水飞溅传到叶片再感染，叶片的病菌随雨水流溅向果穗。叶片上斑点可见因雨水流动路径而呈条状分布。9月下旬至10月上旬旱季时潜育期19天，进入12月至翌年1～2月低温干旱时长达69天，全年以8～12月受害重。夏、秋季节若多雨高湿有利于发病。苗期较抗病，挂果后期果实最易感病，高温多雨季节病害易流行。

防治方法　注意果园卫生，经常清除销毁病叶残株。不偏施氮肥，增施有机肥和钾肥，提高植株抗病力；疏通蕉园排灌沟渠，避免雨季积水；抽蕾挂果期，用纸袋或塑料薄膜套果，减少病菌侵染。套袋前后各喷1～2次杀菌剂，效果更好。

在叶片发病前期，喷施75%百菌清可湿性粉剂800～1 000倍液、50%多菌灵可湿性粉剂800倍液、36%甲基硫菌灵悬浮剂800倍液等药剂预防保护。

在叶片发病初期或在抽蕾后芭叶未开前，可用25%腈菌唑乳油500~1 000倍液、25%丙环唑乳油1 000~1 500倍液、25%多菌灵可湿性粉剂800倍液+0.04%柴油、50%混杀硫悬浮剂500倍液、50%苯菌灵可湿性粉剂1 500倍液、70%甲基硫菌灵超微可湿性粉剂1 000倍液喷病叶或果实，重点喷果实。间隔10~15天喷1次，连续喷3次。

4.香蕉花叶心腐病

分布为害 香蕉花叶心腐病现已成为香蕉重要病害之一。在我国广东、广西、福建、云南等地均有该病。广东的珠江三角洲为重发病区，有些蕉园发病率高达90%以上。

症 状 属全株性病害。病株叶片现褪绿黄色条纹，呈典型花叶斑驳状（图7-7），尤以近顶部1~2片叶最明显，叶脉稍肿突。假茎内侧初现黄褐色水渍状小点，后扩大并连合成黑褐色坏死条纹或斑块。早发病幼株矮缩甚至死亡；成株感病则生长较弱，多不能结果，即使结实也难长成正常蕉果。当病害进一步发展时，心叶和假茎内的部分组织出现水渍状病区，以后坏死，变黑褐色腐烂。纵切假茎可见病区呈长条状坏死斑，横切面呈块状坏死斑。有时根茎内也发生腐烂。

图7-7 香蕉花叶心腐病
为害叶片症状

病 原 Cucumber mosaic virus(CMV)、Banana strain，黄瓜花叶病毒香蕉株系。粒体呈球形多面体状。

发生规律 蕉园内病害近距离传播主要靠蚜虫，也可以通过汁液摩擦或机械接触方式传播；远距离传播则借带病芽的调运。幼嫩的组培苗对该病极敏感，感病后1~3个月即可发病，吸芽苗则较耐病，且潜育期较长。温暖而较干燥有利于蚜虫繁殖活动的年份往往发病较重。每年发病高峰期为5~6月。幼株较成株易感病。蕉园及其附近栽植茄、瓜类作物的园圃较多发病。高湿多雨的春植一般较少发病。在温暖干燥年份，本病发生较为严重。

防治方法 严禁从病区挖取球茎和吸芽作繁殖种苗用的材料。培育和使用脱毒的组培苗。种组培苗的宜早（3月间）勿迟，也不宜秋植；宜选6~8片的大龄苗定植。清除园内及附近杂草，避免园内及其附近种瓜、茄类作物。挖出的病株、蕉头和吸芽可就地斩碎、晒干，然后搬出园外烧毁。

苗期要加强防虫防病工作，10~15天喷1次50%抗蚜威可湿性粉剂1 500倍液等杀蚜虫，同时加喷一些助长剂（如叶面宝等）和防病毒剂（如1.5%植病灵1 000倍液或0.1%硫酸锌液），提高植株的抗病力，尤其是高温干旱季节。

及时铲除田间病株和消灭传病蚜虫。发现病株要在短时间内尽快全部挖除；在挖除病株前、后，要用40%乐果乳油1 000~2 000倍液、50%抗蚜威可湿性粉剂1 500倍液~2 000倍液、

5%鱼藤酮乳油1 000～1 500倍液、2.5%溴氰菊酯乳油2 500～5 000倍液、10%吡虫啉可湿性粉剂3 000～4 000倍液、2.5%氯氟氰菊酯乳油2 500～3 000倍液喷布病株和病穴。

5. 香蕉褐缘灰斑病

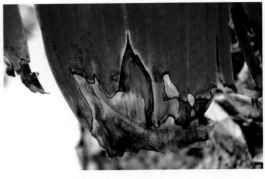

图7-8　香蕉褐缘灰斑病为害叶片症状

分布为害　香蕉褐缘灰斑病又称香蕉尾孢菌叶斑病，在我国各香蕉产区普遍发生。主要为害叶片，引起蕉叶干枯，造成植株早衰，发病重者减产50%～75%。

症　状　该病通常先发生于下部叶片，后渐向上部叶片扩展，病斑最初为点状或短线状褐斑，先见于叶背，然后扩展成椭圆形或长条形黄褐色至黑褐色病斑，或多数病斑融合成不规则形黑褐色大斑。融合后病斑周围组织黄化。在同一叶片上，通常叶缘发病较重，病斑由叶缘向中脉扩展，重者可使整张叶片枯死（图7-8）。

病　原　香蕉尾孢菌*Crcospora musae*，属半知菌亚门真菌。分生孢子梗褐色，丛生。分生孢子细长，无色，有0～6个分隔。有性态为*Mycospherella musicola*称小坏壳菌，属子囊菌亚门真菌。子囊壳黄褐色，卵圆形。子囊椭圆形，有拟侧丝。子囊孢子长椭圆形至纺锤形，有3个隔膜。

发生规律　病菌以菌丝在寄主病斑或病株残体上越冬。春季产生的分生孢子或子囊孢子借风雨传播，蕉叶上有水膜且气温适宜时，侵入气孔细胞及薄壁组织。每年4～5月初见发病，6～7月高温多雨季节病害盛发，9月后病情加重，枯死的叶片骤增，10月底以后随降雨量养活和气温下降，病害发展速度减慢。在夏季高温多雨有利于该病的发生流行。过度密植、偏施氮肥、排水不良的蕉园发病较重。

防治方法　及时清除蕉园的病株残体、减少初侵染源。多施磷、钾肥，不要偏施氮肥。水田蕉园应挖深沟，雨季及时排水。控制种植密度。

在发病前期，喷施75%百菌清可湿性粉剂800～1 000倍液、80%代森锰锌可湿性粉剂800倍液等药剂预防。

在发病初期或从现蕾期前1个月起进行喷药防治。常用的药剂有：70%甲基硫菌灵可湿性粉剂800倍液加0.02%洗衣粉，25%多菌灵可湿性粉剂800倍液加0.04%柴油，25%丙环唑乳油1 000～1 500倍液、25%腈菌唑乳油2 000～3 000倍液、10%苯醚甲环唑水分散粒剂2 000倍液、25%咪鲜胺乳油1 500倍液等。每隔10～20天喷1次，全株喷雾3～5次效果好。

6. 香蕉镰刀菌枯萎病

症　状　香蕉黄叶病属维管束病害。内部症状表现假茎和球茎维管束黄色到褐色病变，呈斑点状或线状，后期贯穿成长条形或块状。根部木质导管变为红棕色，一直延伸到球茎内，后来黑褐色而干枯。外部症状在龙牙蕉上表现为叶片倒垂型黄化和假茎基部开裂型黄化两种。叶片倒垂型黄化（图7-9）：发病蕉株下部及靠外的叶鞘先出现特异性黄化，叶片黄化先在叶缘出现，后逐渐扩展到中脉，黄色部分与叶片深绿色部分形成鲜明对比。染病叶片很快倒垂萎，由黄色变褐色而干枯，形成一条枯干倒挂着枯萎的叶片。假茎基部开裂型黄化（图7-10）：病株先从假茎外围的叶鞘近地面处开裂，渐向内扩展，层层开裂直到心叶，并向上扩展，裂口褐色干腐，最后叶片变黄，倒垂或不倒垂，植株枯萎相对较慢。

病　原　尖镰孢菌古巴专化型*Fusarium oxysporum* f.sp.*cubense*，属半知菌亚门真菌。产生大、小两种类型分生孢子。大型分生孢子镰刀型，无色，有3～5个隔膜。小型分生孢子单胞或双胞，卵形或圆形。

发生规律　该病菌从根部侵入导管，产生毒素，使维管束坏死。蕉苗、流水、土壤、农具等均可带病。病苗种植和水沟丢弃病株是该病蔓延的主要原因。病菌在土壤中寄生时间长，几

图7-9　香蕉镰刀菌枯萎病叶片倒垂型黄化　　　图7-10　香蕉镰刀菌枯萎病假茎开裂型黄化

年甚至20年。酸性土壤有利于该菌的滋生。排水不良及伤根促进该病发生。每年10～11月为发病高峰。蕉园有明显的发病中心。

防治方法　农业防治：避免病土育苗，加强检疫。

土壤消毒：15%恶霜灵水剂或20%地菌灵可湿性粉剂与土壤按1：200比例配制成药土后撒入苗床或定植穴中。

发病初期灌根。发现零星病株时，用53.8%氢氧化铜干悬浮剂1 000倍液、23%络氨铜悬浮剂500倍液、20%甲基立枯磷乳油1 000倍液、90%恶霉灵可湿性粉剂1 000倍液灌根，每株500～1 000ml，每隔5～7天灌根1次，连续灌根2～3次。

7. 香蕉冠腐病

分布为害　香蕉冠腐病是香蕉采后及运输期间发生的重要病害。发病严重时果腐率达18.3%，轴腐率高达70%～100%，往往造成重大的经济损失。

症　状　病菌最先从果轴切口侵入，造成果轴腐烂并延伸至果柄，致使果柄腐烂，果指散落。受为害的果指果皮爆裂，果肉僵死，不易催熟转黄。成熟的青果受害时，发病的蕉果先从果冠变褐，后期变黑褐色至黑色，病部无明显界限，以后病部逐渐从冠部向果端延伸。空气潮湿时病部上产生大量白色絮状霉状物，即病原菌的菌丝体和子实体，并产生粉红色状物，此为病原菌的分生孢子（图7-11）。

图7-11　香蕉冠腐病为害果轴症状

病　原　包括3种镰刀菌：串珠镰孢*Fusarium moniliforme*、半裸镰孢*F. semitectum*和双胞镰孢*F. dimerum*，均属半知菌亚门真菌。

发生规律　香蕉去轴分梳以后，切口处留下大面积伤口，成为病原菌的入侵点。香蕉运输过程中，由于长期沿用的传统采收、包装、运输等环节常导致果实伤痕累累，加上夏秋季节北运车厢内高温高湿，常导致果实大量腐烂。香蕉产地贮藏时，聚乙烯袋密封包装虽能延长果实的绿色寿命，但高温、高湿及二氧化碳等小环境极易诱发冠腐病。雨后采收或采前灌溉的果实也极易发病。成熟度太高的果实在未到达目的地已黄熟，也常引起北运途中大量烂果。

防治方法　预防该病的关键是尽量减少贮运各环节中造成的机械伤。降低果实后期含水量，采收前10天内不能灌溉，雨后一般应隔2～3日晴天后才能收果。

采收后马上用50%多菌灵可湿性粉剂500倍液、50%咪鲜胺锰盐可湿性粉剂2 000倍液、45%噻菌灵悬浮剂600倍液、50%双胍辛胺可湿性粉剂1 500倍液进行浸果处理，然后进行包装。袋内充入适量二氧化碳可减少冠腐病的发生。

选用冷藏车运输。可明显降低冠腐病的发生，冷藏温度一般控制在13～15℃。

8．香蕉煤纹病

症　状　主要为害叶片，多从叶缘发病，病斑椭圆形，暗褐色，后扩展成不规则形大斑，中央灰褐色，有明显轮纹，边缘暗褐色，外缘有淡黄色晕圈，背面有暗褐色霉状物（图7-12）。

病　原　簇生长蠕孢菌 *Helminthosporium torulosum*，属半知菌亚门真菌。分生孢子梗褐色，单生或2～4根丛生，直立，具横隔膜。分生孢子暗褐色，中部较膨大，两端渐小。

发生规律　以菌丝体或分生孢子在病残体上越冬，第二年春季借风雨传播，落在叶面上，侵染叶片。以后病斑上又产生分生孢子进行再侵染。6～7月为发病盛期。果园密度较高，地势低洼，排水不良时发病较重。

图7-12　香蕉煤纹病为害叶片症状

防治方法　冬季清除田间病残体，加强田间管理，合理施肥，增强抗病能力，注意排水。发现病叶及时剪除，防止蔓延。

病害发生初期，喷施80%代森锰锌可湿性粉剂800倍液、50%混杀硫悬浮剂500倍液、65%乙霉威可湿性粉剂1 500～2 000倍液、25%丙环唑乳油1 500倍液等药剂，间隔10天，连喷2～3次。

9．香蕉灰斑病

症　状　主要为害叶片，多从叶缘水孔侵入，初呈暗褐色，水渍状，半圆形或椭圆形，大小不一。病斑扩展后多个连接成大斑，内下方呈淡灰褐色，上方呈暗褐色，边缘暗黑色，外缘有明显的的黄色波浪形晕圈，斑内呈轮纹状，斑背有灰褐色霉状物（图7-13）。

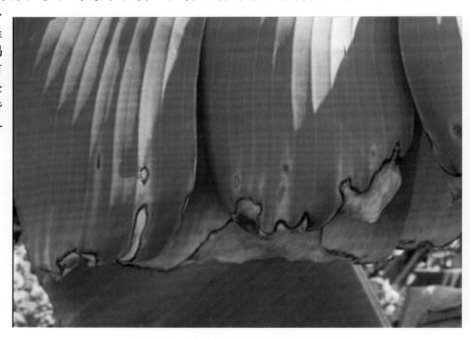

图7-13　香蕉灰斑病为害叶片症状

病　　原　Cordana musae 称香蕉暗色双胞菌，属半知菌亚门真菌。分生孢子梗细长，褐色有分隔。分生孢子双胞，椭圆形，有横隔膜1个。

发生规律　病菌主要以菌丝体在寄主病部或病株残体上越冬。分生孢子靠风雨传播，落在寄主叶面后开始发芽，然后自表皮侵入。该病多发生于适温、湿度较高的季节，每年5~6月为发病盛期。果园密度较高，地势低洼，排水不良时发病较重。

防治方法　加强田间管理，合理施肥，增强抗病能力，注意排水。发现病叶及时剪除，防止蔓延。

发病初期，可用80%代森锰锌可湿性粉剂800倍液、25%丙环唑乳油1 500倍液、25%咪鲜胺乳油1 500倍液、10%苯醚甲环唑水分散粒剂2 000倍液，间隔10天喷施1次，连续喷2~3次。

二、香蕉虫害

为害香蕉的害虫主要有香蕉交脉蚜、香蕉弄蝶、香蕉假茎象鼻虫等。

1. 香蕉弄蝶

分　　布　香蕉弄蝶（Erionota torus）是蕉园的重要害虫，主要分布于广西、广东、海南、福建、台湾、云南、贵州、湖南等省、自治区。

为害特点　以幼虫吐丝卷叶结成叶苞，藏于其中取食蕉叶，发生严重时，蕉株叶苞累累，蕉叶残缺不全，甚至只剩下中脉，阻碍生长，影响产量（图7-14）。

形态特征　成虫：雄成虫体黑褐色或茶褐色的蝴蝶（图7-15）。头胸部密被灰褐色鳞毛。触角端部膨大呈钩状，近膨大部分白色。前翅近基部被灰黄色鳞毛，翅中部有2个近长方形大黄斑，近外缘有1个近方形小黄斑，前后翅缘毛均呈白色。卵圆球型而略扁，卵壳表面有放射状白色线纹，初产时黄色，渐变红色。成长幼虫体被白色蜡粉（图7-16）。头黑色，略呈三角形。蛹被蛹，圆筒形，淡黄色，被有白色蜡粉。

发生规律　一年发出4~5代，以幼虫在蕉叶卷苞中越冬。翌年2~3月开始化蛹，3~4月成虫羽化，各代重叠发生。成虫于清早或傍晚活动，卵多在早晨孵化，幼虫体表分泌有大量的白粉状物，幼虫吐丝把叶片卷成筒状而成虫苞，藏身其中，边食边卷，幼虫为害期多在每年6~10月，其中6~8月虫口数量最多。

图7-14　香蕉弄蝶为害叶片症状

防治方法　重点消灭越冬幼虫，认真清理蕉园，采集虫苞集中处理。在发生为害的高峰时期，也可采用人工摘除虫苞或用小枝条打落虫苞的方法，集中杀死其中幼虫、蛹。

掌握幼虫低龄期，采用90%晶体敌百虫或80%敌敌畏乳油800~1 000倍液、40%水胺硫磷乳

图7-15　香蕉弄蝶成虫

图7-16　香蕉弄蝶幼虫

油1 000~1 500倍液、5%灭幼脲乳油1 500倍液、10%氯氰菊酯乳油或2.5%溴氰菊酯乳油1 000~2 500倍液、48%毒死蜱乳油1 000倍液、苏云金杆菌粉（含活芽孢100亿个/g）500~1 000倍液、5%伏虫隆乳油1 500~2 000倍液、2.5%氯氟氰菊酯乳油1 500~3 000倍液，叶面喷雾，杀死幼虫。

2．香蕉交脉蚜

分　布　香蕉交脉蚜（*Pentalonia nigronervosa*）在我国华南各蕉区均有分布，主要传播香蕉束顶病。

为害特点　交脉蚜刺吸为害蕉类植物，使植株生势受影响，更严重的是因吸食病株汁液后能传播香蕉束顶病和香蕉花叶心腐病对香蕉生产有很大的为害性（图7-17）。

形态特征　香蕉交脉蚜有翅，蚜体深红，复眼红棕色，触角、腹管和足的腿节、胫节的前端呈暗红色，头部明显长有角瘤，触角6节，并在其上有若干个圆形的感觉孔，腹管圆筒形，前翅大于后翅。孤雌生殖，卵胎生，幼虫要经过4个龄期以后，才变成有翅或无翅成虫。

图7-17　香蕉交脉蚜为害症状

发生规律　每年发生20代以上。冬季蚜虫在叶柄、球茎、根部越冬；到春季气温回升，蕉树生长季节，蚜虫开始活动、繁殖。主要借风进行远距离传播，近距离传播则通过爬行或随吸芽、土壤、工具及人工传播。在冬季香蕉束顶病很少发生，4~5月陆续发生。一年中10~11月一般为蚜虫发生高峰期。广东蕉蚜盛发期是4月左右和9~10月。病害的流行期则是3~5月。干旱年份发生量多，且有翅蚜比例高，多雨年份则相反。

防治方法　一旦发现患病植株，立即喷洒杀虫剂，彻底消灭带毒蚜虫，再将病株及其吸芽彻底挖除，以防止蚜虫再吸食毒汁而传播。

春季气温回升、蚜虫开始活动至冬季低温到来蚜虫进入越冬之前，应及时喷药杀虫。有效的药剂40%氧乐果乳油800倍液、5%鱼藤精乳油1 000~1 500倍液、 40%速灭威乳油1 000~1 500倍液、10%吡虫啉可湿性粉剂1 000~2 000倍液、2.5%氯氟氰菊酯乳油1 500~3 000倍液、50%抗蚜威可湿性粉剂1 000~1 200倍液、2.5%溴氰菊酯乳油1 500~2 000倍液。

3. 香蕉假茎象鼻虫

为害症状　香蕉假茎象鼻虫（*Odoiporus longicollis*）是我国香蕉最重要的钻蛀性害虫，主要以幼虫蛀食假茎、叶柄、花轴，造成大量纵横交错的虫道，妨碍水分和养分的输送，影响植株生长（图7-18）。受害株往往枯叶多，生长缓慢，茎干细小，结果少，果实短小，植株易受风害。

形态特征　成虫体长圆筒形，全身黑色或黑褐色，有蜡质光泽，密布刻点（图7-19）。头部延伸成筒状略向下弯，触角所在处特别膨大，向两端渐狭；触角膝状。鞘翅近基部稍宽，向后渐狭，有显著的纵沟及刻点9条。腹部末端露出鞘翅外，背板略向下弯，并密生灰黄褐色绒毛。卵乳白色，长椭圆形，表面光滑。老熟幼虫体乳白色（图7-20），肥大，无足。头赤褐色，体多横皱。蛹乳白色，头喙可达中足胫节末端，头的基半部具6对赤褐色刚毛，3对长，3对短。

图7-18　香蕉假茎象鼻虫为害植株症状

图7-19　香蕉假茎象鼻虫成虫

图7-20　香蕉假茎象鼻虫幼虫

发生规律　在华南地区一年发生4代，世代重叠，各期常同时可见，各地整年都有发生。在广东自3月初至10月底发生数量较多。以幼虫在假茎内越冬。成虫畏阳光，由隧道钻出后，常仍藏匿于受害的蕉茎最外1~2层干枯或腐烂叶鞘下；有群聚性，尤其夏季或冬季，常见成群聚藏于蕉茎近根部处的干枯叶鞘中，被害严重的蕉园。枯叶多，结实少，受害重者茎部腐烂终至死亡，或使穗梗不能抽出。

防治方法　冬季清园，在10月间砍除采果后的旧蕉身；对一般植株要在冬季自下而上检查假茎，清除虫害叶鞘，深埋土中或投入粪池沤肥。每年在春暖后至清明前，结合除虫进行圈蕉，可以减少虫害株；在8~10月割除蕉身外部腐烂的叶柄、叶鞘亦能消除成虫和幼虫。

每年4~5月和9~10月，在成虫发生的两个高峰期，于傍晚喷洒乙酰甲胺磷、巴丹、杀虫双等杀虫剂，自上而下喷湿假茎，毒杀成虫。未抽蕾植株可在"把头"处放3.6%杀虫丹颗粒剂10g/株，3%丁硫克百威粒剂30~60g/株、5%辛硫磷颗粒剂3~5g/株、3%呋喃丹颗粒剂5~10g/株毒杀蛀食的幼虫。

可用48%毒死蜱或50%辛硫磷乳油1 000倍液，于1.5m高假茎偏中髓6cm处注入150ml药液／株。

在蕉园蕉身上端叶柄间，或在叶柄基部与假茎连接的凹陷处，放入少量80%敌敌畏乳油800倍液、25%杀虫双水剂500倍液、48%毒死蜱乳油700倍液自上端叶柄淋施。

4. 香蕉冠网蝽

分布为害 香蕉冠网蝽（*Stephanitis typical*）主要分布在福建、台湾、广东、广西和云南等省、自治区。以成虫及若虫在叶片背面吸食汁液，吸食点呈淡黄色斑点，严重时叶片成黯淡灰黄色（图7-21）。

图7-21 香蕉冠网蝽为害叶片症状

形态特征 成虫羽化时呈银白色，后逐渐转变为灰白色，前翅膜质近透明，长椭圆形，具网状纹，后翅狭长无网纹，有毛。头小，呈棕褐色。在前胸背两侧及头顶部分有一块白色膜突出，上具网状纹，似"花冠"，具刺吸式口器（图7-22）。卵长椭圆形，稍弯曲，顶端有一卵圆形的灰褐卵盖，初产时无色透明，后期变为白色。若虫共有5龄，1龄幼虫为白色，以后体色变深，身体光滑，体刺不明显，老熟若虫前胸背板盖及头部，具翅芽，头部黑褐色，复眼紫红色。

发生规律 在广州地区，年发生6~7代，世代重叠，无明显越冬期。4~11月为成虫羽化期，遇上冬季气温较高的年份能完成一代。成虫产卵于叶背的叶肉组织内，并有分泌紫色胶状物覆盖保护。虫孵后栖叶背取食；成虫则喜欢在蕉株顶部1~3片嫩叶叶背取食和产卵危害。小于15℃低温时成虫静伏不动，在夏秋季发生较多，旱季为害较为严重，台风、暴雨对其生存有明显影响。

防治方法 剪除严重受害叶片，消灭成群虫源。

可用90%敌百虫晶体800~1 000倍液、48%毒死蜱乳油1 000~1 500倍液、50%敌敌畏乳剂800~1 000倍液、40%乐果乳油1 000~1 500倍液、50%马拉硫磷乳剂1 000~1 500倍液、20%三唑磷乳油1 000~2 000倍液喷雾叶背。

图7-22 香蕉冠网蝽成虫

第八章　山楂病虫害原色图解

一、山楂病害

目前，已发现的山楂病害有20多种，其中，发生普遍、为害较重的有山楂白粉病、花腐病、枯梢病等。

1. 山楂白粉病

分布为害　山楂白粉病是山楂重要病害之一。在我国山楂产区都有发生，主要分布于吉林、辽宁、山东、河北、河南、山西、北京等省、直辖市。

症　　状　主要为害新梢、幼果和叶片。由发病嫩芽抽发新梢时，病斑迅速扩延到幼叶上，出现褪绿黄色斑块，很快在正反两面产生绒絮状白色粉层（图8-1），病梢生长瘦弱，节间缩短，叶片窄小扭曲纵卷，严重时枝梢枯死（图8-2）。幼果在落花后发病，先在近果柄处出现病斑并布满白色粉层（图8-3），果实向一侧弯曲，病斑蔓延至果面，易早期脱落。

图8-1　山楂白粉病为害叶片症状

图8-2　山楂白粉病为害新梢症状

图8-3　山楂白粉病为害果实症状

257

病　　原　蔷薇科叉丝单囊壳 *Podosphaera oxyacanthae* f.sp. *crataegicola*，属子囊菌亚门真菌；无性阶段 *Oidium crataeg* 称山楂粉孢霉，属半知菌亚门真菌。闭囊壳暗褐色，球形，顶端具刚直的附属丝，基部暗褐色，上部色较淡，具分隔。闭囊壳内具1个子囊，短椭圆形或拟球形，无色，内含子囊孢子8个，子囊孢子椭圆形或肾脏形。分生孢子梗不分枝，分生孢子念珠状串生，无色，单胞。

发生规律　以闭囊壳在病叶上越冬。翌春雨后由闭囊壳释放子囊孢子，先侵染根蘖，在病部产生大量分生孢子，借气流传播，再重复侵染。5～6月间新梢速长期和幼果期此病发展很快，为发病盛期，7月以后减缓，10月间停止发生。春季温暖干旱、夏季有雨凉爽的年份病害易流行。

防治方法　冬春刨树盘，翻耕树行，铲除自生根蘖、野生山楂树，清除树上树下的残叶、病枝、落叶、落果，集中烧毁或深埋。控制好肥水，不偏施氮肥，不使园地土壤过分干旱，合理疏花、疏叶。

山楂发芽展叶后发病前，可以喷施保护剂，以防止病害的侵染发病，可以施用1∶2∶240倍波尔多液、80%炭疽福美（福美双·福美锌）可湿性粉剂600倍液、75%百菌清可湿性粉剂800倍液、70%代森锰锌可湿性粉剂600～800倍液、65%丙森锌可湿性粉剂600～800倍液、30%碱式硫酸铜胶悬剂300～500倍液、53.8%氢氧化铜悬浮剂800倍液，均匀喷施。

山楂白粉病发病前期，应及时施药防治，最好施以保护剂和治疗剂混用，以防止病害进一步扩展。4月中下旬（花蕾期），5月下旬（坐果期）和6月上旬（幼果期）各喷施1次，可用70%代森锰锌可湿性粉剂600～800倍液+20%三唑酮乳油800～1 000倍液、75%百菌清可湿性粉剂800倍液+12.5%烯唑醇可湿性粉剂2 000倍液、75%百菌清可湿性粉剂800倍液+20%邻烯丙基苯酚可湿性粉剂1 000倍液、70%代森锰锌可湿性粉剂600～800倍液+70%甲基硫菌灵可湿性粉剂500倍液、50%多菌灵可湿性粉剂600倍液+65%代森锌可湿性粉剂500倍液、75%百菌清可湿性粉剂800倍液+40%氟硅唑乳油2 000倍液等。

病害较重时，可以用15%三唑酮可湿性粉剂600倍液、40%氟硅唑乳油4 000～6 000倍液、12.5%烯唑醇可湿性粉剂1 000～2 000倍液、10%苯醚甲环唑水分散粒剂1 500～3 000倍液、5%己唑醇悬浮剂800～1 500倍液、5%亚胺唑可湿性粉剂600～700倍液、25%丙环唑乳油1 000倍液、25%咪鲜胺乳油800～1 000倍液均匀喷施。

2. 山楂锈病

分布为害　山楂锈病是山楂重要病害之一，在我国山楂产区均有发生。

症　　状　主要为害叶片、叶柄、新梢、果实及果柄。叶片正面病斑初为橘黄色小圆斑，后病斑扩大，稍凹陷，表面产生黑色小粒点(图8-4)，并分泌蜜露，后期叶背病斑突起，产生灰色至灰褐色毛状物。最后病斑变黑，严重的干枯脱落。叶柄染病病部膨大，呈橙黄色，生毛状物，后变黑干枯，叶片早落。果实染病，症状同叶片（图8-5）。

图8-4　山楂锈病为害叶片症状

图8-5　山楂锈病为害果实症状

病　　原　梨胶锈菌山楂专化型 *Gymnosporangium haraeanum* f. sp. *crataegicola*，属担子菌亚门真菌。性孢子器烧瓶状，初橘黄色后变黑色，性孢子无色，单胞，纺锤形或椭圆形。锈孢子橙黄色，近球形，表面具刺状突起。冬孢子有厚壁和薄壁两种类型。厚壁孢子褐色至深褐色，纺锤形、倒卵形或椭圆形；薄壁孢子橙黄色至褐色，长椭圆形或长纺锤形。担孢子淡黄褐色，卵形至桃形。

发生规律　以多年生菌丝在桧柏针叶、小枝及主干上部组织中越冬。翌年春遇充足的雨水，冬孢子角胶化产生担孢子，借风雨传播、侵染为害。5月降雨早晚及降雨量直接影响该病的发生。展叶20天以内的幼叶易感病。

防治方法　山楂园附近2.5～5km范围内不宜栽植桧柏类针叶树。

不宜砍除桧柏时，山楂发芽前后，可喷洒波美5度石硫剂、45%晶体石硫合剂30倍液，以除灭转主寄主上的冬孢子。

在5月下旬至6月下旬，冬孢子角胶化前及胶化后喷2～3次药剂，可用50%硫悬浮剂400倍液、70%代森锰锌可湿性粉剂1 000倍液等保护剂。发病后及时施用15%三唑酮可湿性粉剂1 000倍液、25%丙环唑乳油2 000倍液、20%三唑酮·硫悬浮剂600～800倍液，间隔15天左右喷1次。

3. 山楂花腐病

分布为害　山楂花腐病是山楂的重要病害之一。分布于辽宁、吉林、河北、河南等山楂产区。

症　　状　主要为害花、叶片、新梢和幼果。嫩叶初现褐色斑点或短线条状小斑，后扩展成红褐至棕褐色大斑，潮湿时上生灰白色霉状物，病叶即焦枯脱落。新梢上的病斑由褐色变为红褐色，环绕枝条一周后，导致病枝枯死。逐渐凋枯死亡，以萌蘖枝发病重。花期病菌从柱头侵入，使花腐烂（图8-6）。幼果上初现褐色小斑点，后变暗褐色腐烂，表面有黏液，酒糟味，后期病果脱落（图8-7）。

图8-6　山楂花腐病为害花器症状

图8-7　山楂花腐病为害幼果情况

病　　原　山楂链核盘腐菌*Monilinia johusonii*，属子囊菌亚门真菌。子囊盘肉质，初为淡褐色，成熟时灰褐色。子囊棍棒状、无色，子囊间有侧丝、子囊孢子椭圆形或卵圆形，单胞、无色。分生孢子单胞，柠檬状串生，孢子串有分枝。

发生规律　以菌丝体在落地僵果上越冬，4月下旬在潮湿的病僵果上开始出现，产生大量子囊孢子，借风力传播，在病部产生分生孢子进行重复侵染。5月上旬达到高峰，到下旬即停止发生。低温多雨，则叶腐、花腐大流行。高温高湿则发病早而重。

防治方法　晚秋彻底清除树上僵果，干腐的花柄等病组织，扫除树下落地的病果、病叶及腐花并耕翻树盘，将带菌表土翻下，以减少病源。

地面撒药，4月底以前在树冠下的树盘地面上，喷五氯酚钠1 000倍液，也可撒3：7的硫磺石灰粉 3～3.5kg／亩。

发病初期可喷25%三唑铜可湿性粉剂1 000倍液、75%百菌清可湿性粉剂1 000倍液+70%甲基硫菌灵可湿性粉剂1 000倍液，可控制叶腐。

盛花期可喷25%多菌灵可湿性粉剂500倍液、50%异菌脲可湿性粉剂1 000倍液、70%甲基硫菌灵可湿性粉剂1 000倍液+70%代森锰锌可湿性粉剂800倍液，能有效控制果腐。

4. 山楂枯梢病

分布为害　枯梢病是严重影响山楂生产的重要病害之一，在山东、山西、辽宁、河北等省均有发生。

症　　状　主要为害果桩，染病初期，果桩由上而下变黑，干枯，缢缩，与健部形成明显界限，后期，病部表皮下出现黑色粒状突起物（图8-8、图8-9）；后突破表皮外露，使表皮纵向开裂。翌春病斑向下延伸，当环绕基部时，新梢即枯死。其上叶片初期萎蔫，后干枯死亡（图8-10）。

图8-8　山楂枯梢病为害新果桩症状

图8-9　山楂枯梢病为害老果桩症状　　　　图8-10　山楂枯梢病新梢枯死状

病　　　原　葡萄生壳梭孢菌*Fusicoccum viticolum*，属半知菌亚门真菌。分生孢子器矮烧瓶状，单生于子座内。分生孢子无色、单胞、梭形。

发生规律　以菌丝体和分生孢子器在二三年生果桩上越冬，翌年6～7月，遇雨释放分生孢子，侵染为害，多从二年生果桩入侵，形成病斑。老龄树、弱树、修剪不当及管理不善的果园发病重。

防治方法　合理修剪；采收后及时深翻土地、同时沟施基肥。早春发芽前半月，每株追施碳酸氢铵1～1.5kg或尿素0.25kg，施后浇水。

铲除越冬菌源，发芽前喷3～5度石硫合剂、45%晶体石硫合剂30倍液，以铲除越冬病菌。

5～6月，进入雨季后喷36%甲基硫菌灵悬浮剂600～700倍液、50%多菌灵可湿性粉剂800倍液、50%苯菌灵可湿性粉剂1 500倍液、50%噻菌灵可湿性粉剂800倍液，隔15天1次，连续防治2～3次。

5.山楂腐烂病

症　　　状　症状分溃疡型和枯枝型。溃疡型多发生于主干、主枝及桠杈等处。发病初期，病斑红褐色，水渍状，略隆起，形状不规则，后病部皮层逐渐腐烂，颜色加深，病皮易剥离（图8-11）。枝枯型多发生在弱树的枝上、果台、干桩和剪口等处。病斑形状不规则，扩展迅速，绕枝一周后，病部以上枝条逐渐枯死（图8-12）。

病　　　原　黑腐皮壳菌*Valsa* sp.，属子囊菌亚门真菌。无性阶段为壳囊孢菌 *Cytospora* sp.，属半知菌亚门真菌。

发生规律　以菌丝体、分生孢子器、孢子角及子囊壳在病树皮内越冬。翌春，孢子自剪口、冻伤等伤口侵入，当年形成病斑，经20～30天形成分生孢子。病菌的寄生能力很弱，当树势健壮时，病菌可较长时间潜伏，当树体或局部组织衰弱时，潜伏病菌便扩展为害。在管理粗放、结果过量、树势衰弱的园内发病重。

防治方法　加强栽培管理。增施有机肥，合理修剪，增强树势，提高抗病能力。早春于树液流动前清除园内死树，剪除病枯枝、僵果台等，携出园外集中烧毁。

发芽前全树喷布5%菌毒清水剂300倍液。

治疗病斑。刮除病斑后用5%菌毒清水剂50倍液+50%多菌灵可湿性粉剂800倍液、70%甲基硫菌灵可湿性粉剂800倍液+2%嘧啶核苷类抗生素水剂10～20倍液涂刷病斑，可控制病斑扩展。

图8-11　山楂腐烂病为害枝干溃疡症状

图8-12　山楂腐烂病枝枯型症状

6. 山楂叶斑病

为害症状　山楂叶斑病主要有斑点型和斑枯型，主要为害叶片。

叶斑型：叶片初期病斑近圆形，褐色，边缘清晰整齐，直径2～3mm，有时可达5mm。后期病斑变为灰色，略呈不规则形，其上散生小黑点，即分生孢子器。一处叶上有病斑数个，最多可达几十个。病斑多时可互相连接，呈不规则形大斑。病叶变黄，早期脱落（图8－13）。

斑枯型：叶片病斑褐色至暗褐色，不规则形，直径5～10mm。发病严重时，病斑连接呈大型斑块，易使叶片枯焦早落（图8－14）。后期，在病斑表面散生较大的黑色小粒点（图8－15），即分生孢子盘。

图8－13　山楂叶斑病叶斑型症状

图8－14　山楂叶斑病斑枯型症状

图8－15　山楂叶斑病为害后期症状

病　　原　叶点霉菌 *Phyllosticta crataegicola*，属半知菌亚门真菌。

发生规律　病菌以分生孢子器在病叶中越冬。次年花期条件适宜时产生分生孢子，随风雨传播进行初侵染和再侵染。一般于6月上旬开始发病，8月中下旬为发病盛期。老弱树发病较重，降雨早、雨量大、次数多的年份发病较重，特别是7~8月的降雨对病害发生影响较大。地势低洼、土质黏重，排水不良等有利于病害发生。

防治方法　秋末、冬初清扫落叶，集中深埋或烧毁，减少越冬菌源。加强栽培管理，改善栽培条件，提高树体抗病能力。

自6月上旬开始，每隔15天左右喷药一次，连续喷药3~4次。发病前喷施75%百菌清可湿性粉剂1 000倍液+50%多菌灵可湿性粉剂1 000倍液、70%代森锰锌可湿性粉剂800倍液+70%甲基硫菌灵可湿性粉剂800倍液。

发病初期可喷施50%异菌脲可湿性粉剂1 000倍液、70%甲基硫菌灵可湿性粉剂600~800倍液等药剂。

7. 山楂轮纹病

分布为害　山楂轮纹病分布在我国各产区，以华北、东北、华东地区为重。一般果园发病率为20%~30%，重者可达50%以上。

症　　状　主要为害枝干和果实。病菌侵染枝干，多以皮孔为中心，初期出现水渍状的暗褐色小斑点，逐渐扩大形成圆形或近圆形褐色瘤状物。病部与健部之间有较深的裂开，后期病组织干枯并翘起，中央突起处周围出现散生的黑色小粒点。果实进入成熟期陆续发病，发病初期在果面上以皮孔为中心出现圆形、黑至黑褐色小斑，逐渐扩大成轮纹斑。略微凹陷，有的短时间周围有红晕，下面浅层果肉稍微变褐、湿腐。后期外表渗出黄褐色勃液，烂得快，腐烂时果形不变（图8-16）。整个果烂完后，表面长出粒状小黑点，散状排列。

图8-16　山楂轮纹病为害果实症状

病　　原　有性世代为梨生囊壳孢 *Physalospora piricola*，属子囊菌亚门真菌。无性世代轮纹大茎点霉 *Macrophoma kawatsukai*，属半知菌亚门真菌。子囊壳在寄主表皮下产生，黑褐色，球形或扁球形，具孔口。子囊长棍棒状，无色，顶端膨大，壁厚透明，基部较窄。子囊孢子单细胞，无色，椭圆形。分生孢子器扁圆形或椭圆形，具有乳头状孔口，内壁密生分生孢子梗。分生孢子梗棍棒状，单细胞，顶端着生分生孢子。分生孢子单细胞，无色，纺锤形或长椭圆形。

发生规律　病菌以菌丝体、分生孢子器在病组织内越冬，是初次侵染和连续侵染的主要菌源。于春季开始活动，随风雨传播到枝条和果实上。在果实生长期，病菌均能侵入，其中从落花后的幼果期到8月上旬侵染最多。侵染枝条的病菌，一般从8月份开始以皮孔为中心形成新病斑，翌年病斑继续扩大。果园管理差，树势衰弱，重黏壤土和红黏土，偏酸性土壤上的植株易发病，被害虫严重为害的枝干或果实发病重。

　　防治方法　加强肥水管理，休眠期清除病残体。

　　在病菌开始侵入至发病前（5月上中旬至6月上旬），重点是喷施保护剂，可以施用80%炭疽福美（福美双·福美锌）可湿性粉剂600倍液、75%百菌清可湿性粉剂600倍液、70%代森锰锌可湿性粉剂400～600倍液、65%丙森锌可湿性粉剂600～800倍液，均匀喷施。

　　在病害发生前期，应及时进行防治，以控制病害的为害。可以用50%异菌脲可湿性粉剂600～800倍液、75%百菌清可湿性粉剂600倍液+10%苯醚甲环唑水分散粒剂2 000～2 500倍液、70%代森锰锌可湿性粉剂400～600倍液+12.5%腈菌唑可湿性粉剂2 500倍液、50%腈菌·锰锌（腈菌唑·代森锰锌）可湿性粉剂800～1 000倍液、12.5%腈菌唑可湿性粉剂2 500倍液等，在防治中应注意多种药剂的交替使用。

8. 山楂花叶病

　　分布为害　山楂花叶病在我国各产区均有发生，其中，以陕西、河南、山东、甘肃、山西等地发生最重。

　　症　　状　主要表现在叶片上，重型花叶病叶片上出现大型褪绿斑区，鲜黄色，后为白色，幼叶沿叶脉变色，老叶上常出现大型坏死斑。轻型花叶，病叶上出现黄色斑点。沿叶脉变色型，主脉及侧脉变色，脉间多小黄斑，有时有坏死斑，落叶较少（图8-17）。

图8-17　山楂花叶病为害叶片症状

　　病　　原　Camellia yellowspot virus 称山茶叶黄斑病毒。

　　发生规律　病毒主要靠嫁接传播，无论砧木或接穗带毒，均可形成新的病株。此外，菟丝子可以传毒。树体感染病毒后，全身带毒，终生为害。萌芽后不久即表现症状，4～5月发展迅速，其后减缓，7～8月基本停止发展，甚至出现潜隐现象，9月初病树抽发秋梢后，症状又重新开始发展，10月又急剧减缓，11月完全停止。

　　防治方法　选用无病毒接穗和实生砧木，采集接穗时一定要严格挑选健株。在育苗期加强苗圃检查，发现病苗及时拔除销毁。对病树应加强肥水管理，增施农家肥料，适当重修剪。干旱时应灌水，雨季注意排水。

春季发病初期，可喷洒1.5%植病灵乳剂1 000倍液、10%混合脂肪酸水乳剂100倍液、20%盐酸吗啉胍·铜可湿性粉剂1 000倍液、2%寡聚半乳糖醛酸水剂300～500倍液、3%三氮唑核苷水剂500倍液、2%宁南霉素水剂200～300倍液，隔10～15天喷施1次，连续喷施3～4次。

二、山楂虫害

山楂上发生的虫害主要有：山楂叶螨、桃小食心虫、梨小食心虫、山楂萤叶甲等。

1．山楂叶螨

分布为害 山楂叶螨 (*Tetranychus viennensis*) 分布于东北、西北、内蒙古、华北及江苏北部等地区。山楂叶螨的成虫、幼虫、若虫均吸食芽、花蕾及叶片汁液。花、花蕾严重受害后变黑，芽不能萌发而死亡，花不能开花而干枯。叶片受害，叶螨在叶背主脉两侧吐丝结网，在网下停息、产卵和为害，使叶片出现很多失绿的小斑点，随后斑点扩大连片（图8-18），变成苍白色，严重时叶片焦黄脱落。

形态特征 成虫：雌成虫体卵椭圆形。体背前方隆起，黄白色。雌成虫分冬、夏两型，冬形体色朱红色，夏型暗红色。雄虫略小，尾部较尖，淡黄绿色，取食后变淡绿色，老熟时橙黄色，体背两侧有黑绿色斑纹。卵：圆球形、光滑、前期产的卵橙红色，后期产的卵橙黄色，半透明。幼虫：体卵圆形、黄

图8-18 山楂叶螨为害叶片症状

白色，取食后淡绿色。若虫：前期若虫卵圆形，体背开始出现刚毛，淡橙黄色至淡翠绿色，体背两侧有明显的黑绿色斑纹。后期若虫翠绿色，与成虫体形相似，可辨别雌雄。

发生规律 山楂叶螨一般每年发生5～9代。以受精的冬型雌成虫在主枝、主干的树皮裂缝内及老翘皮下越冬，在幼龄树上多集中到树干基部周围的上缝里越冬，也有部分在落叶、枯草或石块下越冬。翌年春，当芽膨大时开始出蛰，先在内膛的芽上取食、活动，到4月中下旬，为出蛰高峰期，出蛰成虫取食1周左右开始产卵。若虫孵化后，群集于叶背吸食为害。5月上旬为第一代幼螨孵化盛期。6月中旬到7月中旬繁殖最快，为害最重，常引起大量落叶。成虫于9月上旬以后陆续发生越冬雌虫，潜伏越冬，雄虫死亡。

防治方法 清洁果园和刮树皮可有效地减少山楂叶螨的越冬基数。于秋末，雌成螨越冬前，树干绑缚草源，早春取下集中烧毁。

果树发芽前的防治：在叶螨虫口密度很大的果园，在早春及时刮翘树皮，或用粗布、毛刷刷越冬成虫或卵。果树发芽前喷布油乳剂，对上叶螨卵、成虫都有较好的杀虫效果。花后展叶期，第1代成螨产卵盛期，喷施5%噻螨酮乳油2 000倍液、1.8%阿维菌素乳油2 000～3 000倍液、20%三唑锡乳油2 000～3 000倍液等药剂。

在6月下旬至7月上中旬叶螨发生盛期，可喷施73%炔螨特乳油2 000～3 000倍液、20%三氯杀螨砜可湿性粉剂1 000～2 000倍液、20%双甲脒乳油1 000～1 500倍液、5%唑螨酯悬浮剂2 000～3 000倍液、10%苯螨特乳油1 000～2 000倍液、25%乐杀螨可湿性粉剂1 000～1 500倍液、

30%氧化·氰菊乳油1 000~2 000倍液、20%甲氰菊酯乳油2 000~2 500倍液等。

2．山楂萤叶甲

分布为害　山楂萤叶甲（*Lochmaea crategi*）主要分布在河南、山西、陕西。成虫咬食叶片呈缺刻，并啃食花蕾。初孵幼虫爬行至幼果即蛀入果内为害食空果肉。

形态特征　成虫体长椭圆形，尾部略膨大，橙黄色。复眼黑褐色，微突起。鞘翅上密生刻点（图8-19）。卵近球，土黄色，近孵化时呈淡黄白色。幼虫长筒形，尾端渐细，米黄色。蛹内壁光滑，椭圆形，初淡黄色。

发生规律　一年发生1代，以成虫于树冠下土层中越冬。4月中旬出土为害，5月上旬为产卵盛期。5月下旬落花期幼虫开始孵化蛀果为害，6月下旬老熟入土化蛹。

防治方法　越冬成虫出土前，清除田间枯枝落叶，减少越冬虫源。

图8-19　山楂萤叶甲成虫及其为害状

4月上旬，成虫出土期施药防治，可用48%毒死蜱乳油1 000倍液、5%氯氰菊酯乳油1 000倍液、10%吡虫啉可湿性粉剂2 000倍液、50%辛硫磷乳油1 000倍液、50%喹硫磷乳油1 000~1 500倍液。

3．食心虫

为害症状　为害山楂的食心虫主要有桃小食心虫（*Carposina niponensis*）和梨小食心虫（*Grapholitha molesta*）。均以幼虫蛀果为害。幼虫孵出后蛀入果实，蛀果孔常有流胶点，幼虫在果内串食果肉，并将粪便排在果内，幼果长成凹凸不平的畸形果，形成"豆沙馅"果。幼虫发育老熟后，从果内爬出，果面上留一圆形脱果孔，孔径约火柴棒粗细（图8-20、图8-21）。

图8-20　桃小食心虫为害果实症状

图8-21　梨小食心虫为害果实症状

4．山楂喀木虱

分　布　山楂喀木虱（*Cacopsylla idiocrataegi*）分布在吉林、辽宁、河北、山西等地。

为害特点 初孵若虫多在嫩叶背取食，后期孵出的若虫在花梗、花苞处甚多，被害花萎蔫、早落。大龄若虫多在叶裂处活动取食，被害叶扭曲变形、枯黄早落（图8-22）。

形态特征 成虫初羽化时草绿色，后渐变为橙黄色至黑褐色。头顶土黄色，两侧略凹陷。复眼褐色，单眼红色。触角土黄色，端部5节黑色。前胸背板窄带状，黄绿色，中央具黑斑；中胸背面有4条淡色纵纹。翅透明，翅脉黄色，前翅外缘略带色斑。卵略呈纺锤形，顶端稍尖，具短柄。初产时乳白色，渐变橘黄色。幼虫共5龄。末龄幼虫草绿色，复眼红色，触角、足、喙淡黄色，端部黑色。翅芽伸长。背中线明显，两侧具纵、横刻纹。

发生规律 辽宁1年发生1代，以成虫越冬，翌年3月下旬平均温度达5℃时，越冬成虫出蛰为害，补充营养，4月上旬交尾，卵产于叶背或花苞上。初孵若虫多嫩叶背面取食，尾端分泌白色蜡丝。5月下旬若虫，成虫羽化，成虫善跳，有趋光性及假死性。

图8-22 山楂喀木虱为害叶片症状

防治方法 早春刮树皮、清洁果园，并将刮下的树皮与枯枝落叶、杂草等物集中烧毁，以消灭越冬成虫，压低虫口密度。

3月下旬至4月上旬成虫出蛰盛期，喷洒40%乐果乳油1 000～1 500倍液、25%噻嗪酮乳油2 000～2 500倍液、52.25%农地乐（氯氰菊酯·毒死蜱）乳油1 500～2 000倍液。

现蕾期喷药杀若虫，可用10%吡虫啉可湿性粉剂2 000～3 000倍液、1.8%阿维菌素乳油3 000～5 000倍液、20%双甲脒乳油800～1 600倍液。

5. 舟形毛虫

分　布 舟形毛虫（*Phalera flavescens*）在东北、华北、华东、中南、西南及陕西各地均有发生。

为害特点 初孵幼虫仅取食叶片上表皮和叶肉，残留下表皮和叶脉，被害叶片呈网状；2龄幼虫危害叶片，仅剩叶脉；3龄以后可将叶片全部吃光，仅剩叶柄。常将叶片吃光，造成二次开花，严重损害树势（图8-23、图8-24）。

图8-23 舟形毛虫初孵幼虫为害叶片症状　　　图8-24 舟形毛虫高龄幼虫为害叶片症状

形态特征、发生规律、防治方法 可参考苹果虫害舟形毛虫。

第九章　李树病虫害原色图解

一、李树病害

1. 李红点病

分布为害　李红点病在国内李树栽植区均有分布，为害较重。南方以四川、重庆、云南、贵州等地发生较多。

症　　状　为害果实和叶片。叶片染病时，先出现橙黄色、稍隆起的近圆形斑点，后病部扩大，病斑颜色变深，出现深红色的小粒点(图9-1)。后期病斑变成红黑色，正面凹陷，背面隆起，上面出现黑色小点。发病严重时，病叶干枯卷曲，引起早期落叶(图9-2)。果实受害，果面产生橙红色圆形病斑，稍凸起，初为橙红色，后变为红黑色，散生深色小红点。

图9-1　李红点病为害叶片初期症状　　　　图9-2　李红点病为害叶片后期症状

病　　原　红疗座霉*Polystigma rabrum*，属子囊菌亚门真菌。无性阶段为多点霉菌*Polystigmina rubra*，属半知菌亚门真菌。子囊壳近球形，红褐色，埋生在子座内，顶端具乳头状突起，孔口外露。子囊倒棒状，无色。子囊孢子圆柱形至长椭圆形，单胞无色，正直或略弯。分生孢子器椭圆形，埋生于子座内，器壁橙红色。分生孢子线形，弯曲或一端呈钩状，无色，单胞。

发生规律　以子囊壳在病落叶上越冬，翌年李树开花末期，子囊孢子借风、雨传播。此病从展叶期至9月都能发生，病害始见于4月底，流行于5月中旬，7月病叶转为红斑点，尤其在雨季发生严重。地势低洼、土壤黏重、管理粗放、树势弱的果园易染病。

防治方法　加强果园管理，低洼积水地注意排水，降低湿度，减轻发病。冬季彻底清除病叶、病果，集中深埋或烧毁。

在李树开花末期至展叶期，喷布1∶2∶200波尔多液，50%琥胶肥酸铜可湿性粉剂500倍液，14%络氨铜水剂300倍液。

从李树谢花至幼果膨大期，连续喷施65%代森锌可湿性粉剂500～600倍液+50%多菌灵可湿性粉剂500倍液、80%代森锰锌可湿性粉剂500倍液+50%异菌脲可湿性粉剂1 000倍液、75%百菌清可湿性粉剂1 000倍液+40%氟硅唑乳油5 000倍液、70%代森锰锌可湿性粉剂800倍液+10%苯醚甲环唑水分散粒剂2 500倍液等，间隔10天左右喷1次，遇雨要及时补喷，可有效防治李树红点病。

2. 李袋果病

分布为害 李袋果病在我国东北和西南高原地区发生较多。

症　状 主要为害果实，也为害叶片。在落花后即显症，初呈圆形或袋状，后变狭长略弯曲，病果表面平滑（图9-3），浅黄至红色，失水皱缩后变为灰色、暗褐色至黑色，冬季宿留树枝上或脱落。病果无核，仅能见到未发育好的雏形核。叶片染病，在展叶期变为黄色或红色，叶面肿胀皱缩不平，变脆（图9-4）。

图9-3　李袋果病为害果实症状　　　　图9-4　李袋果病为害叶片症状

病　原 李外囊菌*Taphrina pruni*，属子囊菌亚门真菌。菌丝多年生，子囊形成在叶片角质层下，细长圆筒状或棍棒形，足细胞基部宽。子囊孢子球形，能在囊中产出芽孢子。

发生规律 主要以芽孢子或子囊孢子附着在芽鳞片外表或芽鳞片间越冬，也可在树皮粗缝中越冬。当李树萌芽时，越冬的孢子也同时萌发，产生芽管，进行初次侵染。早春低温多雨，延长萌芽期，病害发生严重。病害始见期于3月中旬，4月下旬至5月上旬为发病盛期。一般低洼潮湿地、江河沿岸、湖畔低洼旁的李园发病常重。

防治方法 注意园内通风透光，栽植不要过密。合理施肥、浇水，增强树体抗病能力。在病叶、病果、病枝梢表面尚未形成白色粉状层前及时摘除，集中深埋。冬季结合修剪等管理。剪除病枝，摘除宿留树上的病果，集中深埋。

掌握李树开花发芽前，可喷洒3～4波美度石硫合剂、1∶1∶100式波尔多液、77%氢氧化铜可湿性粉剂、30%碱式硫酸铜胶悬剂400～500倍液、45%晶体石硫合剂30倍液，以铲除越冬菌源，减轻发病。

自李芽开始膨大至露红期，可选用65%代森锌可湿性粉剂400倍液+50%苯菌灵可湿性粉剂1 500倍液、70%代森锰锌可湿性粉剂500倍液+70%甲基硫菌灵可湿性粉剂500倍液等，每10～15天喷1次，连续喷2～3次。

3. 李流胶病

分布为害 李流胶病是李树的一种常见的严重病害，在我国李产区均有发生。

症　状 主要危害枝干，一年生嫩枝染病，初产生以皮孔为中心的疣状小突起（图9-5），渐扩大，形成瘤状突起物，其上散生针头状小黑粒点，即病菌分生孢子器。被害枝条表面粗糙

图9-5　李流胶病为害枝干初期症状

变黑，并以瘤为中心逐渐下陷。严重时枝条凋萎枯死。多年生枝干受害产生"水泡状"隆起，并有树胶流出（图9-6）。

病　原　有性态为藨子葡萄腔菌 *Botrysphaeria ribis*，属子囊菌亚门真菌。无性态为桃小穴壳菌 *Dothiorella gregaria*，属半知菌亚门真菌。子座球形或扁球形，黑褐色，革质。分生孢子梗短，不分支。分生孢子单胞，无色，椭圆形或纺锤形。子囊腔成簇呈葡萄状。子囊棍棒状，壁较厚，双层，有拟侧丝。子囊孢子单胞，无色，卵圆形或纺锤形，两端稍钝，多为双列。

发生规律　以菌丝体、分生孢子器在病枝里越冬，翌年3月下旬至4月中旬散发生分生孢子，随风、雨传播，主要经伤口侵入，也可从皮孔及侧芽侵入。一年中有2个发病高峰，第1次在5月上旬至6月上旬，第2次在8月上旬至9月上旬，以后就不再侵染为害。因此防止此病以新梢生长期为好。

防治方法　加强果园管理，增强树势。增施有机肥，低洼积水地注意排水，改良土壤，盐碱地要注意排盐，合理修剪，减少枝干伤口，避免桃园连作。预防病虫伤口。

药剂保护与防治可参考桃树流胶病。

图9-6　李流胶病为害枝干后期症状

271

4．李疮痂病

症　　状　主要为害果实，亦为害枝梢和叶片。果实发病初期，果面出现暗绿色圆形斑点，逐渐扩大，至果实近成熟期，病斑呈暗紫或黑色，略凹陷。发病严重时，病斑密集，聚合连片，随着果实的膨大，果实龟裂。新梢和枝条被害后，呈现长圆形、浅褐色病斑，继后变为暗褐色（图9-7），并进一步扩大，病部隆起，常发生流胶。病健组织界限明显。叶片受害，在叶背出现不规则形或多角形灰绿色病斑，后转色暗或紫红色，最后病部干枯脱落而形成穿孔，发病严重时可引起落叶。

图9-7　李疮痂病为害新梢、枝条症状

病　　原　嗜果枝孢菌*Cladosporium carpophilunm*，属半知菌亚门真菌。分生孢子梗短，簇生，不分支或偶有一次分支，暗褐色，有分隔，稍弯曲。分生孢子单生或呈短链状，单胞，偶有双孢，圆柱形至纺锤形或棍棒形，有些孢子稍弯曲，近无色或浅橄榄色，孢痕明显。

发生规律　以菌丝体在枝梢病组织中越冬。翌年春季，气温上升，病菌产生分生孢子，通过风雨传播，进行初侵染。在我国南方桃区，5～6月发病最盛；北方桃园，果实一般在6月开始发病，7～8月发病率最高。果园低湿，排水不良，枝条郁密等均能加重病害的发生。

防治方法　秋末冬初结合修剪，认真剪除病枝、枯枝，清除僵果、残桩，集中烧毁或深埋。注意雨后排水，合理修剪，使果园通风透光。

早春发芽前将流胶部位病组织刮除，然后涂抹45%晶体石硫合剂30倍液，或喷石硫合剂加80%的五氯酚钠200～300倍液，或1∶1∶100波尔多液，铲除病原菌。

生长期于4月中旬至7月上旬，每隔20天用刀纵、横划病部，深达木质部，然后用毛笔蘸药液涂于病部。可用70%甲基硫菌灵可湿性粉剂800～1000倍液＋50%福美双可湿性粉剂300倍液、80%乙蒜素乳油50倍液、1.5%多抗霉素水剂100倍液处理。

5．李树腐烂病

症　　状　主要危害主干和主枝，造成树皮腐烂，致使枝枯树死。病害多发生在主干基部，病初期病部皮层稍肿起，略带紫红色并出现流胶，最后皮层变褐色枯死（图9-8），有酒糟味，表面产生黑色突起小粒点。树势衰弱时，则病斑很快向两端及两侧扩展，终致枝干枯死。

图9-8　李树腐烂病为害枝干症状

病　　原　有性态为核果黑腐皮壳*Valsa leucostoma*，属半知菌亚门真菌；无性态为核果壳囊孢*Cytospora leucostoma*，均属子囊菌亚门真菌。分生孢子器埋生于子座内，扁圆形或不规则形，孢子器内具多个腔室，呈迷宫式。分生孢子梗单胞，无色，顶端着生分生孢子。分生孢子单胞，无色，香蕉形，略弯，两端钝圆。子囊壳埋生在子座内，球形或扁球形。子囊棍棒形或纺锤形，无色透明，基部细，侧壁薄，顶壁较厚。子囊孢子单胞，无色，微弯，腊肠形。

发生规律　以菌丝体、子囊壳及分生孢子器在树干病组织中越冬，翌年3～4月产生分生孢子，借风雨和昆虫传播，自伤口及皮孔侵入。早春至晚秋都可发生，春秋两季最为适宜，尤以4～6月发病最盛，高温的7～8月受到抑制，11月后停止发展。施肥不当及秋雨多，休眠期推迟，树体抗寒力降低，易引起发病。果园表土层浅、低洼排水不良、虫害多，负载过量等，常发病重。

防治方法　合理负担，要适当疏花疏果。宜增施有机肥，及时防治造成早期落叶的病虫害。避免、减少枝干的伤口，并对已有伤口妥为保护、促进愈合。防止冻害和日烧。

防止冻害比较有效的措施是树干涂白，降低昼夜温差，常用涂白剂的配方是生石灰12～13kg，加石硫合剂原液（20波美度左右）2kg、加食盐2kg，加清水36kg；或者生石灰10kg，加豆浆3～4kg，加水10～50kg。涂白亦可防止枝干日烧。

在桃树发芽前刮去翘起的树皮及坏死的组织，然后喷布50%福美胂可湿性粉剂300倍液。

生长期发现病斑，可刮去病部，涂沫70%甲基硫菌灵可湿性粉剂1份加植物油2.5份、40%福美砷可湿性粉剂50倍液、50%多菌灵可湿性粉剂50～100倍液、70%百菌清可湿性粉剂50～100倍液等药剂，间隔7～10天再涂1次，防效较好。

6. 李褐腐病

症　　状　为害花叶、枝梢及果实，其中以果实受害最重。花部受害自雄蕊及花瓣尖端开始，先发生褐色水渍状斑点，后逐渐延至全花，随即变褐而枯萎。天气潮湿时，病花迅速腐烂，表面丛生灰霉，若天气干燥时则萎垂干枯，残留枝上，长久不脱落。嫩叶受害，自叶缘开始，病部变褐萎垂，最后病叶残留枝上。在新梢上形成溃疡斑。病斑长圆形，中央稍凹陷，灰褐色，边缘紫褐色，常发生流胶。果实被害最初在果面产生褐色圆形病斑，如环境适宜，病斑在数日内便可扩及全果，果肉也随之变褐软腐。继后在病斑表面生出灰褐色绒状霉丛，常成同心轮纹状排列，病果腐烂后易脱落，但不少失水后变成僵果，悬挂枝上经久不落（图9-9）。

病　　原　主要有果生链核盘菌无性态为果生丛梗孢 *Monilia fructicola*；核果链核盘菌无性态为灰丛梗孢菌 *Monila cinerea*，均属子囊菌亚门真菌。

发生规律　以菌丝体在树上及落地的僵果内或枝梢的溃疡斑部越冬，翌春产生大量分生孢子，借风雨、昆虫传播，通过病虫伤、机械伤或自然孔口侵入。花期低温、潮湿多雨，易引起

图9-9 李褐腐病为害果实症状

花腐。果实成熟期温暖多雨雾易引起果腐。树势衰弱，管理不善，枝叶过密，地势低洼的果园发病常较重。

防治方法 结合冬剪彻底清除树上树下的病枝、病叶、僵果，集中烧毁。秋冬深翻树盘，将病菌埋于地下。及时防治害虫，减少伤口。及时修剪和疏果，搞好排水设施，合理施肥，增强树势。

桃树萌芽前喷布80%五氯酚钠加石硫合剂、1：1：100波尔多液，铲除越冬病菌。

落花期是喷药防治的关键时期。可用75%百菌清可湿性粉剂800倍液+70%甲基硫菌灵可湿性粉剂800~1 000倍液、75%百菌清可湿性粉剂800倍液+50%异菌脲可湿性粉剂1 000~2 000倍液、50%多菌灵可湿性粉剂1 000倍液、65%代森锌可湿性粉剂500倍液+50%腐霉利可湿性粉剂1 000倍液、75%百菌清可湿性粉剂800倍液+50%苯菌灵可湿性粉剂1 500倍液等，发病严重的李园可每15天喷1次药，采收前3周停喷。

7. 李细菌性穿孔病

症状 主要为害叶片，叶片发病初期，先产生多角形水渍状斑点，以后扩大为圆形或不规则形褐色病斑，边缘水渍状，后期病斑干枯、脱落或部分与病叶相连，形成穿孔。病叶极易早期脱落（图9-10）。果实发病，先在果皮上产生水渍状小点，后病斑中心变褐色，最终可形成近圆形、暗紫色、边缘具水渍状的晕环，中间稍凹陷，表面硬化、粗糙的病斑。空气干燥时，病部常发生裂纹，病果易提前脱落。

图9-10 李细菌性穿孔病为害叶片症状

病　　原　黄单胞杆菌 *Xanthomonas campestris* pv. *pruni* 和丁香假单胞杆菌 *Pseudomonas syringae* pv. *syrinfue*，均属细菌。菌体短杆状，单根极生鞭毛，革兰氏染色阴性，好气性。

发生规律　病原细菌主要在春季溃疡病斑组织内越冬，翌春气温升高后越冬的细菌开始活动，开花前后，从病组织溢出菌脓，通过风雨和昆虫传播，从叶上的气孔和枝梢、果实上的皮孔侵入，进行初侵染。病害一般在5月上、中旬开始发生，6月梅雨期蔓延最快。夏季高温干旱天气，病害发展受到抑制，至秋雨期又有一次扩展过程。温暖多雨的气候，有利于发病，大风和重雾，能促进病害的盛发。果园地势低洼、偏施氮肥等发病重。

防治方法　加强果园综合管理，增强树势，提高抗病能力。合理整形修剪，改善通风透光条件。冬夏修剪时，及时剪除病枝，清扫病叶，集中烧毁或深埋。

在芽膨大前，全树喷施1∶1∶100倍波尔多液、45%晶体石硫合剂30倍液、30%碱式硫酸铜胶悬剂300～500倍液等药剂杀灭越冬病菌。

展叶后至发病前是防治的关键时期，可喷施保护剂1∶1∶100倍波尔多液、77%氢氧化铜可湿性粉剂400～600倍液、30%碱式硫酸铜悬浮剂300～400倍液、86.2%氧化亚铜可湿性粉剂2 000～2 500倍液、47%春雷霉素·氧氯化铜可湿性粉剂300～500倍液、30%硝基腐殖酸铜可湿性粉剂250～300g/亩、30%琥胶肥酸铜可湿性粉剂400～500倍液、25%络氨铜水剂500～600倍液、20%乙酸铜可湿性粉剂800～1 000倍液、12%松酯酸铜乳油600～800倍液等，间隔10～15天喷药1次。

发病早期及时施药防治，可以用72%硫酸链霉素可湿性粉剂3 000～4 000倍液、3%中生菌素可湿性粉剂400倍液、33.5%喹啉铜悬浮剂1 000～1 500倍液、8%宁南霉素水剂2 000～3 000倍液、86.2%氧化亚铜悬浮剂1 500～2 000倍液等药剂。

8．李褐斑穿孔病

症　　状　主要为害叶片，也可为害新梢和果实。叶片染病，初生圆形或近圆形病斑，边缘紫色，略带环纹；后期病斑上长出灰褐色霉状物，中部干枯脱落，形成穿孔，穿孔的边缘整齐，穿孔多时叶片脱落（图9-11）。新梢、果实染病，症状与叶片相似。

图9-11　李褐斑穿孔病为害叶片症状

病　　原　Cerlcospora circumscissa称核果尾孢霉，属半知菌亚门真菌。分生孢子梗浅榄褐色，具隔膜1~3个，有明显膝状屈曲，屈曲处膨大，向顶渐细；分生孢子橄榄色，倒棍棒形，有隔膜1~7个。子囊座球形或扁球形，生于落叶上；子囊壳浓褐色，球形，多生于组织中，具短嘴口；子囊圆筒形或棍棒形；子囊孢子纺锤形。

发生规律　以菌丝体在病叶或枝梢病组织内越冬，翌春气温回升，降雨后产生分生孢子，借风雨传播，侵染叶片、新梢和果实。以后病部产生的分生孢子进行再侵染。低温多雨利于病害发生和流行。

防治方法　加强管理。注意排水，增施有机肥，合理修剪，增强通透性。

落花后，喷洒70%代森锰锌可湿性粉剂500倍液、75%百菌清可湿性粉剂700~800倍液、50%混杀硫悬浮剂500倍液，7~10天防治1次。

发病初期，施用70%甲基硫菌灵超微可湿性粉剂1 000倍液+75%百菌清可湿性粉剂700~800倍液、75%百菌清可湿性粉剂800倍液+50%异菌脲可湿性粉剂1 000~2 000倍液、50%多菌灵可湿性粉剂1 000倍液、65%代森锌可湿性粉剂500倍液+50%腐霉利可湿性粉剂1 000倍液、75%百菌清可湿性粉剂800倍液+50%苯菌灵可湿性粉剂1 500倍液等，7~10天防治1次，共防3~4次。

二、李树虫害

1. 李小食心虫

分　　布　李小食心虫（Grapholitha funebrana）是为害李果的主要害虫。分布于东北、华北、西北各产区。

为害特点　幼虫蛀食果实，蛀果前在果面上吐丝结网，幼虫于网下啃咬果皮再蛀于果实内，从蛀入孔流出果胶。被害果实发育不正常，果面逐渐变成紫红色，提前落果（图9-12、图9-13）。

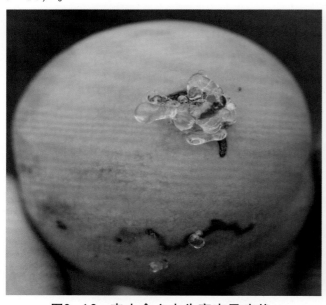

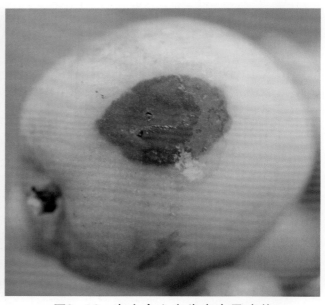

图9-12　李小食心虫为害李果症状　　　　图9-13　李小食心虫为害杏果症状

形态特征　成虫身体背面灰褐色，腹面铅灰色。前翅长方形，烟灰色，翅面密布白点，后翅浅褐色。卵圆形，扁平，稍隆起，初产卵白而透明，孵化前转黄白色。老熟幼虫体玫瑰红或桃红色，腹面颜色较淡（图9-14）。蛹初化蛹为淡黄色，后变褐色。茧纺锤形，污白色。

图9-14 李小食心虫幼虫
及为害幼果状

发生规律 每年发生1～4代，以老熟幼虫在树干周围土中、杂草等地被下及皮缝中结茧越冬。李树花芽萌动期于土中越冬者多破茧上移至地表1cm处再结茧。各地幼虫发生期：3代区5月中旬出现越冬幼虫，第1代7月上旬，第2代7月下旬；4代区4月上旬至5月上旬出现越冬幼虫，第1代6月上旬至7月上旬，第2代6月下旬至8月中旬，第3代8月上旬至9月上旬。第3、第4代幼虫多从果梗基部蛀入，被害果多早熟脱落；末代幼虫老熟后脱果结茧越冬。

防治方法 成虫羽化前李树开花前或开花时和卵孵化盛期各喷药1次，可用药剂有80%敌敌畏乳油800～1 000倍液、Bt乳剂200～300倍液、50%辛硫磷乳油300～500倍液、48%毒死蜱乳油400～500倍液、20%氰戊菊酯乳油1 000倍液、2.5%溴氰菊酯乳油3 000～4 000倍液等，但注意药剂交替使用。

2. 李枯叶蛾

分　　布 李枯叶蛾 (*Gastropacha quercifolia*) 分布于东北、华北、西北、华东、中南等地。

为害特点 幼虫咬食嫩芽和叶片，常将叶片吃光（图9-15）。仅残留叶柄，严重影响树体生长发育。

形态特征 成虫全体赤褐色至茶褐色。头部色略淡，中央有1条黑色纵纹；前翅外缘和后缘略呈锯齿状；后翅短宽、外缘呈锯齿状。卵近圆形，绿至绿褐色、带白色轮纹。幼虫稍扁平，暗褐到暗灰色，疏生长、短毛。蛹深褐色，外被暗灰色或暗褐色丝茧，上附有幼虫的体毛。茧长椭圆形，丝质、暗褐至暗灰色。

发生规律 东北年生1代，河南2代，以低龄幼虫伏在枝上和皮缝中越冬。翌春李树发芽后出蛰食害嫩芽和叶片，常将叶片吃光仅残留叶柄；6月中旬至8月发生成虫。卵多产于枝条上，幼虫孵化后食叶，发生1代者幼虫达2～3龄便伏于枝上或皮缝中越冬；发生2代者幼虫为害至老熟结茧化蛹，羽化，第2代幼虫达2～3龄便进入越冬状态。

图9-15 李枯夜蛾为害嫩叶状

越冬幼虫出蛰盛期及第一代卵孵化盛期后是施药的关键时期，可以用50%马拉硫磷乳油1 000倍液、20%菊马乳油、20%甲氰菊酯乳油 2 000倍液、20%甲氰菊酯乳油1 000～2 000倍液等进行喷雾防治。

3. 李实蜂

分　布　李实蜂（*Hoplocampa minutominuto*）在华北、华中、西北等李果产区均有发生。

为害特点　从花期开始，幼虫蛀食花托、花萼和幼果，常将果肉、果核食空，将虫粪堆积在果内，造成大量落果（图9-16）。

形态特征　成虫为黑色小蜂（图9-17），口器为褐色；触角丝状，雌蜂暗褐色，雄蜂深黄色；中胸背面有"义"字形沟纹；翅透明，棕灰色，雌蜂翅前缘及翅脉为黑色。卵椭圆形，乳白色。幼虫黄白色（图9-18）。蛹为裸蛹，羽化前变黑色。

发生规律　1年发生1代，以老熟幼虫在土壤内结茧越冬，休眠期达10个月。翌年3月下旬，李萌芽时化蛹，李树花期成虫羽化，成虫产卵于李树花托或花萼表皮下。幼虫孵出后爬入花内，蛀入果核内部为害。果内被蛀空，堆积虫粪，幼虫老熟后落地休眠。

防治方法　在被害果脱落前，将其摘除，集中处理，消灭幼虫。李实蜂的防治关键时期是花期。

于成虫产卵前，喷洒50%敌敌畏乳油或50%杀螟松乳油1 000倍液，毒杀成虫。

李树始花期和落花后，各喷施1次20%乙酰甲胺磷乳油1 000倍液、5%顺式氯氰菊酯乳油2 000倍液、10%氯氰菊酯乳油2 000倍液、20%氰戊菊酯乳油1 000倍液，注意喷药质量，只要均匀、周到、细致，就会收到很好的防治效果。

图9-16　李实蜂蛀孔

图9-17　李实蜂成虫产卵

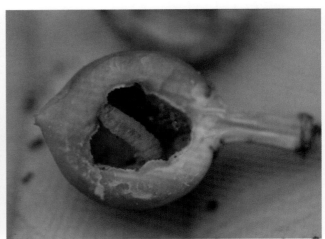

图9-18　李实蜂幼虫及为害幼果状

4. 桃蚜

分　布　桃蚜（*Myzus persicae*）分布全国各地。

为害特点　以成虫、若虫、幼虫群集新梢和叶片背面为害，被害部分呈现小的黑色、红色和黄色斑点，使叶片逐渐变白，向背面扭卷成螺旋状（图9-19），引起落叶，新梢不能生长，影响产量及花芽形成，削弱树势（图9-20）。蚜虫排泄的蜜露，常造成烟煤病。

图9-19　桃蚜为害叶片症状

图9-20　桃蚜为害新梢症状

形态特征、发生规律、防治方法　可参考桃树害虫桃蚜。

5. 桃粉蚜

分　　布　桃粉蚜（*Hyalopterus amygdali*）南北各桃产区均有发生，以华北、华东、东北各地为主。

为害特点　春夏之间经常和桃蚜混合发生为害桃树叶片。成、若虫群集于新梢和叶背刺吸汁液，受害叶片呈花叶状，增厚，叶色灰绿或变黄，向叶背后对合纵卷，卷叶内虫体被白色蜡粉。严重时叶片早落，新梢不能生长。排泄蜜露常致煤烟病发生（图9-21、图9-22）。

图9-21　桃粉蚜为害叶片症状

图9-22　桃粉蚜为害新梢症状

形态特征、发生规律、防治方法　可参考桃树害虫桃粉蚜。

6．桑白蚧

分　　布　桑白蚧（*Pseudaulacaspis pentagona*）分布遍及全国，是为害最普遍的一种介壳虫。

为害特点　以若虫和成虫群集于主干、枝条上，以口针刺入皮层吸食汁液，也有在叶脉或叶柄、芽的两侧寄生，造成叶片提早硬化（图9-23、图9-24）。

图9-23　桑白蚧为害枝条症状

图9-24　桑白蚧为害枝干症状

形态特征、发生规律、防治方法　可参考桃树害虫桑白蚧。

第十章 杏树病虫害原色图解

一、杏树病害

1. 杏疔病

分布为害 杏疔病是杏树的主要病害，主要分布在我国北方杏产区。

症 状 主要为害新梢、叶片，也为害花和果实。发病新梢生长缓慢。节间短粗，叶片簇生。病梢表皮初为暗褐色，后变为黄绿色，病梢常枯死。叶片变黄、增厚，呈革质。以后病叶变红黄色，向下卷曲。最后病叶变黑褐色，质脆易碎，但成簇留在枝上不易脱落(图10-1)。花受害后不易开放，花蕾增大，萼片及花瓣不易脱落。果实染病后生长停止，果面有淡黄色病斑，其上散生黄褐色小点。后期病果干缩，脱落或挂在枝上。

图10-1 杏疔病为害新梢叶片簇生症状

病 原 杏疔座霉 *Polystigma deformans* ，属于囊菌亚门真菌（图10-2）。子座生于叶内，扩散型，橙黄色，上生黑色圆点状性孢子器。性孢子线形，弯曲，单胞，无色。子囊壳近球形。子囊棍棒形，内生8个子囊孢子；子囊孢子单胞、无色，椭圆形。

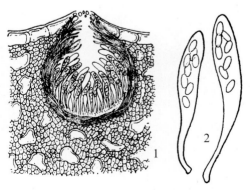

图10-2 杏疔病病菌
1.子囊壳 2.子囊及子囊孢子

发生规律 以孢子囊在病叶越冬，第2年春天子囊孢子从子囊中释放出来，借风雨或气流传播到幼芽上，遇到适宜条件很快萌发并侵入幼枝。随着幼芽及新叶的生长，菌丝在组织内蔓延，继而侵染叶片。5月间出现症状，新梢长到10～20cm时症状最明显。该病一年只发生1次，没有第2次侵染。

防治方法 在秋、冬结合树形修剪，剪除病枝、病叶，清除地面上的枯枝落叶，并予烧毁。生长季节出现症状时亦进行清除，连续清除2～3年，可有效地控制病情。

在杏树冬季修剪后到萌芽前(3月上中旬)，对树体全面喷布波美5度石硫合剂。

对没有彻底清除病枝的地区，可在杏树展叶时喷1∶1.5∶200波尔多液、30%碱式硫酸铜胶悬剂300～500倍液、14%络氨铜水剂300倍液、70%甲基硫菌灵可湿性粉剂800～1 000倍液，间隔10～15天喷1次，防治1～2次，效果良好。连续2～3年全面清理病枝、病叶的杏园可完全控制杏疗病。

2. 杏褐腐病

分布为害 杏褐腐病主要分布于河北、河南等地区。

症 状 可侵害花、叶及果实，尤以果实受害最重。花器受害，变褐萎蔫，多雨潮湿时迅速腐烂，表面丛生灰霉。嫩叶受害，多自叶缘开始变褐，迅速扩展全叶，使叶片枯萎下垂，如霜害状。幼果至成熟期均可发病，尤以近成熟期发病最严重（图10-3）。病果最初发生褐色圆形病斑，果肉变褐软腐，病果腐烂后易脱落，也可失水干缩变成褐色或黑色僵果，悬挂在树上经久不落（图10-4）。

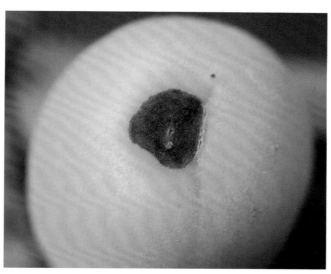

图10-3 杏褐腐病为害成熟果实症状

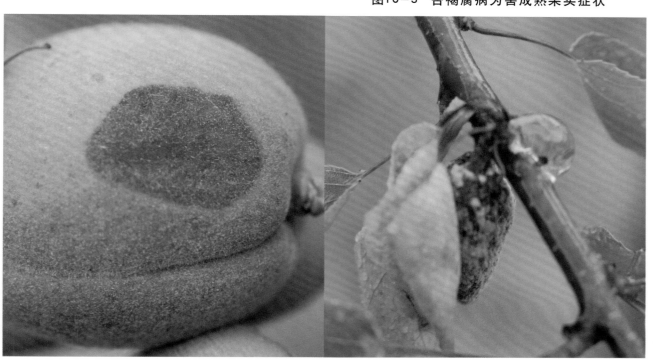

图10-4 杏褐腐病为害幼果症状

病　　原　灰丛梗孢*Monilia cinerea*，属半知菌亚门真菌；有性世代为核果链核盘菌*Monilinia laxa*，属子囊菌亚门真菌。子囊盘漏斗状或盘状，柄褐色，盘色较浅；子囊圆筒形；子囊孢子无色，椭圆形。分生孢子无色，椭圆形或柠檬形。

发生规律　以菌丝体在僵果和病枝溃疡处越冬。第二年春季，病菌在僵果和病枝处产生分生孢子，依靠风雨和昆虫传播，引起初侵染。分生孢子萌发后，由皮孔和伤口侵入树体。在适宜的条件下，继续产生分生孢子，引起再侵染。从5月中旬果实着色期开始发病，迅速蔓延，至5月下旬达发病高峰。多雨高湿条件适于病害发生。

防治方法　在春、秋两季，彻底清除僵果和病枝，予以集中烧毁。秋季深翻土壤，将有病枝条和树体深埋地下或烧毁。防止果实产生伤口，及时防治害虫，以减少虫伤，防止病菌从伤口侵入。

早春发芽前喷5波美度石硫合剂。

在落花以后幼果期，可喷施70%甲基硫菌灵可湿性粉剂800倍液、80%代森锰锌可湿性粉剂500～600倍液、65%福美锌可湿性粉剂400倍液、75%百菌清可湿性粉剂800倍液，能有效地控制病情蔓延，每10～15天喷1次，连续喷3次。

于果实接近成熟时，喷洒50%苯菌灵可湿性粉剂1 500倍液、65%代森锌可湿性粉剂400～500倍液。

3. 杏细菌性穿孔病

分布为害　杏细菌性穿孔病是杏树常见的叶部病害，全国各杏产区均有发生。

症　　状　主要侵染叶片，也能侵染果实和枝梢。叶片发病，开始在叶背产生水渍状淡褐色小斑点，扩大后呈圆形或不规则形病斑，紫褐色至黑褐色，周围具有水渍状黄绿色晕圈；后期病斑干枯，与周围健康组织交界处出现裂纹，脱落穿孔（图10-5）。枝条发病后，形成春季和夏季两种溃疡斑。春季溃疡斑发生在上年夏季长出的枝条上，形成暗褐色小疱疹，常造成枝条枯死，病部表皮破裂后，病菌溢出菌液，传播蔓延。夏季溃疡斑发生在当年生嫩梢上以皮孔为中心形成暗紫色水渍状斑点，后变成褐色，圆形或椭圆形，稍凹陷，边缘呈水渍状病斑，不易扩展，很快干枯。果实受害，病斑黑褐色，边缘水浸状，最后，病斑边缘开裂翘起（图10-6）。

图10-5　杏细菌性穿孔病为害叶片症状

病 原 *Xanthomnas campestris* pv. *pruni* 称甘蓝黑腐黄单胞菌桃穿孔致病型，属薄壁菌门黄单胞杆菌属细菌。菌体短杆状，极生单鞭毛，有荚膜，无芽孢。革兰氏染色阴性。

发生规律 病菌在被害枝条组织中越冬，翌春病组织内细菌开始活动，杏树开花前后，病菌从病组织中溢出，借风雨或昆虫传播，经叶片的气孔、枝条的芽痕和果实的皮孔侵入。春季溃疡是该病的主要初侵染源。夏季气温高，湿度小，溃疡斑易干燥，外围的健全组织很容易愈合。该病一般于5月间出现，7~8月发病严重。果园地势低洼，排水不良，通风、透光差，偏施氮肥发病重。

防治方法 加强杏园管理，增强树势。注意排水，增施有机肥，避免偏施氮肥，合理修剪，使杏园通风透光，以增强树势，提高树体抗病力。清除越冬菌源。秋后结合冬

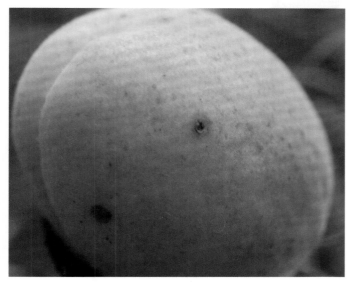

图10-6 杏细菌性穿孔病为害果实症状

季修剪，剪除病枝，清除落叶，集中烧毁。 发芽前喷波美5度石硫合剂或45%晶体石硫合剂30倍液、1:1:100倍式波尔多液、30%碱式硫酸铜胶悬剂400~500倍液。

展叶后至发病前（5~6月）是防治的关键时期，可喷施72%硫酸链霉素可湿性粉剂3 000~4 000倍液、3%中生菌素可湿性粉剂400倍液、33.5%喹啉铜悬浮剂1 000~1 500倍液、2%宁南霉素水剂500~600倍液、86.2%氧化亚铜悬浮剂1 500~2 000倍液等药剂，每隔7~10天喷1次，共喷2~4次。

4．杏黑星病

为害症状 主要为害果实，也可侵害枝梢和叶片。果实上发病多在果实肩部，先出现暗绿色圆形小斑点，发生严重时病斑聚合连片呈疮痂状，至果实近成熟时病斑变为紫黑色或黑色，随果实增大果面往往龟裂（图10-7）。枝梢染病后，出现浅褐色椭圆形斑点（图10-8），边缘带紫褐色，后期变为黑褐色稍隆起，并常流胶，表面密生黑色小粒点。叶片发病多在叶背面叶脉之间，初时出现不规则形或多角形灰绿色病斑，渐变褐色或紫红色，最后病斑干枯脱落形成穿孔，严重时落叶。

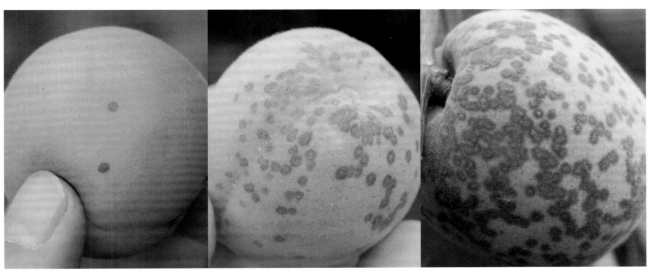

图10-7 杏黑星病为害果实症状

图10-8 杏黑星病为害枝梢症状

病　　原　　嗜果枝孢菌*Fusicladium carpophilum*，属半知菌亚门真菌；分生孢子梗短，簇生，不分枝，暗褐色，有分隔，稍弯曲。分生孢子单生或呈短链状，单胞。

发生规律　　以菌丝体在杏树枝梢的病部越冬。翌年4~5月产生分生孢子，经风雨传播。分生孢子萌发产生的芽管，可以直接穿透寄主表皮的角质层而入侵。一般从6月开始发病，7~8月为发病盛期。多雨、高温有利发病。春、夏季降雨多少是影响此病能否大发生的主要条件。果园低洼潮湿或枝条郁蔽，通风透光不良可促进该病发生。

防治方法　　秋冬季结合修剪清除树上病枝梢，集中烧毁，减少菌源。生长季适当整枝修剪，剪除徒长枝，增进树冠内通风透光，降低湿度，减轻发病。

春季萌芽前喷波美5度石硫合剂、45%晶体石硫合剂30倍液，铲除枝梢上的越冬菌源。

落花后15天是防治的关键时期，可用70%甲基硫菌灵·代森锰锌可湿性粉剂800倍液、3%中生菌素可湿性粉剂600~800倍液、70%甲基硫菌灵可湿性粉剂800倍液、50%多菌灵可湿性粉剂800倍液、65%代森锌可湿性粉剂500~800倍液、75%百菌清可湿性粉剂800倍液、80%代森锰锌可湿性粉剂800倍液均匀喷施。

病害发生初期，可喷施50%苯菌灵可湿性粉剂1 500~1 800倍液、50%嘧菌酯水分散粒剂5 000~7 000倍液、25%吡唑醚菌酯乳油1 000~3 000倍液、40%环唑醇悬浮剂7 000~10 000倍液、10%苯醚甲环唑水分散粒剂1 500~2 000倍液、40%氟硅唑乳油8 000~10 000倍液、5%己唑醇悬浮剂800~1 500倍液、5%亚胺唑可湿性粉剂600~700倍液、40%腈菌唑水分散粒剂6 000~7 000倍液、30%氟菌唑可湿性粉剂2 000~3 000倍液、20%邻烯丙基苯酚可湿性粉剂600~1 000倍液，以上药剂交替使用，效果更好。间隔10~15天喷药1次，共3~4次。

5. 杏树腐烂病

症　　状　　主要为害枝干。症状分溃疡型和枝枯型两种，基本同于苹果树腐烂病，但天气潮湿时，从分生孢子器中涌出的卷须状孢子角呈橙红色，秋季形成子囊壳（图10-9）。

图10-9　杏树腐烂病枝枯型症状

病　　原　日本黑腐皮壳 *Valsa japonica*，属子囊菌亚门真菌。无性世代为 *Cytospora* sp. 系一种壳囊孢，属半知菌亚门真菌。子座直径3~5mm，子囊壳球形，具长喙；子囊圆筒形或棍棒形；子囊孢子圆筒形，稍弯曲。

发生规律　以菌丝、分生孢子座在病部越冬。翌春产生分生孢子角，经雨水冲溅放射出分生孢子，随风雨、昆虫传播，从伤口侵入，潜伏为害。杏树腐烂病从初春至晚秋均可发生，以4~6月发病最盛。地势低洼，土壤黏重；施肥不足或不当，尤其是磷钾肥不足、氮肥过多，或树体郁闭、负载量过大或受冻害均易诱发腐烂病。

防治方法　加强栽培管理，增强树势，注意疏花疏果，使树体负载量适宜，减少各种伤口。

及时治疗病疤。主要有刮治和划道涂治。刮治是在早春将病斑坏死组织彻底刮除，并刮掉病皮四周的一些好皮。涂治是将病部用刀纵向划0.5cm宽的痕迹，然后于病部周围健康组织1cm处划痕封锁病菌以防扩展。刮皮或划痕后可涂抹5%菌毒清水剂100倍液、50%福美双可湿性粉剂50倍液+2%平平加（煤油或洗衣粉）、托福油膏（甲基硫菌灵1份、福美肿1份、黄油2~8份混匀）、70%甲基硫菌灵可湿性粉剂30倍液。

6. 杏树侵染性流胶病

症　　状　主要发生在枝或干上，枝条也有发生。初期病部膨胀，随后陆续分泌出褐色透明的树胶（图10-10）。流胶严重的枝干，树皮干裂，布满胶质块，干枯坏死，树势衰弱，甚至整枝枯死。当年新梢被害，以皮孔为中心，发生大小不等的病斑，亦有流胶现象。

图10-10　杏树侵染性流胶病为害枝干症状

病　　原　　蘸子葡萄腔菌*Botrysphaeria ribis*，属子囊菌亚门真菌。子座球形或扁球形，黑褐色，革质。分生孢子梗短，不分支。分生孢子单胞，无色，椭圆形或纺锤形。子囊腔成簇呈葡萄状。子囊棍棒状，壁较厚，双层，有拟侧丝。子囊孢子单胞，无色，卵圆形或纺锤形，两端稍钝，多为双列。

发生规律　　以菌丝体、分生孢子器在病枝里越冬，翌年3月下旬至4月中旬散发生分生孢子，随风、雨传播，主要经伤口侵入，也可从皮孔及侧芽侵入。一年中有2个发病高峰，第1次在5月上旬至6月上旬，第2次在8月上旬至9月上旬，以后就不再侵染为害。因此，防止此病以新梢生长期为好。雨季、特别是长期干旱后偶降暴雨，流胶病严重。

防治方法　　加强果园管理，增强树势。增施有机肥，低洼积水地注意排水，改良土壤，盐碱地要注意排盐，合理修剪，减少枝干伤口，避免连作。预防病虫伤。

早春发芽前将流胶部位病组织刮除，然后涂抹45%晶体石硫合剂30倍液，或喷石硫合剂加80%的五氯酚钠200~300倍液，或1:1:100波尔多液，铲除病原菌。

生长期于4月中旬至7月上旬，每隔20天用刀纵、横划病部，深达木质部，然后用毛笔蘸药液涂于病部。可用70%甲基硫菌灵可湿性粉剂800~1 000倍液+65%代森锌可湿性粉剂300倍液、80%乙蒜素乳油50倍液、1.5%多抗霉素水剂100倍液处理。

7. 杏炭疽病

症　　状　　主要为害果实，开始发生淡褐色圆形病斑，逐渐扩展为凹陷病斑，病斑周围黑褐色，中央淡褐色（图10-11）。后期病斑中间出现粉红色黏稠状物，全果发病后期呈干缩状。

图10-11　杏炭疽病为害果实症状

病　　原　　胶孢刺盘孢*Colletotrichum gloeosporioids*称，属半知菌亚门真菌。分生孢子梗，线状，单胞，无色。分生孢子长椭圆形，单胞，无色，内含2个油球。

发生规律　　病菌主要以菌丝体在病梢组织内越冬，也可以在树上的僵果中越冬。第二年春季形成分生孢子，借风雨或昆虫传播，侵害幼果及新梢，引起初次侵染。以后于新生的病斑上产生孢子，引起再次侵染。感染只限于降雨期间，雨水多，病害严重。幼果期病害进入高峰期，使幼果大量腐烂和脱落。但在我国北方，7~8月是雨季，病害发生较多。管理粗放、留枝过密、树冠郁蔽、树势衰弱、排水不良、土壤黏重的果园，发病较重。

防治方法　　清除病枝病果　结合冬剪，剪除树上的病枝、僵果及衰老细弱枝组；结合春剪，在早春芽萌动到开花前后及时剪除初发病的枝梢，对卷叶症状的病枝也应及时剪掉，然后集中深埋或烧毁，以减少初侵染来源。加强培育管理，搞好开沟排水工作，防止雨后积水，以降低园内湿度。

果树萌芽前，喷石硫合剂加80%的五氯酚钠200～300倍液、1∶1∶100波尔多液，间隔1周再喷1次，（展叶后禁喷）铲除病原。

开花前，喷布70%甲基硫菌灵可湿性粉剂1 500倍液、50%多菌灵可湿性粉剂600～800倍液、75%百菌清可湿性粉剂800倍液、50%克菌丹可湿性粉剂400～500 倍液，每隔10～15天喷洒1次，连喷3次。

落花后的喷药保护幼果是防治关键，常用药剂有65%代森锌可湿性粉剂500倍液、50%多菌灵可湿性粉剂500～600倍液，65%福美锌可湿性粉剂300～500倍液、80%炭疽福美（福美双·福美锌）可湿性粉剂800倍液，间隔10～15天喷药1次，共3～4次。

8. 杏树根癌病

症　　状　主要发生在根颈部，也发生于侧根和支根。根部被害后形成癌瘤。开始时很小，随植株生长不断增大。瘤的形状不一致，通常为球形或扁球形（图10-12）。瘤的大小不等，小的如豆粒，大的如胡桃、拳头，最大的直径可达数寸乃至1尺。在苗木上，癌瘤绝大多数发生于接穗与砧木的愈合部分。初生时为乳白色或略带红色，光滑，柔软。后逐渐变呈褐色乃至深褐色，木质化而坚硬，表面粗糙或凹凸不平。患病的苗木，根系发育不良，细根特少。地上部分的发育显著受到阻碍，结果生长缓慢，植株矮小。被害严重时，叶片黄化，早落。成年果树受害后，果实小，树龄缩短。

病　　原　根癌土壤杆菌 *Agrobacterium tumefaciens*，属原核生物界薄壁菌门根瘤菌科土壤杆菌属。细菌菌体短杆状，两端略圆，单生或链生，具1～4根周生边毛，有荚膜，无芽孢。革兰氏染色阴性。

发生规律　病菌在癌瘤组织的皮层内及土壤中越冬。通过雨水、灌溉水和昆虫进行传播。带菌苗木能远距传播。病菌由伤口侵入，刺激寄主细胞过度分裂和生长形成癌瘤。潜育期2～3个月或1年以上。病害的发生与土壤温度、湿度及酸碱度密切相关。22℃左右的土壤温度和60%的土壤湿度最适合病菌的侵入和瘤的形成。中性至碱性土壤有利发

图10-12　杏树根癌病为害苗木根部症状

病，pH值≤5的土壤，即使病菌存在也不发生侵染。土壤黏重，排水不良的苗圃或果园发病较重。

防治方法　栽种桃树或育苗忌重茬。应适当施用酸性肥科或增施有机肥如绿肥等，以改变土壤反应，使之不利于病菌生长。田间作业中要尽量减少机械损伤，同时加强防治地下害虫。加强植物检疫工作，杜绝病害蔓延。发现病苗烧掉。

苗木消毒。仔细检查，病苗要彻底刮除病瘤，并用700单位/ml的链霉素加1%酒精作辅助剂，消毒1小时左右。将病劣苗剔出后用3%次氯酸钠液浸根3分钟，刮下的病瘤应集中烧毁。对外来苗木应在未抽芽前将嫁接口以下部位，用10%硫酸铜液浸5分钟，再用2%的石灰水浸1分钟。

药剂防治。可用80%二硝基邻甲酚钠盐100倍液涂抹根颈部的瘤，可防止其扩大绕围根颈。

9．杏黑粒枝枯病

症　　状　主要为害一年生的果枝。病枝在一般在花芽尚没有开花干枯，花芽周围生有椭圆形病斑，黑褐色，波状轮纹，有树脂状物溢出，发病芽上部的枝条枯死。近开花时病斑明显，进入盛花期病斑褐色至黑褐色，有小黑粒点（图10-13）。发病晚的花后枯死。

图10-13　杏黑粒枝枯病为害枝条症状

病　　原　仁果干癌丛赤壳菌 *Nectria galligena* ，属子囊菌亚门真菌。无性世代为仁果干癌柱孢霉 *Cylindrosporium mali* ，属半知菌亚门真菌。

发生规律　病原以菌丝和分生孢子在病部越冬，翌年7月下旬分生孢子从病部表面破裂处飞散出来，成熟的孢子8、9月进行传播蔓延，经潜伏后于翌年早春时发病。

防治方法　选用抗病品种。采收后，冬季彻底剪除被害枝，集中深埋或烧毁。

8月下旬至9月上旬喷施77%氢氧化铜可湿性粉剂500～600倍液、50%琥胶肥酸铜可湿性粉剂500～600倍液。每隔10～14天喷1次，连续喷3～4次。

10．杏干枯病

症　　状　小杏树或树苗易染病，呈枯死状。初在树干或枝的树皮上生稍突起的软组织，逐渐变褐腐烂，散发出酒槽气味，后病部凹陷，表面多处现出放射状小突起，遇雨或湿度大时，现红褐色丝状物，剥开病部树皮，可见椭圆形黑色小粒点（图10-14）。壮树病斑四周呈癌肿状，弱树多呈枯死状。小枝染病，秋季生出褐色圆形斑，不久则枝尖枯死。

病　　原　茶蕉子葡萄座腔菌 *Botryosphaeria ribis* ，属子囊菌亚门真菌。子座散生，初埋生，后突破表皮外露，黑色，枕形。子囊壳球形或近球形。梭形，无色透明，单胞，椭圆形，双列。

发生规律　病菌在树干或枝条内越冬，春天孢子由冻伤、虫伤或日灼处伤口侵入，系1次性侵染，以后病部生出子囊壳，病斑从早春至初夏不断扩展，盛夏病情扩展缓慢或停滞，入秋后再度扩展。小树徒长期易发病。

防治方法　科学施肥，合理疏果，确保树体健壮，提高抗病力。用稻草或麦杆等围绑树干，严防冻

图10-14　杏干枯病为害枝干症状

害，通过合理修剪，避免或减少日灼，必要时，在剪口上涂药，防止病原侵入。

　　药剂防治。及时剪除病枝，用刀挖除枝干受害处，并涂药保护，可用波美10度石硫合剂。

二、杏树虫害

　　杏树上发生的主要害虫有杏象甲、杏仁蜂等。

1．杏象甲

　　分　　布　杏象甲(*Rhynchites faldermanni*)在东北、华北、西北、等果产区均有发生。

　　为害特点　成虫取食幼芽嫩枝、花和果实，产卵于幼果内，并咬伤果柄。幼虫在果实内蛀食，使受害果早落（图10-15）。

　　形态特征　成虫（图10-16）体椭圆形，紫红色具光泽，有绿色反光，体密布刻点和细毛。前胸背板"小"字形凹陷不明显。鞘翅略呈长方形，后翅半透明灰褐色。卵椭圆形，初产乳白色，近孵化变黄色，表面光滑微具光泽。幼虫乳白色微弯曲，老熟幼虫体表具横皱纹。蛹裸蛹，椭圆形，初乳白渐变黄褐色，羽化前红褐色。

图10-15　杏象甲为害杏果状

发生规律 每年发生1代。以成虫在土中、树皮缝、杂草内越冬，翌年杏花开时成虫出现，成虫常停息在树梢向阳处，受惊扰假死落地，为害7～15天后开始交配、产卵，幼虫期20余天老熟后脱果入土。

防治方法 成虫出土期（3月底至4月初）清晨震树。及时捡拾落果。

成虫出土盛期，用50%辛硫磷乳油0.8～1kg/亩、50%二嗪磷乳油0.5～0.8kg/亩，对水50～90倍均匀喷于树冠下；也可喷施90%晶体敌百虫600～800倍液、80%敌敌畏乳油1 000倍液、25%喹硫磷乳油1 000倍液、

图10-16 杏象甲成虫及为害果实状

2.5%溴氰菊酯乳油1 500～2 500倍液，每隔15天喷1次，连续喷2～3次。

2.杏仁蜂

分　　布 杏仁蜂（*Euryoma samaonovi*）在辽宁、河北、河南、山西、陕西、新疆等省（区）的杏产区均有发生。

为害特点 雌蜂产卵于初形成的幼果内，幼虫啮食杏仁，被害的杏脱落或在树干上干缩。

形态特征 成虫为黑色小蜂，雌成虫头大黑色，复眼暗赤色，胸部及胸足的基节黑色，腹部橘红色，有光泽（图10-17）。雄成虫有环状排列的长毛，腹部黑色。卵白色，微小。幼虫乳白色，体弯曲。初化蛹为乳白色，其后显现出红色的复眼。

发生规律 一年发生1代，以幼虫在园内落杏、杏核及枯干在树上的杏核内越冬越夏，也有的幼虫在留种和市售的杏核内越冬。4月下旬化蛹，杏落花后开始羽化，羽化后在杏核内停留一段时间，咬破杏核爬出。在杏果指头大时成虫大量出现，飞到枝上交尾产卵，幼虫孵化后在核内食杏仁，约在6月上旬老熟，即在杏核内越夏越冬。

防治方法 秋冬季收集园中落杏、杏核，并振落树上的干杏，集中烧毁，可基本消灭杏仁蜂。

早春发芽前越冬幼虫出土期，可用40%敌马粉剂或5%辛硫磷粉剂5～8kg/亩直接在树冠下施于土中。

成虫羽化期，树体喷洒50%辛硫磷乳油1 000～1 500倍液、2.5%溴氰菊酯乳油1 000倍液、2.5%氯氟氰菊酯乳油1 000～2 000倍液，每周喷1次，连续喷2次。

图10-17 杏仁蜂成虫

3. 桃小食心虫

分　布　桃小食心虫（*Carposina niponensis*）主要分布在北方。

为害特点　以幼虫蛀果为害。幼虫孵出后蛀入果实，蛀果孔常有流胶点，不久干涸呈白色蜡质粉末。幼虫在果内串食果肉，并将粪便排在果内，幼果长成凹凸不平的畸形果，形成"豆沙馅"果（图10-18）。幼虫老熟后，在果面咬一直径2~3mm的圆形脱果孔，虫果容易脱落。

形态特征、发生规律、防治方法　可参考桃树害虫桃小食心虫。

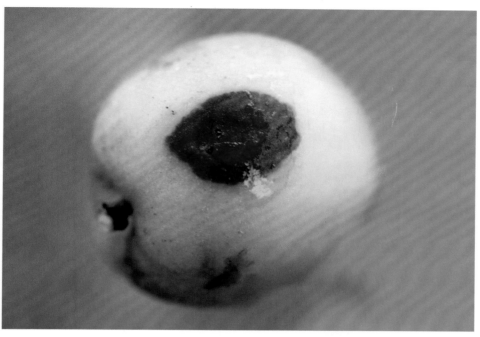

图10-18　桃小食心虫为害果实症状

4. 桃蚜

分　布　桃蚜（*Myzus persicae*）分布全国各地。

为害特点　以成虫、若虫、幼虫群集新梢和叶片背面为害，被害部分呈现小的黑色、红色和黄色斑点，使叶片逐渐变白，向背面扭卷成螺旋状，引起落叶，新梢不能生长，影响产量及花芽形成，削弱树势。蚜虫排泄的蜜露，常造成烟煤病（图10-19）。

图10-19　桃蚜为害桃叶症状

形态特征、发生规律、防治方法 可参考桃树害虫桃蚜。

5．桃粉蚜

分　　布 桃粉蚜（*Hyalopterus amygdali*）南北各桃产区均有发生，以华北、华东、东北各地为主。

为害特点 春夏之间经常和桃蚜混合发生为害桃树叶片。成、若虫群集于新梢和叶背刺吸汁液，受害叶片呈花叶状，增厚，叶色灰绿或变黄，向叶背后对合纵卷，卷叶内虫体被白色蜡粉。严重时叶片早落，新梢不能生长。排泄蜜露常致煤烟病发（图10-20、图10-21）。

图10-20　桃粉蚜为害叶片症状

图10-21　桃粉蚜为害新梢症状

形态特征、发生规律、防治方法 可参考桃树害虫桃粉蚜。

6. 桑白蚧

分　布 桑白蚧（*Pseudaulacaspis pentagona*）分布遍及全国，是为害最普遍的一种介壳虫。

为害特点 以若虫和成虫群集于主干、枝条上，以口针刺入皮层吸食汁液，也有在叶脉或叶柄、芽的两侧寄生，造成叶片提早硬化（图10-22，图10-23）。

图10-22　桑白蚧为害枝条症状

图10-23　桑白蚧为害枝干症状

形态特征、发生规律、防治方法 可参考桃树害虫桑白蚧。

7. 黑蚱蝉

分　　布 黑蚱蝉（*Cryptotympana atrata*）分布于全国各地，华南、西南、华东、西北及华北大部分地区都有分布，尤其以黄河故道地区虫口密度为最大。

为害特点 雌虫产卵时其产卵瓣刺破枝条皮层与木质部，造成产卵部位以上枝梢失水枯死，严重影响苗木生长（图10-24）。成虫刺吸枝条汁液。

图10-24 黑桃蚱蝉为害桃枝状

形态特征、发生规律、防治方法 可参考桃树害虫黑蚱蝉。

8. 朝鲜球坚蚧

分　　布 朝鲜球坚蚧（*Didesmoccus kore-anus*）分布于东北、华北、华东及河南、陕西、宁夏、四川、云南、湖北、江西等省。

为害特点 以若虫和雌成虫集聚在枝干上吸食汁液，被害枝条发育不良，出现流胶，树势严重衰弱，树体不能正常生长和花芽分化，严重时枝条干枯，一经发生，常在一二年内蔓延全园，如防治不利，会使整株死亡（图10-25）。

形态特征、发生规律、防治方法 可参考桃树害虫朝鲜球坚蚧。

图10-25 朝鲜球坚蚧为害枝干症状

第十一章 樱桃病虫害原色图解

一、樱桃病害

1. 樱桃褐斑穿孔病

分布为害 樱桃褐斑穿孔病分布在江苏新沂、河北等地。

症 状 主要为害叶片，叶面初生针头状大小带紫色的斑点，渐扩大为圆形褐色斑，病部长出灰褐色霉状物。后病部干燥收缩，周缘产生离层，常由此脱落成褐色穿孔，边缘不整齐（图11-1）。斑上具黑色小粒点，即病菌的子囊壳或分生孢子梗。亦为害新梢和果实，病部均生出灰褐色霉状物。

图11-1 樱桃褐斑穿孔病为害叶片症状

病 原 樱桃球腔菌*Mycosphaerella cerasella*，属子囊菌亚门真菌；无性世代为核果尾孢霉*Cercospora circumscissa*，属半知菌亚门真菌。子囊壳浓褐色、球形，多生于组织中，具短嘴口；子囊棍棒形束状并列，顶端钝圆，基部略细，无色，子囊孢子纺锤形，无色，多2列并生。分生孢子梗十几根丛生；分生孢子淡橄榄色，鞭状，略弯曲，具3~9个隔膜。

发生规律 病菌以菌丝体在病叶、病枝梢组织内越冬，翌春气温回升，降雨后产生分生孢子，借风雨传播，侵染叶片以及枝梢和果实。此后，病部多次产生分生孢子，进行再侵染。低温多雨利于病害的发生和流行。

防治方法 冬季结合修剪，彻底清除枯枝落叶及落果，减少越冬菌源；容易积水，树势偏旺的果园，要注意排水；修剪时疏除密生枝、下垂枝、拖地枝、改善通风透光条件；增施有机肥料，避免偏施氮肥，提高抗病能力。

果树发芽前，喷施一次4~5度石硫合剂。

发病严重的果园要以防为主，可在落花后，喷施70%甲基硫菌灵可湿性粉剂1 000倍液、50%多菌灵可湿性粉剂800倍液、70%代森锰锌可湿性粉剂600倍液、3%中生菌素可湿性粉剂1 000倍液、50%混杀硫悬浮剂500倍液，间隔7~10天防治1次，共喷施3~4次。

在采果后，全树再喷施一次药剂。

2. 樱桃褐腐病

症　状 主要为害叶、果、花。叶片染病，多发生在展叶期的叶片上，初在病部表面现不明显褐斑，后扩及全叶，上生灰白色粉状物。幼果染病（图11-2），表面初现褐色病斑，后扩及全果，致果实收缩，成为畸形果（图11-3），病部表面产生灰白色粉状物，即病菌分生孢子（图11-4）。病果多悬挂在树梢上，成为僵果。花染病，花器于落花后变成淡褐色，枯萎，长时间挂在树上不落，表面生有灰白色粉状物。

图11-2　樱桃褐腐病幼果受害症状

图11-3　樱桃褐腐病为害果实症状

图11-4　樱桃褐腐病为害果实病斑上长出灰白色粉状物

病　　原　樱桃核盘菌*Sclerotinia kusanoi*，属子囊菌亚门真菌。子囊盘钟状或漏斗形，中央凹陷。子囊无色，圆筒形，子囊孢子单胞、无色，卵圆形。分生孢子梗丛生，分生孢子单胞、无色，椭圆形。

发生规律　病菌主要以菌核在病果中越冬，也可以菌丝在病僵果中越冬。翌年4月，从菌核上生出子囊盘，形成子囊孢子，借风雨传播。落花后遇雨或湿度大易发病，树势衰弱，管理粗放，地势低洼，通风透光不好有利于发病。

防治方法　及时收集病叶和病果，集中烧毁或深埋，以减少菌源。合理修剪，改善樱桃园通风透光条件，避免湿气滞留。

开花前或落花后，可用70%甲基硫菌灵可湿性粉剂1 000倍液、50%多菌灵可湿性粉剂600～800倍液、50%腐霉利可湿性粉剂2 000倍液、50%异菌脲可湿性粉剂1 000～1 500倍液、77%氢氧化铜可湿性微粒粉剂500倍液、80%代森锰锌可湿性粉剂500～600倍液、50%琥胶肥酸铜可湿性粉剂500倍液等药剂均匀喷施。

3. 樱桃流胶病

症　　状　流胶病是樱桃的一种重要病害，其症状分为干腐型和溃疡型流胶两种。干腐型多发生在主干、主枝上，初期病斑不规则，呈暗褐色，表面坚硬，常引发流胶，后期病斑呈长条型，干缩凹陷，有时周围开裂，表面密生小黑点（图11-5）。溃疡型流胶病，病部树体有树脂生成，但不立即流出，而存留于木质部与韧皮部之间，病部微隆起，随树液流动，从病部皮孔或伤口处流出（图11-6）。病部初为无色略透明或暗褐色，坚硬。

图11-5　樱桃流胶病干腐型症状

图11-6　樱桃流胶病溃疡型症状

病　　原　葡萄座腔菌 *Botryosphaeria dothidea*，属子囊菌亚门真菌。溃疡流胶病也是由子囊菌亚门的葡萄座腔菌引起，该菌为弱寄生菌，具有潜伏侵染的特性。

发生规律　分生孢子和子囊孢子借风雨传播，4~10月都可侵染，多以伤口侵入，以前期发病重。该菌为弱寄生菌，只能侵害衰弱树和弱枝，树势越弱发病越重。此菌为弱寄生菌，具有潜伏侵染的特性。枝干受虫害、冻害、日灼伤及其他机械损伤的伤口是病菌侵入的重要入口。分生孢子靠雨水传播。从春季树液流动病部就开始流胶，6月上旬以后发病逐渐加重，雨季发病最重。

防治方法　加强果园管理　合理建园，改良土壤。大樱桃适宜在砂质壤土和壤土上栽培，加强土、肥、水管理，提高土壤肥力，增强树势。合理修剪，一次疏枝不可过多，对大枝也不宜疏除，避免造成较大的剪锯口伤，避免流胶或干裂，削弱树势。树形紊乱，非疏除不可时，也要分年度逐步疏除大枝，掌握适时适量为好。樱桃树不耐涝，雨季防涝，及时中耕松土，改善土壤通气条件。　刮治病斑。病斑仅限于表层，在冬季或开春后的雨雪天气后，流胶较松软，用镰刀及时刮除，同时在伤口处涂80%乙蒜素乳油50倍液或50%福美双可湿性粉剂50倍液，再涂波尔多液浆保护；或直接涂波美5度石硫合剂进行防治。

药剂防治可参考桃树流胶病。

4．樱桃细菌性穿孔病

症　　状　主要为害叶片，也为害果实和枝。叶片受害，开始时产生半透明油浸状小斑点，后逐渐扩大，呈圆形或不整圆形，紫褐色或褐色，周围有淡黄色晕环。天气潮湿时，在病斑的背面常溢出黄白色胶黏的菌脓，后期病斑干枯，在病、健部交界处，发生一圈裂纹，仅有一小部分与叶片相连，很易脱落形成穿孔（图11-7）。枝梢受害后，产生两种不同类型的病斑：一种称春季溃疡，另一种称夏季溃疡。春季溃疡在去年夏末秋初病菌就已感染，病斑油浸状，微带褐色，稍隆起；第二年春季逐渐扩展成为较大的褐色病斑，中央凹陷，病组织内有大量细菌繁殖。春末病部表皮破裂，溢出黄色的菌脓。夏季溃疡是在夏季发生于当年抽生的嫩梢上，开始时环绕皮孔形成油浸状、暗紫色斑点，以后斑点扩大，成圆形或椭圆形，褐色或紫黑色，周缘隆起，中央稍下陷，并有油浸状的边缘。果实被害，产生暗紫色圆斑，边缘有油浸状晕环。病斑表面和它的周围常发生小裂缝，严重时发生不规则的大裂缝。

图11-7　樱桃细菌性穿孔病为害叶片症状

病　　原　甘蓝黑腐黄单胞菌桃穿孔致病型 *Xanthomonas campestri* pv. *pruni*，属薄壁菌门黄单胞菌属细菌。菌体短杆状，单根极生鞭毛，革兰氏染色阴性，好气性。

发生规律　病原细菌主要在春季溃疡病斑组织内越冬，翌春气温升高后越冬的细菌开始活动，桃树开花前后，从病组织溢出菌脓，通过风雨和昆虫传播，从叶上的气孔和枝梢、果实上的皮孔侵入，进行初侵染。在多雨季节，初侵染发病后又可以溢出新的菌脓进行再侵染。病害一般在5月上中旬开始发生，6月梅雨期蔓延最快。夏季高温干旱天气，病害发展受到抑制，至秋雨期又有一次扩展过程。温暖多雨的气候，有利于发病，大风和重雾，能促进病害的盛发。

防治方法　加强果园管理，增施有机肥和磷钾肥，增强树势，提高抗病能力。土壤粘重和雨水较多时，要筑台田，改土防水。合理整形修剪，改善通风透光条件。冬夏修剪时，及时剪除病枝，清扫病叶，集中烧毁或深埋。

药剂防治可参考桃细菌性穿孔病。

5. 樱桃叶斑病

症　　状　主要为害叶片。受害叶片在叶脉间形成褐色或紫色近圆形的环死病斑，叶背产生粉红色霉，病斑夹合可使叶片大部分枯死造成落叶（图11-8）。有时叶柄和果实也能受害，产生褐色斑。

图11-8　樱桃叶斑病为害叶片症状

病　　原　此病是由一种真菌侵染而引发的病害。

发生规律　病菌以子囊壳等在病叶上越冬。翌年春产生孢子进行初侵染和再侵染。一般4月份即可发病，6月梅雨季节为发病盛发。凡果园管理粗糙，排水不良，树冠郁闭的发病较重。

防治方法　扫除落叶，消灭越冬病原。加强综合管理，改善立地条件，增强树势，提高树体抗病力。及时开沟排水，疏除过密枝条，改善樱桃园通风透光条件，避免园内湿悸滞留。

药剂防治可参考樱桃褐斑穿孔病。

6. 樱桃炭疽病

分布为害　樱桃炭疽病是为害樱桃的一种常见病害，分布于浙江、江西、湖南等省。

症　　状　主要为害果实、也可为害叶片和枝梢，果实发病，常发生于硬核期前后，发病初出现暗绿色小斑点，病斑扩大后呈圆形、椭圆形凹陷，逐渐扩展至整个果面，使整果变黑，收缩变形以致枯萎。天气潮湿时，在病斑上长出橘红色小粒点（图11-9）。叶片受害，病斑呈灰白色或灰绿色近圆形病斑，病斑周围呈暗紫色，后期病斑中部产生黑色小粒点，呈同心轮纹排列。枝梢受害，病梢多向一侧弯曲，叶片萎蔫下垂，向正面纵卷成筒状。

图11-9　樱桃炭疽病为害果实症状

病　　原　黑盘孢 *Gloeosporium fructigenum*，属半知菌亚门真菌。

发生规律　病菌主要以菌丝在病梢组织和树上僵果中越冬。翌春3月上中旬至4月中下旬，产生分生孢子，借风雨传播，侵染新梢和幼果。5月初至6月发生再侵染。

防治方法　冬季清园。结合冬季整枝修剪，彻底清除树上的枯枝、僵果、落果，集中烧毁，以减少越冬病源。加强果园管理。注意排水、通风透光，降低湿度，增施磷、钾肥，提高植株抗病能力。

落花后可选用70%甲基硫菌灵可湿性粉剂600～800倍液、50%多菌灵可湿性粉剂600～1 000倍液、80%代森锰锌可湿性粉剂600～800倍液、80%炭疽福美（福美双·福美锌）可湿性粉剂800～1 000倍液、10%苯醚甲环唑水分散粒剂1 500～2 000倍液、40%氟硅唑乳油8 000～10 000倍液、5%己唑醇悬浮剂800～1 500倍液、40%腈菌唑水分散粒剂6 000～7 000倍液、25%咪鲜胺乳油800～1 000倍液、50%咪鲜胺锰络化合物可湿性粉剂1 000～1 500倍液、6%氯苯嘧啶醇可湿性粉剂1 000～1 500倍液等药剂喷雾防治。间隔5～7天喷1次，连喷2～3次。

7. 樱桃腐烂病

分布为害　樱桃腐烂病在我国大部分樱桃种植区均有发生，是樱桃上为害很重的一种枝干病害。

症　　状　　主要为害主干和枝干，造成树皮腐烂，致使枝枯树死（图11-10）。自早春至晚秋都可发生，其中4~6月发病最盛。病初期病部皮层稍肿起，略带紫红色并出现流胶，最后皮层变褐色枯死（图11-11），有酒糟味，表面产生黑色突起小粒点（图11-12）。

图11-10　樱桃腐烂病为害枝干症状

图11-11　樱桃腐烂病为害枝条变褐枯死症状　　　　图11-12　樱桃腐烂病病枝上的黑色小粒点

病　　原　有性态为核果黑腐皮壳 *Valsa leucostoma*，属子囊菌亚门 真菌。无性世代为核果壳囊孢 *Cytospora leucostoma* 属半知菌亚门真菌。分生孢子器埋生于子座内，扁圆形或不规则形。分生孢子梗单胞，无色，顶端着生分生孢子。分生孢子单胞，无色，香蕉形，略弯，两端钝圆。子囊壳埋生在子座内，球形或扁球形，有长颈。子囊棍棒形或纺锤形，无色透明，基部细，侧壁薄，顶壁较厚。子囊孢子单胞，无色，微弯，腊肠形。

发生规律　以菌丝体、子囊壳及分生孢子器在树干病组织中越冬，翌年3～4月产生分生孢子，借风雨和昆虫传播，自伤口及皮孔侵入。病斑多发生在近地面的主干上，早春至晚秋都可发生，春秋两季最为适宜，尤以4～6月发病最盛，高温的7～8月受到抑制，11月后停止发展。施肥不当及秋雨多，树体抗寒力降低，易引起发病。

防治方法　适当疏花疏果，增施有机肥，及时防治造成早期落叶的病虫害。

在樱桃发芽前刮去翘起的树皮及坏死的组织，然后向病部喷施50%福美双可湿性粉剂300倍液。

生长期发现病斑，可刮去病部，涂沫70%甲基硫菌灵可湿性粉剂1份、加植物油2.5份、50%福美双可湿性粉剂50倍液、50%多菌灵可湿性粉剂50～100倍液、70%百菌清可湿性粉剂50～100倍液等药剂，间隔7～10天涂1次，防效较好。

8．樱桃树木腐病

症　　状　在枝干部的冻伤、虫伤、机械伤等各种伤口部位，散生或群聚生病菌小型子实体（图11-13），外部症状如膏药状或覆瓦状（图11-14）。被害木质部形成不明显的白色边材腐朽。

图11-13　樱桃树木腐病枝干散生小型子实体　　　　图11-14　樱桃树木腐病枝干覆瓦状

病　　原　*Schizophyllum commune*　称裂褶菌，属担子菌亚门真菌。

发生规律　病菌以菌丝体在被害木质部潜伏越冬，翌春气温上升至7～9℃时继续向健材蔓延活动，16～24℃时扩展比较迅速，当年夏、秋季散布孢子，自各种伤口侵染为害。衰弱树、濒临死树易感病。伤口多而衰弱的树发病较重。

防治方法　加强果园管理，增强树势。对重病树衰老树、濒死树，要及时挖除烧毁。在园内增施肥料，合理修剪。经常检查树体，发现病菌子实体迅速连同树皮刮除，并涂1%硫酸铜液消毒。保护树体，减少伤口。伤口要涂抹波尔多液、煤焦油或1%硫酸铜液。

二、樱桃虫害

樱桃树上发生的主要害虫有樱桃实蜂、樱桃瘤头蚜等。

1. 樱桃实蜂

分布为害　樱桃实蜂（*Fenusa* sp.）是近几年在我国樱桃上发现的新害虫，在陕西、河南有发生。以幼虫蛀食樱桃果实，受害严重的树，虫果率达50%以上。被害果内充满虫粪。后期果顶早变红色，早落果。

形态特征　成虫头部、胸部和腹背黑色，复眼黑色，3单眼橙黄色。触角丝状9节，第一、二节粗短黑褐色，其他节浅黄褐色，唇基、上颚、下颚均褐色。中胸背板有x形纹。翅透明，翅脉棕褐色。卵长椭圆形，乳白色，透明。老熟幼虫头淡褐，体黄白色，腹足不发达，体多皱折和突起（图11-15）。茧皮革质，圆柱形。蛹淡黄到黑色。

发生规律　一年发生1代，以老龄幼虫结茧在土下滞育，12月中旬开始化蛹，翌年3月中下旬樱桃花期羽化。产卵于花萼下，初孵幼虫从果顶蛀入，5月中旬脱果入土结茧滞育。

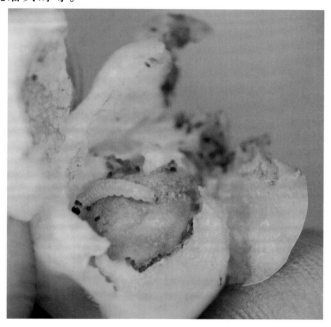

图11-15　樱桃实蜂幼虫及其为害果实症状

成虫羽化盛期为樱桃始花期，早晚及阴雨天栖息于花冠上，取食花蜜补充营养，中午交尾产卵，大多数的卵产在花萼表皮下，幼虫老熟后从果柄附近咬一脱果孔落地，钻入土中结茧越冬。

防治方法　因大部分老龄幼虫入土越冬，可在出土前在树5～8cm处深翻，减少越冬虫源。4月中旬幼虫尚未脱果时，及时摘除虫果深埋。

樱桃开花初期，喷施90%晶体敌百虫1 000倍液、50%辛硫磷乳油1 000倍液、50%马拉硫磷乳油1 000倍液、20%氰戊菊酯乳油3 000倍液、2.5%溴氰菊酯乳油2 000倍液等，防治羽化盛期的成虫。

4月上旬卵孵化期，孵化率达5%时，可喷施5.7%氟氯氰菊酯乳油1 500～2 500倍液、2.5%高效氟氯氰菊酯乳油2 000～3 000倍液、20%甲氰菊酯乳油2 000～3 000倍液、10%联苯菊酯乳油3 000～4 000倍液、30%乙酰甲胺磷乳油1 000～1 500倍液、50%杀螟硫磷乳油1 000～2 000倍液等常用药剂防治。

2. 樱桃瘤头蚜

分布为害　樱桃瘤头蚜（*Tuberocephalus higansakurae*）分布在浙江、北京、河南、河北等省、直辖市。主要为害樱桃叶片。叶片受害后向正面肿胀凸起，形成花生壳状的伪虫瘿，初略呈红色，后变枯黄，5月底发黑、干枯（图11-16）。

图11-16　樱桃瘿瘤头蚜为害叶片症状

形态特征 无翅孤雌蚜：头部呈黑色，胸、腹背面为深色，各节间色淡，节间处有时呈淡色。体表粗糙，有颗粒状构成的网纹。额瘤明显，内缘圆外倾，中额瘤隆起。腹管呈圆筒形，尾片短圆锥形，有曲毛3~5根。有翅孤雌蚜：头、胸呈黑色，腹部呈淡色。腹管后斑大，前斑小或不明显（图11-17）。

发生规律 一年发生多代。以卵在幼嫩枝上越冬，春季萌芽时越冬卵孵化成干母，于3月底在樱桃叶端部侧缘形成花生壳状伪虫瘿，并在瘿内发育、繁殖，虫瘿内4月底出现有翅孤雌蚜并向外迁飞。10月中下旬产生性蚜并在樱桃幼嫩枝上产卵越冬。

防治方法 加强果园管理。结合春季修剪，剪除虫瘿，集中烧毁。

从果树发芽至开花前，越冬卵大部分已孵化，及时往果树下喷药防治。可选用3%啶虫脒乳油1 500~3 000倍液、10%吡虫啉可湿性粉剂2 000~2 500倍液、48%毒死蜱乳油1 000~2 000倍液、50%抗蚜威可湿性粉剂1 500~2 000倍

图11-17　樱桃瘿瘤头蚜无翅孤雌蚜、有翅孤雌蚜

液、10%烯啶虫胺可溶液性剂4 000~5 000倍液、1.8%阿维菌素乳油3 000~4 000倍液、2.5%溴氰菊酯乳油1 500~2 500倍液喷雾防治。

3．桑褶翅尺蛾

分布为害 桑褶翅尺蛾（*Zamacra excavata*）分布于我国东北、华北、华东等地。以幼虫食害花卉、叶片为主，3～4龄食量最大，严重时可将叶片全部吃光，影响树势（图11-18）。

图11-18 桑褶翅尺蛾为害叶片症状

形态特征 成虫：雌蛾体灰褐色。头部及胸部多毛。触角丝状。翅面有赤色和白色斑纹。前翅内、外横线外侧各有1条不太明显的褐色横线，后翅基部及端部灰褐色，近翅基部处为灰白色，中部有1条明显的灰褐色横线。静止时四翅皱叠竖起。后足胫节有距2对。尾部有2簇毛。雄蛾全身体色较雌蛾略暗，触角羽毛状。腹部瘦，末端有成撮毛丛，其特征与雌蛾相似。卵椭圆形，初产时深灰色，光滑。4～5天后变为深褐色，带金属光泽。孵化前由深红色变为灰黑色。老熟幼虫体黄绿色（图11-19）。头褐色，两侧色稍淡；前胸侧面黄色，腹部第一至第八节背部有储黄色刺突，第二至第四节上的明显地比较长，第五腹节背部有揭绿色刺1对，腹部第四至第八节的亚背线粉绿色，气门黄色，围气门片黑色，腹部第二至第五节各节两侧各有淡绿色剂1个；胸足淡绿，端都深褐色；腹部绿色，端都褐色。蛹椭圆形，红褐色，末端有 2个坚硬的刺。茧灰褐色，表皮较粗糙。

图11-19 桑褶翅尺蛾幼虫

　　发生规律　一年发生1代，以幼虫在树干基部树皮上作茧化蛹越冬，3月下旬成虫羽化，4月上中旬刺槐发芽时幼虫孵化，5月中下旬老熟幼虫开始化蛹。成虫有假死性，受惊后即坠落地上，雄蛾尤其明显，成虫飞翔力不强。成虫羽化产卵沿枝条排列成长块，很少散产，初产卵时为红褐色，后变灰绿色。幼虫共4龄，颜色多变，1龄虫为黑色，2龄虫为红褐色，3龄虫为绿色。1～2龄虫一般昼伏夜出，3～4龄虫昼夜为害，且受惊后吐丝下垂。幼虫多集中在树干基部附近深3～15cm的表土内化蛹，入土后4～8小时内吐丝作一黄白色至灰褐色椭圆形茧，茧多贴在树皮上，幼虫在茧内进入预蛹期。

　　防治方法　可于秋末中耕灭越冬虫蛹；清扫果园和寄主附近杂草，并加以烧毁，以消灭其上幼虫或卵等。3月中旬至4月中旬集中烧毁卵枝，雨后燃柴草诱杀成虫。用黑光灯诱杀成虫。

　　化学药剂防治对低龄幼虫和成虫，可用80%敌敌畏乳油 800～1 000倍液、50%杀螟松乳油1 000～1 500倍液、2.5%溴氰菊酯乳油 2 000～3 000倍液、90%敌百虫晶体800～1 000倍液、20%氰戊菊酯乳油2 000～4 000倍液、50%辛硫磷乳油 1 500～2 000倍液、20%除虫脲悬浮剂1 000～2 000倍液、25%甲萘威可湿性粉剂600～800倍液等。

第十二章 柿树病虫害原色图解

一、柿树病害

柿子在浅山丘陵地区种植面积发展迅速，据记载，柿树已知病害有20多种，其中主要的病害有炭疽病、角斑病、圆斑病、黑星病等。

1. 柿炭疽病

分布为害 该病在我国发生很普遍。华北、西北、华中、华东各省区都有发生。

症　　状 主要为害果实、也可为害新梢、叶片。果实发病初期，在果面上先出现针头大、深褐色或黑色小斑点，后病斑扩大呈近圆形、凹陷病斑（图12-1）。病斑中部密生轮纹状排列的灰色至黑色小粒点(分生孢子盘)。空气潮湿时病部涌出粉红色黏稠物(分生孢子团)。新梢发病初期，产生黑色小圆斑，后扩大呈椭圆形的黑褐色斑块，中部凹陷纵裂，并产生黑色小粒点，新梢易从病部折断，严重时病斑以上部位枯死（图12-2）。叶片受害时，先在叶尖或叶缘开始出现黄褐斑，逐渐向叶柄扩展。病叶常从叶尖焦枯，叶片易脱落（图12-3）。

病　　原 柿盘长孢菌*Gloeosporium kaki*，属半知菌亚门真菌。分生孢子梗聚生于分生孢子盘内，无色，具1至数个隔膜，顶端着生分生孢子。分生孢子无色，单胞，圆筒形或长椭圆形。

图12-1 柿炭疽病为害果实症状

图12-2 柿炭疽病为害新梢症状

图12-3 柿炭疽病为害叶片症状

发生规律 主要以菌丝体在枝梢病组织内越冬，也可以分生孢子在病果、叶痕和冬芽中越冬，翌年初春即可产生分生孢子进行初次侵染。分生孢子主要借助风雨、昆虫传播。枝梢发病一般始于6月上旬至秋梢；果实发病时期一般始于6月下旬7月上旬直至采收期。发病重时7月下旬果实开始脱落。多雨季节为发病盛期，夏季多雨年份发病重，土质黏重，排水不良，偏施氮肥，树势生长不良，病虫为害严重的柿园发病严重。

防治方法 改善园内通风透光条件，降低田间湿度。多施有机肥，增施磷、钾肥，不偏施氮肥。冬季结合修剪，彻底清园，剪除病枝梢，摘除病僵果；生长季及时剪除病梢、摘除病果，减少再侵染菌源。

在发芽前，喷1次0.5~1波美度石硫合剂，以减少初次侵染源。

生长季6月中旬至7月中旬，病害发生初期喷药防治，可用70%甲基硫菌灵可湿性粉剂800~1 000倍液、80%代森锰锌可湿性粉剂600~800倍液、80%炭疽福美（福美锌·福美双）可湿性粉剂500~800倍液、60%噻菌灵可湿性粉剂1 500~2 000倍液、10%苯醚甲环唑水分散粒剂1 500~2 000倍液、40%氟硅唑乳油8 000~10 000倍液、5%己唑醇悬浮剂800~1 500倍液、40%腈菌唑水分散粒剂6 000~7 000倍液、25%咪鲜胺乳油800~1 000倍液、50%咪鲜胺锰络化合物可湿性粉剂1 000~1 500倍液、6%氯苯嘧啶醇可湿性粉剂1 000~1 500倍液、2%嘧啶核苷类抗生素水剂200~300倍液、1%中生菌素水剂300~500倍液等，间隔10~15天再喷1次。

2. 柿角斑病

分布为害 该病在我国发生很普遍。华北、西北、华中、华东各省区以及云南、四川、台湾等省都有发生。

症 状 叶片受害初期正面出现不规则形黄绿色病斑，边缘较模糊，斑内叶脉变为黑色。以后病斑逐渐加深成浅黑色，10多天后病斑中部退成浅褐色。病斑扩展由于受叶脉限制，最后呈多角形，其上密生黑色绒状小粒点，有明显的黑色边缘（图12-4）。柿蒂发病时，呈淡褐色，形状不定，由蒂的尖端逐渐向内扩展，蒂两面均可产生绒状黑色小粒点，落叶后柿子变软，相继脱落，而病蒂大多残留在枝上。

图12-4 柿角斑病为害叶片症状

病 原 柿尾孢 *Cercospora kaki*，属半知菌亚门真菌。分生孢子梗短杆状，不分枝，稍弯曲，尖端较细，不分隔，淡褐色。分生孢子棍棒状，直或稍弯曲，上端稍细，基部宽，无色或淡黄色。

发生规律 以菌丝体在病蒂、病叶内越冬，翌年6~7月产生大量分生孢子，通过风雨传播，进行初次侵染。阴雨较多的年份，发病严重。一般于7月中旬开始发病，8月为发病盛期。如6~8月降雨早、雨日多、雨量大，有利于病菌侵染，发病早，否则发病向后推迟，另外靠近砧木君迁子的柿树发病较重。

防治方法　增施有机肥料，改良土壤，促使树势生长健壮，以提高抗病力。注意开沟排水，以降低果园湿度，减少发病。彻底摘除树上残存的柿蒂，剪去枯枝烧毁，以清除病源。

可在柿芽刚萌发、苞叶未展开前喷等量式波尔多液、30%碱式硫酸铜胶悬剂400倍液；苞叶展开时喷施80%代森锰锌可湿性粉剂350倍液。

喷药保护要抓住关键时间，一般为6月下旬至7月下旬，即落花后20～30天。可用70%甲基硫菌灵可湿性粉剂1 000～1 500倍液、53.8%氢氧化铜悬浮剂700～900倍液、70%代森锰锌可湿性粉剂800～1 000倍液、50%嘧菌酯水分散粒剂5 000～7 000倍液、25%烯肟菌酯乳油2 000～3 000倍液、25%吡唑醚菌酯乳油1 000～3 000倍液、10%苯醚甲环唑水分散粒剂1 500～2 000倍液、5%亚胺唑可湿性粉剂600～700倍液、40%腈菌唑水分散粒剂6 000～7 000倍液、20%邻烯丙基苯酚可湿性粉剂600～1 000倍液等药剂，间隔8～10天再喷1次。

3. 柿圆斑病

分布为害　柿圆斑病是柿树重要病害之一。该病分布于河北、河南、山东、山西、陕西、四川、江苏、浙江、北京等省、直辖市。

症　　状　主要为害叶片、也能为害柿蒂。叶片染病，初生圆形小斑点，叶面浅褐色，边缘不明显，后病斑转为深褐色，中部稍浅，外围边缘黑色（图12-5），病叶在变红的过程中，病斑周围现出黄绿色晕环，后期病斑上长出黑色小粒点，严重者仅7～8天病叶即变红脱落，留下柿果。后柿果亦逐渐转红、变软，大量脱落。柿蒂染病，病斑圆形褐色，病斑小。

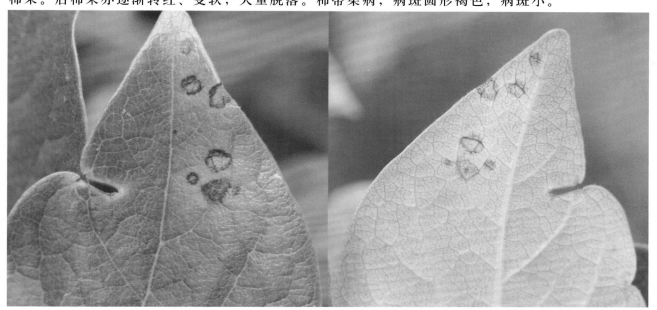

图12-5　柿圆斑病为害叶片症状

病　　原　*Mycpspjaerella nawae* 称柿叶球腔菌，属子囊菌亚门真菌。子囊果洋梨形或球形，黑褐色，顶端具孔口。子囊生于子囊果底部，圆筒状或香蕉形，无色。子囊孢子无色，双胞，纺锤形，具一隔膜，分隔处稍缢缩。分生孢子无色，圆筒形至长纺锤形。

发生规律　以未成熟的子囊壳在病叶上越冬，翌年6月中旬至7月上旬子囊壳成熟，并喷发出子囊孢子，通过风雨传播，萌发后从气孔侵入。一般于8月下旬至9月上旬开始出现症状，9月下旬病斑数量大增，10月上中旬病叶大量脱落。弱树和弱枝上的叶片易感病，而且病叶变红快，脱落早；地力差或施肥不足，均可导致树势衰弱，发病往往比较严重。

防治方法　秋末冬初及时清除柿园的大量落叶，集中深埋或烧毁，以减少初侵染源。增施基肥，干旱柿园及时灌水。改良土壤，合理修剪，雨后及时排水，促进树势健壮，增强抗病能力。

春季柿树发芽前要全树喷布1次波美5度石硫合剂，以铲除越冬病菌。

可于6月上旬（柿落花后20～30天），喷布1：5：500倍波尔多液、30%碱式硫酸铜胶悬剂400～500倍液、80%代森锰锌可湿性粉剂600～800倍液、75%百菌清可湿性粉剂600～800倍液、70%甲基硫菌灵可湿性粉剂800～1 000倍液、65%代森锌可湿性粉剂500～600倍液、50%异菌脲可湿性粉剂1 000～1 500倍液、50%苯菌灵可湿性粉剂1 500～1 800倍液、25%吡唑醚菌酯乳油1 000～3 000倍液、40%腈菌唑水分散粒剂6 000～7 000倍液。如降雨频繁，半月后再喷1次。

4．柿黑星病

症　　状　主要为害叶、果和枝梢。叶片染病（图12-6），初在叶脉上生黑色小点，后沿脉蔓延，扩大为多角形或不定形，病斑漆黑色，周围色暗，中部灰色，湿度大时背面现出黑色霉层（图12-7）。枝梢染病，初生淡褐色斑，后扩大成纺锤形或椭圆形，略凹陷，严重的自此开裂呈溃疡状或折断。果实染病，病斑圆形或不规则形，稍硬化呈疮痂状，也可在病斑处裂开，病果易脱落。

图12-6　　柿黑星病为害叶片情况

图12-7　　柿黑星病为害叶片正、背面症状

病　　　原　柿黑星孢*Fusicladium kaki*，属半知菌亚门真菌。分生孢子梗线形，十多根丛生，稍屈曲，暗色，具1～2个隔膜；分生孢子长椭圆形或纺锤形，褐色，具1～2个细胞。

发生规律　以菌丝或分生孢子在新梢的病斑上，或在病叶、病果上越冬。翌年，孢子萌发直接侵入，5月间病菌形成菌丝后产生分生孢子，借风雨传播，潜育期7～10天，进行多次再侵染，扩大蔓延。

防治方法　清洁柿园，秋末冬初及时清除柿园的大量落叶，集中深埋或烧毁，以减少初侵染源。增施基肥，干旱柿园及时灌水。

在萌芽前喷施5波美度石硫合剂、1∶5∶400波尔多液1～2次。

生长季节一般掌握在6月上中旬，柿树落花后，喷洒70%代森锰锌可湿性粉剂500～600倍液、50%多菌灵可湿性粉剂600～800倍液、50%克菌丹可湿性粉剂400～500倍液、50%苯菌灵可湿性粉剂1 000～1 500倍液、50%嘧菌酯水分散粒剂5 000～7 000倍液、25%吡唑醚菌酯乳油1 000～3 000倍液、10%苯醚甲环唑水分散粒剂1 500～2 000倍液、40%氟硅唑乳油8 000～10 000倍液、40%腈菌唑水分散粒剂6 000～7 000倍液、6%氯苯嘧啶醇可湿性粉剂1 000～1 500倍液、22.7%二氰蒽醌悬浮剂1 000～1 200倍液、20%邻烯丙基苯酚可湿性粉剂600～1 000倍液。在重病区第1次药后半个月再喷1次，则效果更好。

5．柿叶枯病

症　　　状　主要为害叶片，病斑初为褐色、不规则形，后变灰褐色或铁灰色，边缘暗褐色（图12-8），后期于病部产生黑色小粒点（分生孢子盘）。发病严重时，引起早期落叶。

病　　　原　盘单毛孢*Monochaetia diospvri*，属半知菌亚门真菌。分生孢子盘内产生分生孢子。分生孢子纺锤形，有4个隔膜，中间3个细胞暗褐色，两端细胞无色，顶端有2～3根毛。

发生规律　以菌丝体或分生孢子盘在落叶上越冬，次年5月借风雨传播进行初侵染。多雨潮湿天气，有利于发病。

防治方法　彻底摘除树上残存的柿蒂，剪去枯枝烧毁，以清除病源。

喷药保护要抓住关键时间，一般为4月下旬。可用50%多菌灵可湿性粉剂600倍液、80%代森锰锌可湿性粉剂800倍液、75%百菌清可湿性粉剂800倍液、70%甲基硫菌灵可湿性粉剂1 500倍液、53.8%氢氧化铜悬浮剂900倍液、50%异菌脲可湿性粉剂1 000倍液等药剂，间隔8～10天再喷1次，喷连2～3次。

图12-8　柿叶枯病为害叶片症状

6．柿灰霉病

症　　　状　主要为害叶片，也可为害果实、花器。幼叶的叶尖及叶缘失水呈淡绿色，接着呈褐色（图12-9）。病斑的周缘呈波纹状。潮湿天气下，病斑上产生灰色霉层。幼果的萼片及花瓣上也生有同样的霉层（图12-10）。果实受害，落花后，果实的表面产生小黑点。

病　　　原　灰葡萄孢*Botrytis cinerea*，属半知菌亚门真菌。分生孢子梗灰褐色；树枝状分枝，分枝末端集生圆形、无色、单胞的分生孢子。

发生规律　病原以分生孢子及菌核在被害部越冬。通过气流传播。5～6月，园内排水、通风差的密植园，施氮肥过多的软弱徒长受害重。低温、降雨多的年份发病多。

图12-9　柿灰霉病为害叶片症状

图12-10　柿灰霉病为害萼片症状

防治方法　注意果园排水，避免密植。防止枝梢徒长，对过旺的枝蔓进行夏剪，增加通风透光，降低园内湿度。采果时应避免和减少果实受伤，避免阴雨天和露水未干时采果。去除病果，防止二次侵染。入库后，适当延长预冷时间。努力降低果实湿度，再进行包装贮藏。

　　花前开始喷杀菌剂，可用50%腐霉利可湿性粉剂1 000～1 500倍液、80%代森锰锌可湿性粉剂800～1 000倍液、50%乙烯菌核利可湿性粉剂800～1 200倍液、50%异菌脲可湿性粉剂1 000～1 500倍液、40%嘧霉胺悬浮剂1 000～2 000倍液、50%嘧菌环胺水分散粒剂600～1 000倍液、1.5%多抗霉素可湿性粉剂200～500倍液、40%双胍辛胺可湿性粉剂1 000～2 000倍液、40%双胍三辛烷基苯磺酸盐可湿性粉剂1 000～1 500倍液，每隔7天喷1次，连续2～3次。

7. 柿煤污病

症　状　主要侵害柿树的叶片和果实。在叶片正面和果实上，布满一层黑色的煤粉状物，影响光合作用（图12-11）。煤粉状物有时可以剥落或被暴雨冲刷掉。

图12-11　柿煤污病为害果实症状

病　原　煤炱菌 *Capnodium* sp.，属半知菌亚门真菌。菌丝暗褐色，串珠状，匍匐于叶面。分生孢子形态多样，单胞、双胞或砖格状。分生孢子器直立，长棍棒状，分生孢子椭圆形，淡褐色，单胞。分生孢子器也有近球形的。

发生规律　以菌丝在病叶、病枝等上越冬。由龟蜡介壳虫的幼虫大量发生后，以其排泄出的黏液和其分泌物为营养，诱发煤污病菌大量繁殖，6月下旬至9月上旬是龟蜡蚧壳虫的为害盛期，此时高温、高湿有利于此病的发生。

防治方法　冬季清除果园内落叶、病果、剪除树上的徒长枝集中烧毁，减少病虫越冬基数；疏除徒长枝、背上枝、过密枝，使树冠通风透光，同时注意除草和排水。

发病初期药剂防治，可选用77%氢氧化铜可湿性粉剂500倍液、70%甲基硫菌灵可湿性粉剂1 000倍液、80%代森锰锌可湿性粉剂800倍液、10%多氧霉素可湿性粉剂1 000～1 500倍液、50%苯菌灵可湿性粉剂1 500倍液、50%乙烯菌核利可湿性粉剂1 200倍液等。

在降雨量多、雾露日多的平原、滨海果园以及通风不良的山沟果园，间隔10～15天，喷药2～3次。

8. 柿干枯病

症　状　主要为害定植不久的幼树，多在地面以上10～30cm处发生。春季在上年一年生病梢上形成椭圆形病斑，多沿边缘纵向裂开而下陷，与树分离，当病部老化时，边缘向上卷起，致病皮脱落，病斑环绕新梢一周时，出现枝枯，则可致幼树死亡，病斑上产生黑色小粒点（图12-12），即病菌分生孢子器。湿度大时，从器中涌出黄褐色丝状孢子角。病斑从基部开始变深褐色，向上方蔓延，病斑红褐色。

病　原　有性态为葡萄座腔菌 *Botryosphaeria dothidea*，属子囊菌亚门真菌。无性态为茎生拟茎点霉 *Phomopsis truncicola*，属半知菌亚门真菌。

发生规律　病菌主要以分生孢子器或菌丝在病部越冬。翌年春遇雨或灌溉水，释放出分生孢子，借水传播蔓延，从枝干枯损处侵入，可长期腐生生存。树势弱的树及结果过多的第2年发病较多。冻害也易引发该病。

防治方法　及时清除修剪下的树枝，以防病菌生存。冬季涂白，防止冻害及日灼；剪除带病枝条加强栽培管理，保持树势旺盛。

图12-12　柿干枯病为害枝干症状

　　在分生孢子释放期，每半个月喷洒1次40%多菌灵悬浮剂或36%甲基硫菌灵悬浮剂500倍液、50%甲基硫菌灵·硫磺悬浮剂800倍液、50%混杀硫悬浮剂500倍液。

二、柿树虫害

　　为害柿树的害虫有20种左右，为害较重的有柿蒂虫、柿长绵绒蚧、柿绒蚧、柿星尺蠖、柿广翅蜡蝉等。

1. 柿蒂虫

　　分　　布　　柿蒂虫(*Stathmopoda massinissa*)分布于华北、华中及河南、山东、陕西、安徽、江苏等地。近年来在河北中南部柿产区发生日趋严重，尤其在山区栽植分散、管理粗放的园区，柿蒂虫蛀果率达50%~70%，有的园片甚至绝产。

　　为害特点　　主要以幼虫为害果实（图12-13），多从柿蒂处蛀入，蛀孔处有虫粪并用丝缠绕，幼果被蛀早期干枯，大果被蛀比正常果早变黄20多天，俗称黄脸柿或红脸柿。被害果早期变黄，变软脱落，致使小果干枯，大果不能食用，造成减产。

图12-13　柿蒂虫为害果实状

形态特征　成虫：雌蛾头部黄褐色，略有金属光泽，复眼红褐色，触角丝状。全体呈紫褐色，但胸部中央为黄褐色。前后翅均狭长，端部缘毛较长。前翅前缘近顶端处有1条由前缘斜向外缘的黄色带状纹。足和腹部末端呈黄褐色。后足长，静止时向后上方伸举。卵乳白色，近椭圆形。卵壳表面有细微小纵纹，上部有白色短毛。幼虫（图12-14）：老熟幼虫头部黄褐色，前胸背板及臀板暗褐色，胴部各节背面呈淡暗紫色。中、后胸背面有"X"形皱纹，并在中部有一横列毛瘤，毛瘤上有白色细长毛。胸足淡黄色。蛹全体褐色，化蛹于污白色的茧内。茧椭圆形，污白色（图12-15）。

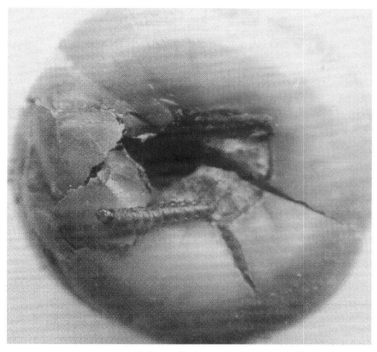

图12-14 柿蒂虫幼虫及为害果实症状

图12-15　柿蒂虫茧

发生规律　一年发生2代。以老熟幼虫在树皮裂缝里或树干基部附近土里结茧过冬。越冬幼虫于4月中下旬化蛹，5月上旬成虫开始羽化，盛期在5月中旬。5月下旬第1代幼虫开始为害幼果，6月下旬至7月上旬幼虫老熟，一部分老熟幼虫在被害果内、一部分在树皮裂缝下结茧化蛹。第1代成虫在7月上旬到7月下旬羽化，盛期在7月中旬。第2代幼虫自8月上旬至柿子采收期陆续为害柿果。自8月上旬以后，幼虫陆续老熟越冬。成虫白天多静伏在叶片背面或其他阴暗处，夜间活动，交尾产卵。卵多产在果蒂与果梗的间隙处。第1代幼虫孵化后，多自果蒂与果梗相连处蛀入幼果内为害，粪便排于蛀孔外。第2代幼虫一般在柿蒂下为害果肉，被害果提前变红、变软，脱落。多雨高温的天气，幼虫转果较多，造成大量落果。

防治方法　冬季或早春刮除树干上的粗皮和翘皮，清扫地面的残枝、落叶、柿蒂等与皮一起集中烧毁，以消灭越冬幼虫。在幼虫为害期及时连同被害果的果柄、果蒂全部摘除，幼虫脱果越冬前，在树干及主枝上束草诱集越冬幼虫，冬季在刮皮时将草解下烧毁。

越冬代成虫羽化初期，清除树冠下杂草后，在冠下地面撒施4%敌马粉剂0.4~0.7kg，10天后再施药1次，毒杀越冬幼虫、蛹及刚羽化的成虫。

5月下旬至6月上旬、7月下旬至8月中旬，正值幼虫发生高峰期，应各喷2遍药，每次药间隔10~15天。如虫量大，应增加防治次数。可用20%菊马乳油1 500~2 500倍液、20%甲氰菊酯乳油或20%氰戊菊酯乳油2 500~3 000倍液、2.5%溴氰菊酯乳油3 000~5 000倍液、50%马拉硫磷乳油1 000倍液、40%杀扑磷乳油1 500倍液、50%杀螟松乳油1 000倍液、50%敌敌畏乳油1 000倍液等。着重喷果实、果梗、柿蒂。毒杀成虫、卵及初孵化的幼虫，均可收到良好的防治效果。

2. 柿长绵粉蚧

为害特点　柿长绵粉蚧（*Phenaccous pergandei*）以雌成虫、若虫吸食叶片、枝梢的汁液，排泄蜜露诱发煤污病（图12-16）。

图12-16　柿长绵粉蚧为害叶片症状

形态特征　成虫：雌体椭圆形扁平（图12-17），黄绿色至浓褐色，触角9节丝状，3对足，体表布白蜡粉，体缘具圆锥形蜡突10多对。成熟时后端分泌出白色绵状长卵囊，形状似袋。雄体淡黄色似小蚊。触角近念珠状，上生茸毛。前翅白色透明较发达，具1条翅脉分成2叉。后翅特化成平衡棒。卵淡黄色，近圆形。若虫椭圆形，与雌成虫相近，足、触角发达。雄蛹淡黄色。

图12-17　柿长绵粉蚧雌成虫

发生规律　一年生1代，以3龄若虫在枝条上结大米粒状的白茧越冬。翌春寄主萌芽时开始活动。雄虫蜕皮成前蛹，再蜕1次皮变为蛹；雌虫不断取食发育，4月下旬羽化为成虫。交配后雄虫死亡，雌虫爬至嫩梢和叶片上为害，逐渐长出卵囊，至6月陆续成熟，卵产在卵囊中。6月中旬开始孵化，6月下旬至7月上旬为孵化盛期。初孵若虫爬向嫩叶，多固着在叶背主脉附近吸食汁液，到9月上旬蜕第1次皮，10月蜕2次皮后转移到枝干上，多在阴面群集结茧越冬，常相互重叠堆聚成团。5月下旬至6月上中旬为害重。

防治方法 越冬期结合防治其他害虫刮树皮，用硬刷刷除越冬若虫。

落叶后或发芽前喷洒波美3～5度石硫合剂、45%晶体石硫合剂20～30倍液、5%柴油乳剂，杀死越冬若虫。

若虫出蛰活动后和卵孵化盛期，喷施40%氧乐果乳油1 000～1 500倍液、30%乙酰甲胺磷乳剂1 000～1 500倍液、48%毒死蜱乳油1 000～1 500倍液、45%马拉硫磷乳油1 500～2 000倍液、25%喹硫磷乳油800～1 000倍液、25%速灭威可湿性粉剂600～800倍液、50%甲萘威可湿性粉剂600～800倍液、2.5%氯氟氰菊酯乳油1 000～2 000倍液、20%氰戊菊酯乳油1 000～2 000倍液、20%甲氰菊酯乳油2 000～3 000倍液、25%噻嗪酮可湿性粉剂1 000～1 500倍液。特别是对初孵转移的若虫效果很好。如能混用含油量1%的柴油乳剂有明显增效作用。

3．柿星尺蠖

分　　布 柿星尺蠖（*Percnm giraffata*）分布于河北、河南、山西、山东、四川、安徽、台湾等地。常造成严重灾害。

为害特点 初孵幼虫啃食背面叶肉，并不把叶吃透形成孔洞，幼虫长大后分散为害将叶片吃光，或吃成大缺口。影响树势，造成严重减产。

形态特征 成虫（图12-18）：体长约25mm，复眼黑色，触角黑褐色；雌蛾丝状，雄蛾短羽状。头部及前胸背板黄色，胸背有4个黑斑，前、后翅均为白色，翅面分布许多不规则，大小不等的黑斑，以外缘黑斑较密，前翅顶角几乎成黑色。腹部金黄色，腹背每节两侧各有一个灰褐色斑纹，腹面各节均有不规则黑色横纹。卵：椭圆形，初产时翠绿色，近孵化时变为黑褐色。幼虫：初孵幼虫黑色。老熟幼虫头部黄褐色，有许多白色颗粒状突起，单眼黑色，背线成暗褐色宽带，两侧为黄色宽带，背面有椭圆形黑色眼状花纹一对，为明显特征。眼纹外侧还有一月牙形黑纹，故又称大头虫（图12-19）。蛹暗赤褐色（图12-20）。

图12-18　柿星尺蠖成虫

图12-19　柿星尺蠖幼虫

图12-20　柿星尺蠖蛹

发生规律　在华北每年发生2代，以蛹在树下土中越冬。越冬蛹于5月下旬至7月中旬羽化为成虫，成虫羽化后不久即交尾，交尾后1～2天即开始产卵，成虫羽化盛期在6月下旬至7月上旬。产卵期在6月上旬开始，第1代幼虫孵化盛期在7月上中旬，幼虫害为盛期在7月中下旬。7月下旬老熟入土化蛹，蛹期15天左右，7月末成虫羽化，8月中旬为羽化盛期。第2代幼虫为害盛期在8月末至9月上中旬，9月中下旬老熟入土化蛹，10月上旬全部化蛹越冬。成虫有趋光性和弱趋水性，白天双翅平放，静止树上或石块上，晚间9～11时活动较多，幼虫化蛹多在阴暗的地方和较松软、潮湿的土壤里。

防治方法　秋末或初春结合翻树盘挖蛹。幼虫发生期震落捕杀。

于低龄幼虫期喷药防治，特别是第1代幼虫孵化期，可喷施90%晶体敌百虫800～1 000倍液、50%杀螟松乳油1 000倍液、50%辛硫磷乳油1 200倍液、50%马拉硫磷乳油800倍液、50%辛敌乳油1 500～2 000倍液、30%氧乐氰乳油2 000～3 000倍液、5%氯氰菊酯乳油3 000倍液、10%联苯菊酯乳油6 000～8 000倍液、20%氰戊菊酯乳油3 000～4 000倍液、20%甲氰菊酯乳油2 000～3 000倍液，喷药周到细致，防治效果可达95%～100%。

4. 柿血斑叶蝉

分布为害　柿血斑叶蝉（*Erythroneura* sp.）分布于黄河及长江流域的柿产区。以成虫或若虫群集叶背面叶脉附近，刺吸汁液，使叶面出现失绿斑点（图12-21），严重为害时整个叶片呈苍白色，微上卷。

图12-21　柿血斑叶蝉为害叶片症状

形态特征　成虫全体浅黄白色，头部向前成钝圆锥形突出，具淡黄绿色纵条斑2个，复眼浅褐色。前胸背板前缘有2个浅橘黄色斑，后缘具同色横纹，致前胸背板中央现一浅色"山"字形斑纹。小盾片基部有桔黄色"V"形斑，横刻痕明显（图12-22）。卵白色，长形略弯。若虫体与成虫相似，体略扁平，黄色，体毛白色明显，前翅芽深黄色（图12-23）。初孵若虫淡黄白色，复眼红褐色。

发生规律　一年发生3代以上。以卵在当年生枝条的皮层内越冬。翌年4月柿树展叶时孵化。5月上中旬出现成虫，不久交尾产卵。卵散产在叶背面叶脉附近。6月上中旬孵化。7月上旬第上1代成虫出现。初孵若虫先集中叶片的主脉两侧，吸食汁液，不活跃。随着龄期增长食量增大，逐渐分散为害。受害处叶片正面呈现褪绿斑点，严重时斑点密集成片，叶呈苍白色甚至淡褐

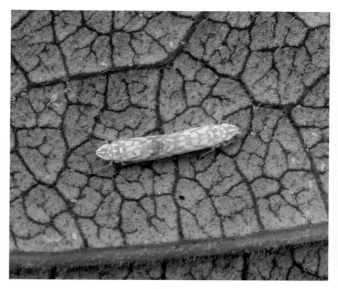

图12-22　柿血斑叶蝉成虫

图12-23　柿血斑叶蝉若虫

色，造成早期落叶。

防治方法　成虫出蛰前及时刮除翘皮，清除落叶及杂草，减少越冬虫源。

掌握在越冬代成虫迁入果园后，各代若虫孵化盛期及时喷洒20%异丙威乳油800~1 000倍液、25%速灭威可湿性粉剂600~800倍液、40%氧乐果乳油1 000~2 000倍液、50%马拉硫磷乳油1 500~2 000倍液、20%菊·马乳油2 000~3 000倍液、2.5%溴氰菊酯乳油2 000~2 500倍液、30%乙酰甲胺磷乳油1 000~1 500倍液、25%喹硫磷乳油800~1 000倍液、50%嘧啶磷乳油600~1 000倍液、10%吡虫啉可湿性粉剂2 000~3 000倍液、25%噻虫嗪水分散粒剂4 000~6 000倍液、10%硫肟醚水乳剂1 000~1 500倍液等，均能收到较好效果。

5．柿广翅蜡蝉

分布为害　柿广翅蜡蝉（*Ricania sublimbata*）分布在黑龙江、山东、河南、浙江等地。以成、若虫刺吸枝条、叶的汁液，产卵于当年生枝条内，致产卵部以上枝条枯死（图12-24）。

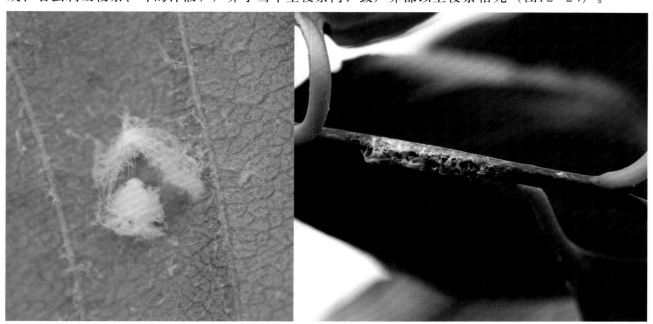

图12-24　柿广翅蜡蝉为害叶片、枝条症状

　　形态特征　成虫体淡褐色略显紫红，被覆稀薄淡紫红色蜡粉（图12-25）。前翅宽大，底色暗褐至黑褐色，被稀薄淡紫红蜡粉，而呈暗红褐色；前缘外1／3处有1纵向狭长半透明斑，斑内缘呈弧形。后翅淡黑褐色，半透明，前缘基部略呈黄褐色，后缘色淡。卵长椭圆形，微弯，初产乳白色，渐变淡黄色。若虫体近卵圆形，翅芽处宽。初龄若虫（图12-26），体被白色蜡粉，腹末有4束蜡丝呈扇状，尾端多向上前弯而蜡丝覆于体背。

| 图12-25　柿广翅蜡蝉成虫 | 图12-26　柿广翅蜡蝉初孵若虫 |

　　发生规律　一年生1～2代，以卵在枝条内越冬，翌年5月间孵化，为害至7月底羽化为成虫，8月中旬进入羽化盛期，成虫经取食后交配、产卵，8月底田间始见卵，9月下旬至10月上旬进入产卵盛期，10月中下旬结束。成虫白天活动，善跳、飞行迅速，喜于嫩枝、芽、叶上刺吸汁液。

　　防治方法　冬春结合修剪剪除有卵块的枝条，集中深埋或烧毁，以减少虫源。

　　在低龄若虫发生期喷药防治，可喷施20%氰戊菊酯乳油5 000倍液、21%增效氰马乳油5 000～6 000倍液、50%对硫磷乳油2 000倍液、10%吡虫啉可湿性粉剂1 000倍液、40%杀扑磷乳油1 000倍液等。因该虫被有蜡粉，在上述药剂中加0.3%～0.5%柴油乳剂，可提高防效。

6. 柿梢鹰夜蛾

　　分布为害　柿梢鹰夜蛾（*Hypocala moorei*）分布于河北、山东、北京、四川、贵州、云南等省、直辖市。主要以幼虫为害苗木，蚕食刚萌发的嫩芽和嫩梢，并将梢顶嫩叶用丝纵卷缀合为害，使苗不能正常生长。

　　形态特征　成虫头、胸部灰色有黑点和褐斑，触角褐色，下唇须灰黄色，向前下斜伸，状似鹰嘴。前翅灰褐色，有褐点，前半部在内线以内棕褐色，内、外线及后半部明显，亚端线黑色，中部外突，后翅黄色，中室有一黑斑，外缘有一黑带，后缘有二黑纹。腹部黄色，各节背部有半有黑纹。卵馒头形，有明显的放射状条纹，横纹不显。顶部有淡赭色花纹两圈。老熟幼虫体色变化很大。有绿、黄、黑三种色型。多数为绿色型，此型头和胴部绿色；黄色型，头部黑色，胴部黄色，两侧有两条黑线；黑色型，头部橙黄色，全体黑色，气门线由断续的黄白色斑组成（图12-27）。蛹棕红色，外被有土茧。

　　发生规律　一年发生两代。以老熟幼虫在土内化蛹越冬。5月中旬羽化。交尾产卵于叶背、叶柄或芽上。卵散产。5月下旬孵化后蛀入芽内或新梢顶端，吐丝将顶端嫩叶粘连，潜身在内，

蚕食嫩叶。幼虫受惊后，摇头摆尾，进退迅速，非常活泼，经1个月后入土化蛹。6月中下旬羽化，飞翔力不强，白天常静伏叶背。6月下旬至7月上旬发生第二代幼虫，8月中旬以前入土化蛹开始越冬。

防治方法 发生数量不多时，可人工捕杀幼虫。

发现大量幼虫为害时，可用2.5%溴氰菊酯乳油2 000~3 000倍液、30%氟氰戊菊酯乳油1 000~3 000倍液、10%溴氟菊酯乳油800~1 000倍液、20%杀铃脲悬浮剂500~1 000倍液等喷施。

图12-27 柿梢鹰夜蛾幼虫

7. 柿绒蚧

分 布 柿绒蚧 (*Eriococcus kaki*) 分布于河北、河南、山东、山西、陕西、安徽、广东、广西、天津、北京等省（市）自治区。轻者被害株率达40%~50%，重者达80%以上，造成柿树严重的落花落果，树势减弱，严重影响了柿树正常的生长结实。

为害特点 若虫和成虫群集为害，嫩枝被害后，出现黑斑，轻者生长细弱，重则干枯，难以发芽。叶脉受害后亦有黑斑，严重时叶畸形，早落。为害果实时，在果肩或果实与蒂相接处，被害处出现凹陷，由绿变黄，最后变黑（图12-28）。

图12-28 柿绒蚧为害果实症状

　　形态特征　雌成虫体节明显，紫红色。触角3节，体背面有刺毛。腹部边缘有白色弯曲的细毛状蜡质分泌物，虫体背面覆盖白色毛毡状介壳。正面隆起，前端椭圆形。尾部卵囊由白色絮状物构成，表面有稀疏的白色蜡毛。雄成虫体细长，紫红色。翅1对，透明。介壳长椭圆形。卵圆形，紫红色，表面附有白色蜡粉，藏于卵囊中。若虫卵圆形或椭圆形，体侧有若干对长短不一的刺状物。初孵化时血红色（图12-29）。随着身体增长，经过1次蜕皮后变为鲜红色，而后转为紫红色。雄蛹壳椭圆形，扁平、由白色绵状物构成。

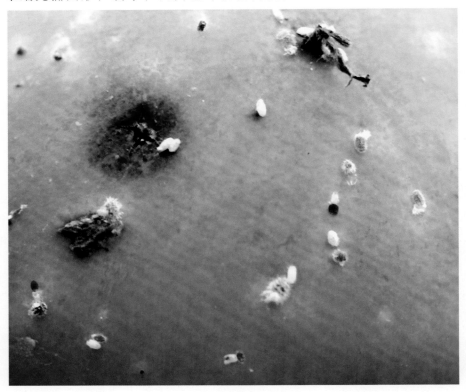

图12-29　柿绒蚧若虫

　　发生规律　河北、河南、山东、山西、陕西年生4代，广西5~6代，以初龄若虫在2~5年生枝的皮缝中、柿蒂上越冬。山东4月中下旬若虫出蛰，爬至嫩枝、叶上为害，5月中下旬羽化交配，而后雌体背面形成卵囊并开始产卵在其内，虫体缩向前方。各代卵孵化盛期：1代6月上中旬，2代7月中旬，3代8月中旬，4代9月中下旬。前期为害嫩枝、叶，后期主要害果实。第3代为害最重，致嫩枝呈现黑斑以致枯死，叶畸形早落，果实现黄绿小点，严重的凹陷变黑或木栓化，幼果易脱落。10月中旬以第4代若虫转移到枝、柿蒂上越冬。

　　防治方法　认真彻底清园。秋冬季节结合冬管，进行一次全面、详细清园。剪除虫枝，集中烧毁，树干刷白。

　　早春喷布4~5波美度石硫合剂或5%柴油乳剂，或45%晶体石硫合剂20~30倍液，或煤油洗衣粉混合液，主干及枝条要全面喷布至流水，彻底消灭越冬害虫。

　　在各代虫卵孵化的盛末期进行喷药，可使用40%氧乐果乳油1 000~1 500倍液、50%杀螟硫磷乳油800~1 200倍液、40%水胺硫磷乳油1 500~2 000倍液、2.5%溴氰菊酯乳油3 000~3 500倍液、80%敌敌畏乳剂800~1 000倍液、40%杀扑磷乳油1 000~2 000倍液、5%S-氰戊菊酯乳油3 000~4 000倍液、50%马拉硫磷乳剂1 000~2 000倍液、90%晶体敌百虫800~1 000倍液等。

第十三章 石榴病虫害原色图解

一、石榴病害

1. 石榴干腐病

症 状 主要为害果实，也侵染花器、果苔、新梢。花瓣受侵部分变褐，花萼受害初期产生黑褐色椭圆形凹陷小病斑，有光泽，病斑逐渐扩大变浅褐色，组织腐烂，后期产生暗色颗粒体。幼果受害，一般在萼筒处发生不规则形，像豆粒大小浅褐色病斑，逐渐向四周扩展直到整个果实腐烂，颜色由浅到深，形成中间黑边缘浅褐界线明显病斑（图13-1）。成果发病后较少脱落，果实腐烂不带湿性，后失水变为僵果，红褐色（图13-2）。

图13-1 石榴干腐病为害果实症状

图13-2 石榴干腐病为害果实后期症状

病　　原　石榴鲜壳孢*Zythia versoniana*，属半知菌亚门真菌。分生孢子器丛生于果皮内，红色，球形，切面内壁红色，外壁淡绿黄色。分生孢子梗束生内壁上，杆状，分生孢子梭形或纺缍形，无色，单胞。有性态为*Nectriella versoniana*称石榴小赤壳菌，属子囊菌亚门真菌。子囊壳褐色表生，内壁上生满菌丝。子囊梭形至棍棒状，顶壁厚，无侧丝。子囊孢子梭形，无色。

发生规律　以菌丝或分生孢子存在于病果、病果苔、病枝内越冬。可从花蕾、花、果实侵入，有伤口时，发病率高而且快。翌年4月中旬产生新的孢子器，是此病的主要传播病原；主要靠雨水传播，从寄主的伤口或自然裂口侵入。一般年份发病始期在5月中下旬，7月中旬进入发病高峰期，末期在8月下旬。在适温范围内主要由6~7月的降雨量和田间湿度决定病情的轻重。

防治方法　冬季结合修剪将病枝、烂果等清除干净；夏季要随时摘除病落果，深埋或烧毁；注意保护树体，防治受冻或受伤；平衡施肥、人工授粉、抹钟状花蕾、合理修剪等措施。

冬季清园时喷40%福美胂可湿性粉剂600倍液、波美3~5度石硫合剂、30%碱式硫酸铜悬浮剂400倍液。

从3月下旬至采收前15天，喷洒1：1：160波尔多液、80%代森锰锌可湿性粉剂800倍液、50%多菌灵可湿性粉剂800倍液、47%加瑞农（春雷霉素·氧氯化铜）可湿性粉剂700倍液、50%甲基硫菌灵可湿性粉剂700倍液、10%苯醚甲环唑水分散颗粒剂2 000倍液、25%苯菌灵乳油800倍液等药剂，间隔10~15天喷一次，连续喷4~5次。

2. 石榴褐斑病

症　　状　主要为害叶片和果实，引起前期落果和后期落叶。叶片受害后，初为褐色小斑点，扩展后呈近圆形，边缘黑色至黑褐色，微凸，中间灰黑色斑点，叶背面与正面的症状相同（图13-3）。果实上的病斑近圆形或不规则形（图13-4），黑色稍凹陷，亦有灰色绒状小粒点，果着色后病斑外缘呈淡黄白色。

图13-3　石榴褐斑病为害叶片症状　　　　图13-4　石榴褐斑病为害果实症状

病　　原　叶角斑尾孢菌*Cercospora punicae*，属半知菌亚门真菌。子座球形、褐色，分生孢子梗束生，无色至淡褐色，0～1个隔膜，有小型孢子痕。分生孢子圆筒至倒棒状，2～8个隔膜，淡褐色。

发生规律　病菌在带病的落叶上越冬，翌年4月形成分生孢子。5月开始发病，6月下旬到7月中旬为发病高峰，7月下旬到8月上旬受害叶片（春季萌发）脱落。夏季萌发的病菌侵染叶片到8月中下旬病叶也开始脱落。

防治方法　冬季清园时，清除病残叶、枯枝，集中烧毁，以减少菌源。合理浇水，雨后及时排水，防止湿气滞留，增强抗病力。

在发芽前喷布波美5度的石硫合剂；发芽后喷洒140倍等量式波尔多液。

开花盛期（5月下旬）开始喷药，间隔10天连喷6～8次。有效药剂有80%代森锰锌可湿性粉剂600～800倍液、70%丙森锌可湿性粉剂600～800倍液、70%甲基硫菌灵可湿性粉剂800～1 000倍液、50%多菌灵可湿性粉剂800～1 000倍液、50%异菌脲可湿性粉剂1 500～2 000倍液、50%嘧菌酯水分散粒剂5 000～7 000倍液、40%腈菌唑水分散粒剂6 000～7 000倍液等，防治4～6次，喷药时要注意喷匀喷细，不能漏喷，叶背、叶面均要喷到，可以取得良好的防治效果。

3．石榴叶枯病

症　　状　主要为害叶片，病斑圆形至近圆形，褐色至茶褐色，后期病斑上生出黑色小粒点，即病原菌的分生孢子盘（图13-5）。

病　　原　厚盘单毛*Monochaetia pachyspora*，属半知菌类真菌。分生孢子纺锤形，两端细胞无色，中间细胞黄褐色，顶生1～2根附属丝。

发生规律　以分生孢子盘或菌丝体在病组织中越冬，翌年产生分生孢子，借风雨传播，进行初侵染和多次再侵染。夏秋季多雨或石榴园湿气滞留易发病。

图13-5　石榴叶枯病为害叶片症状

防治方法　保证肥水充足，调节地温促根壮树，疏松土壤，抑制杂草，免于耕作。适当密植，通风透光好。

发病初期，喷洒1∶1∶200倍式波尔多液、50%苯菌灵可湿性粉剂1 000倍液、47%加瑞农（春雷霉素·氧氯化铜）可湿性粉剂700倍液、30%碱式硫酸铜悬浮剂400倍液，间隔10天左右喷1次，连续喷3～4次。

4．石榴煤污病

症　　状　主要为害叶片和果实，一般在叶片形成后就会染此病。病树的枝干、叶片上挂满一层煤烟状的黑灰（图13-6），用手摸时有黏性。病树发芽稍晚，树势弱，正常花少，产量低，果实皮色青黑（图13-7）。

图13-6　石榴煤污病为害叶片症状　　　　　图13-7　石榴煤污病为害果实症状

病　　原　煤炱菌 *Capnodium* sp.，属子囊菌，这类真菌菌丝体由细胞组成，呈串珠状，多生有刚毛，有时也生附着枝。子囊座瓶状，表生，座壁也由球形细胞组成。

发生规律　以菌丝体在病部越冬，借风雨或介壳虫活动传播扩散。该病发生主要原因是昆虫在寄主上取食，排泄粪便及其分泌物。此外，通风透光不良、温度高，湿气滞留发病重。

防治方法　发现介壳虫、蚜虫等刺吸式口器害虫为害时，及时喷洒0.9%阿维菌素乳油2 000倍液、48%毒死蜱乳油1 000倍液。

必要时喷洒15%亚胺唑可湿性粉剂2 500倍液、40%氟硅唑乳油8 000～9 000倍液、25%腈菌唑乳油7 000倍液，隔10天左右喷1次，连续喷2～3次。

5. 石榴疮痂病

症　　状　主要为害果实和花萼。病斑初呈水渍状，渐变为红褐色、紫褐色直至黑褐色，单个病斑圆形至椭圆形，后期多斑融合成不规则疮痂状，粗糙，严重的龟裂（图13-8）。湿度大时，病斑内产生淡红色粉状物，即病原菌的分生孢子盘和分生孢子。

病　　原　石榴痂圆孢 *Sphaceloma punicae*，属半知菌亚门真菌。

发生规律　病菌以菌丝体在病组织中越冬，春季气温高，多雨、湿度大，病部产生分生孢子，借助风、雨或昆虫传播，经过几天的潜育，形成新病斑，又产生分生孢子进行再侵染。秋季阴雨连绵时，病害还会再次发生或流行。

防治方法　清洁果园。发现病果及时摘除，减少初侵染源。

花后及幼果期，喷洒1:1:160倍式波尔多液、70%代森锰锌可湿性粉剂500～600倍液、50%苯菌灵可湿性粉剂1 500～1 800倍液、50%硫菌灵可湿性粉剂500～800倍液、20%唑菌胺酯水分散性粒剂1 000～2 000倍液、10%苯醚甲环唑水分散粒剂2 500～3 000倍液、5%亚胺唑可湿性粉剂600～700倍液等。

图13-8　石榴疮痂病为害果实症状

6. 石榴焦腐病

症　　状　果实上或蒂部初生水渍状褐斑，后逐渐扩大变黑（图13-9），后期产生很多黑色小粒点，即病原菌的分生孢子器。

病　　原　可可球二孢 *Botryodiplodia theobromae*，属半知菌亚门真菌；有性态为柑橘葡萄座腔菌*Botryosphaeria rhodina*，属子囊菌亚门真菌。

发生规律　病菌以分生孢子器或子囊在病部或树皮内越冬，条件适宜时产生分生孢子和子囊孢子，借助风、雨传播。

防治方法　精心养护，及时浇水施肥，增强抗病力。

必要时可选用1：1：160倍式波尔多液、80%代森锰锌可湿性粉剂800倍液、50%多菌灵可湿性粉剂800倍液、50%甲基硫菌灵可湿性粉剂700倍液等药剂喷雾防治。

图13-9　石榴焦腐病为害果实症状

7. 石榴病毒病

分布为害　在我国各产区均有发生，其中以陕西、河南、山东等地发生最重。有些果园的病株率高达30%以上，为害较严重。

症　　状　主要表现在叶片上，重型花叶病叶片上出现大型褪绿斑区，鲜黄色，后为白色，幼叶沿叶脉变色，老叶上常出现大型坏死斑。轻型花叶，病叶上出现黄色斑点。沿叶脉变色型，主脉及侧脉变色，脉间多小黄斑，有时有坏死斑，落叶较少（图13-10）。

图13-10　石榴病毒病花叶型症状

　　病　　　原　石榴花叶病毒Pomegranate mosaic virus、李坏死环斑病毒中的石榴花叶株系Prunus nicrotic ringspot pomegranate mosaic strain virus。

　　发生规律　病毒主要靠嫁接传播，无论砧木或接穗带毒，均可形成新的病株。此外，菟丝子可以传毒。树体感染病毒后，全身带毒，终生为害。萌芽后不久即表现症状，4~5月发展迅速，其后减缓，7~8月基本停止发展，甚至出现潜隐现象，11月完全停止。树势衰弱时，症状较重；幼树比成株易发病；幼叶表现症状，而老叶不发生病斑；发病树逐年衰弱，高温多雨，症状较重，持续时间长。土壤干旱，水肥不足时发病重。

　　防治方法　发现病苗及时拔除销毁。对病树应加强肥水管理，增施农家肥料，适当重修剪。干旱时应灌水，雨季注意排水。大树轻微发病的，增施有机肥，适当重剪，增强树势，减轻为害。

　　春季发病初期，可喷洒1.5%植病灵乳剂1 000倍液、10%混合脂肪酸水乳剂100倍液、20%盐酸吗啉胍·铜可湿性粉剂1 000倍液、2%寡聚半乳糖醛酸水剂300~500倍液、3%三氮唑核苷水剂500倍液、2%宁南霉素水剂200~300倍液，隔10~15天喷1次，连续喷3~4次。

二、石榴虫害

　　石榴树上的主要害虫有棉蚜、石榴茎窗蛾、石榴绒蚧、石榴木蠹蛾、石榴巾夜蛾等。

1. 棉蚜

　　分布为害　棉蚜（*Aphis gossypii*）成虫、若虫均以口针刺吸汁液，大多栖息于花蕾上，为害幼嫩叶及生长点，造成叶片卷缩（图13-11）。

图13-11　棉蚜为害新梢、花蕾状

　　形态特征　有翅胎生雌蚜体呈黄色、浅绿色或绿色至蓝黑色。前胸背板及腹部呈黑色，腹部背面两侧有3~4对黑斑，触角6节，短于身体。无翅胎生雌蚜体夏季以黄绿色居多，春、秋两季为深绿色或蓝黑色（图13-12）。体表覆以薄蜡粉。腹管为黑色，较短，呈圆筒形，基部略宽，上有瓦状纹。卵椭圆形，初产时呈橙黄色，后变为漆黑色，有光泽。若蚜：共5龄，体呈黄绿色或黄色，也有蓝灰色。有翅若蚜于第一次蜕皮出现翅芽，蜕皮4次后变成成蚜。

图13-12 棉蚜无翅胎生蚜

发生规律 在长江流域以卵在石榴、花椒、木槿、鼠李等木本寄主的枝条上，或夏枯草等草本植物的基部越冬。在南方一年四季都可生长繁殖。棉蚜的繁殖能力很强，当5天平均气温稳定在6℃以上就开始繁殖，越冬卵孵化为"干母"，孤雌胎生几代雌蚜，称为"干雌"，繁殖2～3代后产生有翅蚜。春天气候干燥，很适于棉蚜繁殖，故石榴树往往受到严重危害。秋末冬初天气转冷时，有翅蚜迁回到越冬寄主上，雄蚜和雌蚜交配、产卵过冬，卵多产于芽腋处。

防治方法 冬季清园。越冬卵数目多时，可喷95%的机油乳剂，能兼治蚧壳虫。

越冬卵孵化及为害期，在蚜虫高峰前选晴天进行防治，可选用10%吡虫啉可湿性粉剂2 000～3 000倍液、50%抗蚜威可湿性粉剂1 000～2 000倍液、2.5%氯氟氰菊酯乳油1 000～2 000倍液、2.5%高效氯氟氰菊酯乳油1 000～2 000倍液、5%氯氰菊酯乳油5 000～6 000倍液、2.5%高效氯氰菊酯水乳剂1 000～2 000倍液、2.5%溴氰菊酯乳油1 500～2 500倍液、48%毒死蜱乳油1 500倍液等喷雾防治。

2. 石榴茎窗蛾

分布为害 石榴茎窗蛾（*Herdonia osacesalis*）为石榴树主要害虫之一，主要蛀食枝梢，削弱树势，造成枝梢枯死，降低结果率（图13-13）。

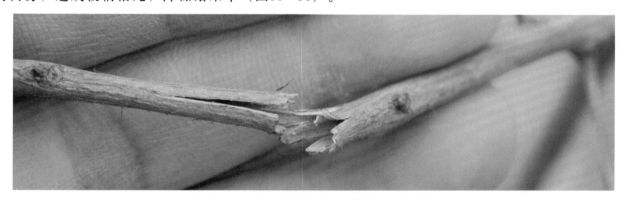

图13-13 石榴茎窗蛾为害枝条状

形态特征 成虫呈乳白色，微黄，前、后翅大部分透明，有丝光（图13-14）。前翅顶角略弯成镰刀形，顶角下微呈粉白色，前翅前缘有10～16条短纹。后翅外缘略褐，具3条褐色横带。卵瓶状，初产时呈白色，后变为枯黄，孵化前呈橘红色。老熟幼虫体呈淡青黄色至土黄色，头部呈褐色，前胸背板呈淡褐色（图13-15）。

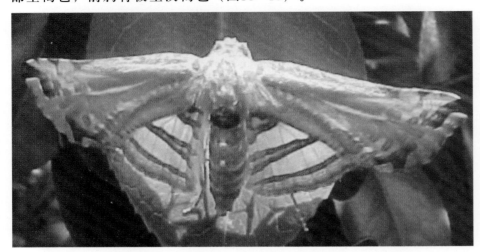

图13-14 石榴茎窗蛾成虫

图13-15 石榴茎窗蛾幼虫

发生规律 一年发生1代，以幼虫在被害枝的蛀道内越冬，翌年3月底越冬幼虫继续为害。5月上旬老熟幼虫在蛀道内化蛹，5月中旬为化蛹盛期。6月上旬开始羽化，6月中旬为羽化盛期。田间7月初出现症状，幼虫向下蛀达木质部，每隔一段距离向外开一排粪孔，随虫体增长，排粪孔间距加大，至秋季蛀入二年生以上的枝内，多在2～3年生枝交接处虫道下方越冬。

防治方法 结合冬季修剪（落叶后发芽前）剪除虫蛀枝梢或春季发芽后，剪除枯死枝烧毁，消灭越冬幼虫。7月间剪除萎蔫的枝梢，消灭初孵幼虫。

6月中旬羽化盛期树上喷药消灭成虫、卵及初孵幼虫，每隔7天左右喷1次，连续喷3～4次。药剂可选用20%氰戊菊酯乳油2 000～3 000倍液、2.5%溴氰菊酯乳油3 000倍液、80%晶体敌百虫1 000倍液、50%辛硫磷乳油1 000倍液。幼虫蛀入枝条后，查找幼虫排粪孔，对最下面的孔用注射器注入80%敌敌畏乳油500～800倍液后，用泥封堵，消灭枝条内的幼虫。

3. 石榴绒蚧

分布为害 石榴绒蚧（*Eriococcus lagerostroemiae*）分布于北京、天津、江苏、山东、山西、浙江、湖南、湖北等省、直辖市。以若虫的雌成虫寄生于植株枝、干和芽腋处，吸食汁液。受害树枝瘦弱叶黄，树势衰弱，极易滋生煤污病，受害严重的树会整株死亡。

形态特征　雌虫体体长卵圆形（图13-16）。活的虫体多为暗紫色或紫红色。老熟成虫被包于白色毡状的蜡囊中，大小如稻米粒。雄成虫长形，呈紫红色。卵呈圆形，紫红色。若虫椭圆形，紫红色，四周具刺突。

图13-16　石榴绒蚧雌成虫及为害状

发生规律　一年发生3~4代，以末龄若虫在2~3年生枝皮层的裂缝、芽鳞处及老皮内越冬，翌年4月上中旬出蛰，吸食嫩芽、幼叶汁液，以后转移至枝条表面为害。5月上旬成虫交配，各代若虫孵化期分别在5月底至6月初，7月中下旬，8月下旬至9月上旬。10月初若虫开始越冬。

防治方法　苗木插条要严格进行消毒杀虫，消毒杀虫药物同萌芽前处理。

4月上中旬萌芽前，全树均匀喷洒波美3~5度石硫合剂，或喷30%乙酰甲胺磷乳油1 000~2 000倍液。各代若虫孵化期喷40%三唑磷乳油1 000~2 000倍液、2.5%氯氟氰菊酯乳油1 000~3 000倍液等。

4. 石榴木蠹蛾

分布为害　石榴木蠹蛾（*Zeuzera coffeae*），以幼虫为害枝干，受害枝上的叶片凋萎枯干，最后脱落。遇到大风，受害枝易折断（图13-17）。

形态特征　成虫体灰白色（图13-18），前胸背板有2~3对黑纹呈环状排列。前翅密生有光泽的黑色斑点。幼虫体较大，前胸背板黑斑分开呈翼状，腹末臀板为暗红色（图13-19）。蛹红褐色（图13-20）。

发生规律　一年发生2代，以幼虫在枝条内越冬。第1代成虫于5月上中旬出现。第1代幼虫为害的枝存6~7月出现症状；第2代成虫于8月初至9月底出现。成虫产卵于基部，卵孵化后，幼虫从梢上部蛀入，在皮层与木质部之间为害，后蛀入髓部并向上蛀食成直蛀道。老熟后在枝内化蛹。

图13-17　石榴木蠹蛾为害枝条症状

图13-18　石榴木蠹蛾成虫　　　　图13-19　石榴木蠹蛾幼虫

图13-20　石榴木蠹蛾蛹

防治方法　灯光诱杀。石榴木蠹蛾成虫具有趋光性，可在石榴园内安装黑光灯诱杀成虫。

药剂防治。在幼虫蛀入后见有新鲜虫粪排出时，用80%敌敌畏乳油10倍液注入孔内，然后用泥将孔封死。

幼虫孵化期，可用2.5%氯氟氰菊酯乳油1 000～3 000倍液、10%高效氯氰菊酯乳油1 000～2 000倍液、10%醚菊酯悬浮剂800～1 500倍液、5%氟苯脲乳油800～1 500倍液、20%虫酰肼悬浮剂1 000～1 500倍液喷雾防治。

5. 石榴巾夜蛾

分布为害　石榴巾夜蛾（*Parallelia stuposa*）是石榴上常见的食叶害虫。以幼虫为害石榴嫩芽、幼叶和成叶，发生较轻时咬成许多孔洞和缺刻，发生严重时能将叶片吃光，最后只剩主脉和叶柄。

形态特征　成虫体呈褐色（图13-21），前翅中部有一灰白色带，中带的内、外均为黑棕色，顶角有2个黑斑。后翅呈暗棕色，中部有一白色带。端区呈灰褐色，顶角处缘毛呈白色。卵呈灰色，形似馒头。老熟幼虫头部呈灰褐色（图13-22）。腹部第1、第2节常弯曲呈桥形，体背呈茶褐色，布满黑褐色不规则斑纹。蛹呈黑褐色，覆以白粉。茧呈灰褐色，表面粗糙。

图13-21　石榴巾夜蛾成虫

图13-22　石榴巾夜蛾幼虫

发生规律　年发生代数因地域不同而有差异，一年发生2代，以蛹越冬。5月底6月初第1代成虫就大量出现，产卵于树干上。6月下旬可发现幼虫。以幼虫为害石榴芽叶为主，白天静止，夜间取食，一般是果园外围受害重，而中间受害轻。8月是第2代幼虫的严重为害期。到深秋的9月底至10月，老熟幼虫在树下附近的土中化蛹越冬。

防治方法　成虫有较强的趋光性，在各代成虫盛发期，结合其他害虫的防治，在上半夜均可用黑光灯进行诱杀。清除果园附近的灌木、杂草以及其他幼虫的寄主，冬季进行翻地，可消灭一部分越冬的虫蛹。

幼虫为害严重时，可适当选用2.5%氯氟氰菊酯乳油2 000倍液、5%顺式氯氰菊酯乳油2 000倍液、80%敌敌畏乳油800倍液、90%晶体敌百虫1 000倍液等，喷雾防治。

第十四章　草莓病虫害原色图解

一、草莓病害

草莓的病害有20多种，其中为害较为严重的有草莓灰霉病、蛇眼病、炭疽病、轮斑病、病毒病等，严重影响着草莓的品质与产量。

1. 草莓灰霉病

分布为害　灰霉病为草莓主要病害。分布广泛，发生普遍。北方主要在保护地内发生，南方露地亦可发病（图14-1）。

图14-1　草莓灰霉病为害果实症状

症　　状　主要为害花器、果柄、果实。花器染病时（图14-2），花萼上初呈水渍状针眼大的小斑点，后扩展成近圆形或不规则形较大病斑，导致幼果湿软腐烂，湿度大时，病部产生灰褐色霉状物。果柄受害，先产生褐色病斑，湿度大时，病部产生一层灰色霉层（图14-3）。果实顶柱头呈水渍状病斑，继而演变成灰褐色斑，空气潮湿时病果湿软腐化，病部生灰色霉状物，天气干燥时病果呈干腐状，最终造成果实坠落（图14-4）。

病　　原　灰葡萄孢*Botrytis cinerea*，属半知菌亚门真菌。分生孢子梗丛生，直立，淡色至褐色。分生孢子卵形、椭圆形、单生、顶生，无色至淡褐色，单胞。

发生规律　以菌丝或菌核在病残体和病株上越冬。翌年产生分生孢子，随气流、风雨传播。病菌以花器侵染为主，可直接侵入，也可从伤口侵入。在适温条件下，伤口侵入发病速度快且严重。借风雨及病果间的互相接触引起再侵染。低温、高湿利于病害发生与流行。偏施氮肥发病也重。

图14-2 草莓灰霉病为害花器症状

图14-3 草莓灰霉病为害果柄症状

图14-4 草莓灰霉病为害果实症状

防治方法 经常剔除烂果、病残老叶，并将其深埋或烧毁，减少病原菌的再侵染。及时摘除病叶、病花、病果及黄叶，保持棚室干净，通风透光，适当降低密度，选择透气，排灌方便的沙壤土；避免施用氮肥过多。地膜覆盖，防止果实与土壤接触，避免感染病害。

定植前撒施25%多菌灵可湿性粉剂5~6kg/亩，而后耙入土中。

移栽或育苗整地前用65%甲霉灵（甲基硫菌灵·乙霉威）可湿性粉剂400倍液、50%多霉灵（多菌灵·乙霉威）可湿性粉剂600倍液、50%敌菌灵可湿性粉剂400倍液、40%嘧霉胺悬浮剂600倍液，对棚膜、土壤及墙壁等表面喷雾，进行消毒灭菌。

草莓进入开花期后开始喷药防治，选用75%百菌清可湿性粉剂600~800倍液、70%甲基硫菌灵可湿性粉剂800~1 000倍液、50%腐霉利可湿性粉剂1 000倍液、50%乙烯菌核利可湿性粉剂600~800倍液、10%多氧霉素可湿性粉剂500~750倍液、50%异菌脲可湿性粉剂1 500倍液、40%嘧霉胺可湿性粉剂600倍液，每隔7~10天喷1次，连续喷3~4次，重点喷花果。

防治大棚或温室草莓灰霉病，可采用熏蒸法，6.5%甲霉灵（甲基硫菌灵+乙霉威）粉尘剂1kg/亩、20%嘧霉胺烟剂0.3～0.5kg/亩、10%腐霉利烟剂200～250g/亩、45%百菌清粉尘剂1kg/亩熏烟，间隔9～11天1次，连续或与其他防治法交替使用2～3次，防治效果更理想。

2．草莓蛇眼病

分布为害　蛇眼病分布较广，常与叶部病害混合发生，保护地和露地均可发生。严重时发病率可达40%～60%。

症　　状　主要为害叶片、果柄、花萼。叶片染病后，初形成小而不规则的红色至紫红色病斑（图14-5），病斑扩大后，中心变成灰白色圆斑，边缘紫红色，似蛇眼状，后期病斑上产生许多小黑点（图14-6）。果柄、花萼染病后，形成边缘颜色较深的不规则形黄褐至黑褐色斑，干燥时易从病部断开。

病　　原　杜拉柱隔孢*Ramularia tulasnei*，属半知菌亚门真菌。分生孢子梗丛生，分枝或不分枝，基部子座不发达。分生孢子圆筒形至纺锤形，无色，单胞，或具隔膜1～2个。

发生规律　病菌以菌丝或分生孢子在病斑上越冬。翌春产生分生孢子或子囊孢子进行传播和初次侵染，后病部产生分生孢子进行再侵染。病苗和表土上的菌核是主要传播载体。秋季和春季光照不足，天气阴湿发病重。

图14-5　草莓蛇眼病为害叶片初期症状

图14-6　草莓蛇眼病为害叶片
后期症状

防治方法　控制施用氮肥，以防徒长，适当稀植，发病期注意多放风，应避免浇水过量。收获后及时清理田园，被害叶集中烧毁。发病严重时，采收后全部割叶，随后加强中耕、施肥、浇水，促使及早长出新叶。

发病前期，可喷施75%百菌清可湿性粉剂剂500倍液、80%代森锰锌可湿性粉剂600倍液等药剂预防。

发病初期，喷淋50%琥胶肥酸铜可湿性粉剂500倍液、77%氢氧化铜可湿性微粒粉剂500倍液、65%代森锌可湿性粉剂350倍液、50%敌菌灵可湿性粉剂500倍液、40%氟硅唑乳油5 000倍液、70%甲基硫菌灵可湿性粉剂800倍液，间隔10天喷1次，共喷2~3次，采收前3天停止用药。

3．草莓白粉病

分布为害　草莓白粉病是草莓的重要病害，尤其大棚草莓受害严重。发生严重时，病叶率在45%以上，病果率在50%以上。

症　　状　主要为害叶片、叶柄、花、梗及果实。叶片受侵染初期在叶背及茎上产生白色近圆形星状小粉斑，后向四周扩展成边缘不明显的连片白粉，严重时整片叶布满白粉，叶缘也向上卷曲变形（图14-7），叶质变脆，最后病叶逐渐枯黄。花蕾受害不能开放或开花不正常。果实早期受害，幼果停止发育，其表面明显覆盖白粉，严重影响浆果质量（图14-8）。

图14-7　草莓白粉病为害叶片症状

图14-8　草莓白粉病为害果实症状

病　　原　羽衣草单囊壳菌*Sphaerotheca aphanis*，属子囊菌亚门真菌。菌丝体外生，具1个子囊，子囊含8个子囊孢子且与菌丝相互纠结。

发生规律　北方以闭囊壳随病残体留在地上或塑料大棚瓜类作物上越冬；南方多以菌丝或分生孢子在寄主上越冬或越夏，成为翌年初侵染源，借气流或雨水传播。经7天成熟，形成分生孢子飞散传播，进行再侵染。湿度大利其流行，低湿也可萌发，尤其当高温干旱与高温高湿交替出现的时候，又有大量白粉菌菌源时易于流行。一般10月上中旬（盖膜前）初发，至12月下旬盛发。

防治方法　在草莓定植缓苗后至扣棚前，彻底摘除老、残、病叶，带出田外烧毁或深埋。生长季节及时摘除地面上的老叶及病叶、病果，并集中深埋，切忌随地乱丢；要注意园地的通风条件，雨后要及时排水。

在草莓生长中、后期，白粉病发生时（图14-9），可用300g／L醚菌·啶酰菌胺悬浮剂1 000～2 000倍液、12.5%烯唑醇可湿性粉剂1500～2 000倍液、10%苯醚甲环唑水分散粒剂2 000～3 000倍液、40%氟硅唑乳油8 000～9 000倍液、12.5%腈菌唑乳油2 000～4 000倍液、60%噻菌灵可湿性粉剂1 500～2 000倍液、50%嘧菌酯水分散粒剂5 000～7 500倍液、20%唑菌胺酯水分散性粒剂1 000～2000倍液、25%三唑酮可湿性粉剂1 000～1 500倍液、40%环唑醇悬浮剂7 000～10 000倍液、25%氟喹唑可湿性粉剂5 000～6 000倍液、30%氟菌唑可湿性粉剂2 000～3 000倍液、6%氯苯嘧啶醇可湿性粉剂1 000～1 500倍液、2%嘧啶核苷类抗生素水剂200～400倍液、30%醚菌酯可湿性粉剂1 500～2 500倍液等内吸性强的杀菌剂喷雾防治。

图14-9　草莓白粉病为害初期田间症状

在草莓生长中、后期，白粉病发生时，可用15%三唑酮可湿性粉剂1 500倍液、12.5%烯唑醇可湿性粉剂2 000倍液、10%苯醚甲环唑水分散粒剂2 000～3 000倍液、40%氟硅唑乳油8 000～9 000倍液、12.5%腈菌唑乳油2 000倍液等内吸性强的杀菌剂喷雾防治。

棚室栽培草莓可采用烟雾法，即用硫磺熏烟消毒，定植前几天，将草莓棚密闭，每100m³用硫磺粉250g，锯末500g掺匀后，分别装入小塑料袋分放在室内，于晚上点燃熏一夜，此外，也可用45%百菌清烟剂，每亩次200～250g，分放在棚内4～5处，用香或卷烟点燃发烟时闭棚，熏一夜，次晨通风。

4. 草莓轮斑病

分布为害 草莓轮斑病是草莓主要病害，分布广泛，发生普遍，保护地、露地种植时都发生，以春、秋季发病较重。

症　状 主要为害叶片，发病初期在叶片上产生红褐色的小斑点，逐渐扩大后，病斑中间呈灰褐色或灰白色，边缘褐色，外围呈紫黑色，病健分界处明显。在叶尖部分的病斑常呈"V"字形扩展，造成叶片组织枯死。发病严重时，病斑常常相互联合，致使全叶片变褐枯死（图14-10）。

图14-10　草莓轮斑病为害叶片症状

病　原 草莓刺环毛孢 *Dendrophoma abscurans*，属半知菌亚门真菌。分生孢子器生于寄主角皮层下，球形，具孔口，暗褐至黑色，散生或集生。分生孢子梗无色，有分枝。分生孢子无色，单胞，圆筒形。

发生规律 以菌丝体或分生孢子器在病组织内越冬，翌春，气候条件适宜时产生分生孢子进行初次侵染，随气流、雨水、农事操作传播，进行多次侵染。多发生于12月至翌年4月，每年均发生，为害严重。连作地发病重，田间积水或植株过密的地块病害发生亦较重。新叶时期极易受侵染，其次是叶片湿度大时也很易受侵染，特别是整株淹没灌溉和潮湿多雨期。

防治方法 及时发现和控制病情，及时清除销毁病叶。收获后及时清洁田园，将病残体集中于田外烧毁埋葬，消灭越冬病菌。

新叶时期使用适量的杀菌剂预防。用50%多菌灵可湿性粉剂500倍液、80%代森锰锌可湿性粉剂600～800倍液、70%甲基硫菌灵可湿性粉剂800～1 000倍液，在移栽前浸苗10～20分钟，晒干后移植。

发病初期，可喷施50%异菌脲可湿性粉剂600～800倍液、50%敌菌灵可湿性粉剂400倍液、70%甲基硫菌灵可湿性粉剂500倍液、65%代森锌可湿性粉剂500～600倍液、40%多·硫悬浮剂500倍液，间隔10天左右喷1次，连续喷2～3次。

5. 草莓炭疽病

症　状 主要为害匍匐茎、叶柄、叶片、果实。叶片受害，初产生黑色纺锤形或椭圆形溃疡斑，稍凹陷（图14-11）；匍匐茎和叶柄上的病斑成为环形圈，扩展后病斑以上部分萎蔫枯死，湿度高时病部可见肉红色黏质孢子堆。随着病情加重，全株枯死（图14-12）。根茎部横切面观察，可见自外向内发生局部褐变。浆果受害，产生近圆形病斑，淡褐至暗褐色，软腐状并凹陷，后期可长出肉红色黏质孢子堆（图14-13）。

图14-11 草莓炭疽病为害叶片症状

图14-12 草莓炭疽病为害匍匐茎、叶柄症状

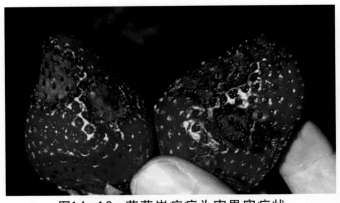

图14-13 草莓炭疽病为害果实症状

病　原　胶孢炭疽菌 *Colletotrichum fragariae*，属半知菌亚门真菌。菌落圆形，呈地毯状平铺，初期为白色，逐渐变为橄榄绿，最终变为灰黑色；菌丝由白色至灰白色，渐变为深灰色絮状或绒状。分生孢子盘呈垫状突起，暗褐色至黑色，圆形至椭圆形。分生孢子梗无色、单胞、圆桶形或棍棒形，短小。分生孢子圆柱形或圆筒状、单胞、无色、两头钝圆，内含2～3个油球。有性世代 *Glomerella fragariae* 称球壳目小丛壳，属子囊菌亚门真菌。子囊壳球形、褐色；子囊长棒状；子囊孢子单胞、无色、弯月形，两端较尖。

发生规律　病菌以分生孢子在病组织或落地病残体中越冬，主要由雨水等分散传播。翌年现蕾期开始在近地面幼嫩部位侵染发病。盛夏高温雨季此病易流行。一般从7月中旬至9月底发病，气温高的年份发病时间可延续到10月。连作田发病重，老残叶多或氮肥过量植株柔嫩或密度过大造成郁闭易发病。

防治方法　避免苗圃地多年连作，尽可能实施轮作。注意清园，及时摘除病叶、病茎、枯老叶等带病残体。连续出现高温天气时灌"跑马水"，并用遮阳网遮阳降温。

注意喷药预防，苗床应在匍匐茎开始伸长时进行喷药保护，可喷施80%代森锰锌可湿性粉剂800～1 000倍液、30%碱式硫酸铜悬浮剂700～800倍液等药剂。定植前1周左右，在苗床再喷药1次，再将草莓苗移栽到大田，可减少防治面积和传播的速度。

大田见有发病中心时，可选用80%炭疽福美（福美双·福美锌）可湿性粉剂800～1 200倍液、60%噻菌灵可湿性粉剂1 500～2 000倍液、10%苯醚甲环唑水分散粒剂1 500～2 000倍液、40%氟硅唑乳油8 000～10 000倍液、5%己唑醇悬浮剂800～1 500倍液、40%腈菌唑水分散粒剂6 000～7 000倍液、50%咪鲜胺锰盐可湿性粉剂1 000～1 500倍液、6%氯苯嘧啶醇可湿性粉剂1 000～1 500倍液、2%嘧啶核苷类抗生素水剂200～400倍液、1%中生菌素水剂250～500倍液、25%咪鲜胺乳油1 000～1 500倍液喷雾，间隔5～7天1次，连续喷3～4次。注意交替用药，延缓抗药性的产生；喷药液要均匀，药液量要喷足，棚架上最好也要喷到，可提高防病效果。

6. 草莓褐斑病

症　状　主要为害叶片，发病初期在叶上产生紫红色小斑点，逐渐扩大后，中间呈灰褐色或白色，边缘褐色，外围呈紫红色或棕红色，病健交界明显，叶部的病斑常呈"V"字形扩展（图14-14），有时呈"U"形病斑（图14-15），造成叶片组织枯死，病斑多互相愈合，致使叶片变褐枯黄。后期病斑上可生不规则轮状排列的褐色至黑褐色小点，即分生孢子器。

图14-14 草莓褐斑病叶片上的"V"形病斑

图14-15 草莓褐斑病叶片上的"U"
形病斑

病　　原　暗拟茎点霉 *Dendrophoma abscuans* ，属半知菌亚门真菌。分生孢子器淡褐色，球形，具孔口。分生孢子梗内生于器壁上，呈树状分枝，无色。分生孢子近椭圆形，一端较尖细，单胞，无色。

发生规律　以菌丝体和分生孢子器在病叶组织内或随病残体遗落土中越冬，成为翌年初侵染源。越冬病菌产生分生孢子，借雨水溅射传播进行初侵染，后病部不断产生分生孢子进行多次再侵染，使病害逐步蔓延扩大。4月下旬均温17℃，相对湿度达80%时即可发病，5月中旬后逐渐扩展，5月下旬至6月进入盛发期，7月下旬后，遇高温干旱，病情受抑制，但如遇温暖多湿，特别是时晴时雨反复出现，病情又扩展。

防治方法　发现病叶及时摘除，加强田间管理，通风透光，合理施肥，增强抗逆能力。

草莓移栽时摘除病叶后，并用70%甲基硫菌灵可湿性粉剂500倍液浸苗15～20分钟，待药液晾干后栽植。

田间在发病初期，喷洒80%代森锰锌可湿性粉剂700倍液、70%甲基硫菌灵超微可湿性粉剂1 000倍液、40%多·硫悬浮剂500倍液、50%混杀硫悬浮剂500倍液、50%异菌脲可湿性粉剂1 000倍液、10%苯醚甲环唑水分散粒剂1 500倍液、50%福·甲硫可湿性粉剂1 500倍液，间隔10天左右喷1次，连续喷2～3次，以后根据病情喷药，有一定防治效果。

7. 草莓黑斑病

症　　状　主要侵害叶、叶柄、茎和浆果。一般发病是在叶面上产生黑色不定形病斑，略呈轮纹状（图14-16），病斑中央呈灰褐色，有蛛网状霉层，病斑外常有黄色晕圈。在叶柄及匍匐茎上发病常呈褐色小凹斑，当病斑围绕一周时，柄或茎部因病部缢缩干枯易折断。在果实上贴地果染病较多，浆果上的病斑为黑色，上有灰黑色烟灰状霉层，病斑仅在皮层，一般不深入果肉，但因黑霉层污染而使浆果丧失商品价值。

病　　原　链格孢 *Alternaria alternata* ，属半知菌亚门真菌。分生孢子梗深色，单枝，顶端串生分生孢子，分生孢子暗色，手榴弹形或纺锤形，有1～6个横隔，0～3个纵隔，顶端有一指状细胞。

发生规律　病菌以菌丝体等在植株上或落地病组织上越冬。借种苗等传播，环境中的病菌孢子也可引起侵染发病。高温高湿天气有利于黑斑病的侵染和蔓延，田间小气候潮湿有利于发病。重茬田发病加重。

图14-16　草莓黑斑病为害叶片症状

防治方法　及早摘除病老叶片并集中烧毁；清扫园地，烧毁腐烂枝叶，生长季及时摘除病老残叶及染病果实销毁。

发病初期，可用10%多抗霉素可湿性粉剂400～600倍液、2%嘧啶核苷类抗生素水剂300～500倍液、70%甲基硫菌灵可湿性粉剂1 000～1 200倍液、3%多氧霉素水剂400～600倍液、24%腈苯唑悬浮剂2 500～3 200倍液喷雾，间隔7天1次，连喷2～3次。采收前3天停止用药。

8．草莓叶枯病

症　状　主要为害叶、叶柄、果梗和花萼。叶片受害后产生紫褐色无光泽小斑，逐渐扩大成不规则病斑，病斑中央与周缘颜色变化不大，病斑有沿叶脉分布的倾向，严重发病时叶面布满病斑，后期全叶黄褐色至暗褐色，直至枯死（图14-17）。在病部枯死部分长出褐色小粒点，叶柄和果梗染病后，出现黑褐色凹陷病斑，病部组织变脆易折断。

图14-17　草莓叶枯病为害叶片症状

病 原 凤梨草莓褐斑病菌 *Marssonina potenillae*，属半知菌亚门真菌。分生孢子盘在叶面散生或聚生。

发生规律 病菌以子囊壳或分生孢子器在植株病组织或落地病残体上越冬。春季释放出子囊孢子或分生孢子借空气扩散传播，侵染发病，也可由带病种苗进行远距离传播。早春和晚秋雨露较多的天气有利发病。健壮植株易发病。

防治方法 注意清园，尽早摘除病老叶片，减少病源传染。加强田间肥水管理，使植株生长健壮，减少氮肥使用量，避免徒长。

于发病初期，喷施50%多菌灵可湿性粉剂600～800倍液、70%甲基硫菌灵可湿性粉剂1 500倍液、50%苯菌灵可湿性粉剂2 000倍液等药剂。

9. 草莓黄萎病

症 状 草莓黄萎病在我国辽宁丹东等地区已成为严重病害。开始发病时首先侵染外围叶片、叶柄，叶片上产生黑褐色小型病斑，叶片失去光泽，从叶缘和叶脉间开始变成黄褐色萎蔫，干燥时枯死。新叶感病表现出无生气，变灰绿或淡褐色下垂，继而从下部叶片开始变成青枯状萎蔫直至整株枯死（图14-18）。被害株叶柄、果梗和根茎横切面可见维管束的部分或全部变褐。根在发病初期无异常，病株死亡后地上部分变黑褐色腐

图14-18 草莓黄萎病为害植株症状

败。当病株下部叶子变黄褐色时，根便变成黑褐色而腐败，有时在植株的一侧发病，而另一侧健在，呈现所谓"半身枯萎"症状，病株基本不结果或果实不膨大。夏季高温季节不发病。心叶不畸形黄化，中心柱维管束不变红褐色。

病 原 大丽轮枝孢*Verticillium dahliae*，属半知菌亚门真菌。

发生规律 病菌以菌丝体或厚壁孢子或拟菌核在病残体内在土中越冬，一般可存活6～8年，带菌土壤是病害侵染的主要来源。病菌从草莓根部侵入，并在维管束里移动上升扩展引起发病，母株体内病菌还可沿匍匐茎扩展到子株引起子株发病，在多雨夏季，此病发生严重。在病田育苗、采苗或在重茬地、茄科黄萎病地定植发病均重。在发病地上种植水稻，保持水渍状态，虽不能根除此病，但可以减轻为害。

防治方法 实行3年以上轮作，避免连作重茬。清除病残体，及时销毁。夏季进行太阳能消毒土壤。栽种无病健壮秧苗，无病母株匍匐茎的先端着地以前就切取，插入无病土壤中，使其生根，作为母株育苗即可。

草莓移栽时，用75%百菌清可湿性粉剂600倍液、40%氟硅唑乳油8 000倍液、78%波·锰锌可湿性粉剂500～600倍液、69%烯酰·锰锌可湿性粉剂600倍液、50%甲霜·铜可湿性粉剂600倍液、90%三乙膦酸铝可湿性粉剂500倍液、70%乙·锰可湿性粉剂400倍液、40%多硫悬浮剂500倍液、50%硫磺悬浮剂300倍液等药剂浸根，栽后可用上述药剂灌根。

大田发病初期，可用50%多菌灵可湿性粉剂700～800倍液、80%代森锰锌可湿性粉剂800倍液、70%甲基硫菌灵可湿性粉剂800倍液灌根250g／株。

10．草莓病毒病

症　状　在我国草莓主栽区有4种病毒，即草莓轻型黄边病毒、草莓镶脉病毒、草莓皱缩病毒和草莓斑驳病毒。草莓斑驳病毒：单独侵染时，草莓无明显症状，但病株长势衰退，与其他病毒复合侵染时，可致草莓植株严重矮化，叶片变小，产生褪绿斑，叶片皱缩扭曲。草莓轻型黄边病毒：植株稍微矮化，复合侵染时引起叶片黄化或失绿（图14-19），老叶变红，植株矮化，叶缘不规则上卷，叶脉下弯或全叶扭曲。草莓镶脉病毒：植株生长衰弱，匍匐茎抽生量减少；复合侵染后叶脉皱缩，叶片扭曲，同时沿叶脉形成黄白色或紫色病斑（图14-20），叶柄也有紫色病斑，植株极度矮化，匍匐茎发生量减少。草莓皱缩病毒：植株矮化，叶片产生不规则黄色斑点，扭曲变形，匍匐茎数量减少，繁殖率下降，果实变小（图14-21）；与斑驳病毒复合侵染时，植株严重矮化。

病　原　由多种病毒单独或复合侵染引起。主要有草莓斑驳病毒（SMOV）、草莓轻型黄边病毒（SMYEV）、草莓皱缩病毒（SCrV）、草莓镶脉病毒（SVBV）。

发生规律　病毒主要在草莓种株上越冬，通过蚜虫传毒；但在一些栽培品种上并不表现明显的症状，在野生草莓上则表现明显的特异症状。病毒病的发生程度与草莓栽培年限成正比，品种间抗性有差异，但品种抗性易退化。重茬地由于土壤中积累的传毒线虫及昆虫的数量增多，发生加重。

防治方法　选用抗病品种。发展草莓茎尖脱毒技术，建立无毒苗培育供应体系，栽植无毒种苗。严格剔除病种苗。加强田间检查，一经发现立即拔除病株并烧掉。

蚜虫是主要的传染源，在蚜虫为害初期，可喷施10%吡虫啉可湿性粉剂2 000倍液、50%抗蚜威可湿性粉剂1 500倍液、40%氧化乐果乳油1 000倍液等药剂。

发病初期，开始喷洒1.5%植病灵（十二烷基硫酸钠·硫酸酮·三十烷

图14-19　草莓轻型黄边病毒叶片黄化症状

图14-20　草莓镶脉病毒为害叶片症状

图14-21　草莓皱缩病毒为害花器症状

醇）乳剂1 000~1 500倍液、20%盐酸吗啉胍·乙酸铜可湿性粉剂500~1 000倍液、20%盐酸吗啉胍可湿性粉剂400~600倍液、10%混合脂肪酸水剂200~300倍液、0.5%菇类蛋白多糖水剂250~300倍液、5%菌毒清水剂300~500倍液、4%嘧肽霉素水剂200~250倍液、2%氨基寡糖素水剂200~300倍液，间隔10~15天喷1次，连续喷2~3次。

11．草莓芽线虫病

症　　状　主要为害叶芽和芽部以及花、花蕾、花托，新叶歪曲成畸形，叶色变浓，光泽增加，植株活力降低，易受真菌、细菌等病菌的侵染；严重受害则植株萎蔫，芽和叶柄变成黄色或红色。主芽受害后腋芽可以生长，造成植株芽的数量明显增多；为害花芽时，轻者使花蕾、萼片以及花瓣变成畸形，严重时，花芽退化、消失，不开花或者坐果差；被害植株不能抽生花序，不结果，严重的甚至造成绝收（图14-22）。

病　　原　为害草莓的线虫约有10余种之多。但寄生在草莓芽上的主要是草莓芽线虫 *Aphelenchoides besseyi* 和 南 方 根 结 线 虫 *Meloidogune infognita*。雌雄异形，幼虫呈细长蠕虫状。雄成虫线状，尾端稍圆，无色透明；雌成虫梨形，多埋藏于寄主组织内。

发生规律　草莓芽线虫的初侵染源主要是种苗携带，连作地主要是土壤中残留的芽线虫再次为害所致。在田间芽线虫主要在草莓的叶腋、生长点、花器上寄生，靠雨水和灌溉水传播。夏秋季常造成严重为害。南方根结线虫以卵或2龄幼虫随病残体

图14-22　草莓芽线虫病为害植株症状

遗留在土壤中越冬，病土、病苗和灌溉水是主要传播途径。翌春条件适宜时，雌虫产卵，孵化后以2龄幼虫为害形成根结。草莓重茬、杂草丛生、低洼漫灌等生育环境有利于芽线虫发生。

防治方法　培育无虫苗，切忌从被害园繁殖种苗。繁殖种苗时，如发现有被害症状的幼苗及时拔除烧毁，必要时进行检疫，严防传播。发病重的地块进行 2 ~ 3 年轮作。加强夏季苗圃的管理，消除病残体及杂草，集中烧毁。

草莓栽植前，将休眠母株在46~55℃热水中浸泡10分钟，可消除线虫。或用50%多菌灵·辛硫磷乳油800倍液浸洗后，摊开凉干水分种植。每亩用50%棉隆可湿性粉剂1.0~1.5kg，与细土或沙拌和成毒土，于栽前15天撒入穴中，浇水覆无病虫土。

在花芽分化前7天用药防治，用50%硫磺悬浮剂200倍液、80%晶体敌百虫500倍液、50%敌敌畏乳油800~900倍液、25%喹硫磷乳油1 000倍液浇灌有效。

定植成活期。可用1.8%阿维菌素乳油3 000~4 000倍液、50%辛硫磷乳油500~1 000倍液，间隔7~10天喷 1 次，连续喷2次。

12．草莓根腐病

分布为害　根腐病是草莓的常见病，各地均有分布，以冬季和早春发生严重。近几年有发展的趋势，尤其是平原、湖滨连作草莓种植区已渐成常见病。一般发病率10%以下，严重时达50%以上，能造成死苗，对产量有明显影响。

症　　状　主要表现在根部。发病时由细小侧根或新生根开始，初出现浅红褐色不规则的斑块，颜色逐渐变深呈暗褐色（图14-23）。随病害发展全部根系迅速坏死变褐。地上部分先是外叶叶缘发黄、变褐、坏死，病株表现缺水状，后逐渐向心叶发展至全株枯黄死亡（图14-24）。

图14-23 草莓根腐病为害根部症状　　　　图14-24 草莓根腐病为害植株症状

病　　原　*Phytophthora fragariae* 称草莓疫霉，属鞭毛菌亚门真菌。

发生规律　病菌主要以卵孢子在地表病残体或土壤中越夏。卵孢子在土壤中可存活多年，条件适应时即萌发形成孢子囊，释放出游动孢子，进行再侵染。在田间也可通过病株土壤、水、种苗和农具带菌传播。发病后病部长出大量孢子囊，借灌溉水或雨水传播蔓延。本病为低温病害，地温高于25℃则不发病或发病轻。一般春、秋多雨年份，排水不良或大水漫灌地块，发病重。在闷湿情况下极易发病，重茬连作地，植株长势衰弱，发病重。

防治方法　合理轮作。轮作是减少病原积累的主要途径，最好与十字花科、百合科蔬菜轮作。草莓生长期和采收后，及时清除田间病株和病残体，集中烧毁。选择地势较高、排水良好、肥沃的沙质壤土的田块。定植前，深翻晒土，采取高垄地膜栽培。合理施肥，提高植株抗病力。栽培后及时浇水或叶面喷水可提高成活率。严禁大水漫灌，避免灌后积水，有条件的可进行滴灌或渗灌。

种苗处理。从外地引进的种苗应及时摊开防止发热烧苗，栽前用50%多菌灵可湿性粉剂+50%辛硫磷乳油800倍液浸洗后，摊开晾干后种植。也可用50%敌磺钠可湿性粉剂、50%甲基立枯磷可湿性粉剂、70%恶霉灵可湿性粉剂2～3kg/亩，拌细土或细沙50～60kg，沟施或穴施。

定植成活期，可用75%百菌清可湿性粉剂500～800倍液、80%代森锰锌可湿性粉剂600～800倍液，连喷2次，每隔10天1次。

开花前盖膜前，行间撒施石灰，或喷施58%甲霜灵·锰锌可湿性粉剂500～800倍液，有发现病株的田块采用淋根防治。

13. 草莓青枯病

症　　状　主要发生在定植初期。最初发病时下位叶1～2片凋萎，叶柄下垂如烫伤状，烈日下更为严重。夜间可恢复，发病数天后整株枯死（图14-25）。根系外表无明显症状，但将根冠纵切，可见根冠中央有明显褐化现象。发病初期叶柄变紫红色，植株生长不良，发病严重时基部叶凋萎脱落，最后整株枯死。叶柄基部感病后则叶片呈青枯状凋萎。根部感病不会出现青枯，横切根茎可见维管束环状褐变并有白色混浊黏液溢出。

病　　原　青枯劳尔氏菌*Ralstonia solanacearum*，属细菌。菌体短杆状，单细胞，两端圆，单生或双生，极生鞭毛1～3根，革兰氏染色阴性。

发生规律　病原细菌主要随病残体残留于草莓园或在病株上越冬，通过雨水和灌溉水传播，带病草莓苗也可带菌，从伤口侵入，病菌具潜伏侵染特性，有时长达10个月以上。病菌发育温度范围10～40℃，最适温度30～37℃。久雨或大雨后转晴发病重。

防治方法 严禁用罹病田做育苗圃；栽植健康苗，连续种植2年，病菌感染率下降。忌连作，并避免和茄科作物连作。施用充分腐熟的有机肥或草木灰。

发病初期开始喷洒或浇灌，可用72%农用硫酸链霉素可溶性粉剂3 000～4 000倍液、14%络氨铜水剂350～500倍液、50%琥胶肥酸铜可湿性粉剂500～600倍液、77%氢氧化铜可湿性微粒粉剂500～800倍液、50%甲霜·铜可湿性粉剂600倍液、47%春·氧氯化铜可湿性粉剂700～900倍液、50%氯溴异氰尿酸可溶性粉剂1 200～1 500倍

图14-25 草莓青枯病为害植株症状

液、20%噻森铜悬浮剂500～800倍液，隔7～10天喷1次，连续防治2～3次。

14. 草莓枯萎病

症　　状 多在苗期或开花至收获期发病。发病初期心叶变黄绿或黄色，有的卷缩或产生畸形叶，引起病株叶片失去光泽，植株生长衰弱，在3片小叶中往往有1～2片畸形或小叶化，且多发生在一侧（图14-26）。老叶呈紫红色萎蔫，后叶片枯黄至全株枯死（图14-27）。剖开根冠，可见叶柄、果梗维管束变成褐色至黑褐色。根部变褐后纵剖镜检可见很长的菌丝。

图14-26 草莓枯萎病为害植株前期症状

图14-27 草莓枯萎病为害植株后期枯死症状

病　　原 尖镰孢菌草莓专化型*Fusarium oxysporum* f.sp. *fragariae*，属半知菌亚门真菌。

发生规律 病原菌主要以菌丝体和厚垣孢子随病残体遗落土中或未腐熟的带菌肥料及种子上越冬。病土和病肥中存活的病原菌，成为第2年主要初侵染源。病原菌在病株分苗时进行传播蔓延。病原菌从根部自然裂口或伤口侵入，在根茎维管束内生长发育，通过堵塞维管束和分泌毒素，破坏植株正常输导机能而引起萎蔫。连作，土质黏重，地势低洼，排水不良，地温低，耕作粗放，土壤过酸，施肥不足，偏施氮肥，施用未腐熟肥料，均能引起植株根系发育不良，都会使病害加重。

防治方法 从无病田分苗，栽植无病苗；栽培草莓田与禾本科作物进行3年以上轮作，最好能与水稻等水生作物轮作，效果更好；发现病株及时拔除，集中烧毁或深埋，病穴施用生石灰消毒。

发病初期喷药，常用药剂有50%多菌灵可湿性粉剂600～700倍液、70%代森锰锌干悬粉500倍液、50%苯菌灵可湿性粉剂1 500倍液喷淋茎基部。每隔15天左右防治1次，共防治5～6次。

二、草莓虫害

1. 蜗牛

分　布　蜗牛（*Bradybaena similaris*）分布于我国黄河流域、长江流域及华南各省。

为害特点　初孵幼螺取食叶肉，留下表皮，稍大个体则用齿舌将叶、茎秆磨成小孔或将其吃断，严重者将苗咬断，造成缺苗。

形态特征　成虫体形与颜色多变，扁球形，成体爬行时体长约33mm，体外一扁圆形螺壳，具5~6个螺层，顶部螺层增长稍慢，略膨胀，螺旋部低矮，体部螺层生长迅速，膨大快（图14-28）。头发达，上有2对可翻转缩回之触角。壳面红褐色至黄褐色，具细致而稠密生长线。卵圆球状，初乳白后变浅黄色，近孵化时呈土黄色，具光泽。幼贝体较小，形似成贝。

发生规律　一年发生1代，以成贝、幼贝在菜田、绿肥田、灌木丛及作物根部、草堆石块下及房前屋后等潮湿阴暗

图14-28　蜗牛成虫

处越冬，壳口有白膜封闭。翌年3月初逐渐开始取食，4~5月间成贝交配产卵，可为害多种植物幼苗。夏季干旱或遇不良气候条件，便隐蔽起来，常常分泌黏液形成蜡状膜将口封住，暂时不吃不动。干旱季节过后，又恢复活动继续为害，最后转入越冬状态。每年以4~5月和9月的产卵量较大。11月下旬进入越冬状态。

防治方法　采用清洁田园、铲除杂草、及时中耕、排干积水等措施。秋季耕翻，使部分越冬成贝、幼贝暴露于地面冻死或被天敌啄食，卵被晒爆裂。用树叶、杂草、菜叶等在菜田做诱集堆，天亮前集中捕捉。撒石灰带保苗，在沟边、地头或作物间撒石灰带，用生石灰50~75kg/亩，保苗效果良好。

在种子发芽时或苗期为害初期，施用6%杀螺胺颗粒剂0.5~0.6kg/亩，拌细沙5~10kg，均匀撒施，最好在雨后或傍晚。施药后24小时内如遇大雨，药粒易冲散，需酌情补施。

在田间蜗牛为害初期，可用10%多聚乙醛颗粒剂2kg/亩撒于田间。当清晨蜗牛未潜入土时，用硫酸铜800~1 000倍液，或氨水70~100倍液，或1%食盐水喷洒防治。

2. 野蛞蝓

分　布　野蛞蝓（*Agriolimax agrestis*）主要分布于江南各省（区）及河南、河北、新疆、黑龙江等地，近年来北方塑料大棚内常有发生。

为害特点　取食草莓叶片成孔洞，并被其排泄的粪便污染，或刮食草莓果实，影响商品价值。

形态特征　成虫体长梭型（图14-29），柔软、光滑而无外壳，体表暗黑色、暗灰色、黄白色或灰红色。触角2对，暗黑色，下边一对短，称前触角，有感觉作用；口腔内有角质齿舌。体背前端具外套膜，为体长的1/3，边缘卷起，其内有退化的贝壳，上有明显的同心圆线，即生长线。同心圆线中心在外套膜后端偏右。呼吸孔在体右侧前方，其上有细小的色线环绕。崎钝。黏液无色。卵椭圆形，韧而富有弹性。白色透明可见卵核，近孵化时色变深。初孵幼虫体淡褐色；体形同成体。

发生规律　以成虫体或幼体在作物根部湿土下越冬。5~7月在田间大量活动为害，入夏气温

升高，活动减弱，秋季气候凉爽后，又活动为害。成虫产卵期可长达160天。野蛞蝓雌雄同体，异体受精，亦可同体受精繁殖。野蛞蝓怕光，强光下2～3小时即死亡，因此均夜间活动，从傍晚开始出动，晚上10～11时达高峰，清晨之前又陆续潜入土中或隐蔽处。耐饥力强。阴暗潮湿的环境易于大发生。

防治方法　提倡高畦栽培、破膜提苗、地膜覆盖栽培，采用清洁田园、铲除杂草、及时中耕、排干积水等措施，破坏栖息和产卵场所。进行秋季耕翻，使部分越冬成贝、幼贝暴露地面冻死或被天敌啄食，卵被晒爆裂。施用充分腐熟的有机肥，创造不适于野蛞蝓发生和生存的条件。

药剂防治可参考蜗牛。

图14-29　野蛞蝓成虫及为害果实症状

3. 肾毒蛾

分布为害　肾毒蛾（*Cifuna locuples*）北起黑龙江、内蒙古，南至台湾、广东、广西、云南，东近国境线，西限自陕西、甘肃折入四川、云南，并再西延至西藏。以幼虫取食叶片，吃成缺刻、孔洞，严重时将叶片吃光，仅剩叶脉（图14-30）。

形态特征　参考大豆虫害——豆毒蛾。

发生规律　长江流域每年发生3代。以幼虫在枯枝落叶或树皮缝隙等处越冬。在长江流域，4月开始为害，5月幼虫老熟化蛹，6月第1代成虫出现。成虫具有趋光性，常产卵于叶片背面。幼虫3龄前群聚叶背剥食叶肉，吃成网状或孔洞状。3龄以后分散为害，4龄幼虫食量大增，5～6龄幼虫进入暴食期，蚕食叶片。老熟幼虫在叶背吐丝结茧化蛹。

图14-30　肾毒蛾为害叶片症状

防治方法　清除田间枯枝落叶，减少越冬幼虫数量。掌握在各代幼虫分散为害之前，及时摘除群集为害虫叶，杀灭低龄幼虫。

幼虫在3龄以前多群聚，不甚活动，抗药力弱。可喷施20%除虫脲悬浮剂2 000～3 000倍液、25%灭幼脲悬浮剂2 000～2 500倍液、1%阿维菌素乳油3 000～4 000倍液、10%二氯苯醚菊酯乳油4 000～6 000倍液、2.5%溴氰菊酯乳油2 000～3 000倍液、10%联苯菊酯乳油2 000～2 500倍液、30%氰戊菊酯乳油2 500～3 000倍液、20%灭多威乳油1 500～2 000倍液、90%晶体敌百虫800～1 000倍液。

4. 棕榈蓟马

分布为害　棕榈蓟马（*Thrips palmi*）以成虫和若虫唑吸寄主的心叶、嫩芽、花和幼果的汁液，被害的生长点萎缩变黑，出现丛生现象，叶片受害后在叶脉间留下灰色斑，并可连成片，叶片上卷，心叶不能展开，植株矮小，发育不良（图14-31、图14-32）。

形态特征　成虫体细长，褐色至橙黄色，头近方形，复眼稍凸出，单眼3个，红色，三角形排列，单眼前鬃1对，位于前单眼之前，单眼间鬃1对，位于单眼三角形连线的外缘，即前单眼的

图14-31 棕榈蓟马为害叶片症状

图14-32 棕榈蓟马为害花器症状

图14-33 棕榈蓟马成虫

两侧各1根（图14-33）。触角7节。翅狭长，周缘具长毛。前翅前脉基半部有7根鬃，端半部有3根鬃，前胸盾片后缘角上有2对长鬃。卵长椭圆形，黄白色，在被害叶上针点状白色卵痕内，卵孵化后卵痕为黄褐色。若虫黄白色，复眼红色，初孵幼虫极微细，体白色，1、2龄若虫无翅芽和单眼，体色逐渐由白转黄；3龄若虫（前蛹）翅芽伸达第3、4腹节；4龄若虫称伪蛹，体色金黄，不取食，翅芽伸达腹部末端。

发生规律 广东一年发生20～21代，周年繁殖，世代严重重叠。多以成虫在茄科、豆科蔬菜或杂草上、土块下、土缝中、枯枝落叶间越冬，少数以若虫越冬。第二年气温升至12℃时越冬成虫开始活动。4月初在田间发生，7月下旬至9月进入发生为害高峰，秋瓜收获后成虫向越冬寄主转移。成虫具迁飞性和喜嫩绿习性，爬行敏捷、善跳，有趋蓝色特性，多在节瓜嫩梢或瓜毛丛中取食，部分在叶背为害，以孤雌生殖为主。卵孵化多在傍晚。初孵若虫有群集性，1～2龄若虫在嫩叶上或幼瓜的毛丛中活动取食，2龄末期若虫有自然落地习性，从土缝中钻入地下3～5cm处静伏后蜕皮成前蛹经数日再蜕皮成伪蛹。此虫较耐高温，在15～32℃条件下均可正常发育，土壤含水量8%～18%最适宜，夏秋两季发生较严重。

防治方法 清除田间残株落叶、杂草，消灭虫源，春季适期早播、早育苗，采用营养方法育苗，加强水肥管理等栽培技术，促进植株生长，栽培时采用地膜覆盖，可减少出土成虫为害和幼虫落地入土化蛹。

当每片嫩叶上有虫2～3头时进行防治。可选用10%吡虫啉可湿性粉剂2 000～3 000倍液、25%喹硫磷乳油1 000～1 500倍液、48%毒死蜱乳油1 000～2 000倍液、40%水胺硫磷乳油1 000～1 500倍液、20%哒嗪硫磷乳油1 500～2 000倍液、50%吡唑硫磷乳油1 000～2 000倍液、50%混灭威乳油2 000～2 500倍液、25%甲萘威可湿性粉剂500～800倍液、2.5%溴氰菊酯乳油2 000～3 000倍液、25%噻虫嗪水分散粒剂3 000～4 000倍液喷雾，每隔7～10天喷1次，连续防治2～3次。

第十五章　核桃病虫害原色图解

一、核桃病害

核桃病害有30多种，其中核桃腐烂病、枝枯病、黑斑病和炭疽病对核桃为害较严重。

1. 核桃炭疽病

分布为害　核桃炭疽病在河南、山东、河北、山西、陕西、四川、江苏、辽宁等地均有不同程度发生，在新疆核桃上为害较严重。

症　状　主要为害果实，亦为害叶、芽、嫩枝，苗木及大树均可受害。果实受害后，病斑初为黑褐色，近圆形，后变黑色凹陷，由小逐渐扩大为近圆形或不规则形。发病条件适宜，病斑扩大后，整个果实变暗褐色最后腐烂，变黑、发臭，果仁干瘪（图15-1）。叶片感病后发生黄色不规则病斑，在叶脉两侧呈长条状枯斑，在叶缘发病呈枯黄色病斑。严重时全叶变黄造成早期落叶（图15-2）。

图15-1　核桃炭疽病为害果实症状　　　　图15-2　核桃炭疽病为害叶片症状

病　原　有性世代称围小丛壳 *Glomerella cingulata*，属子囊菌亚门真菌。无性世代为盘长孢状刺盘孢 *Gloeosporium rufomaculans*，属半知菌亚门真菌。子囊壳褐色，球形或梨形，具喙，子囊平行排列在壳内，无色，棍棒状，内生8个子囊孢子，单胞无色，圆筒形，略弯曲。分生孢子盘在果实的表皮下，褐色，未见刚毛。分生孢子圆柱形，单胞无色。

发生规律　以菌丝体在病果、病叶、病枝和芽鳞中越冬，翌年4~5月形成分生孢子，借风雨及昆虫传播，从伤口和自然孔口侵入。一般7月至9月初均能发病，其病原菌7月出现于林间，8月上旬开始产生孢子，8月底为发病和分生孢子流行高峰期，9月初采果前果实迅速变黑，品质大大下降。

防治方法　及时从园中捡出落地病果，扫除病落叶，结合冬剪，剪除病枝，集中烧毁。栽植早实矮冠品种时，注意合理密植和株、行距间通风透光良好。

发芽前喷洒波美3~5度石硫合剂，消灭越冬病菌。展叶期和6~7月各喷洒1:0.5:200倍波尔多液1次。

花后3周开始喷药，可用50%福美双可湿性粉剂500倍液、50%多菌灵可湿性粉剂600倍液、75%百菌清可湿性粉剂600倍液、70%甲基硫菌灵可湿性粉剂800~1 000倍液，间隔10~15天喷

1次，连喷2~3次。

病害发生初期，可喷施60%噻菌灵可湿性粉剂1 500~2 000倍液、10%苯醚甲环唑水分散粒剂2 500~3 000倍液、40%氟硅唑乳油8 000~10 000倍液、5%己唑醇悬浮剂800~1 500倍液、40%腈菌唑水分散粒剂6 000~7 000倍液、25%咪鲜胺乳油800~1 000倍液、50%咪鲜胺锰络化合物可湿性粉剂1 000~1 500倍液、6%氯苯嘧啶醇可湿性粉剂1 000~1 500倍液、2%嘧啶核苷类抗生素水剂200~300倍液、1%中生菌素水剂250~500倍液等。

2. 核桃枝枯病

分布为害 核桃枝枯病在河南、山东、河北、陕西、山西、江苏、浙江、云南、黑龙江、吉林、辽宁等地均有发生和为害。

症 状 多发生在1~2年生枝条上，造成大量枝条枯死，影响树体发育和核桃产量。该病为害枝条及干，尤其是1~2年生枝条，病菌先侵害幼嫩的短枝，从顶端开始渐向下蔓延至主干。被害枝条皮层初呈暗灰褐色，后变为浅红褐色或深灰色，大枝病部下陷，病死枝干的木栓层散生很多黑色小粒点。受害枝上叶片逐渐变黄脱落，枝皮失绿变成灰褐色，逐渐干燥开裂，病斑围绕枝条一周，枝干枯死，甚至全树死亡（图15-3）。

图15-3 核桃枝枯病为害枝条症状

病 原 有性阶段为核桃黑盘壳菌 *Melanconium juglandis*，属子囊菌亚门真菌。无性阶段为核桃圆黑盘孢*Melanconium juglandinum*，属半知菌亚门真菌。分生孢子盘埋生在寄主表皮下，后突破表皮露出；分生孢子梗密生在分生孢子盘上，不分枝，浅灰色或无色；分生孢子着生在分生孢子梗顶端，卵圆形至椭圆形，多两端钝圆，有的一端略尖，暗褐色，单胞。子囊壳埋生在子座里，子囊孢子双胞，隔膜在细胞中部，浅色或无色。

发生规律 以分生孢子盘或菌丝体在枝条、树干的病部越冬。翌春条件适宜时产生的分生孢子借风雨、昆虫从伤口或嫩梢进行初次侵染，发病后又产生孢子进行再次侵染。5~6月发病，7—8月为发病盛期，9月后停止发病。空气湿度大和雨水多年份发病较重，受冻和抽条严重幼树易感病。

防治方法 加强核桃园栽培管理，增施肥水，增强树势，提高抗病能力。彻底清除病株、枯死枝，集中烧毁。核桃剪枝应在展叶后落叶前进行，休眠期间不宜剪锯枝条，引起伤流而死枝死树。

冬季或早春树干涂白。涂白剂配方：生石灰12.5kg，食盐1.5kg，植物油0.25kg，硫磺粉

0.5kg，水50kg。

刮除病斑。如发现主干上有病斑，可用利刀刮除病部，并用1%硫酸铜消毒伤口后，涂刷50%福美双可湿性粉剂30～50倍液、波美3～5度石硫合剂、5%菌毒清水剂30倍液涂抹消毒。

发芽前可喷3波美度石硫合剂、50%福美双可湿性粉剂100倍液。

生长季节可喷70%甲基硫菌灵可湿性粉剂1 000倍液、45%代森铵水剂1 000倍液、70%代森锰锌可湿性粉剂1 000～1 200倍液，间隔10～15天喷1次，共喷2～3次，交替使用。

3. 核桃黑斑病

分布为害 核桃黑斑病遍及河南全省，在其他各省核桃产区均有发生。

症 状 主要为害叶片、新梢、果实及雄花。在嫩叶上病斑褐色，多角形，在较老叶片上病斑呈圆形，中央灰褐色，边缘褐色，有时外围有黄色晕圈，中央灰褐色部分有时形成穿孔，严重时病斑互相连接（图15-4）。有时叶柄也可出现边缘褐色，中央灰色，外围有黄晕圈病斑，枝梢上病斑长形，褐色，稍凹陷，严重时病斑包围枝条使上部枯死（图15-5）。果实受害初期表面出现小而稍隆起的油浸状褐色软斑，后迅速扩大渐凹陷变黑，外围有水渍状晕纹，果实由外向内腐烂至核壳（图15-6）。

图15-4 核桃黑斑病为害叶片症状

图15-5　核桃黑斑病为害新梢症状

图15-6　核桃黑斑病为害果实症状

病　　原　核桃黄单胞杆菌*Xanthomonas campestris* pv. *juglandis*，属细菌。菌体短杆状，极生一鞭毛。

发生规律　病原细菌在感病果实、枝梢、芽或茎的病斑上越冬，翌春细菌自病斑内溢出，借风雨和昆虫传到叶、果及嫩枝上，也可入侵花粉后借花粉传播。细菌自气孔、皮孔、蜜腺及各种伤口侵入。发病与雨水关系密切，雨后病害常迅速蔓延。展叶及花期最易感病。

防治方法　选择抗病品种，加强土肥水管理，山区注意创树盘，蓄水保墒，保持树体健壮生长，增强抗病能力。及时清除病叶、病果、病枝和核桃采收后脱下的果皮，集中烧毁或深埋。

谨防蛀果害虫核桃举肢蛾，在幼虫发生期，可用20%溴氰菊酯乳油2 000～2 500倍液喷雾防治，减少蛀果，减轻病害。

核桃发芽前喷洒1次波美3～5度石硫合剂；展叶时喷洒1∶0.5∶200倍波尔多液、50%甲基硫菌灵可湿性粉剂1 000～1 500倍液。

落花后7～10天为侵染果实的关键时期，可喷施70%甲基硫菌灵可湿性粉剂800～1 000倍液、30%琥胶肥酸铜可湿性粉剂500倍液、60%琥·乙膦铝可湿性粉剂500倍液、72%农用链霉素可溶性粉剂3 000～4 000倍液、50%氯溴异氰尿酸可溶性粉剂1 200倍液等药剂，每隔10～15天喷1次，连喷2～3次。

4.核桃腐烂病

分布为害 该病在西北、华北各省及山东、山西、安徽等省的核桃产区均有发生和为害。

症　状 主要为害枝干树皮，因树龄和感病部位不同，其病害症状也不同，大树主干感病后，病斑初期隐藏在皮层内，俗称"湿囊皮"（图15－7）。树皮纵裂，沿树皮裂缝流出黑水干后发亮，好似刷了一层黑漆，幼树主干和侧枝受害后，病斑初期近于梭形，呈暗灰色，水浸状，微肿起，用手指按压病部，流出带泡沫的液体，有酒糟气味。病斑沿树干纵横方向发展，后期病斑皮层纵向开裂，流出大量黑水，当病斑环绕树干一周时，导致幼树侧枝或全株枯死。

图15－7 核桃腐烂病为害主干症状

病　原 胡桃壳囊孢 *Cytcospora juglandicola*，属半知菌亚门真菌。分生孢子器埋生在寄主表皮的子座中。分生孢子器形状不规则，多室，黑褐色具长颈，成熟后突破表皮外露。分生孢子单胞、无色、香蕉状。

发生规律 以菌丝体或子座及分生孢子器在病部越冬。翌春核桃树液流动后，遇有适宜发病条件，产出分生孢子，分生孢子通过风雨或昆虫传播，从嫁接口、伤口等处侵入，病害发生后逐渐扩展。生长期可发生多次侵染。春秋两季为一年的发病高峰期，特别是在4月中旬至5月下旬为害最重。一般在核桃树管理粗放，土层瘠薄，排水不良，肥水不足，树势衰弱或遭受冻害及盐害的核桃树易感染此病。

防治方法 对于土壤结构不良、土层瘠薄、盐碱重的果园，应先改良土壤，促进根系发育良好。并增施有机肥料。合理修剪，及时清理剪除病枝、死枝、刮除病皮，集中销毁。增强树势，提高抗病能力。

早春发芽前、6～7月和9月，在主干和主枝的中下部喷2～3波美度的石硫合剂，50%福美双可湿性粉剂50～100倍液，铲除核桃腐烂病。

刮治病斑，在病斑外围1.5cm左右处划一"隔离圈"，深达木质部，然后在圈内相距0.5～1.0cm。划交叉平行线，再涂药保护。常用药剂有4～6波美度的石硫合剂、50%福美双50倍液等，亦可直接在病斑上敷3～4cm厚的稀泥，超出病斑边缘3～4cm，用塑料纸裹紧即可。

二、核桃虫害

核桃害虫有20多种，其中，核桃举肢蛾、木橑尺蠖、云斑天牛、芳香木蠹蛾是核桃的重要害虫，由于各地环境、气候、管理措施的差异，重点防治的对象也不尽相同，在制定防治方法时能够地面防治的尽量把害虫控制在上树以前。

1. 核桃举肢蛾

分　布　核桃举肢蛾（*Atrijuglans hetaohei*）分布于河南、河北、山西、陕西、甘肃、四川、贵州等核桃产区。

为害特点　幼虫蛀入果实后蛀孔现水珠，初期透明，后变为琥珀色。幼虫在表皮内纵横穿食为害，虫道内充满虫粪，一个果内幼虫可达几头。被害处果皮发黑，并逐渐凹陷、皱缩，使整个果皮全部变黑，皱缩变成黑核桃，有的果实呈片状或条状黑斑。核桃仁发育不良，表现干缩而黑，故又称为"核桃黑"。早期钻入硬壳内的部分幼虫可蛀种仁，有的蛀食果柄，破坏维管束组织，引起早期落果。有的被害果全部变黑干缩在枝条上。

形态特征　雌蛾体长5～8mm，翅展13mm；雄虫较小，全体黑褐色，有光泽。复眼红色，触角丝状，下唇须发达，从头部前方向上弯曲。头部褐色被银灰色大鳞片。腹部有黑白相间的鳞毛。前翅黑褐色，端部1/3处有一月牙形白斑，后缘基部1/3处有一椭圆白斑；后翅褐色，有金光（图15-8）。足白色有褐斑，后足较长，静止时向侧后上方举起，故称举肢蛾。卵长圆形，初产时为乳白色，后渐变为黄白色、黄色或淡红色，孵化前呈红褐色。初孵

图15-8　核桃举肢蛾成虫

幼虫体乳白色，头部黄褐色；老熟幼虫体淡黄白色，各节均有白色刚毛，头部暗褐色。蛹纺锤形，被蛹，黄褐色。茧椭圆形，褐色。

发生规律　在河南1年发生2代，以老熟幼虫在树冠下1～3cm深的土内，石块与土壤间或树干基部皮缝内结茧越冬。第2年6月上旬至7月化蛹，6月下旬为化蛹盛期。6月下旬至7月上旬为羽化盛期。7月中旬开始咬穿果皮脱果入土结茧越冬。第二代幼虫蛀果时核壳已经硬化，主要在青果皮内为害，8月上旬至9月上旬脱果结茧越冬。一般深山区被害重，川边河谷地和浅山区受害轻；阴坡比阳坡被害重；沟里比沟外重；荒坡地比耕地被害重；5-6月干旱的年份发生较轻，成虫羽化期多雨潮湿的年份发生严重。

防治方法　冬、春细致耕翻树盘，消灭土中越冬成虫或虫蛹。7月上旬摘除树上被害果并集中处理。

成虫羽化出土前，可用50%辛硫磷乳油或50%喹硫磷乳油200～300倍液树下喷洒，然后浅锄或盖一薄层土。

以5月下旬至6月上旬和6月中旬至7月上旬，为两个防治关键期。可喷5%高效氯氰菊酯乳油3 000倍液、2.5%溴氰菊酯乳油3 000倍液、20%甲氰菊酯乳油2 500倍液、20%菊·马乳油2 000倍液、50%辛硫磷乳油1 500倍液、50%杀螟松乳油1 000倍液、50%敌敌畏乳油1 000倍液、20%氰戊菊酯乳油2 000～3 000倍液、40%乐果乳油1 000倍液喷洒树冠和树干，间隔10～15天喷1次，连喷2～3次，可杀死羽化成虫、卵和初孵幼虫。

2. 木橑尺蠖

分　布　　木　尺蠖（*Culcula panterinaria*）分布于河北、河南、山东、山西、陕西、四川、台湾、北京等省、直辖市。

为害特点　　主要以幼虫为害叶片，小幼虫将叶片吃成缺刻与孔洞，是一种暴食性害虫，发生量大时3～5天即可将叶片全部吃光而留下叶柄，群众又称其为"一扫光"。此虫发生密度大时大片果园叶片被吃光，造成树势衰弱、核桃大量减产。

形态特征　　成虫体白色，头棕黄，复眼暗褐，触角丝状，雄虫短羽状。胸背有棕黄色鳞毛，中央有1浅灰色斑纹，前后翅均有不规则的灰色和橙色斑点，中室端部呈灰色不规则块状，在前后翅外线上各有一串橙色和深褐色圆斑，但隐显差异大；前翅基部有1个橙色大圆斑（图15-9）。雌腹部肥大末端具棕黄色毛

图15-9　木橑尺蠖成虫

丛；雄腹瘦，末端鳞毛稀少。卵椭圆形，初绿渐变灰绿，近孵化前黑色，数10粒成块，上覆棕黄色鳞毛。幼虫体色似树皮，体上布满灰白色颗粒小点。蛹初绿色，后变黑褐色，表面光滑。

发生规律　　在山西、河南、河北每年发生1代。以蛹隐藏石堰根、梯田石缝内，以及树干周围土内3cm深处越冬，也有在杂草、碎石堆下越冬的。翌年5月上旬羽化为成虫，7月中下旬为盛期，8月底为末期。7月上旬孵化出幼虫，幼虫爬行很快，并能吐丝下垂借风力转移为害。8月中旬老熟幼虫坠地上，少数幼虫顺树干下爬或吐丝下垂着地化蛹。5月降雨较多，成虫羽化率高，幼虫发生量大，为害严重。

防治方法　　用黑光灯诱杀成虫或清晨人工捕捉，也可在早晨成虫翅受潮时扑杀。成虫羽化前在虫口密度大的地区组织人工于早春、晚秋挖蛹集中杀死。

在3龄前用药防治，各代幼虫孵化盛期，特别是第1代幼虫孵化期，喷施90%晶体敌百虫800～1 000倍液、50%杀螟硫磷乳油1 000倍液、50%辛硫磷乳油1 200倍液、50%马拉硫磷乳油800倍液、2.5%氯氟氰菊酯乳油5 000倍液、20%甲氰菊酯乳油2 000倍液、25%亚胺硫磷乳油1 000倍液、50%辛·敌乳油1 500～2 000倍液、30%氧乐·氰乳油2 000～3 000倍液、10%联苯菊酯乳油6 000～8 000倍液、20%氰戊菊酯乳油3 000～4 000倍液等药剂。

3. 云斑天牛

分布为害　　云斑天牛（*Batocera horsfiedi*）在我国各地均有发生。幼虫先在树皮下蛀食，经皮层、韧皮部，后逐渐深入木质，蛀成粗大的纵的或斜的隧道，破坏输导组织；树干被害后流出黑水（图15-10），从蛀孔排出粪便和木屑，树干被蛀空而使全树衰弱或枯死，成虫啃食新枝嫩皮，使新枝枯死，幼虫蛀食韧皮

图15-10　云斑天牛为害枝干症状

部，后钻入木质部，易受风折。严重受害树可整枝、整株枯死。

形态特征 成虫体黑色或黑褐色，密披灰色绒毛，前胸背中央有一对肾形白色毛斑，小盾片披白毛。翅鞘白斑形状不规则，一般排成2～3行，每行由2～4块小斑组成（图15-11）。雌虫触角较身体略长，雄虫触角超过体长3、4节，触角从第3节起，每节下沿都有许多细齿，雄虫尤为显著。前胸背平坦，侧刺突向后弯曲，肩刺上翘，鞘翅基部密布瘤状颗粒，两翅鞘的后缘有一对小刺。卵：长椭圆形，略扁、稍弯曲，土黄色，表面坚韧光滑。幼虫：体略扁，淡黄白色，头部扁平，半截缩于胸部。蛹：初乳白色，后变黄褐色。

发生规律 2～3年发生1代，以成虫或幼虫在蛀道中越冬。越冬成虫于5-6月咬羽化孔钻出树干，在树干或斜枝下面产卵，6月中旬进入孵化盛期，初孵幼虫把皮层蛀成三角形蛀道，木屑

图15-11 云斑天牛成虫

和粪便从蛀孔排出，致树皮外胀纵裂。深秋时节，蛀一休眠室休眠越冬，翌年4月继续活动，8～9月老熟幼虫在肾状蛹室里化蛹。羽化后越冬于蛹室内，第3年5～6月才出树。3年1代者，第4年5～6月成虫出树。

防治方法 果园内及附近最好不种植桑树，以减少虫源。结合修剪除掉虫枝，集中处理。利用成虫有趋光性，不喜飞翔，行动慢，受惊后发出声音的特点，在5～6月成虫发生盛期及时捕杀成虫，消灭在产卵之前。

成虫发生期结合防治其他害虫，喷洒残效期长的触杀剂，25%对硫磷胶囊剂500倍液、40%乐果乳油500倍液，枝干上要喷周到。

毒杀幼虫：蛀入木质部的幼虫可从新鲜排粪孔注入药液，如50%辛硫磷乳油10～20倍液、80%敌敌畏乳剂100倍液，每孔最多注10ml药液，然后用湿泥封孔，杀虫效果很好。

4. 草履蚧

分布为害 草履蚧（*Drosicha corpulenta*）近年来为害日趋严重，致使树势衰弱，面积减少，产量下降。若虫早春上树后，群集嫩芽上吸食叶汁液，大龄若虫喜于二年生枝上刺吸为害，常导致枯萎，不能萌发成梢。

形态特征 雌成虫无翅（图15-12），扁平，椭圆形，背面灰褐色，腹面黄褐色，触角和足为黑色，第一脚节腹面生丝状口器。雄虫体有翅（图15-13），淡红色。若虫体形似雌成虫，较小、色深。卵椭圆形，近孵化时呈褐色，包裹于白色绵状卵囊中。

图15-12 草履蚧雌成虫

图15-13 草履蚧雄成虫

发生规律　一年发生1代，以卵在距树干基部附近5～7cm深的土中越冬，翌年2月下旬开始孵化，初孵幼虫在卵囊中或其附近活动，一般年份3月上旬天气稍暖即开始出土爬到树上，沿树干成群爬到幼枝嫩芽上吸食汁液，若天气寒冷，傍晚下树钻入土逢等处潜伏，也有的藏于树皮裂缝中，次日中午前后温度高时再上树活动取食。4月下旬在树皮裂缝中分泌白色蜡毛化蛹，雌虫交尾后，5月上旬羽化成虫；雌若虫蜕皮3次变为成虫，5月中旬开始下树，钻入树干基部附近5～7cm深的土中分泌出绵状囊并产卵于卵囊中，产卵后雌成虫干缩死亡，以卵越夏越冬。

防治方法　结合秋施基肥、翻树盘管理措施，收集树干周围土壤中的卵囊集中烧毁；5月中旬雌成虫下树产卵前，在树干基部周围挖半径100cm、深15cm的浅坑，放置树叶、杂草，诱集成虫产卵。

2月初若虫上树前，刮除树干基部粗皮并涂粘虫胶带，阻止若虫上树。粘虫胶可用废机油、柴油1.0kg加热后放入0.5kg松香料配制而成；也可刷涂用40%氧乐果1份与废机油5份充分搅拌均匀配成的药油；在树干周围反漏斗式绑塑料薄膜效果也很好。

1月下旬对树干基部喷洒40%辛硫磷乳油150倍液，杀死初孵若虫。

5. 核桃缀叶螟

分布为害　核桃缀叶螟（*Locastra muscosalis*）分布在华北、西北和中南等地。初龄幼虫群居在叶面吐丝结网，稍长大，由一窝分为几群，把叶片缀在一起，使叶片呈筒形，幼虫在其中食害，并把粪便排在里面，最初卷食复叶，复叶卷的越来越多最后成团状。

形态特征　成虫全体黄褐色（图15-14）。触角丝状，复眼绿褐色。前翅色深，稍带淡红褐色。后翅灰褐色，接近外缘颜色逐渐加深。卵球形，密集排列成鱼鳞状。老熟幼虫头黑褐色（图15-15），有光泽。前胸背板黑色，背中线较宽，杏红色，全体疏生短毛。蛹深褐色至黑色。茧深褐色，扁椭圆形（图15-16）。

图15-14　核桃缀叶螟成虫

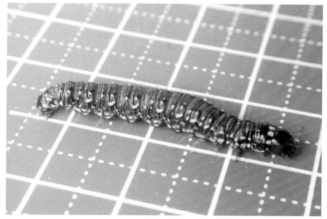

图15-15　核桃缀叶螟幼虫

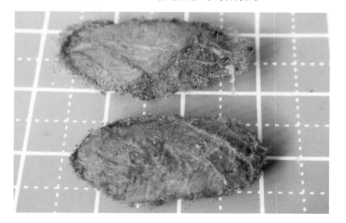

图15-16　核桃缀叶螟茧

发生规律 1年发生1代，以老熟幼虫在根茎部及土中结茧越冬。翌年6月中旬越冬幼虫开始化蛹，化蛹盛期在6月底至7月中旬，末期在8月上旬。6月下旬开始羽化出成虫，7月中旬为羽化盛期，末期在8月上旬。7月上旬孵化幼虫，7月末至8月初为盛期。8、9月间入土越冬。

防治方法 挖除虫茧，虫茧在树根旁或松软土里比较集中，在封冻前或解冻后挖虫茧。幼虫多在树冠上部和外围结网卷叶为害，可以用钩镰把虫枝砍下，消灭幼虫。

在7月中下旬幼虫为害初期，喷施50%杀螟硫磷乳油2 000倍液、50%辛硫磷乳油2 000～3 000倍液、90%晶体敌百虫800倍液、25%甲萘威可湿性粉剂500～800倍液等药剂。

6. 芳香木蠹蛾

分布为害 芳香木蠹蛾（*Cossus orientalis*）分布于东北、华北、西北、华东各地核桃产区。以幼虫为害树干根颈部和根部的皮层和木质部，被害树叶片发黄，叶缘焦枯，树势衰弱，根颈部皮层剥离，敲击树皮有内部空的感觉，根颈部有虫粪露出，剥开皮有很多虫粪和成群的幼虫。为害严重时，造成核桃整株枯死。

形态特征 成虫体灰褐色，触角单栉状（图15-17），中部栉齿宽，末端渐小；翼片及头顶毛丛鲜黄色，翅基片、胸部背部土褐色；后胸具1条黑横带。前翅灰褐色，基半部银灰色，前缘生8条短黑纹，中室内3/4处及稍向外具2条短横线；翅端半部褐色，横条纹多变化。雌蛾触角单栉状，体翅灰褐色。卵近卵圆形，表面有纵脊与横道，初乳白孵化前暗褐色。幼虫体略扁，背面紫红色有光泽，体侧红黄色，腹面淡红至黄色，头紫黑色（图15-18）。蛹暗褐色，刺较粗（图15-19），后列短不达气门，刺较细。茧长椭圆形。

图15-17 芳香木蠹蛾成虫

图15-18 芳香木蠹蛾幼虫

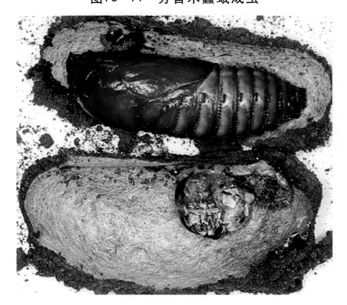

图15-19 芳香木蠹蛾蛹及茧

发生规律　东北、华北2年1代，以幼虫于树干内或土中越冬。常数头乃至10数头在一块过冬，挖出后常是一窝幼虫将根颈、树干蛀成大孔洞。4—6月陆续老熟结茧化蛹，在根颈蛀成粗大虫孔。5月中旬开始羽化，6—7月为成虫盛发期。羽化后次日开始交配、产卵，多产在干基部皮缝内，堆生或块生，每堆有卵数10粒。初孵幼虫群集蛀入皮内，多在韧皮部与木质部之间及边材部筑成不规则的隧道，常造成树皮剥离，至秋后越冬。第2年春分散蛀入木质部内为害，隧道多从上向下，至秋末越冬，2年1代者有的钻出树外在土中越冬。第3年4—6月陆续化蛹羽化。3年1代者幼虫第3年7月上旬至9月上中旬老熟蛀至边材，于皮下蛀羽化孔或爬出于外于土中先结薄茧，幼虫卷曲居内越冬。第4年春化蛹羽化。

防治方法　在树干基部有被害状处挖出幼虫杀死。严冬季节，把被虫蛀伤植株的树皮剥去，用火烧掉。树干涂白剂，防止成虫产卵为害。

毒杀幼虫，用40%乐果乳油或50%敌敌畏乳油、50%杀螟硫磷乳油、50%辛硫磷乳油100倍液、80%晶体敌百虫20～30倍液、25%喹硫磷乳油30～50倍液、56%磷化铝片剂每孔放1/5片，注入虫道而后用泥堵住虫孔，以毒杀幼虫。

抓住成虫产卵期在树干基部2m以下树干喷35%高效氯氰菊酯乳油3 000～4 000倍液、2.5%溴氰菊酯乳油2 000～4 000倍液、20%氰戊菊酯乳油2 000～3 000倍液、20%甲氰菊酯乳油2 000～3 000倍液、50%辛硫磷乳油1 000倍液，毒杀卵和初孵幼虫。

7. 核桃叶甲

分布为害　核桃叶甲（*Gastrolina depressa*）分布地区，从东北南部到华北各省，南至江西、四川、云南等地。以成虫、幼虫群集取食叶肉，受害叶呈网状，很快变黑枯死。

形态特征　成虫体扁平略呈长方形，青蓝色至紫蓝色（图15-20）。头部有粗大的点刻。前胸背板的点刻不显著，两侧黄褐色，且点刻较粗。翅鞘点刻粗大，纵列于翅面，有纵横棱纹，翅基部两侧较隆起，翅边缘有折缘。卵：黄绿色。幼虫：初龄幼虫体黑色，老熟幼虫胴部暗黄色，前胸背板淡红色，以后各节背板淡黄色，沿气门上线有突起。蛹：黑褐色，胸部有灰白纹，背面中央为黑褐色，腹末附有幼虫蜕的皮。

图15-20　核桃叶甲成虫

发生规律　一年发生1代，以成虫在地面被覆盖物中及树干基部的皮缝过冬。华北翌年5月初开始活动，成虫群集嫩叶上，将嫩时食为网状，有的破碎。成虫特别贪食，腹部膨胀成鼓囊状，露出翅鞘一半以上，仍不停取食。产卵于叶背。幼虫孵化后群集叶背取食，使叶呈现一片枯黄。6月下旬幼虫老熟，以腹部末端附于叶上，倒悬化蛹。经4～5天后成虫羽化，进行短期取食后即潜伏越冬。

防治方法　人工防治冬季人工刮树干基部老皮，消灭越冬成虫，或在翌年上树为害期捕捉成虫。

幼虫发生期，可喷施90%晶体敌百虫800倍液、80%敌敌畏乳油800倍液、50%辛硫磷乳油1 000倍液等药剂。

第十六章　板栗病虫害原色图解

一、板栗病害

1. 板栗干枯病

分布为害　板栗干枯病为世界性栗树病，在欧美各国广为流行，几乎毁灭了所有的栗林，造成巨大损失。我国板栗被世界公认为高度抗病的树种。近年来，板栗干枯病在四川、重庆、浙江、广东、河南等地均有发生，在部分地区已造成严重为害。

症　状　主要为害主干和枝条，发病初期病部表皮出现圆形或不规则的褐色病斑，病部皮层组织松软、稍隆起，有时流出黄褐色汁液，剥开病皮可见病部皮层组织溃烂，木质部变红褐色、水浸状，有浓酒糟味。以后病斑不断增大，可侵染树干一周，并上下扩展（图16-1，图16-2）。

图16-1　板栗干枯病为害主干症状

图16-2　板栗干枯病为害枝条症状

病　　　原　寄生风座壳菌*Endothia parasitica*，属子囊菌亚门真菌。子座圆锥状，红棕色，内生分生孢子器，分生孢子梗单生，分生孢子圆桶形，无色。

发生规律　病菌以子座和扇状丝层在病皮内越冬，分生孢子和子囊孢子均能侵染，分生孢子于5月开始释放，借雨水、昆虫、鸟类从伤口侵入，子囊孢子于3月上旬成熟释放，借风传播，也从伤口侵入寄主。新病斑始现于3月底或4月初，扩展很快，至10月逐渐停止。栗园管理不善，过度修枝，树势衰弱，人畜破坏，都会引起树势衰退而诱发此病。

防治方法　禁止病区的苗木、接穗运往无病区，可阻止有毒菌系的侵染。加强栗园管理，适时施肥、灌水、中耕、除草，以增强树势，提高抗病力，并及时防治蛀干害虫，严防人畜损伤枝干，减少伤口侵染。及时剪除病死枝，对病皮、病枝，应带出栗园，彻底烧毁，防止病菌在园内飞散传播。

刮除主干和大枝上的病斑，深达木质部，涂抹波美10度石硫合剂、21%过氧乙酸水剂400~500倍液、60%腐植酸钠50~75倍液、5%菌毒清水剂100~200倍液、80%乙蒜素乳油200~400倍液，并涂波尔多液作为保护剂。

发芽前，喷1次2~3波美度的石硫合剂，在树干和主枝基部涂刷50%福美双可湿性粉剂80~100倍液。

4月中下旬，可用50%福美双可湿性粉剂100~200倍液喷树干。发芽后，再喷1次0.5波美度石硫合剂，保护伤口不被侵染，减少发病几率。

2. 板栗溃疡病

症　　　状　又称芽枯病，主要为害嫩芽。初春，刚萌发的芽呈水浸状变褐枯死（图16-3）。幼叶受染产生水浸状暗绿色的不规则病斑，后变为褐色，周围有黄绿色的晕圈（图16-4）。病斑扩大后，新梢扩大后蔓延到叶柄。最后叶片变褐并内卷，花穗枯死脱落。

图16-3　板栗溃疡病为害幼芽症状

图16-4　板栗溃疡病为害新叶症状

病　　原　丁香假单胞杆菌栗溃疡病致病型*Pesudomonas syringae* pv. *castaneae*，属细菌。

发生规律　病原细菌在病组织内越冬，板栗萌芽期开始侵染，在病部增殖的细菌经雨水向各部传染，展叶期为发病高峰期。大风天气发病较重。

防治方法　发现病芽、病枝及时剪除，销毁。

栗树萌芽前，涂1∶1∶20的波尔多液或3～5波美度石硫合剂、30%碱式硫酸铜悬浮剂300～400倍液等药剂，减少越冬病原。

病害发生初期，可用77%氢氧化铜可湿性粉剂500～800倍液、14%络氨铜水剂300倍液、60%琥·乙膦铝可湿性粉剂500倍液、47%春雷·氧氯化铜可湿性粉剂700倍液、50%氯溴异氰尿酸可溶性粉剂1 200倍液等药剂喷施。

3. 板栗炭疽病

症　　状　主要为害芽、枝梢、叶片。叶片上病斑不规则形至圆形（图16-5），褐色或暗褐色，常有红褐色的细边缘，上生许多小黑点；芽被害后，病部发褐腐烂，新梢最终枯死；小枝被害，易遭风折，受害栗棚主要在基部出现褐斑。受害栗果主要在种仁上发生近圆形、黑褐色或黑色的坏死斑，后果肉腐烂，干缩，外壳的尖端常变黑。

病　　原　*Colletorichum gloeosporioides*称胶孢炭疽菌，属半知菌亚门真菌。分生孢子盘埋生于表皮下，成熟后突破表皮，涌出分生孢子；分生孢子盘内平行排列一层圆柱形或倒钻形的分生孢子梗，顶端着生分生孢子，常成团，呈绯红色，单胞，长卵圆形，两端含两个油球。

发生规律　菌丝态在活体的芽、枝内潜伏越冬；地面上的病叶、病果均为越冬场所。条件合适时，10—11月便可长出子囊壳，翌年4—5月小枝或枝条上长出黑色分生孢子盘，分生孢子由风雨或昆虫传播，经皮孔或自表皮直接侵入。贮运期间无再侵

图16-5　板栗炭疽病为害叶片症状

染。采后栗棚、栗果大量堆积，若不迅速散热，腐烂严重。

防治方法　结合冬季修剪，剪除病枯枝，集中烧毁；喷施灭病威、多菌灵，或半量式波尔多液等药剂，特别是4-5月控制产生大量菌源。

冬季清园后喷施一次50%多菌灵可湿性粉剂600～800倍液。

4-5月和8月上旬，各喷1次波美0.2～0.3度石硫合剂、0.5%石灰半量式波尔多液、65%代森锌可湿性粉剂800倍液。

严格掌握采收的各个环节，适时采收，不宜提早收获。应待栗棚呈黄色，出现十字状开裂时，拾栗果与分次打棚。采收期每2～3天打棚1次，因不成熟栗果易失水腐烂。打棚后当日拾栗果，以上午10时以前拾果较好，重量损失少。

注意贮藏。采后将栗果迅速摊开散热，以产地沙藏较为实际。埋沙时，可先将沙以噻菌灵500mg/kg液湿润，贮温以5～10℃较宜。

4．板栗枝枯病

分布为害 板栗产区均有分布。

症 状 引起枝枯，在病部散生或群生小黑点，初埋生于表皮下，后外露（图16－6）。

图16－6 板栗枝枯病为害枝条症状

病 原 棒盘孢枝枯菌*Coryneum kunzei* var.*castaneae*，属半知菌亚门真菌。分生孢子盘垫状，黑色。分生孢子褐色，棒状，两端稍细，直或弯曲，具6～8个横隔。

发生规律 病菌多以菌丝体、子座在病组织中越冬，借风雨、昆虫及人为活动传播，从伤口和皮孔侵入。树势衰弱的树枝易发病。

防治方法 加强栽培管理，增强树势，提高抗病能力，是预防该病发生的根本措施。采收后深翻扩穴，并适当追施氮、磷、钾肥。加强修剪，促使通风透光，防止结果部位外移，控制大小年。及时剪除病梢，集中烧毁。

早春于发芽前用波美3～5度石硫合剂、21%过氧乙酸水剂400～500倍液喷雾，铲除越冬病菌。

5～6月，雨季开始时喷施50%多菌灵可湿性粉剂800～1 000倍液、36%甲基硫菌灵悬浮剂600～700倍液、50%苯菌灵可湿性粉剂1 000～1 500倍液，隔15天喷1次，连续喷2～3次。

二、板栗虫害

板栗害虫有20多种，为害板栗最为严重的是栗瘿蜂、栗大蚜、栗实象甲等。

1．栗实象甲

分布为害 栗实象甲（*Curculio davidi*）又名栗实象鼻虫，成虫取食嫩枝和幼果，成虫在栗蓬上咬一孔并产卵其中，幼虫在果内为害，幼蓬受害后易脱落，后期幼虫为害种仁，果内有虫粪，幼虫脱果后种皮上留有圆孔，被害果易霉烂（图16－7）。

形态特征 成虫体黑褐色（图16－8）。头管细长，尤以雌性突出，超过体长。触角膝状，着生于头管的1/2～1/3处。前胸背板及

图16－7 栗实象甲为害栗果症状

鞘翅上有由白色鳞片组成的斑块，翅长2/5处有1条白色横纹。腹部灰白色。卵椭圆形，初产时透明，近孵化时为乳白色。幼虫乳白色至淡黄色，头部黄褐色，无足，体常弯曲（图16-9）。蛹乳白色至灰白色，近羽化时灰黑色。

图16-8　栗实象甲成虫

图16-9　栗实象甲幼虫及为害状

发生规律　2年发生1代。以老熟幼虫在树冠下的土中越冬。夏季化蛹，8月间羽化为成虫，成虫羽化后先在土室内潜伏5~10天，而后钻出地面，成虫常在雨后1~3天大量出土。先到栗树上取食嫩枝补充营养，产卵期在8月上旬，盛期在8月中下旬。幼虫孵化后即取食种仁，前期被害果常早脱落，幼虫脱果后入土做土室越冬，后期蛀入果实的幼虫采收期仍在果内，采收后在堆积场脱果入土作土室越冬。

防治方法　冬季深翻树下土壤，破坏越冬环境以杀死幼虫。板栗采收要及时，栗园采摘要干净，防止幼虫在栗园中随脱果入土越冬。

7~8月，成虫发生期，树上喷施农药以杀死成虫。可喷40%乐果乳油1 000倍液、50%杀螟松乳油800倍液、20%氰戊菊酯乳油2 500倍液、2.5%溴氰菊酯乳油2 000倍液、4.5%高效氯氰菊酯乳油1 500倍液，每10天喷1次，共喷3次。

2．栗瘿蜂

分布为害　栗瘿蜂（*Dryocosmus kuriphilus*）分布于河北、河南、山西、陕西、江西、安徽、浙江、江苏、湖北、湖南、云南、福建、北京等省、直辖市。以幼虫为害栗树芽、新梢、叶片，严重地区枝条受害率70%~90%，严重影响栗树发育，造成减产（图16-10）。

图16-10　栗瘿蜂为害叶片症状

形态特征　成虫体黑褐色，具光泽。头横阔，与胸幅等宽。触角丝状，14节，每节着生稀疏细毛；柄节、梗节较粗，第3节较细，其余各节粗细相似。胸部光滑，中胸背板侧缘略具饰边，背面近中央有2条对称的弧形沟；小盾片近圆形，向上隆起，略具饰边，表面有不规则刻点，并被疏毛。卵椭圆形，乳白色，表面光滑。老熟幼虫体乳白色（图16-11），近老熟时为黄白色。蛹体较圆钝，胸部背面圆形突出，初化的蛹乳白色，近羽化时全体黑褐色。

发生规律　每年发生1代，以低龄幼虫在寄主芽内越冬。

图16-11　栗瘿蜂幼虫及其为害症状

每年3月中下旬栗芽萌动时，越冬幼虫开始活动，被害处逐渐肿大为瓢形、扁粒状的虫瘿。5月份幼虫老熟化蛹，江苏5月上旬，山东5月上中旬，河北、北京5月下旬至6月中旬。6月中旬至7月上旬羽化成虫，开始产卵，幼虫孵出后在芽内为害，在被害处形成椭圆形小室，并于其内越冬。管理粗放的栗园，地势低洼、向阳背风的栗园受害一般都较重。

防治方法　加强综合管理，合理修剪，使树体通风透光可减少发生。利用天敌防治害虫，冬季结合修剪，除去虫瘿枝条，并将剪下的枝条罩笼放置林内，待蜂羽化后再拿出栗园集中烧毁。5月底以前彻底摘除当年新生虫瘿，消灭越冬幼虫。

药剂喷杀刚出蛰的成虫。由于栗瘿蜂卵产在芽内，幼虫及蛹生活在瘿瘤中，只有成虫在外活动，以上午8~12时最多。所以，只有成虫期喷药才有效。栗瘿蜂成虫抗药力差，对拟除虫菊酯类农药十分敏感，根据晴朗无风出蜂多、活动弱的特点，及时喷药。药剂种类和浓度：50%辛硫磷乳油或50%杀螟松乳油1 000~1 500倍液、80%敌敌畏乳油或25%喹硫磷乳油2 000倍液、40%乐果乳油1 500~2 000倍液、50%马拉硫磷乳油1 000倍液喷雾、20%氰戊菊酯乳油1 500倍液，间隔10~15天再喷1次，连喷2~3次，防治效果较好。

3. 栗大蚜

分布为害　栗大蚜（*Lachnus tropicalis*）以成、若虫群集枝梢上或叶背面和栗蓬上吸食汁液为害，影响枝梢生长。

形态特征　有翅胎生雌蚜体黑色，被细短毛，腹部色较浅。翅色暗，翅脉黑色，前翅中部斜向后角处具白斑2个，前缘近顶角处具白斑1个。无翅胎生雌蚜体黑色被细毛，头胸部窄小略扁平，占体长1/3，腹部球形肥大，足细长（图16-12）。卵长椭圆形，初暗褐色，后变黑色具光泽。若虫多为黄褐色，与无翅胎生雌蚜相似，但体较小，色淡，后渐变深褐色至黑色，体平直近长椭圆形。

发生规律　一年发生多代，以卵在枝干皮缝处或表面越冬，阴面较多，常数百粒单层排在一起。翌年4月孵化，群集在枝梢上繁殖

图16-12　栗大蚜无翅胎生雌蚜

为害，5月产生有翅胎生雌蚜，迁飞扩散至嫩枝、叶、花及栗蓬上为害繁殖，常数百头群集吸食汁液，到10月中旬产生有性雌、雄蚜，交配产卵在树缝、伤疤等处，11月上旬进入产卵盛期。

防治方法 冬季刮皮消灭越冬卵。

早春发芽前，树上喷施5%柴油乳剂或黏土柴油乳剂，减少越冬虫卵。

越冬卵孵化后即为害期，及时喷洒50%抗蚜威超微可湿性粉剂2 000倍液、30%氧乐·氰乳油2 000倍液、50%蚜灭磷乳油1 000～1 500倍液、10%吡虫啉可湿性粉剂1 000倍液、10%氯氰菊酯乳油3 000倍液、20%氯·马乳油2 000倍液、2.5%氯氟氰菊乳油3 000倍液、40%氧乐果乳油2 000～3 000倍液等药剂。

4. 角纹卷叶蛾

分布为害 角纹卷叶蛾（*Archips xylosteana*）分布在东北、华北等果区。幼虫常吐丝将一张叶片先端横卷或纵卷成筒状，筒两端开放，幼虫转移频繁（图16-13）。

图16-13 角纹卷叶蛾为害叶片症状

形态特征 成虫：前翅棕黄色，斑纹暗褐色带有紫铜色；基斑呈指状出自翅基后缘上；中带上窄下宽，近中室外侧有一黑斑；端纹扩大呈三角形，顶角处有一黑色斑（图16-14）。卵：扁椭圆形，灰褐色至灰白色，外被有胶质膜。老熟幼虫头部黑色（图16-15），前胸盾前半部黄褐色，后半部黑褐色，胸足黑褐色，臀栉8齿，胴部灰绿色。蛹黄褐色。

图16-14 角纹卷叶蛾成虫

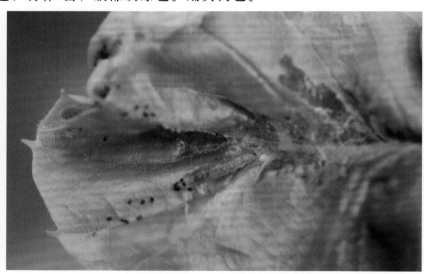

图16-15 角纹卷叶蛾幼虫

发生规律　在东北、华北一年发生1代，以卵块在枝条分叉处或芽基部越冬。4月下旬至5月中旬间孵化，初孵幼虫常爬到枝梢顶端群集为害，稍大后侧吐丝下垂，分散为害。6月下旬老熟幼虫在卷叶中化蛹，羽化后产卵越冬。

防治方法　结合冬剪剪除越冬卵块。

在越冬卵孵化盛期喷药防治初孵幼虫，可喷施20%灭幼脲悬浮剂2 000倍液、50%马拉硫磷乳油500倍液、50%辛硫磷乳油2 000倍液、1.8%阿维菌素乳油3 000倍液等药剂。

5. 板栗透翅蛾

分布为害　板栗透翅蛾（*Aegeria molybdoceps*）在河北、山东、江西等地栗区均有发生。以幼虫串食枝干皮层，主干下部受害重。

形态特征　成虫体形似黄蜂。触角两端尖细，基半部橘黄色，端半部赤褐色，顶端具一毛束。头部、下唇须、中胸背板及腹部1、4、5节皆具橘黄色带；翅透明，翅脉及缘毛茶褐色。卵淡褐色，扁卵圆形，一头较齐。老熟幼虫污白色（图16-16），头部褐色，前胸背板淡褐色，具一褐色倒"八"字纹。臀板褐色，尖端稍向体前弯曲。蛹体黄褐色，体型细长，两端略下弯。

图16-16　板栗透翅蛾幼虫及为害枝干状

发生规律　1年发生1代，极少数2年完成1代。以2龄幼虫或少数3龄以上幼虫在枝干老皮缝内越冬。3月中下旬出蛰，7月中旬末老熟幼虫开始作茧化蛹，8月上中旬做茧化蛹盛期，8月中旬成虫开始产卵，8月底至9月中旬产卵盛期。8月下旬卵开始卵化，9月中下旬为孵化盛期，10月上旬2龄幼虫开始越冬。

防治方法　刮树皮清除卵和初孵幼虫。适时中耕除草，及时防治病虫，避免在树体上造成伤口，增强树势，均可减少为害。

3月上旬，幼虫出蛰。可用80%敌敌畏乳油50g加1～1.5kg煤油，混合均匀涂干。

在成虫产卵前（8月前）树干涂白，可以阻止成虫产卵，对控制为害可起到一定作用。

6. 栗实蛾

分布为害　栗实蛾（*Laspeyresia splendana*），幼虫取食栗蓬，稍大蛀入果内为害。有的咬断果梗，致栗蓬早期脱落（图16-17）。

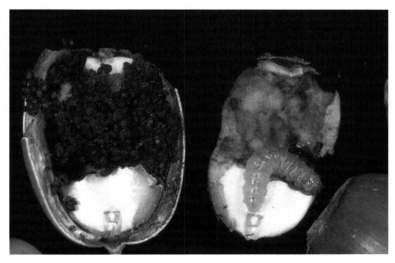

图16-17　栗实蛾危害栗果症状

形态特征 成虫体银灰色，前、后翅灰黑色，前翅前缘有向外斜伸的白色短纹，后缘中部有4条斜向顶角的波状白纹。后翅黄褐色，外缘为灰色（图16-18）。卵扁圆形，略隆起，白色半透明。幼虫体圆筒形（图16-19），头黄褐色，前胸盾及臀板淡褐色，胴部暗褐至暗绿色，各节毛瘤色深，上生细毛。蛹稍扁平，黄褐色。

图16-18 栗实蛾成虫

图16-19 栗实蛾幼虫

发生规律 1年发生1代，以老熟幼虫结茧在落叶或杂草中越冬。翌年6月化蛹，7月中旬后进入羽化盛期。成虫白天静伏在叶背，晚上交配产卵，卵多产在栗蓬刺上和果梗基部。7月中旬为产卵盛期，7月下旬幼虫孵化；9月上旬大量蛀入栗实内，9月下旬至10月上中旬幼虫老熟后，将种皮咬成不规则孔脱出，落入地面落叶、杂草、残枝中结茧越冬。

防治方法 加强管理 适时采收，清理果园。果实成熟后及时采收，拾净落地栗蓬。11月中旬至翌年4月上旬均可火烧栗园内的落叶杂草，消灭越冬幼虫。

在7月中下旬，全树喷布50%水胺硫磷乳油1 000倍液、50%杀螟硫磷乳油1 000倍液、50%敌敌畏乳油1 000倍液、50%喹硫磷乳油1 500~2 000倍液、10%联苯菊酯乳油1 000~2 000倍液、20%氰戊菊酯乳油1 000~2 000倍液、20%氯·马乳油1 000~1 500倍液等。

第十七章　果树杂草防治新技术

一、果园主要杂草种类及发生为害

　　我国北方果园栽植的果树种类主要有苹果、梨、葡萄、桃、李、杏、樱桃、山楂、柿子、板栗、核桃及红枣等。其中，苹果面积170万hm²，山东、辽宁、河北最多，陕西、河南、甘肃、山东、江苏次之；梨约50万hm²，其分布因品系而异，分别集中于河北、辽宁、山东、山西、甘肃、四川等地；葡萄12万hm²，以新疆最多，山东、河北、辽宁次之。这些果园，因地理位置、气候条件、地形地貌、土壤组成和栽培方式的不同，而形成各自不同的杂草群落。

　　果园杂草，一般指为害果树生长、发育的非栽培草本植物及小灌木。这些杂草以其生长能力强、繁殖速度快、发生密度大、种类数量多等适应外界环境条件的生物学优势，与果树争夺营养和水分，影响园中通气和透光，并间接诱发或加重某些病虫害的发生。一般年份可以造成果树减产10%～20%，草荒严重的果园幼树不能适龄结果，或结果后树势衰弱、寿命缩短、果小色差、病虫害增加、果实品质产量下降。概括起来，杂草对果树有以下几个方面的为害(图17-1、图17-2)。

图17-1　果园苗圃杂草发生为害情况

图17-2 果园杂草发生为害情况

(1)**杂草与果树争夺水分** 杂草根系发达，如小蓟在其生长的第一年根入土深度达3.5m，第二年5.7m，第三年可超过7m，所以它能从土壤中吸收大量水分。燕麦草形成1g干物质，耗水400～500L；而大久保桃形成1g干物质的耗水量为369L，祝光苹果耗水量为415L。在干旱地区，杂草争夺水分是影响果树生长发育和造成幼树抽条的主要因素。

(2)**杂草与果树争夺养分** 杂草多为群体生长，要消耗大量养分。例如，当一年生双子叶杂草的混杂度为100～200株/m²时，每亩吸收氮4～9.3kg、磷1.3～2kg、钾6.6～9.3kg；而据华中农业大学的研究，亩栽35株的温州蜜柑橘园，一年生苗需氮、磷、钾才分别为2.7kg、0.66kg、1.4kg。另据中国农业科学院果树研究所对马唐、苍耳、苋菜、藜等11种杂草的分析，植株地上部分的氮、磷、钾、钙、镁、铁、锰、铜、锌9种元素的平均含量都成倍高于正常苹果的叶片。可见要保持地力就必须清除杂草。

(3)**杂草影响果树的正常光照** 杂草孳生，特别是一些植株高大的杂草，如苍耳、藜、苘麻等会使果树遮光。光照不良又直接影响到果树的光能利用和叶片的碳素同化作用，继而影响果树的生长发育、花芽形成和果实品质，尤其对喜光果树桃、苹果、梨、葡萄的影响更大。

(4)**杂草的发生有利于果树病虫害的孳生** 杂草是多种病虫害的中间媒介和寄主。如田旋花是苹果啃皮卷叶蛾的寄主，为害苹果的黄刺蛾、苹果红蜘蛛、桃蚜等可在多种杂草上寄生。

总之，果园杂草严重制约着果树的生长和果实的品质。一般来说，果园人工除草约占果园管理用工总量的20%左右。

北方果园杂草有100余种，其中，比较常见的约有50种，包括藜科、蓼科、苋科、茄科、十字花科、马齿苋科、唇形科、大戟科、蔷薇科、菊科、蒺藜科、车前科、鸭跖草科、豆科、旋花科、木贼科、禾本科、莎草科等。主要杂草有芦苇、稗草、马唐、牛筋草、狗尾草、碱茅、白茅、狗牙根、早熟禾、藜、马齿苋、苣荬菜、皱叶酸模、问荆、葎草、蒿、苍耳、刺儿菜、苋、地锦、独行菜、香附子、柽柳等。

果树一般株行距大，幅地广阔，空地面积较大，适于杂草生长。果园杂草如果按生长期和为害情况来分，一般可以分为一年生杂草、二年生杂草和多年生深根性杂草，其中的一年生杂草、二年生杂草又可以按生长季节分为春草和夏草。春草自早春萌发、开始生长，晚春时生长发育速度达到高峰，然后开花结籽，以后渐渐枯死；夏草初夏开始生长，盛夏生长发育迅速，秋末冬初结籽，随之枯死。果园内杂草具有很强的生命力，一些杂草种子在土壤中经过多年仍能保持其生活能力。

华北地区历年来春季干旱，夏季雨量集中，果园杂草一般有两次发生高峰。第一次出草高峰在4月下旬至5月上中旬；第二次出草高峰出现在6月中下旬至7月间，其中第二次出草高峰持续期较第一次出草高峰长。

果园杂草的发生受气温、雨量、灌溉、土质、管理等多种因素的影响，地区间、年度间杂草种类、发生期和发生量差别较大。多年来的实践表明，早春时果树行间杂草生长量小，且有充足的时间进行人工除草，因而不易形成草荒；夏季杂草发生时适逢雨季，生长很快，田间其他管理工作较多，如遇阴雨连绵，易造成草荒。

二、果园杂草防治技术

(一)果树苗圃杂草防治

果树苗圃面积不大，但防除杂草比定植果园更为重要。因为苗圃一般都要精耕细作，如经常松土、施肥、浇水，这不仅为苗木健壮生长提供了保证，同时也给杂草创造了优良的繁殖场所。对这些苗圃杂草若防除不好，将严重干扰苗木的正常发育，进而影响苗木的出圃质量(图17-3)。

果树苗圃杂草的化学防除，通常在育苗的不同阶段进行。除草剂的选用，可分别从其适用于定植果园的种类中择取对苗木安全的品种。

1. 播种苗圃杂草的防治

(1)播后苗前处理　树苗和杂草出苗前，可以用48%氟乐灵乳油100~150ml/亩、48%甲草胺乳油150~200ml/亩、25%恶草酮乳油150ml/亩或72%异丙甲草胺乳油150~200ml/亩+50%扑草净可湿性粉剂75~100g/亩。

任选上列除草剂之一，对水50kg配成药液，均匀喷于床面。其中，氟乐灵药液，喷后要立即混入浅土层中。此外，仁果、坚果播种苗床，还可以用40%莠去津悬浮剂150ml/亩，配成药液处理。

果树出苗前、杂草出苗后可以用20%百草枯水剂150~200ml/亩，对水配成药液喷于苗床。该药残效期短，是利用树和杂草出苗期不同的时间差进行处理。

(2)生长期处理　在果树实生幼苗长到5cm后，为控制尚未出土或刚刚出土的杂草，可按照前面"树和杂草出苗前"所用的药剂及用量，掺拌40kg/亩过筛细潮土制成药土，堆闷4小时，然后再用筛子均匀筛于床面。用树条拨动等方法，清除落在树苗上的药土。

图17-3　果园苗圃杂草发生情况

禾本科杂草发生较多时，在这些杂草3~5叶期，可以用：

10.8%高效氟吡甲禾灵乳油50~80ml/亩或5%精喹禾灵乳油50~100ml/亩；

对水40kg，配成药液，喷于杂草茎叶。

在大距离行播和垄播苗圃，若有阔叶杂草发生较多或混有禾本科杂草时，可在这些杂草2~4叶期，用24%乙氧氟草醚乳油30ml/亩+10.8%高效氟吡甲禾灵乳油40ml/亩，对水配成药液，再在喷头上加保护罩定向喷于杂草茎叶。

2. 嫁接圃、扦插圃杂草防治

在苗木发芽前和杂草出苗前按照播种圃"树和杂草出苗前"所用的药剂及用量，加水配成药液，定向喷于地面。

在苗木生长期，参照播种圃生育期处理应用的药剂、药量与要求，以药液喷雾法定向喷洒。

(二)成株果园杂草防治

定植果园杂草的化学防除，与旱田近似，但又不同于旱田。地形比较平坦的果园。由于果树株行距离大、生长年限长、前期遮阴面积小，导致大量杂草发生。在山地果园里，各种野草的丛生情况就更为复杂。据调查，河南果园杂草达400种以上。因此，果园化学除草，要求选择使用杀草谱较广的除草剂。旱田前期发生的杂草，对作物苗期生长影响较大，而后期发生的杂草，由于程度不同地受到作物抑制，对作物影响较小。果树行间的杂草，前后期就没有这种明显的互相克制现象，杂草的发生，前后比较一致。因此，果园的化学除草又要求选择使用长效性除草剂。同时，果树根系分布较深，因此，用于果园土壤处理的选择性除草剂，可适当加大剂量，以提高药效，延长持效期。

当前适用于北方果园的除草剂有草甘膦(农达)、百草枯(克芜踪)、氟乐灵、茅草枯、莠去津、西玛津、扑草净、敌草隆、伏草隆、利谷隆、磺草灵、敌草腈、二甲戊乐灵、五氯酚钠、乙氧氟草醚、恶草酮、达草灭、特草定、杀草强等。实际应用时，必须根据杂草种类和生长时期，因树、因地选择与之搭配用药种类，建立行之有效的化学防除体系。

1. 仁果类果园杂草防治

苹果、梨等仁果类果树杂草发生为害严重(图17-4)，生产上应在春季杂草发生前(图17-5)，施用封闭除草剂，一般可以用乙草胺、异丙甲草胺、扑草净、乙氧氟草醚等除草剂。在夏季杂草发生期，可以用草甘膦、精喹禾灵等除草剂。具体使用方法如下。

(1)莠去津　主要用于苹果和梨园，防除马唐、狗尾草、看麦娘、早熟禾、稗、牛筋草、苍耳、鸭跖草、藜、蓼、苋、繁缕、荠菜、酢浆草、车前、苘麻等一年生或二年生杂草，对小蓟、打碗花等多年生杂草也有一定的抑制作用。在早春杂草大量萌发出土前或整地后进行土壤处理。北方春季土壤过旱而又没有灌溉条件的果园，前期施用这类药剂往往除草效果不佳，但可利用持效期长的特点，酌情改在秋季翻地之后施用。有灌溉条件或秋季施药，除配成药液喷洒，也可拌成药土撒施。秋季施于地表的药液或药土，随后要混入3~5cm的浅土层中。持效期可达60~90天。除了土壤处理，还可视杂草的发生情况，于幼苗期进行茎叶处理。无论土壤处理或茎叶处理，都要撒、喷均匀，以免产生药害。莠去津的用量因土壤质地而异，砂质土用40%悬浮剂150~250ml/亩，壤质土用250~350ml/亩。

黏质土和有机质含量在3%以上的土壤，用400~500ml/亩，含沙量过高、有机质含量过低的土壤，不宜使用。

图17-4　苹果园杂草发生情况

图17-5　早春苹果园土地平整情况

图17-7　苹果园杂草发生与施用百草枯后的防治情况

百草枯可与莠去津、西玛津、敌草隆、利谷隆等混用。如用20%百草枯水剂200ml/亩+50%利谷隆可湿性粉剂100g/亩。

（16）磺草灵　杀草谱较广，可用于果园防除多种一年生单、双子叶杂草。因在土壤中的持效期较短，而多进行茎叶处理。敏感杂草着药后表现植株生长受抑制、叶片黄化，经20~35天干枯死亡。气温高时，有利于药效的发挥。用药量为80%可湿性粉剂140g/亩，对水配成药液喷洒。

（17）氟磺胺草醚　防除阔叶杂草极为有效。通常在果园阔叶杂草2~4叶期用25%水剂80~150ml/亩，对水配成药液喷于茎叶。在药液中加入0.1%的Agrol非离子表面活性剂或0.1%~0.2%不含酶的洗衣粉，可提高防除效果。

（18）敌草快　适用以阔叶杂草占优势的苹果和梨园，防除菊科、十字花科、茄科、唇形科杂草等效果较好，但对蓼科、鸭跖草科和旋花科杂草防效则差。敌草快为非选择性触杀型除草剂，其作用特点似百草枯，可被植物绿色组织迅速吸收而促使受药部位黄枯，对老化树皮无穿透能力，对地下根茎无破坏作用。落于土壤，迅速丧失活力。一般在杂草生长旺盛时期用20%水剂200~300ml/亩，加水30kg左右配成药液进行茎叶处理。敌草快的有效作用时间较短，可作为搭配品种使用，或与三氮苯类、脲类及茅草枯等除草剂混用，但不能与激素型除草剂的碱金属盐类化合物混用。

（19）茅草枯　防除马唐、狗尾草、白茅、芦苇、狗牙根等禾本科杂草及莎草科杂草效果优异。但果树幼苗期不能施用。在某些地区反映对果树稍有药害，使用时需要慎重。植物的根系和茎叶都能吸收此药，尤其茎叶吸收最多，故用于茎叶处理效果更为显著。推荐用65%可溶性粉剂50~100g/亩，为了扩大杀草谱，可将其与扑草净、敌草隆、除草醚等混用。

（20）精吡氟禾草灵　对禾本科杂草具有很强的杀伤作用。在发生禾本科杂草为主的果园，于杂草3~5叶期采用35%吡氟禾草灵乳油或15%高效氟吡甲禾灵乳油75~125ml/亩，对水配成药液喷施，防除一年生草效果较好；提高用量到160ml/亩，防除多年生芦苇、茅草等也较有效。

（21）绿草定　为非选择性传导型灭草剂。可用于果园空闲地和防火道除草、灭灌。一般在杂草、灌木生长旺盛时期用61.6%乳油200～400ml/亩，对水100倍或5倍配成药液，分别做常量或低容量喷洒。绿草定主要作用是杀灭阔叶杂草和灌木，对禾本科杂草只能抑制。施药地段如有禾本科杂草混生，则应与草甘膦混用。绿草定对果树有害。在果园空闲地和防火道上喷洒此药时，要绝对防止把药液喷洒或飘移到果树上。

2．核果、坚果果园杂草防治

莠去津、西玛津、扑灭津可用于坚果果园。桃等核果较为敏感，不宜应用。

扑草净、杀草丹、特草定、毒草胺、草甘膦、除草通、恶草酮、百草枯、氟乐灵、磺草灵、杀草强、敌草隆、氟磺胺草醚、乙氧氟草醚、茅草枯、伏草隆、利谷隆。上述除草剂的应用方法，与仁果类果园完全相同(图17-8)。

氯氟吡氧乙酸，防除阔叶杂草。用量视杂草种类及生育期酌情确定。一般在果园杂草2～5叶期用20%乳油75～150ml/亩，对水配成药液进行茎叶处理。可防除红蓼、苋、酸模、田旋花、黄花棘豆、空心莲子草、卷茎蓼、猪殃殃、马齿苋、龙葵、繁缕、巢菜、鼬瓣花等。配制药液时，加入药液量0.2%的非离子表面活性剂，可提高防效。此外，喷药时要防止把药液喷到树叶上。

图17-8　桃园杂草发生与施用百草枯后的防治情况

3．葡萄园杂草防治

葡萄园除草剂可以用异丙甲草胺、萘丙酰草胺、杀草丹、氟乐灵、恶草酮、乙氧氟草醚、精喹禾灵、草甘膦、百草枯。

在早春葡萄发芽前(图17-9)，可以用50%乙草胺乳油100～150ml/亩，72%异丙甲草胺乳油150～200ml/亩，72%异丙草胺乳油150～200ml/亩，33%二甲戊乐灵乳油150～200ml/亩，50%乙草胺乳油100ml/亩+24%乙氧氟草醚乳油10～15ml/亩，对水50～80kg/亩喷雾土表。土壤有机质含量低、砂质土、低洼地、水分足，用药量低，反之，用药量高。土壤干旱条件下施药要加大用水量或进行浅混土(2～3cm)，施药后如遇干旱，有条件的地块可以灌水后施药以提高除草效果。

图17-9　早春葡萄园土地平整情况

图17-10　葡萄生长期杂草发生情况